“十二五”国家重点图书
材料科学与工程系列教材

高分子材料

主　编　冯孝中　李亚东
副主编　闫春绵　张旺玺
编　委　张治红　高丽君

哈爾濱工業大學出版社

内 容 简 介

本书比较全面地介绍了三大高分子材料中已大规模工业化生产且比较常用的主要品种。阐明了它们的组成、结构、使用性能、加工工艺特性和主要用途，同时也阐明了它们的材料组成、结构与性能、应用的相互关系等。全书分为3篇(共23章)。第1篇(共12章)主要介绍塑料材料；第2篇(共4章)主要介绍橡胶材料及弹性体；第3篇(共7章)主要介绍合成纤维材料。

本书是高分子材料及相关专业的教材，也是从事高分子材料研究与加工专业的技术及管理人员的参考书。

图书在版编目(CIP)数据

高分子材料/冯孝中，李亚东主编. —2版. —哈尔滨：哈尔滨工业大学出版社，2010.4(2017.1重印)
(材料科学与工程系列教材)
ISBN 978-7-5603-2467-8

Ⅰ.①高… Ⅱ.①冯…②李… Ⅲ.①高分子材料-高等学校-教材 Ⅳ.①TB324

中国版本图书馆CIP数据核字(2009)第239850号

责任编辑 张秀华 许雅莹
封面设计 卞秉利
出版发行 哈尔滨工业大学出版社
社 址 哈尔滨市南岗区复华四道街10号 邮编150006
传 真 0451-86414749
网 址 http://hitpress.hit.edu.cn
印 刷 哈尔滨市石桥印务有限公司
开 本 787mm×1092mm 1/16 印张19.75 字数457千字
版 次 2007年2月第1版 2010年4月第2版
2017年1月第3次印刷
书 号 ISBN 978-7-5603-2467-8
定 价 38.00元

前　言

人类的历史按材料来划分，经历了旧石器、新石器、青铜器、铁器时代。自20世纪中叶，随着人工合成高分子材料的出现，可以认为人类社会已经跨入高分子时代。随着科学技术的发展，合成高分子材料在工农业生产、国防建设和日常生活的各个领域发挥着极其重要的作用。可以说，21世纪已经成为高分子世纪。

有关高分子及其改性材料的国内外科技文献浩如烟海，涉及范围极广，内容极为丰富。本书限于篇幅并考虑到作为基础性教材的宗旨，我们向读者重点介绍常用的高分子材料和工业化生产的大品种合成高分子材料的结构、性能及应用。我们衷心地希望，通过本书使读者能够掌握常用高分子材料的合成原理及制备方法、聚合物结构与性能的关系、加工工艺特性和主要用途等，以便能够正确地选择材料、设计制品、选定加工方法及确定成形工艺条件。本书是高分子材料及相关专业的教材，同时也是从事高分子材料研究及加工专业的技术及管理人员的参考书。

本书由郑州轻工业学院和中原工学院共同编写，具体编写分工如下：第1篇第1、7章由郑州轻工业学院李亚东编写，第1篇第2、4章由郑州轻工业学院张治红编写，第1篇第3章及第2篇全篇由郑州轻工业学院闫春绵编写，第1篇第5、6、9~12章由郑州轻工业学院冯孝中编写，第1篇第8章由郑州轻工业学院高丽君编写，第3篇第1~5、7章由中原工学院张旺玺编写，第3篇第6章由中原工学院张瑞文编写，全书由冯孝中、李亚东负责统稿。

在本书编写的过程中得到了诸多同事的支持和帮助，参阅了许多作者的专著、教材、论文等，在此一并表示衷心的感谢！

尽管我们从事高分子材料科学与工程方面的教学与科研多年，但限于水平，错误和缺点在所难免，恳请读者不吝指正。

编　者

2006年9月于郑州

目 录

第1篇 塑 料

第1章 绪 论 …… (1)
1.1 塑料的定义及分类 …… (1)
1.2 塑料的实用性能及应用 …… (2)
1.3 塑料工业的发展简史及展望 …… (4)
1.4 选材在塑料加工业中的重要性 …… (6)
第2章 聚乙烯 …… (7)
2.1 聚乙烯的制备及产物特点 …… (8)
2.2 聚乙烯的结构与性能 …… (13)
2.3 聚乙烯加工及应用 …… (22)
2.4 聚乙烯的改性 …… (26)
思考题 …… (32)
第3章 聚丙烯 …… (33)
3.1 聚丙烯的制备与分类 …… (33)
3.2 聚丙烯的结构与性能 …… (33)
3.3 聚丙烯加工及应用 …… (40)
3.4 聚丙烯的改性 …… (43)
思考题 …… (47)
第4章 聚氯乙烯 …… (48)
4.1 聚氯乙烯的制备 …… (48)
4.2 聚氯乙烯的结构与性能 …… (48)
4.3 聚氯乙烯加工及应用 …… (52)
4.4 聚氯乙烯的改性 …… (58)
思考题 …… (61)
第5章 聚苯乙烯类塑料 …… (63)
5.1 聚苯乙烯 …… (63)
5.2 间规聚苯乙烯 …… (68)
5.3 高抗冲聚苯乙烯 …… (70)
5.4 ABS 塑料 …… (72)
5.5 其他聚苯乙烯类塑料 …… (77)
思考题 …… (79)

第6章　聚丙烯酸类塑料 …… (80)
6.1　聚甲基丙烯酸甲酯的制备 …… (80)
6.2　聚甲基丙烯酸甲酯的结构与性能 …… (81)
6.3　聚甲基丙烯酸甲酯的加工及应用 …… (84)
6.4　其他丙烯酸塑料 …… (86)
思考题 …… (87)
第7章　热固性树脂及塑料 …… (88)
7.1　酚醛树脂及其塑料 …… (88)
7.2　氨基树脂及其塑料 …… (96)
7.3　环氧树脂及其塑料 …… (101)
思考题 …… (114)
第8章　聚酰胺类塑料 …… (115)
8.1　脂肪族聚酰胺 …… (116)
8.2　芳香族聚酰胺 …… (122)
8.3　半芳香聚酰胺 …… (124)
思考题 …… (128)
第9章　聚酯类塑料 …… (129)
9.1　聚碳酸酯 …… (129)
9.2　脂肪族聚酯 …… (135)
9.3　聚芳酯 …… (140)
9.4　不饱和聚酯树脂及塑料 …… (141)
思考题 …… (146)
第10章　聚醚类塑料 …… (148)
10.1　聚甲醛 …… (148)
10.2　聚苯醚和改性聚苯醚 …… (154)
10.3　氯化聚醚 …… (157)
10.4　聚苯硫醚 …… (159)
10.5　聚醚醚酮 …… (162)
10.6　聚醚腈 …… (164)
思考题 …… (164)
第11章　聚砜类塑料 …… (166)
11.1　双酚A型聚砜(PSF) …… (167)
11.2　聚芳砜(PAS) …… (169)
11.3　聚醚砜(PES) …… (171)
11.4　聚砜类塑料的改性 …… (173)
思考题 …… (173)
第12章　氟塑料 …… (174)
12.1　聚四氟乙烯 …… (174)

12.2 聚三氟氯乙烯 …………………………………………………………………………(179)
12.3 聚全氟乙丙烯 …………………………………………………………………………(182)
12.4 可熔性聚四氟乙烯 ……………………………………………………………………(185)
思考题……………………………………………………………………………………(187)
参考文献……………………………………………………………………………………(188)

第2篇 橡 胶

第1章 绪 论……………………………………………………………………………(191)
1.1 橡胶材料的基本特征 ………………………………………………………………(191)
1.2 橡胶的分类 …………………………………………………………………………(192)
1.3 橡胶原材料 …………………………………………………………………………(193)
1.4 橡胶的加工工艺 ……………………………………………………………………(195)
1.5 橡胶的性能指标 ……………………………………………………………………(195)
第2章 天然橡胶……………………………………………………………………………(197)
2.1 天然橡胶的来源、制备及分类………………………………………………………(197)
2.2 天然橡胶的组成、结构及性能………………………………………………………(200)
2.3 天然橡胶的改性 ……………………………………………………………………(204)
2.4 杜仲橡胶和古塔波橡胶 ……………………………………………………………(205)
2.5 天然橡胶的应用 ……………………………………………………………………(206)
思考题……………………………………………………………………………………(206)
第3章 合成橡胶……………………………………………………………………………(207)
3.1 通用合成橡胶 ………………………………………………………………………(207)
3.2 特种合成橡胶 ………………………………………………………………………(227)
思考题……………………………………………………………………………………(234)
第4章 热塑性弹性体………………………………………………………………………(235)
4.1 聚氨酯类热塑性弹性体 ……………………………………………………………(235)
4.2 苯乙烯类热塑性弹性体 ……………………………………………………………(236)
4.3 聚烯烃类热塑性弹性体 ……………………………………………………………(237)
4.4 聚酯型热塑性弹性体 ………………………………………………………………(238)
4.5 聚酰胺类热塑性弹性体 ……………………………………………………………(239)
思考题……………………………………………………………………………………(239)
参考文献……………………………………………………………………………………(239)

第3篇 纤 维

第1章 绪 论……………………………………………………………………………(241)
1.1 纤维的概念及分类 …………………………………………………………………(241)
1.2 成纤高聚物的基本特性 ……………………………………………………………(242)
1.3 纤维的主要生产方法 ………………………………………………………………(244)

1.4 纤维的发展概况 …… (247)
1.5 纤维常用的基本概念 …… (249)
第2章 聚酯纤维 …… (251)
2.1 概 述 …… (251)
2.2 PET纤维 …… (251)
2.3 PTT纤维 …… (255)
2.4 聚乳酸纤维 …… (257)
第3章 聚丙烯腈纤维 …… (262)
3.1 聚丙烯腈的结构与性能 …… (262)
3.2 聚丙烯腈纺丝成形 …… (264)
3.3 差别化聚丙烯腈纤维 …… (277)
3.4 碳纤维 …… (280)
第4章 聚酰胺纤维 …… (283)
4.1 概 述 …… (283)
4.2 脂肪族聚酰胺纤维 …… (284)
4.3 芳香族聚酰胺纤维 …… (284)
第5章 聚烯烃纤维 …… (287)
5.1 聚丙烯纤维 …… (287)
5.2 超高分子量聚乙烯纤维 …… (288)
第6章 纤维素纤维 …… (291)
6.1 概 述 …… (291)
6.2 粘胶纤维的性能与应用 …… (291)
6.3 粘胶纤维的生产 …… (293)
6.4 非粘胶法制造纤维素纤维 …… (298)
第7章 其他纤维 …… (301)
7.1 大豆蛋白纤维 …… (301)
7.2 聚乙烯醇纤维 …… (303)
7.3 聚氨酯弹性纤维 …… (304)
参考文献 …… (306)

第1篇 塑 料

第1章 绪 论

塑料作为一种原料易得、性能优越、加工方便和加工费用相对低廉的合成高分子材料,在繁多的材料之中别具一格。随着塑料材料在工农业生产、人民生活及各种高新技术领域的广泛应用,塑料材料及其制品需求迅速增长,获得了超越金属等传统材料的高速发展(见表1.1),在材料工业中已占有相当重要的地位。毫不夸张地说,从摇篮到坟墓几乎天天都要接触到,我们的衣食住行已经离不开各种各样的塑料制品了。

建国以来,我国的塑料制品工业从无到有得到了长足的发展,目前已基本可生产现有的所有塑料品种,塑料产销量也跃入了大国行列,并仍在迅速发展之中。但与发达国家相比,在产量、质量、规格、品种等诸方面仍存在较大差距。

表1.1 近几年世界各区域塑料材料发展情况

地 区	2002年			2003年			2004年		
	产量/Mt	增长率/%	份额/%	产量/Mt	增长率/%	份额/%	产量/Mt	增长率/%	份额/%
亚洲	60	1.7	30.9	69	15.0	34.2	73	5.8	34.4
欧洲	60	3.4	30.9	63	5.0	31.2	65	3.2	30.7
北美	50	2.0	25.8	53	6.0	26.2	55	3.8	25.9
其他	20	33.3	10.3	18	-10.0	8.9	19	5.6	9.0
合计	190	40.4	97.9	203	16	100	212	18.4	100

1.1 塑料的定义及分类

塑料离我们这么近,那么塑料到底是什么?塑料一词是怎么定义的呢?

塑料是指以合成树脂(或天然树脂改性)为主要成分,加入(个别情况下也可以不加入)某些具有特定用途的添加剂,经加工成形而构成的固体材料(室温下弹性模量为10^3~10^4 MPa)。

塑料种类繁多,彼此性质互有差异。例如,塑料可以是软的(如软聚氨酯泡沫塑料)或硬的(如聚甲醛塑料);透明的(有机玻璃)或不透明的(酚醛塑料);耐热的(如聚芳砜塑料)或热水即可使之变软的(低密度聚乙烯塑料);轻于水的(如聚丙烯塑料)或重于铁的(如铅填充的环氧树脂塑料)等。

塑料的性能主要取决于树脂(当然与其他组分,如稳定剂、润滑剂、填充剂、增塑剂、交联剂、色料等的加入也有重要关系),所以,人们通常用塑料中树脂组分的结构组成来命名和区分塑料,如树脂组分为聚乙烯、聚丙烯、聚氯乙烯、聚苯乙烯、聚甲醛,则可称为聚乙烯塑料、聚丙烯塑料、聚氯乙烯塑料、聚苯乙烯塑料、聚甲醛塑料,或称乙烯塑料、丙烯塑料、氯乙烯塑料、苯乙烯塑料、甲醛塑料。这就是依据塑料的基本化学组成分类,按照这种分类方法,塑料可分为聚烯烃塑料、乙烯基塑料、聚酰胺塑料、氟塑料等,每一类别中,均有许多不同的品种。

除此之外,根据分类目的不同,目前比较通用的塑料分类方法还有以下几种。

从树脂制造的化学反应类别可分为加聚型塑料和缩聚型塑料。

从塑料应用角度可分为通用塑料、工程塑料、功能塑料。通用塑料指产量大、用途广、易加工、成本低廉的塑料,如酚醛塑料、氨基塑料、聚乙烯塑料、聚丙烯塑料、聚氯乙烯塑料等;工程塑料除具有通用塑料所具有的一般性能外,还具有优异的力学性能以及耐热性、耐化学腐蚀性等优异的理化特性,在苛刻的环境中可以长时间工作,并保持固有的优异性能,适宜在工程上作为结构材料使用,如聚碳酸酯、聚酰胺、聚甲醛、聚砜、聚苯醚、聚苯硫醚、ABS 等;功能塑料指的是有某种或某些特殊性能的塑料,如导电塑料、导磁塑料、磁性塑料、耐高温塑料、可控降解塑料、光敏塑料、离子交换树脂、生物相容医用塑料、可食塑料等。

从加工性能可分为热塑性塑料和热固性塑料。热塑性塑料加热时变软以至熔融流动,冷却时凝固变硬,这种过程是可逆的,可以反复进行;热固性塑料在第一次加热时可以软化流动,加热到一定温度时产生分子链间化学反应,形成化学键,成为网状或三维体型结构而固化变硬,这一过程是不可逆的化学变化,固化后再加热时不再能使其变软和流动。

从成形方法和形态可分为模压塑料、层压塑料、粒料、粉料、糊塑料、塑料溶液等。

1.2 塑料的实用性能及应用

塑料是一种具有多种特性的实用材料。由于塑料性能的多样化随之带来了实用性能的多样化,基本每一个品种在应用性能上都有特长。塑料在实用性能上的多样化特点,一方面来源于塑料大分子的结构和组成特点;另一方面来源于塑料性能的可调性,即指通过许多不同的途径可以改变其性能,以满足使用上的各种要求。塑料常用的改性方法有共混、共聚、复合、增强、发泡、添加不同助剂和进行不同的加工处理等。

从应用的角度出发,将塑料在工程方面的主要实用性能归纳如下。

(1)密度: 塑料一般都比较轻,各种泡沫塑料的相对密度为 0.01 ~ 0.5,普通塑料的相对密度为 0.9～2.3，因此，对要求减轻自重的车辆、船舶、飞行器等机械装备和建筑来说，塑料材料有着特殊的意义。

(2)电性能：塑料材料在电学性能方面有着极其宽广的性能指标，它们的介电常数小到 2 左右，体积电阻率高达 10^{16}～10^{20} $\Omega\cdot cm$，介电损耗（$\tan\delta$）低到 10^{-4}，因而总的来说，大多数塑料在低频、低压的情况下具有良好的电器绝缘性，不少塑料即使在高压、高频条件下也能做电气绝缘和电容器介质材料。可以说，今天的电子、电工技术离开塑料材料是不可想象的。

(3)热性能：塑料的许多性能对温度有强烈的依赖性，在性能－温度坐标图上呈现多种转变过程。从实用角度看，多数材料的熔点或软化点都不高，因而限制了它们的应用。一般塑料的热膨胀系数比金属材料大几倍或几十倍，这也使塑料在工程上的应用受到限制。塑料本身热导率极低，是热的不良导体或绝热体，通常塑料的热导率比金属要小上百倍到上千倍之多，而比静止空气高得多，塑料的这种重要性能是被用作绝热保温材料的依据。泡沫塑料的导热率与静止空气的导热率相当，这对塑料在保温设施中的应用是极为有利的，因此，聚苯乙烯、聚氨酯等许多泡沫塑料被广泛地应用于冷藏、建筑隔热、节能装置和其他绝热工程中。然而塑料的极低的热导性在塑料的成形加工和作为摩擦材料的应用中造成了不少弊病。

(4)力学性能：塑料材料的机械性能随品种变化较大，柔软、坚韧、刚脆均有，大多数的模塑品的刚度与木材相近，属于坚韧固体材料。至于强度，不同塑料差别很大，拉伸强度从 10 MPa 到 500 MPa，甚至更大。塑料因为质量轻故比强度高，接近或超过传统的金属材料。如尼龙 66 定向细丝，密度约为 1.14 g/cm^3，抗张强度约为 500 MPa；钢丝密度为 7.8 g/cm^3，抗张强度约为 3 200 MPa。如按单位质量计算强度，尼龙为 500/1.14＝438，钢丝为 3 200/7.8＝410。若尼龙加 30% 玻璃纤维增强，抗张强度可增加一倍，密度为 1.35 g/cm^3，故比强度远超过钢丝。普通塑料特别适用于受力不大的一般性结构件，如仪器仪表、常压低压容器、管道管件等化工设备以及机车车辆壳体等。

(5)减震消音性能：巨大的冲击和频繁的振动是十分有害的，它们除了造成机器零部件的损坏和缩短使用寿命以外，还会发出损伤人们身心健康的噪声，恶化环境。由于某些塑料柔顺而富于粘弹性，当它受到外在的机械冲击振动或频繁的机振、声振等机械波作用时，材料内部产生粘弹内耗将机械能转变成热能，因此，工程上利用它们作为减震消音材料。如机械设备、仪器、仪表在运输过程中用泡沫防震，利用塑料齿轮使齿轮传动中产生的冲击和由冲击产生的噪声明显改善。

(6)耐磨性能：大多数塑料摩擦系数很小，且具有优良的减磨、耐磨和自润滑特性，许多工程塑料制造的摩擦零件可以在各种液体摩擦（包括油、水和腐蚀介质等）、边界摩擦和干摩擦等条件下有效地工作，如各种氟塑料以及用氟塑料增强的聚甲醛、尼龙等。塑料的耐磨性质为许多金属耐磨材料所不及，因此，塑料常常用于制造轴承、活塞环、叶片叶轮和凸轮齿轮等，在机械工程上获得了广泛的应用。

(7)耐腐蚀性能：一般塑料都有较好的化学稳定性，对酸、碱、盐溶液、蒸汽、水、有机溶剂等具有不同程度的稳定性，超过了金属与合金，因此，广泛用作防腐材料，如聚乙烯塑料、玻璃钢等。号称“塑料王”的聚四氟乙烯甚至能耐“王水”等极强腐蚀性电介质的腐蚀。

(8)光学性能：多数塑料如 PE、PP、PVC、PC、PS 和丙烯酸类是部分结晶或无定形的，有些塑料虽然结晶度高，但其晶粒可以控制得很小，如尼龙、聚酯等，所以它们都可以做成透明或半透明的制品。其中 PS 和丙烯酸类塑料像玻璃一样纯洁透明，常用作特殊环境下的玻璃替代品。利用 PVC、PE、PP 等塑料薄膜既透光又保暖的特性，通过适当的稳定，大量地用于农用薄膜材料。

(9)介质阻透性能：塑料是一类具有多种防护性能的材料。由于多数塑料具有很小的吸水、透水、透气性能，比木材、纸张要小得多，因而常常将塑料薄膜、箱、桶等用作包装用品用以保护物品。其中无毒材料用于包装食品和医药；某些透气性较好而透湿性较差的材料特别宜于包装水果；一般的塑料薄膜材料可用于包装工业用品和农产品。近年来，为了满足薄膜包装上的各种要求，出现了许多复合薄膜材料。例如，用防水透气无毒的 PE 膜与气密无毒吸湿透湿的尼龙膜复合起来，适合于储藏食品，以防香味或水分的散失。

综上所述，由于塑料优良多样的实用性能，在工程上获得了广泛的应用，然而作为一种新兴的工程材料，与金属等传统材料相比，还有很多的不足之处。例如，聚合物材料的性能对温度的依赖性十分显著，在不太高的温度下，温度足以改变大分子的热运动方式和聚集状态，甚至化学结构，从而影响到材料的几乎所有性能，因此，塑料的使用温度范围不宽和耐热性较差。目前，在国内已有相当生产能力的塑料中，长期工作温度还没有超过 360℃的；一般塑料强度较低，刚度则更低；易产生蠕变，不易成形加工出尺寸精密的零件；冷流、疲劳和后结晶等现象，影响使用性能；塑料的耐老化性较差，在日晒(包括紫外辐射)、受热或机械力长期作用等环境条件下使用时，会逐渐失去原有的优良性能；导热性不良和膨胀系数较大，常常限制了不少塑料的应用等等。

随着塑料工业的不断发展和研究的不断深入，这些缺点可以不断地得到适当的克服。近年来，能克服这些缺点的新颖塑料或复合材料正在不断出现。

1.3 塑料工业的发展简史及展望

塑料工业是较新的重要工业之一。在很久以前，人们只知道依靠来自天然的木材、金属、水泥、玻璃等作为工程材料。

1868 年，人们将纤维素材料硝化，然后加入樟脑，制成了第一个塑料制品，叫做硝酸纤维素塑料，又名赛璐璐。由于它的优良机械性能、美观及良好的加工性能，第二次世界大战前一直居于塑料的首座。1920 年又制成了另一个由纤维素加工而成的塑料，即醋酸纤维素塑料。这些皆是利用天然高分子材料进行化学加工得到的塑料品种。

直到 20 世纪初的 1909 年才出现了第一个利用合成树脂制作的塑料，即酚醛塑料，从此揭开了合成塑料材料的历史。1920 年又一个合成塑料——氨基塑料诞生了，人们称这两个品种为塑料工业的元老，至今仍广泛地用于电器、日用品、泡沫制品、黏结剂及处理剂等方面。

1920 年，德国化学家 H. Staudinger 提出链型高分子的概念，指出链型高分子是由很多小的化学单元通过化学键相互连接而成的长链大分子，建立了高分子学说。这一理论的提出大大开阔了人们的眼界，有力地推动了高分子学科的研究和发展，同时也大大促进了塑料等高分子材料工业的发展。20 世纪 30 年代到 40 年代末，PE、PVC、PMMA、PS、环氧塑料和氟塑料等相继投入生产。

随着高分子结构理论和实用性能的不断深入研究，合成塑料的应用不断扩大。20 世纪 50 年代到 70 年代，又出现了一大批塑料新品种。从 1957 年意大利 Montecatini 公司生产的 PP 起，先后投入工业生产的有 PC、氯化聚醚、聚甲醛、PPO、聚砜和 PPS 等，这些新品种主要适用于工程需要或耐磨或为坚韧的工程塑料。

火箭、导弹和宇航技术以及原子能技术等尖端技术的迅速发展，促进了耐高温和纤维增强塑料的迅速发展。1961 年，美国杜邦公司首先研制成了 H 级聚酰亚胺薄膜。接着，聚苯咪唑、聚苯并噻唑和聚苯醚等典型的耐高温合成材料也先后投入生产，并应用到某些尖端工业中。此外，开始于 20 世纪 40 年代的玻璃纤维增强塑料，在 60 年代得到了巨大发展，一些国家已经成功地将它应用到航空工业和汽车、造船、建筑等工业中。

近年来由于石油化工的迅速发展，与其密切相关的塑料品种，如聚烯烃塑料的产量迅速增加，大量地应用于日用品、包装材料和农业薄膜等方面。随着塑料使用环境的扩大，对它提出了更高的要求，如高模量、耐高温、质轻等。为了适应这种情况，除了合成少数新材料外，主要是将老品种不断改性，其中包括共聚改性、交联改性、物理改性、化学改性、掺合改性、增强改性。如聚酰亚胺和聚砜等塑料都已发展了不少改性品种，美国 3M 公司的聚芳砜，英国的聚醚砜，美国 Amoco 公司的聚酰胺——亚胺，法国 Rhone – Poulec 公司的聚双马来酰亚胺等。由于硼纤维作为增强材料比玻璃纤维具有更好的强度、弹性模量和耐热性，因此引起了航空航天部门的巨大兴趣，此外，功能塑料近年来也发展甚快。

今后塑料的发展主要在两个方面进行：一是工程塑料；二是功能塑料。

对于工程塑料，品种已经不少。虽然一些人还在致力于研制一些新材料，如能耐 300℃高温的塑料制品。但在今后一个时期内，不太可能出现全新的大吨位工程塑料品种的单体和聚合物，因为开发这种产品费用巨大。因此，当前工程塑料的主要发展方向就是利用现有单体和聚合物，通过各种手段（物理或化学方法）来获得人们所需性能的新材料。在合成方面，略微改变一下聚合物的化学结构或在原有结构基础上再引入一部分其他结构，往往就可以得到性能有很大改善的新产品，如在碳酸酯分子主链中引入一定量的苯二甲酰结构就得到耐热达 160℃、加工性能良好的聚酯碳酸酯。物理改性（增强、掺混、合金、无机填充等复合材料）也是工程塑料提高物性，改善加工性能，开发新品级，扩大应用领域的重要途径之一。如目前所有的工程塑料都有被玻璃纤维和碳纤维增强品级，提高其机械强度和耐热性。一般说无定性聚合物经玻璃纤维增强后，其热变形温度只提高 10 ~ 20℃，而结晶形聚合物可提高 70 ~ 170℃。塑料改性的最大课题是搞复合材料，特别是纤维增强型复合材料。

至于功能塑料及功能复合材料，已引起许多人兴趣。离子交换树脂是第一个功能高分子材料。今后功能高分子材料的发展趋势主要致力于研制高分子催化剂、导电导磁塑料、光敏塑料、医用塑料和水声材料等。

1.4 选材在塑料加工业中的重要性

在所有高分子材料中，塑料的应用最广、品种最多、产量最大，与人们生活和技术发展关系最密切，发展潜力极大。从事高分子材料科学与工程，特别是从事塑料材料研究、开发与应用的科技人员，应深入了解塑料材料的制备方法、组成、结构与性能及其加工方法，最有效地利用已有塑料材料，为社会创造出各种优质塑料制品，并不断地研究开发出性能更优异的塑料新品种，以满足人们生活和科学技术发展的需要。

根据塑料成形加工业的特点，要成功地制备出好的塑料制品，应依次解决好以下问题：了解树脂性能→合理选用树脂→正确设计制件→合理设计模具→正确设定成形工艺条件→好制品。可见只有把选材和使用密切结合起来，才能真正做到物尽其用。

完全适用于任何制品的树脂是没有的，各种类型的树脂因其结构、组成不同，性能也不尽相同，所以要合理选用树脂，首先必须详细了解各种树脂的性能，这就是要求我们认真学好本篇内容的目的所在。

第2章 聚乙烯

聚乙烯 (Polyethylene,PE)是由乙烯聚合而成的聚合物,是树脂中分子结构最简单的一种。其分子式为$\left[CH_2-CH_2\right]_n$,作为塑料使用的聚乙烯,其平均相对分子质量要在1万以上。根据聚合条件不同,实际平均相对分子质量可从1万至数百万不等。它原料来源丰富,价格较低,具有优异的电绝缘性和化学稳定性,易于成形加工,并且品种较多,可满足不同的性能要求,因而,从它问世以来发展迅速,是目前产量最大的树脂品种,用途极为广泛。

最早出现的聚乙烯是英国帝国化学公司 ICI(Imperial Chemical Industries Ltd)在1933年高压法合成的低密度聚乙烯(LDPE),1939年投入工业化生产,随后在世界范围内得到迅速发展。1953年德国化学家齐格勒(Ziegler)用低压法合成了高密度聚乙烯(HDPE),1957年投入工业化生产。同时投产的还有美国菲利浦(Phillips)石油化学公司用中压法合成的高密度聚乙烯。此后,聚乙烯树脂不断有新品种问世,如超高分子量聚乙烯(UHMWPE)、交联聚乙烯(X-PE)和线型低密度聚乙烯(LLDPE)、双峰聚乙烯(mPE)等,均得到不同程度的开发和应用。这些品种具有各自不同的结构,在性能和应用方面具有明显的差别。线型低密度聚乙烯生产工艺适应性强(可用低压和高压法生产)、节能、投资少、生产成本较低,且产品性能优良;而双峰聚乙烯产品是由高相对分子质量和低相对分子质量两部分组成,高相对分子质量部分用以保证物理机械强度,低相对分子质量部分用以改善加工性。近年开发的超低密度聚乙烯(密度为0.86~0.91 g/cm^3),也引人注目。

乙烯的聚合可以在高压、中压和低压下进行。据此,按合成工艺可把聚乙烯分为高压聚乙烯、中压聚乙烯和低压聚乙烯。高压聚乙烯的分子结构与中压、低压聚乙烯相比,支链数目较多,结晶度和密度都比较低,而中压和低压聚乙烯的分子接近线型结构,结晶度和密度都比较高,所以,又把高压聚乙烯称为低密度聚乙烯(LDPE)、低结晶度聚乙烯和支链聚乙烯。中压和低压聚乙烯则被称为高密度聚乙烯(HDPE)、高结晶度聚乙烯、线型聚乙烯。聚乙烯除了按合成工艺分类外,工业上常见的分类方法还有,按照聚乙烯常温下的密度高低(见表2.1)和聚乙烯的平均相对分子质量大小(见表2.2)分类。

表2.1 聚乙烯按密度分类

密度/(g·cm^{-3})	分类名称
<0.900	超低低密度聚乙烯
<0.910	极低密度聚乙烯
0.910~0.925	低密度聚乙烯
0.925~0.941	中密度聚乙烯
0.941~0.965	高密度聚乙烯

表 2.2 聚乙烯按相对分子质量分类

<table>
<tr><th>平均相对分子质量</th><th colspan="2">分 类 名 称</th></tr>
<tr><td rowspan="2">1 000 ~ 12 000</td><td rowspan="2">低相对分子质量聚乙烯</td><td>密度为 0.90 g/cm^3,低相对分子质量低密度聚乙烯</td></tr>
<tr><td>密度为 0.95 g/cm^3,低相对分子质量高密度聚乙烯</td></tr>
<tr><td>< 110 000</td><td colspan="2">中相对分子质量聚乙烯</td></tr>
<tr><td>110 000 ~ 250 000</td><td colspan="2">高相对分子质量聚乙烯</td></tr>
<tr><td>250 000 ~ 1 500 000</td><td colspan="2">超高相对分子质量聚乙烯</td></tr>
</table>

聚乙烯的各种性能与密度、相对分子质量分布和熔体流动速率有关,如低相对分子质量低密度聚乙烯的软化温度为 80 ~ 95℃,而低相对分子质量高密度聚乙烯的软化温度为 100 ~ 110℃。因此不同品种的聚乙烯,其制品类型和用途也有所不同,低密度聚乙烯多用于薄膜,高密度聚乙烯多用于注塑和中空制品。低相对分子质量聚乙烯常温下为石蜡状物,强度和韧性都很差,但比石蜡坚韧,具有良好的耐水和耐化学腐蚀性,电性能优良,熔体黏度低(0.1 ~ 0.2 Pa·s),通常用作润滑剂、分散剂、蜡纸涂层等,不能单独用作塑料。中、高相对分子质量聚乙烯具有优良的耐低温性、化学稳定性、电性能,适中的机械强度和良好的成形加工性,可用各种成形设备和加工方法生产管、棒、片、膜及各种用途的制件。

2.1 聚乙烯的制备及产物特点

2.1.1 低密度聚乙烯(LDPE)

低密度聚乙烯,又称高压聚乙烯,是在高温和特别高的压力下通过典型的自由基聚合过程得到的乙烯均聚物,其密度通常为 0.910 ~ 0.925 g/cm^3。早在 20 世纪 40 年代初,低密度聚乙烯已应用于电线包覆,是聚乙烯家族中最早出现的产品。工业上大规模生产低密度聚乙烯的方法系高压本体聚合法,即将高纯度乙烯在微量氧或空气、有机或无机过氧化物等引发剂作用下,于 98 ~ 343 MPa 和 150 ~ 330℃条件下进行自由基聚合反应而成。在工业生产上,根据聚合反应器的类型可分为釜式法和管式法。

由于高压自由基聚合历程易发生链转移,得到的聚合物存在大量支链结构,这种结构特征使其具有透明、柔顺、易于挤出等特定性能。通过控制平均相对分子质量(MW)、结晶度和相对分子质量分布(MWD),可以获得多种用途的低密度聚乙烯树脂。聚合物的平均相对分子质量(简称分子量)是用组成聚合物的所有分子链的平均尺寸来表达的。塑料工业中采用熔体流动速率(MFR)作为平均相对分子质量的量度,熔体流动速率的值与平均相对分子质量的大小成反比,它影响着树脂加工流动性和最终产品的变形难易等性能。不同牌号低密度聚乙烯的熔体流动速率差异可以很大(MFR = 0.2 ~ 80 g/10 min),降低熔体流动速率(即提高 MW)使大多数的强度性能提高,但同时降低了流动性。相对分子质量分布(MWD)即多分散性被定义为重均相对分子质量与数均相对分子质量之比值。在塑料工业中，相对分子质量分布在3～5之间称为窄分布，在6～12之间为中等分布，大于13即为宽分布。相对分子质量分布主要影响与流动有关的性质。当两种树脂平均相对分子质量相同时，具有较宽分布的树脂表现出更好的加工流动性。相对分子质量分布也影响低密度聚乙烯的使用性能，但是这种影响通常由于平均相对分子质量的变化而变得不显著。

低密度聚乙烯分子结构为主链上带有长、短不同支链的非线型，在主链上每1 000个碳原子中约带有20～30个乙基、丁基或更长的支链。低密度聚乙烯的结晶度与树脂中支链的含量有关，结晶度通常为30%～40%，结晶度提高使低密度聚乙烯的刚性、耐化学药品性、阻隔性、拉伸强度和耐热性增加，而冲击强度、撕裂强度和耐应力开裂性能降低。

由于低密度聚乙烯的化学结构与石蜡烃类似，不含极性基团，所以具有良好的化学稳定性，对酸、碱和盐类水溶液具有耐腐蚀作用。它的电性能极好，具有导电率低、介电常数低、介电损耗角正切值低以及介电强度高等特性，但低密度聚乙烯耐热性能较差，且不耐氧和光老化，因此，为了提高其耐老化性能，通常要在树脂中加入抗氧剂和紫外线吸收剂等。低密度聚乙烯具有良好的柔软性、延伸性和透明性，但机械强度低于高密度聚乙烯和线型低密度聚乙烯。

低密度聚乙烯具有许多优良的性能，如透明性、封合性、易于加工，是当今聚合物工业中应用最广泛的材料之一。低密度聚乙烯成形加工方便，操作简单，容易大规模生产。一般的成形加工机械均可采用，最常用的方法有挤出、注射、吹塑及真空等，也可通过挤出压延的方法使低密度聚乙烯与牛皮纸、玻璃纸、铝箔、织物、型材等其他材质的基材复合制成复合材料。

2.1.2 高密度聚乙烯(HDPE)

高密度聚乙烯也称为低压聚乙烯，通常是由聚合级乙烯及少量共聚单体，在金属有机络合物或金属氧化物为主要组分的载体型或非载体型催化剂作用下，于常压至几兆帕(几十个大气压)下，按离子型聚合反应历程制得。高密度聚乙烯可采用淤浆法、溶液法、气相法等工艺生产。工业上通常采用溶液聚合法，以氢为相对分子质量调节剂，汽油为溶剂，反应温度为50～70℃。最近，高密度聚乙烯也可以由乙烯在高压101.3～202.6 MPa，齐格勒催化剂的作用下，进行气相本体聚合而制得。由于采用了高活性催化剂，聚合所得的产品中催化剂残渣含量极低，所以，目前各种生产工艺都革掉了老工艺中脱催化剂残渣工序。

高密度聚乙烯的平均相对分子质量较高，分子结构主要为线型结构，支链少，平均每1 000个碳原子仅含有几个支链，因此，密度较高，结晶度也较高。高密度聚乙烯密度为0.941～0.965 g/cm^3，结晶度达80%～90%。密度是决定高密度聚乙烯性能的关键因素。密度大，使用温度较高，硬度和机械强度较大，耐化学性能好。

高密度聚乙烯多为乙烯均聚物，有时也在其中加入少量的共聚单体(一般不超过1%～2%)，如丁烯-1、己烯-1或辛烯-1，用以改进高密度聚乙烯的性能。共聚单体的加入使树脂的结晶度略有降低，密度有所下降。

高密度聚乙烯，可采用注射、吹塑、挤出和旋转成形等方法生产各种容器、日用杂品、工业零部件、高强度超薄薄膜，拉伸条、带、单丝、管材以及低发泡合成木材、合成纸等。

2.1.3 线型聚乙烯

线型聚乙烯包括很低密度聚乙烯(VLDPE)、线型低密度聚乙烯、高密度聚乙烯、高相对分子质量高密度聚乙烯(HMWHDPE)和超高分子量聚乙烯(UHMWPE)。

这类聚乙烯多为乙烯与α-烯烃的共聚物,是在过渡金属催化剂(例如 Ziegler-Natta 的 Ti-Al 型或 Phillips 的氧化铬型)作用下,通过低压法聚合而成的。当前茂金属催化剂已成为聚烯烃生产技术的研发热点。茂金属催化剂通常由带有两个环戊二烯的锆、钛或铪化合物和甲基铝氧烷(MAO)所构成。与多活性点的铬系和钛系 Ziegler-Natta 催化剂的根本区别是:茂金属催化剂具有单活性点,从而能精确控制相对分子质量、相对分子质量分布、共聚单体含量和它们在主链上的分布。由于这类催化剂具有更大的催化活性,可将成本降低到和 Ziegler-Natta 催化剂一样,因此有人认为,茂金属催化剂对聚烯烃的影响就像是 20 世纪 70 年代后期线型低密度聚乙烯工艺对聚乙烯的影响一样深远。相对分子质量分布变窄也使树脂的可加工性变差,减少或消除这一缺陷的方法主要有:一种方法是生产双峰树脂,即相对分子质量分布的峰值多于 1,从而产生韧性和可加工性的均衡;另一种途径是生产具有较长支链的窄相对分子质量分布树脂,这些树脂基本上是线型的,但又与低密度聚乙烯类似。

1.高相对分子质量高密度聚乙烯(HMWHDPE)

高相对分子质量高密度聚乙烯是一种较新的聚乙烯品种,通常指线型的乙烯共聚物或均聚物。其重均相对分子质量为 20 万~50 万,密度为 0.944~0.954 g/cm^3。高相对分子质量高密度聚乙烯具有极佳的抗环境应力开裂性能、冲击强度和拉伸强度,高的熔体强度使它可以有高拉伸比而制备薄壁制品,高相对分子质量和高密度的综合使其具有良好的刚性、高的湿气阻隔性、耐磨性和耐化学药品性,在环境条件恶劣的情况下延长制品的使用寿命。然而,长的聚合物链使其具有高黏度,难以采用常规的设备进行加工,因此希望树脂的相对分子质量分布较宽,以便同时满足成形加工与制品性能的要求。最近在催化剂和反应器技术方面的进展已经能生产出双峰、宽相对分子质量分布树脂,从而提供了加工的灵活性和最佳使用性能。高相对分子质量高密度聚乙烯的应用领域包括吹塑薄膜、压力管、大型中空容器和片材等,如物品袋、容器内衬、各种工业和矿用管、输气管、运输用大型容器、汽车油箱以及大型托盘、水库内衬等。

2.线型低密度聚乙烯(LLDPE)

线型低密度聚乙烯,简称 LLDPE,是乙烯与α-烯烃(如 1-丁烯,1-辛烯、4-甲基-1-戊烯等)共聚合而成的低密度聚乙烯。20 世纪 70 年代初,由美国联合碳化物公司(U.C.C)首创气相流化床低压法生产,并于 1977 年发表了 LLDPE 制造专利,Dow 化学、Dupont 等公司也相继研制出新的线型低密度聚乙烯制造工艺。它是在二氧化硅为载体的铬化物高效催化剂,或有钛、钒为载体的铬化合物催化体系的存在下,使乙烯与少量的烯烃共聚(共聚单体质量分数约为 8%),形成在乙烯主链上带有由共聚单体提供的短小支链结构。用于共聚的烯烃一般为丁烯,目前 Mobil、Dow 化学等公司已生产出以已烯或辛烯为共聚单体的线型低密度聚乙烯,并显示出优异的韧性。线型低密度聚乙烯工业生产采用的工艺有气相法、溶液法、淤浆法和高压法。

线型低密度聚乙烯的密度为 0.920 ~ 0.935 g/cm^3,与低密度聚乙烯属于同一密度范围,二者区别在于分子结构。低密度聚乙烯带有长支链,线型低密度聚乙烯的主链上带有很短支链,因此线型低密度聚乙烯的分子链堆积较为密集,结晶度较高。在机械性能方面,线型低密度聚乙烯拉伸强度比普通低密度聚乙烯高 50% ~ 70%,伸长率高 50%以上,耐冲击强度、穿刺强度及耐低温冲击性能均比低密度聚乙烯好,这些优点在薄膜的应用中尤为突出,用线型低密度聚乙烯制造薄膜可在达到同样强度的情况下减少薄膜厚度。在物理性能方面,在相同密度情况下,线型低密度聚乙烯的熔点比低密度聚乙烯高,使用温度范围宽,允许使用温度比低密度聚乙烯高 10 ~ 15℃。抗环境应力开裂性、耐低温性、耐热性和耐穿刺性十分优越,在工农业生产及日常生活中有着广泛的用途。

线型低密度聚乙烯可采用挤出、注射、吹塑、旋转成形等加工方法制造薄膜、管材、电线电缆包覆材料和中空容器等。注射成形时,可选用熔体流动速率较高的线型低密度聚乙烯,以缩短加工周期,又不降低制品性能。由于线型低密度聚乙烯熔点较高,模塑品可在较高温度下脱模,既快又洁净,因此,线型低密度聚乙烯注射速度可比低密度聚乙烯快10%左右。旋转成形时,气相法线型低密度聚乙烯细颗粒料可直接用于加工而不必磨细。加工温度范围比低密度聚乙烯宽(290 ~ 340℃),熔体流动性好,可提高制品合格率。由于线型低密度聚乙烯的相对分子质量分布窄,支链很短,其剪切黏度对剪切速率的敏感性小。当熔体被拉伸时,在所有的应变速率下线型低密度聚乙烯都具有较低的黏度,说明它不像低密度聚乙烯那样在拉伸时发生应变硬化现象。主要因为当形变速率增加时,低密度聚乙烯由于链缠结而使黏度有很大上升,而线型低密度聚乙烯由于不存在长支链,链之间将相互滑动,不会产生链缠结,这一特性使线型低密度聚乙烯薄膜易于减薄,而同时保持高强度和高韧性。线型低密度聚乙烯的这一特性又使聚合物分子链在挤出过程中发生较快的应力松弛,因此在吹膜过程中吹胀比的变化对薄膜的物理性能影响较小。

如果用己烯或辛烯代替丁烯与乙烯共聚,线型低密度聚乙烯的耐冲击和耐撕裂性能将获得更大的改善,但其薄膜的透明度和光泽度都较差,原因在于较高的结晶度使薄膜表面变得较为粗糙。将线型低密度聚乙烯与少量低密度聚乙烯共混可改进其透明度。线型低密度聚乙烯的抗环境应力开裂性能较好,要比低密度聚乙烯高几十倍,比高密度聚乙烯还好,所以线型低密度聚乙烯适用于要求耐高抗环境应力开裂的盛洗涤剂或油性食品的容器。

线型低密度聚乙烯的主要应用是薄膜,如拉伸膜、工业内衬、购物袋、垃圾袋等,它占线型低密度聚乙烯用量的 65% ~ 70%。最近开发的土工膜是线型低密度聚乙烯的重要应用领域,它是利用其耐穿刺性作掩埋场和废料池的内衬,避免泄漏对周围环境的污染。注塑和旋转成形容器类制品也是线型低密度聚乙烯的重要应用领域,主要是利用线型低密度聚乙烯的高抗环境应力开裂特性。

3.超高相对分子质量聚乙烯(UHMWPE)

超高相对分子质量聚乙烯,简称超高分子量聚乙烯,具有突出的高模量、高韧性、高耐磨、自润滑性优良等特点,是目前发展中的高性能、低密度、低造价的工程塑料。1958 年,超高相对分子质量聚乙烯开始作为商品出售,它的链长是高密度聚乙烯的 10 ~ 20 倍,重均相对分子质量一般为 100 万 ~ 300 万,最高可达 600 万。和高密度聚乙烯基本相同,也是线型分子结构,熔体黏度极高,基本处于凝胶状态,对热剪切极不敏感。

超高分子量聚乙烯的生产过程与普通高密度聚乙烯相类似。采用齐格勒催化剂,在一定的条件下使乙烯聚合,即可得超高分子量聚乙烯。工业上有齐格勒低压淤浆法、菲利浦斯新淤浆法、菲利浦斯溶液法等多种生产方法,可得到不同平均相对分子质量的产品。一般平均相对分子质量在25万~100万者称高分子量聚乙烯,在100万~500万以上者称超高分子量聚乙烯,但也有称两者均为超高分子量聚乙烯的。美国试验材料协会规定平均相对分子质量为300万~600万的线型聚乙烯为超高分子量聚乙烯。超高分子量聚乙烯密度为0.936~0.964 g/cm^3,熔体流动速率接近零,热变形温度85℃。由于超高分子量聚乙烯的分子链特别长,所以具有许多独特的物理、机械及化学性能,属于热塑性工程塑料。超高分子量聚乙烯耐磨性超过任何其他热塑性塑料,耐冲击性能好,悬臂梁缺口抗冲击强度达196 J/m,且在低温下仍有很高的耐冲击性,耐腐蚀性和耐环境应力开裂性优良,在100℃温度和100%洗涤液中耐环境应力开裂性能大于2 000 h。拉伸强度高达29.2 MPa,是普通高密度聚乙烯的2倍。抗反复疲劳强度高。超高分子量聚乙烯使用温度为100~110℃,耐寒性能良好,可在-289℃下使用。超高分子量聚乙烯具有极佳的耐化学腐蚀性、良好的电绝缘性。此外,消音减震性能优良,噪音和振动阻尼性均优良。表面摩擦系数低,自润滑性能优良,添加有机硅油和二硫化钼会进一步提高其自润滑性能。超高分子量聚乙烯本身是生理惰性材料,抗黏结性能也很好。可用于与药物、食品、肉、家禽及纯水接触的场所,此外,其耐核辐射性能亦优良。

由于超高分子量聚乙烯的分子链非常长,熔融时具有极高的粘弹性,所以它不像其他热塑性树脂那样会熔融流动,即使被加热到其结晶熔点(129℃)以上,形状也不会变化,熔化时树脂显透明,但不流动,而且临界剪切速率极低,将其熔合在一起需要很大的压力,故其加工十分困难,不能采用通常热塑性塑料熔体加工技术。起初,只能采用预压烧结法进行成形加工,目前已开发了基于压缩成形的各种加工技术,并正在开发双螺杆挤出机之类的挤出成形和注射成形等技术。目前应用最普遍的还是压缩成形。基于压缩成形的加工技术,有压缩法制造薄片、块材和精密零件;压头式挤出法制造板材、棒、管材和异型材料;锻压法制造齿轮、轮盘、链条和凸轮等。

4.很低密度聚乙烯和超低密度聚乙烯

很低密度聚乙烯简写为VLDPE,超低密度聚乙烯简写为ULDPE。1984年末,很低密度聚乙烯开始工业化生产,两年后,超低密度聚乙烯也推向市场。两者的密度为0.870~0.920 g/cm^3,熔体流动速率为0.1~100 g/10 min。一般很低密度聚乙烯的密度小于0.915 g/cm^3,而超低密度聚乙烯的密度小于0.900 g/cm^3。它们均为乙烯与烯烃的线型共聚物,聚合反应机理和线型低密度聚乙烯相似。这两种树脂的突出特点是密度低,有更大的柔软性和韧性,柔量和强度介于低模量、低密度的乙丙橡胶与高模量、低密度的聚乙烯之间。树脂的这种柔软性以前只有一些低强度的材料如乙烯/乙酸乙烯酯共聚物、乙烯/丙烯酸乙酯和软聚氯乙烯才能获得。它们的柔软性也使其易于吸收能量,因而具有优越的耐冲击、耐穿刺和耐撕裂性能。由于很低密度聚乙烯树脂的熔点高,它比乙烯/乙酸乙烯酯和其他极性乙烯共聚物更耐热变形。由于这类聚合物的密度很低,它们的软化点也低,封合温度范围低于线型低密度聚乙烯,热黏合强度和可封合性也很优良。

很低密度聚乙烯的另一些特点是突出的抗环境应力开裂性能、耐弯曲龟裂性能和耐低温冲击性能。其流变性能与其他线型乙烯共聚物类似,可用现有的加工聚乙烯的设备,尤其是用于加工线型低密度聚乙烯的设备进行成形加工。很低密度聚乙烯目前可以代替热塑性聚氨酯和乙烯/乙酸乙烯酯作管、瓶、桶内衬、密封件、垫圈、电缆、玩具,还可代替聚氯乙烯作医用软管、热收缩膜及拉伸包装膜等。

2.2 聚乙烯的结构与性能

2.2.1 聚乙烯结构与性能的关系

1.化学结构及其影响

聚乙烯是主链由亚甲基重复连接而成的碳链高聚物,在主链上连有烷基取代基。

高压低密度聚乙烯制备过程中,链增长时的分子重排可生成含有2~8个碳原子(多数含有4个碳原子)的短支链,而大分子自由基也接枝到惰性链上而终止,从而生成长度可与主链差不多的长支链,所以,高压低密度聚乙烯分子呈枝状结构。长支链的数目,在主链的每1 000个碳原子上有0.5~5个;短支链的数目,在主链的每1 000个碳原子上有15~30个。由于高压低密度聚乙烯的分子结构上支链较多,减少了对称性和链的堆积能力。高压低密度聚乙烯的链端,既可能是亚乙烯基也可能是乙烯基,还有少量1,2-亚乙烯基。通常亚乙烯基5~10倍于乙烯基,大约每个分子有1个,1,2-亚乙烯基数目大致与乙烯基相等。另外,在高压聚合过程中还生成含有4~22个碳原子的低相对分子质量油,油的分子数与聚合物中亚乙烯端基和短支链数相关联。高压低密度聚乙烯的这种结构特点导致其密度降低,结晶度也降低,而由于长支链拓宽了聚合物的相对分子质量分布,所以熔体流动性较好。

线型聚乙烯是由配位催化(共)聚合作用生成的,基本上没有长支链。线型高密度聚乙烯没有长支链,只有很少的短支链。其短支链的数目在主链的每1 000个碳原子上还不到10个(均聚物的短支链比共聚物更少),主链呈线型。由于线型高密度聚乙烯的支链又少又短,因此其密度高,结晶度也高。

线型低密度聚乙烯的主链与高密度聚乙烯类似,也是没有长支链的线型结构,但其短支链比高密度聚乙烯的长而且较多,在主链的每1 000个碳原子上有10~35个短支链。支链长度和数目因引入的共聚单体种类和数量(5%~20%)不同而异。

三种聚乙烯的结构示意图如图2.1所示。

2.平均相对分子质量和相对分子质量分布及其影响

工业上最常用的聚乙烯重均相对分子质量为5万~25万(数均相对分子质量约为0.5万~4万)。一般说来,聚合物的相对分子质量愈高,其物理力学性能愈好,如拉伸强度、断裂伸长率、低温脆化性能及耐环境应力开裂性能都有所提高,但熔体黏度增加,导致加工性能下降。

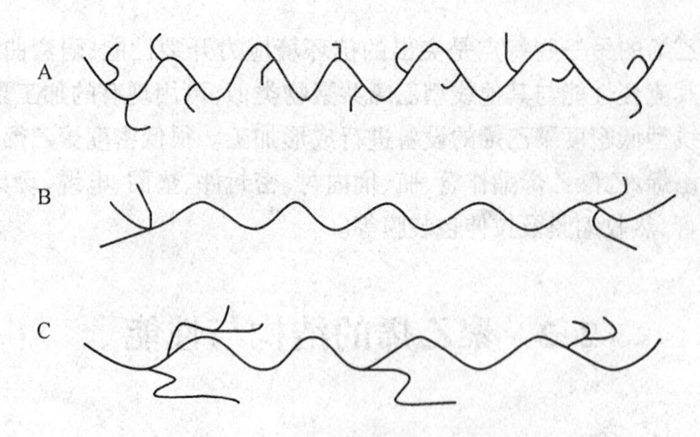

图 2.1　聚乙烯的分子结构简图

A—线型低密度聚乙烯；B—高密度聚乙烯；C—低密度聚乙烯

工业聚乙烯的相对分子质量分布是不同的。通常情况下，相对分子质量分布窄的聚乙烯，其冲击强度、拉伸强度、软化温度及耐环境应力开裂性都较高，熔体的流动性及其对剪切速率变化的敏感性减小。若以重均相对分子质量(M_w)与数均相对分子质量(M_n)之比来表示相对分子质量分布，常用的低密度聚乙烯为 20～50，高密度聚乙烯为 4～15，线型低密度聚乙烯为 3～10。相同密度的线型低密度聚乙烯和高压低密度聚乙烯的熔体流动速率、平均相对分子质量和相对分子质量分布，与它们的物理机械性能的比较见表 2.3。

表 2.3　线型低密度聚乙烯和高压低密度聚乙烯结构参数及性能比较

结构参数及性能	线型低密度聚乙烯		高压低密度聚乙烯	
	A	B	C	D
密度/($g \cdot cm^{-3}$)	0.920	0.920	0.920	0.920
熔体流动速率/($g \cdot 10^{-1} min^{-1}$)	1.0	0.6	6.0	0.3
重均相对分子质量(M_w)	137 700	167 200	70 400	99 700
数均相对分子质量(M_n)	19 400	18 000	14 800	18 800
相对分子质量分布(M_w/M_n)	7.1	9.3	4.7	5.3
高剪切黏度	530	530	400	340
极限拉伸强度/MPa	22.4	22.4	12.6	16.1
极限伸长率/%	900	900	700	700
拉伸屈服强度/MPa	11.2	11.2	11.2	11.2
挠曲模量(2% s)/MPa	357	350	378	378
熔点/℃	132	132	127	109

3.聚集态结构及其影响

聚乙烯的化学结构比其他聚合物简单得多，几何结构又十分规整，因而很容易结晶，属于结晶性聚合物。

结晶聚乙烯在形态学上的基本结构单元是层状结晶，称为层晶或片晶，它们由聚乙烯分子亚甲基链折叠而成。层晶尺寸通常为 10^{-5}～10^{-6}cm，由于尺寸过小，不能使光散射，在光学显微镜中不能分辨出来。微小的层晶从晶核向各个方向有序排列延伸形成类似细棒状的纤丝——纤晶(常带有分枝)，纤晶以晶核为中心呈放射状排列就形成了比单个微晶尺寸要大的组织结构——球晶,如图 2.2 所示。

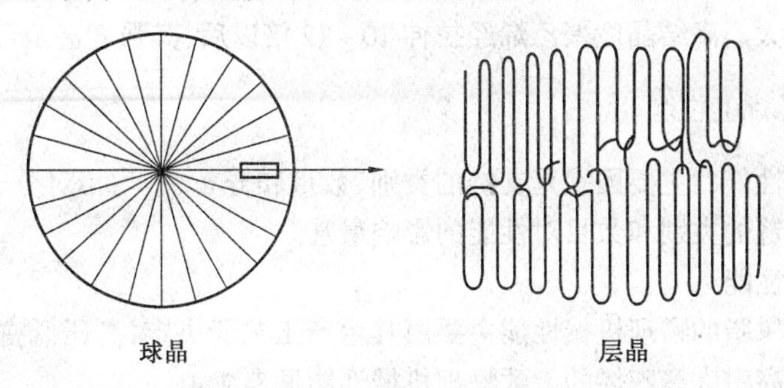

图 2.2　HDPE 球晶结构

球晶中虽然也可能存在无定形区等其他超分子结构,但有序堆砌的结晶结构占绝对优势。球晶呈对称球状,具有双折射性质,大小接近或超过可见光波长。在高倍放大的偏光显微镜下球晶显示为各向异性的球体。

聚乙烯在常温下为乳白色半透明就是因为足够大的球晶使得光线漫射。结晶区由于光线漫射而呈现乳白色,无定形区域不发生光漫射现象因而透明。

聚乙烯结晶度大小与其分子排列规整程度有关,因而结晶度与密度近似正比例关系。支链是控制聚乙烯结晶及其形态的主要因素。在晶态中,短支链和微晶尺寸(折叠周期间距,长周期间距)之比尤为重要,在聚乙烯链折叠结晶过程中,如存在支链,会干扰结晶的折叠。支链愈大,对折叠的干扰也愈大,降低密度的效果十分明显。

高密度聚乙烯缓慢地从熔体中结晶可得到球晶结构,迅速结晶会生成相互缠绕的层晶或纤晶结构。从稀溶液中慢慢结晶可得到平、薄的斜方形单晶,晶体长度取决于结晶条件,能达到几个微米,一般为 10 ~ 15 μm,且随着温度升高而增加,聚合物链的取向正交于晶面。

低密度聚乙烯与高密度聚乙烯相比,由于支链结构增加,损害了大分子链的规整性,结晶度显著降低,所以低密度聚乙烯比高密度聚乙烯更透明。

高压低密度聚乙烯中存在的长短不同的支链干扰了链的折叠过程,使其结晶度降到 50% 左右,密度也下降到 0.912 ~ 0.935 g/cm^3。而对于线型低密度聚乙烯来讲,由于支链短,对于那些主链长度起决定作用的性能不会产生影响。

线型聚乙烯的结晶度与密度的关系,如图 2.3 所示。

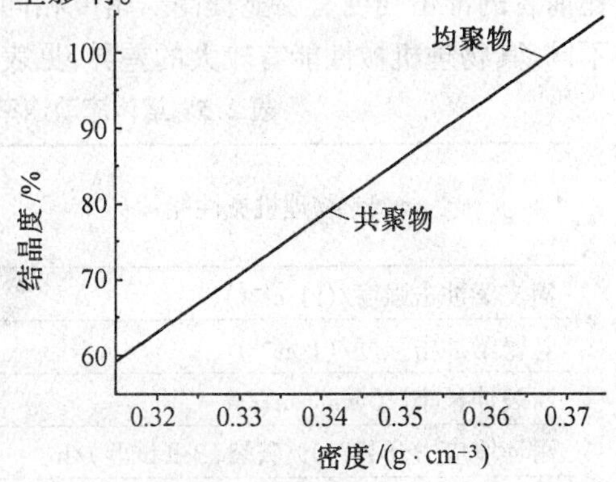

图 2.3　线型聚乙烯的结晶度与密度的关系

交联可使聚乙烯结晶度降低,只要有 5% ~ 10% 的碳原子发生交联,即可制得室温下为无定形的聚乙烯。乙烯与其他单体共聚后,所得共聚物的结晶性能也大为降低。超高分子量聚乙烯分子基本上为线型结构,但因平均相对分子质量太大,致使结晶困难,密度不超过 0.94 g/cm^3。

提高结晶度可使材料刚性增加,因而高

密度聚乙烯比低密度聚乙烯刚硬。经拉伸取向,结晶聚合物强度大为提高,而无定形聚合物则强度提高不大。高结晶度聚乙烯经拉伸 10~12 倍以后,其强度甚至可以超过聚酰胺。

2.2.2 聚乙烯的性能

影响聚乙烯性能的主要因素是支链的类别、数目和分布、平均相对分子质量和相对分子质量分布。支链的类别和数目对性能的影响最甚。

1.物理力学性能

各类聚乙烯树脂的物理机械性能主要由其生产工艺所决定,高压低密度聚乙烯、线型低密度聚乙烯和高密度聚乙烯的大致物理机械性能见表 2.4。

表 2.4 聚乙烯树脂的物理机械性能

性　能	HP-LDPE	LLDPE	HDPE
拉伸强度/MPa	6.9~13.8	20.7~27.6	24.1~31
断裂伸长率/%	300~600	600~700	100~1 000
肖氏硬度	41~45	44~48	60~70
最高使用温度/℃	80~95	90~105	110~130
抗环境应力开裂性	好	高	差到好

绝大多数聚乙烯塑料为单组分塑料,其主要成分为聚乙烯树脂,仅含极少量的添加剂,如抗氧剂、紫外线吸收剂、着色剂等。这些少量添加剂的存在对于其物理和力学性能不发生显著影响。聚乙烯的物理和力学性能与结晶度(密度)和平均相对分子质量(熔体流动速率)有关。

随着聚乙烯密度的升高,其结晶度也升高,刚性增加、韧性降低。在三种聚乙烯中,高密度聚乙烯的密度最高,其刚性也最高,但刚性随聚乙烯的密度降低而降低。随着聚乙烯的密度降低,其伸长率得到提高,这主要因为其非结晶组分增加,塑性也跟着增加。聚乙烯的冲击强度也随着密度和结晶度的降低而降低。线型低密度聚乙烯薄膜的冲击强度受其共聚单体的影响很大,与 1-丁烯共聚的线型低密度聚乙烯薄膜,其冲击强度与高压低密度聚乙烯的薄膜相当,但与 1-己烯和 1-辛烯共聚的线型低密度聚乙烯薄膜相比,后者比前者的冲击强度有明显提高。密度相同的聚乙烯因熔体流动速率和平均相对分子质量不同,其物理机械性能有较大的差异,见表 2.5。

表 2.5 熔体流动速率与高密度聚乙烯的性能关系

物理机械性能	熔体流动速率/($g10^{-1}min^{-1}$)				
	0.2	0.9	1.5	3.5	5.0
简支梁冲击强度/($kJ \cdot m^{-2}$)	210	135	124	86	63
悬臂梁冲击强度/($J \cdot m^{-1}$)	748	214	107	80	64
断裂伸长率(50 cm/mm)/%	30	25	20	15	12
耐环境应力开裂(50%破裂,Bell 试验)/h	60	14	10	2	1
脆化温度/℃	< -118	< -118	< -118	< -101	-73

抗环境应力开裂性能是聚乙烯重要的物性指标之一。按照诱发开裂方式的不同,应力开裂主要有环境的、溶剂的、氧化的、热的或者疲劳的。一般情况下,随着聚乙烯密度的降低,平均相对分子质量增大,相对分子质量分布变窄和温度升高,抗应力开裂性就会随之提高。当存在醇类、皂类或湿润剂这些促进剂时,将加速应力开裂,可称为环境应力开裂。热开裂是一种纯碎的物理现象,能在惰性气氛或在真空中发生,它是在聚合物内部而不是在表面引发开裂,在低于短期强度的恒定应力作用下会发生疲劳开裂。

聚乙烯制品出现环境应力开裂的时间不仅与其接触的介质有关,还与其密度、平均相对分子质量及相对分子质量分布有关。聚乙烯平均相对分子质量增加,耐环境应力开裂性提高,因此用来制造长期使用的电缆、管材或经常接触化学试剂的制品时,应选用平均相对分子质量较高的聚乙烯。聚乙烯的耐环境应力开裂性能可通过交联及橡胶类弹性体共混而得到改善。

高压低密度聚乙烯易发生蠕变,在应力远低于短时导致破坏的拉伸屈服应力下它会发生应力松弛。蠕变通常随着负载增加、温度升高和聚合物结晶度下降而加剧。这种现象限制了高压低密度聚乙烯作为结构材料应用,通常不能用于需连续经受高应力的用途。线型低密度聚乙烯要比相同密度高压低密度聚乙烯的抗应力松弛性好得多。

总体来看,与其他热塑性塑料材料相比,聚乙烯的拉伸强度比较低,抗蠕变性能也比较差,其制品在负载下易随着时间的延长而连续地变形。聚乙烯物理机械性能主要受熔体流动速率、密度和相对分子质量分布的影响。其中熔体流动速率是平均相对分子质量和流动性的量度,密度是支化度和结晶度的量度,三者对各种物性有不同方式和不同程度的影响。它们对各种物性的影响趋势分别如图 2.4 所示。

2.耐老化性

聚合物因受到热、光、氧等环境因素的作用而引起的性能劣化现象称为“老化”。老化的根本原因在于外界能量作用于高聚物分子,使其内部微观结构发生了不可逆的化学变化——降解或交联,从而导致了材料的外观、理化特性、机电性能等宏观特性的变化。

由于聚乙烯分子主链上不同程度地存在叔氢原子,在高温、紫外光及氧作用下,聚乙烯比较容易老化。聚乙烯老化反应按自由基反应机理进行,是典型的自由基链式反应。反应生成的有机过氧化物分解生成的新自由基能与大分子反应引发新的反应链,因此,聚乙烯老化反应具有自动催化的特点。聚合物中存在的变价金属离子(如 Fe^{2+}/Fe^{3+}、Co^{2+}/Co^{3+}、Mn^{2+}/Mn^{3+}和 Cu^{+}/Cu^{2+}等)对有机过氧化物分解起强烈的催化作用。

聚乙烯热氧老化以降解反应为主,导致其性能劣化,甚至完全不能使用。氧化作用可使聚乙烯的电绝缘性能变坏,特别是介电常数和介电损耗。此外,环境应力开裂、伸长率及强度等性能也有降低,并且脆性增加。氧化作用的影响与受热时间的长短有关。聚乙烯树脂中通常都加有抗氧剂,否则经过成形过程中的高温氧化,其性能将会显著下降。

聚乙烯在常温下的老化主要是光氧化过程,通常由紫外线照射引起,可使大分子解聚,并生成一部分交联的体型结构,所以为了防止或减缓光氧老化的作用,在聚乙烯户外用品配方中应适量添加光稳定剂。

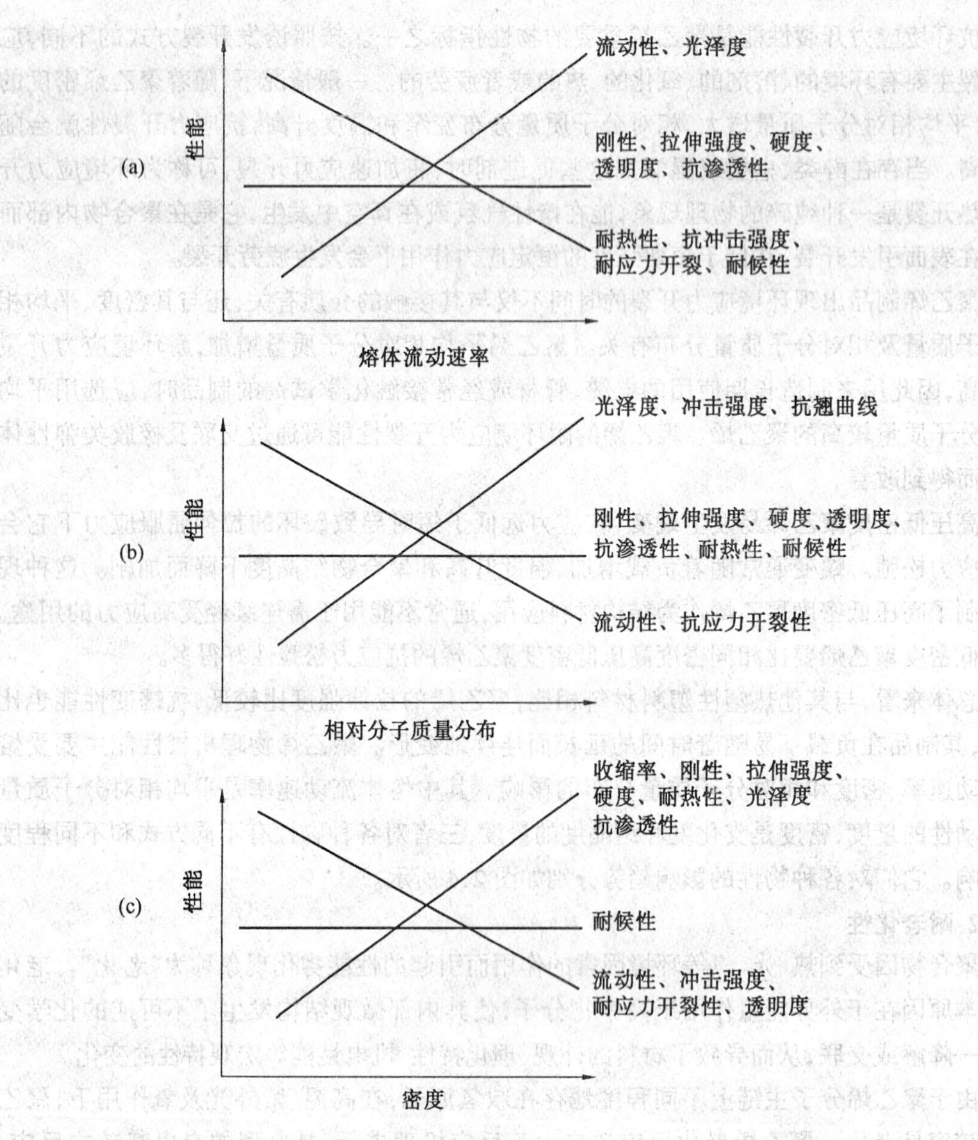

图 2.4 熔体流动速率(a)、相对分子质量分布(b)和密度(c)对聚乙烯物性的影响趋势

3.化学稳定性

聚乙烯对化学品是高度稳定的,这主要是因为它具有与石蜡烃相似的化学结构,具备饱和脂肪烃的化学性质,但对某些化学药品也会发生一定的作用。不同密度的聚乙烯所含双键数目和支链数目不同,结晶度也不相同,因而其化学稳定性也略有差异,比如低密度聚乙烯可溶于沸腾的苯中,而高密度聚乙烯在相同的条件下仅被苯溶胀。

聚乙烯在一般情况下可耐酸、碱及盐类水溶液的腐蚀作用,例如盐酸、硫酸、氢氟酸等,即使在较高浓度下它们对聚乙烯也无显著的破坏作用。但它不耐具有氧化作用的酸类腐蚀,如硝酸在较低浓度下即可使聚乙烯氧化,而使其介电性能变坏,力学强度降低。聚乙烯对于各种浓度的碱类水溶液以及各种盐类的水溶液都很稳定。具有氧化性的盐溶液如高锰酸钾溶液、重铬酸盐溶液对聚乙烯也无显著作用。

低密度聚乙烯长期与氯接触时，其强度降低不显著，但转变为脆性材料。氯的稀薄溶液对聚乙烯无作用；氟对聚乙烯的作用与氯相同；氟化物如三氟化硼对聚乙烯无腐蚀作用。

聚乙烯在室温下或低于60℃时不溶于一般溶剂中，但在较高温度时它可溶于某些有机溶剂中，如脂肪烃、芳香烃和它们的卤素衍生物。即使高压低密度聚乙烯在高温下也能够耐水及水溶液。聚乙烯的平均相对分子质量对其在有机溶剂中的溶解度和膨胀情况也有一定影响，低相对分子质量部分容易溶解，高相对分子质量部分需在较高温度才溶解。不同密度的聚乙烯吸收有机溶剂的量见表2.6。

表2.6 不同密度的聚乙烯吸收有机溶剂的量

有机溶剂	质量增加/%	
	低密度聚乙烯(0.92 g/cm^3)	高密度聚乙烯(0.92 g/cm^3)
四氯化碳	42.4	13.5
苯	14.6	5.0
四氢呋喃	13.8	4.6
石油醚(沸点60~100℃)	12.8	5.8
乙　醚	8.5	2.6
润滑油	4.9	0.95
环己酮	3.9	2.4
醋酸乙酯	2.9	1.6
油　酸	1.81	1.53
丙　酮	1.24	0.79
醋　酸	1.01	0.85
乙　醇	0.7	0.4
水	<0.01	<0.01

4.阻透性

聚合物的透气作用是由大分子聚集态形成的自由空间和链段移动时允许气体通过所造成的。材料的分子结构、厚度、扩散介质的化学性质以及温度、浓度等因素都会影响透过气体的数量。

聚乙烯的透气性随密度的增加而减小，这是因为密度增加，晶体阻挡层增加，透气性就会随之减小。低密度聚乙烯的透气性平均比高密度聚乙烯大5倍左右。与其他塑料薄膜相比较，聚乙烯对氮、氧、二氧化碳等气体的透过性较大，特别是低密度聚乙烯薄膜的透气性比聚苯乙烯、聚氯乙烯、聚对苯二甲酸乙二酯等薄膜的透气性都大，仅次于天然橡胶及甲基纤维素所制薄膜的透气性。高密度聚乙烯薄膜的透气性与聚苯乙烯薄膜相当。对于水气的透气性而言，低密度聚乙烯薄膜要小于其他塑料薄膜，故聚乙烯薄膜不适合包装需保持香味的食品，可用来包装需防潮或防水气散失的物品。

塑料薄膜的透气性一般用定压气体在单位时间内、单位面积上透过薄膜的 1 mm 厚度的量来表示。某些薄膜对氮、氧、二氧化碳和水气的透气率见表 2.7。

表 2.7 某些薄膜对于水气、氮、氧、二氧化碳的透气率

薄 膜	水气①	氮②	氧②	二氧化碳②
低密度聚乙烯(0.92 g/cm³)	0.06	19	55	352
高密度聚乙烯(0.92 g/cm³)	—	2.7	10.6	35.2
聚苯乙烯	0.62	2.9	11	88
聚氯乙烯	0.92	0.40	1.2	10
聚偏二氯乙烯	0.02	0.009 4	0.053	0.29
聚对苯二甲酸乙二酯	0.10	0.05	0.22	1.53
醋酸纤维素	6.18	2.8	7.8	68

注:①单位为 $g\cdot(mm\cdot m^2\cdot 24\ h\cdot 133\ Pa)^{-1}$;②单位为 $10^{-10}mL\cdot(mm\cdot cm^2\cdot s\cdot 1.3\ kPa)^{-1}$

液态介质对于聚乙烯的透过性,与其在聚乙烯中的溶解度关系很大。一般说来,非极性物质的透过性大于极性物质的透过性,例如,聚乙烯对醇、酯等极性有机化合物的渗透率比对庚烷、二乙醇醚等非极性有机化合物的渗透率要低得多。由于聚乙烯具有一定程度的渗透性,因而用其制造的容器不适于长久贮存液体,贮存化学药品和油类物质后还可能发生变形。

5.热性能

与其他聚合物相比,聚乙烯具有较好的热稳定性。通常,随着温度的升高,结晶部分逐渐减少而无定形部分逐渐增多。结晶部分完全消失时,聚乙烯即熔化。结晶完全消失时的温度称为“熔点”。聚乙烯的平均相对分子质量超过 1 500 后,平均相对分子质量变化对其熔点就不再发生影响。不同密度的聚乙烯,其熔点不相同。低密度聚乙烯的熔点为 110 ~ 115℃,高密度聚乙烯的熔点为 125 ~ 131℃。温度升高到 300℃左右时,聚乙烯开始发生热氧老化(降解)。高压低密度聚乙烯均聚物和含有丙烯酸乙酯的共聚物约在 375℃以上迅速降解,含有乙酸乙烯酯的共聚物约在 325℃以上迅速降解。在 500℃的惰性气体中,高密度聚乙烯热解成蜡,即低分子烷烃、烯烃和二烯烃的混合物。

聚乙烯的耐热性不是很好,热变形温度不高,环境温度及受热历史对聚乙烯的物理力学性能影响较大。随着温度的升高,聚乙烯的密度显著降低。相反,当聚乙烯熔融后,再进行冷却并降低其温度,则密度显著增加。例如聚乙烯自熔点温度降至 25℃时,其密度增加约 15%,所以熔融聚乙烯进行冷却时,容易产生内应力,处理不当会使其耐环境应力开裂性能下降。聚乙烯的耐寒性好,脆折温度较低,但与其平均相对分子质量及结晶度有关。聚乙烯平均相对分子质量增高时,其脆折温度降低,极限值为 -140℃。平均相对分子质量相同时,聚乙烯结晶度增加,脆折温度也提高。通常在平均相对分子质量方面高密度聚乙烯大于低密度聚乙烯,所以两种产品的脆折温度也比较相近。不同平均相对分子质量聚乙烯的脆折温度见表 2.8。聚乙烯其他热性能,比如比热容、导热性、热胀系数等与其平均相对分子质量无关,但随着密度的不同,这些热性能稍有差别,见表 2.9。

表 2.8　不同平均相对分子质量聚乙烯的脆折温度

聚乙烯相对分子质量	脆折温度/℃	聚乙烯相对分子质量	脆折温度/℃
5 000	+20	500 000	-140
30 000	-50	1 000 000	-140
100 000	-100		

表 2.9　聚乙烯树脂的热性能

热　性　能	LDPE(0.92 g/cm^3)	HDPE(约 0.96 g/cm^3)
熔点(T_m)/℃	105~110	125~130
负荷热变形温度(0.46 MPa)/℃	40~50	60~82
长期使用最高温度①/℃	60	60
脆化温度/℃	-50~-100	<-50
导热系数/(W·m^{-1}·K^{-1})	125.60	125.60
比热容/(J·kg^{-1}·K^{-1})	2 512.08	2 302.74
线膨胀系数(20~40℃)10^{-5}/℃	20~24	12~13

注:①间歇受热使用时,最高使用温度可提高 20%。

6. 电性能

聚乙烯的绝缘性能优于任何已知的绝缘材料。纯的聚乙烯分子中不含极性基团,其介电常数很低。虽然支化会带入少许极化,聚乙烯基本上是非极性材料。聚乙烯的平均相对分子质量对其介电性能不发生影响,但若含有杂质,例如催化剂、金属灰分及分子中存在的极性基团(如羟基、羧基)等,则对其介电常数、介电损耗等会发生不良影响。

在电流频率为 50~10^9 Hz 时,聚乙烯的介电常数和介电损耗角正切与电流频率无关,因此适合用作高频绝缘材料。

表 2.10　聚乙烯的介电性能

介电性能	低密度聚乙烯	高密度聚乙烯	
		低压法	中压法
介电常数　10^3 Hz	2.28~2.32	2.34~2.36	2.28~2.32
10^6 Hz	2.28~2.32	2.34~2.38	2.28~2.32
3×10^7 Hz	2.29	2.36	2.29
介电损耗角正切　10^3 Hz	0.000 2	0.000 2	0.000 2
10^6 Hz	0.000 3	0.000 3	0.000 3
3×10^7 Hz	0.000 2	0.000 1	0.000 2
体积电阻率/(Ω·cm)	6×10^{15}	$>6\times10^{15}$	3×10^{15}
介电强度/(kV·mm^{-1})	>20	>20	>20

聚乙烯的介电常数与其密度和测定时的温度有关。密度增加，温度降低时介电常数升高。但在高温下由于热氧化作用，也会使介电常数升高。聚乙烯的介电常数与其密度的关系如图 2.5 所示。

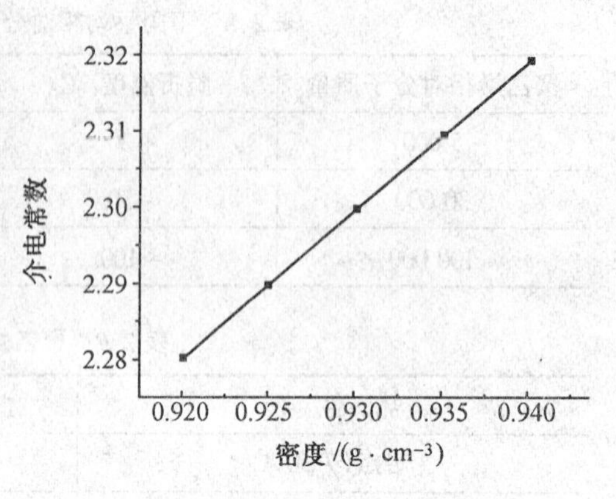

图 2.5 聚乙烯的介电常数与密度的关系

纯聚乙烯的介电损耗在 100 MHz 内很低，随着温度变化而微有变化。聚乙烯在混炼、成形过程中以及长期使用后，由于发生氧化和老化降解作用而产生羰基、羟基以及羧基等极性基团，会使其介电损耗显著增加。

聚乙烯塑料中加入的添加剂如果用量不大，通常对其介电性能影响不大。添加剂用量较大时，根据添加剂的化学组成不同而产生不同程度的影响，例如加有 40% 陶土时，介电损耗角正切由 3×10^{-4}增至 9×10^{-4}。炭黑用量低于 1% 时，对介电性能的影响不大，超过此范围，则有不良影响，其程度与炭黑的种类、在塑料中的分散程度以及颗粒大小有关。

纯聚乙烯在室温下、50 Hz 时的介电强度可达 6 000 kV/cm（一般非极性材料为 1～10 MV/cm）。在实际使用中，由于各种杂质和极性基团的影响，聚乙烯许可使用的介电强度远低于上述数值，最高为 40 kV/cm。介电强度与机械强度密切相关，电击穿包含了打碎和撕裂试样。随温度的升高，介电强度降低。聚乙烯的介电强度从 10℃的 7 000 kV/cm 降低到 100℃的 2000 kV/cm，杨氏模量也在这个温度范围内急剧下降。

综上所述，聚乙烯的各项使用性能与结晶度、平均相对分子质量及相对分子质量分布有着密切的关系。超高分子量聚乙烯结晶度不如高密度聚乙烯的高，因此与结晶度有关的性能如屈服强度、刚度、抗蠕变性能等都不如高密度聚乙烯，但其冲击强度、耐磨性、低温性能及耐环境应力开裂性等高于普通高密度聚乙烯。

2.3 聚乙烯加工及应用

聚乙烯是一类容易加工的聚合物。以聚乙烯类树脂为基础构成的塑料成形温度范围宽、熔体黏度低，适用于各种成形加工方法。

2.3.1 聚乙烯主要添加剂

聚乙烯树脂可直接加工成形为各种塑料制品，但为了防止加工过程中热、氧、光、机械力等作用导致的老化，改善材料加工性，提高制品性能，通常在聚乙烯塑料中加有添加剂。同时，添加剂的使用也是满足或改善各种新产品性能的需求。聚乙烯常用的添加剂有抗氧剂、光稳定剂、填充剂、着色剂、阻燃剂、发泡剂、抗静电剂、交联剂、抗粘连剂等。聚乙烯中所使用的稳定化助剂大多在树脂生产厂造粒时加入，其他添加剂根据制品要求在成形加工时加入。这里简要介绍它们在聚乙烯塑料中的作用。

1. 稳定化助剂

稳定化助剂是为抑制或延缓高分子材料的老化过程而添加的助剂，所以又称为防老剂。导致高聚物老化的原因很多，机理各异，所以稳定化助剂的种类也有很多，因此，塑料配方中常根据需要添加多种稳定化助剂构成协同稳定体系。

聚乙烯在生产、储存、使用过程中的老化，主要是光、热等影响下的氧化过程，其稳定剂主要包括主、辅抗氧剂和光稳定剂。

添加抗氧剂是减缓氧化反应过程的主要手段，其目的在于高温进行挤压造粒、成形加工或在废料回收过程中起到稳定作用，以及在环境温度下进行储存、运输及使用过程中起到长效稳定作用。按照抗氧剂的作用机理可将其分为链终止剂、氢过氧化物分解剂和金属离子纯化剂。在实际使用中，常把链终止剂称为主抗氧剂，后两类则为辅助抗氧剂。前者可单独使用，后者协同主抗氧剂起作用。链终止剂常用受阻胺类和酚类抗氧剂，如防老剂甲、防老剂 H、防老剂 DNP，抗氧剂 264、抗氧剂 CA、抗氧剂 1076 等；氢过氧化物分解剂常用硫代二丙酸酯和亚磷酸酯类，如 DLTP、DSTP，TPP、TNP 等；金属离子钝化剂常用三氮茂类、四氮茂类、置换肼类、丙二酸胺类、草酰胺类等能与金属离子形成络合物有机化合物。抗氧剂的用量为聚乙烯树脂的 0.03% ~ 0.3%，对于特殊用途的用量可更高。

光稳定剂也是为抑制聚合物老化而添加的助剂。抗氧剂和光稳定剂有时很难明显划分，但一般说来抗氧剂的作用仅能抑制热氧化，而不能防止光氧化。光稳定剂则可抑制或减缓光氧化作用导致的高分子材料降解破坏，提高材料耐光性。根据光稳定剂的作用机理，可将其分为光屏蔽剂、紫外线吸收剂、猝灭剂和受阻胺类光稳定剂。

光屏蔽剂是一类能够反射或吸收紫外光的物质，通常是一些无机颜料和填料，常见的光屏蔽剂有炭黑、氧化锌、氧化钛等。

紫外线吸收剂可以有效地吸收紫外线，并将其转化成无害的光能形式释放出去。紫外线吸收剂是光稳定剂中使用最早、用量最大的一类，按化学结构分主要有二苯甲酮、苯并三唑类、水杨酸酯类、三嗪类、取代丙烯腈类等。

猝灭剂是在光降解引发阶段的能量转移剂，它们可猝灭因吸收紫外光而被激活的大分子使之回到基态。目前使用的猝灭剂主要是二价镍螯合物。

受阻胺类光稳定剂是一类具有空间位阻效应的以 2,2,6,6 - 四甲基哌啶为母体的化合物，主要有哌啶系、哌啶系衍生物和咪唑烷酮类衍生物等。这是一类新型高效光稳定剂，与紫外线吸收剂和抗氧剂有良好的协同效应。目前，受阻胺类光稳定剂已成为全球光稳定剂的主导产品和最具发展前途的光稳定剂品种。

2. 着色剂

用于塑料的着色剂可分为颜料和染料两大类。聚乙烯所用着色剂主要是无机颜料，其次是某些有机颜料，有机染料耐热性差且易产生转移现象，不能用作聚乙烯的着色剂。聚乙烯常用的着色剂有钛白、镉红、铬红、镉橙、镉黄、钴蓝、群青、铬绿、酞菁绿、酞菁蓝、阴丹士林蓝、炭黑等。

3. 阻燃剂

聚乙烯为蜡状固体，氧指数(OI)较低(约为 17.4)，易燃烧。

对聚乙烯的阻燃可以通过以下途径：① 终止自由基链反应，捕获传递燃烧反应的活性自由基。卤系阻燃剂即是这种机理。② 吸收热分解产生的热量,降低体系温度。氢氧化铝、氢氧化镁及硼酸类无机阻燃剂为典型代表。③ 稀释可燃物质的浓度和氧气浓度使之降到着火极限以下,起到气相阻燃效果。氮系阻燃剂就是这种原理。④ 促进聚合物成炭,减少可燃性气体的生成,在材料表面形成一层膨松、多孔的均质炭层,起到隔热、隔氧、抑烟、防止熔滴的作用,达到阻燃的目的。这就是膨胀型阻燃剂的主要阻燃机理。

卤系阻燃剂阻燃效果显著而在阻燃领域中占有重要地位,但燃烧时产生大量有毒烟气。目前国内主要采用有机卤化物与 Sb_2O_3 复配使用,以产生协同作用来提高阻燃效果。

无卤阻燃剂是相对卤系阻燃剂而言的。无卤阻燃剂具有安全、抑烟、无毒、价廉等优点,在阻燃聚乙烯中具有重要地位,主要有金属氧化物的水化物、磷系、氮系、硅系和膨胀系阻燃剂等。

4.抗静电剂

由于聚乙烯的分子结构为非极性分子,一旦因摩擦使电子得失而带电后即很难消除,因而给其加工和使用造成不便,影响了制品的工艺性能。

抗静电剂是指涂敷于材料表面或掺和在材料内部,以防止或减轻材料静电积累的助剂。按其分子结构,可分为表面活性剂型和高分子型。表面活性剂型抗静电剂是利用它的亲水基吸湿,在材料表面形成一个单分子导电层,以降低材料表面电阻。按分子中的亲水基能否电离可将其分为非离子型、阳离子型、阴离子型和两性型;按使用方法又可将其分为外处理型和添加型。

高分子型抗静电剂是近年来研究开发的一类新型抗静电剂,它采用各种亲水性聚合物与高分子基体树脂相混合,使其具有永久抗静电性能。目前常用的永久性抗静电剂以聚氧化乙烯的共聚物占多数,此外,还有聚乙二醇/甲基丙烯酸共聚物、聚乙二醇系、聚酰胺或聚酯酰胺、环氧乙烷/环氧丙烷共聚物以及含有季铵盐基团的甲基丙烯酸酯类共聚物等。

2.3.2 聚乙烯的加工特性

聚乙烯易加工,少量添加剂的加入一般不会对其加工性能产生不利影响。聚乙烯的加工特性可归纳如下。

(1)吸湿性：聚乙烯的吸水性极小,不超过 0.01%,无论采用何种成形方法,皆不需要先对粒料进行干燥。

(2)熔体流动性：聚乙烯分子链柔性好,链间作用力小,熔体黏度低,流动性好。聚乙烯熔体为非牛顿假塑性流体,但非牛顿性不是很明显。聚乙烯熔体黏度受温度影响较小,剪切速率的改变对黏度影响也不是很大。聚乙烯的品级、牌号极多,可根据成形工艺要求选取熔体流动速率适当的牌号。

(3)加工温度：聚乙烯熔点低,热分解温度高,加工温度区间宽,成形温度容易控制。聚乙烯的比热容较大,塑化时需要消耗较多热能,要求塑化装置应有较大的加热功率。

(4)结晶与收缩：聚乙烯的结晶能力高,成形工艺参数,特别是模具温度及其分布对制品结晶度及结晶形态影响很大,因而对制品性能也有很大影响。由于聚乙烯结晶度较高而且会在很大范围内变化,所以聚乙烯的成形收缩率绝对值及其变化范围都很大,低密度聚乙烯收缩率为1.5%～5.0%,高密度聚乙烯收缩率为2.5%～6.0%,这在塑料材料中也是很突出的。

(5)热氧化：聚乙烯熔体容易氧化,成形加工中应尽可能避免熔体与氧直接接触,尽量减少熔体在空气中的暴露时间。

2.3.3 聚乙烯加工及应用

聚乙烯加工适应性强,除超高分子量聚乙烯外,绝大多数品种牌号的聚乙烯均可采用多种常规成形工艺加工,如注塑、挤出、中空吹塑、薄膜吹塑、薄膜压延、大型中空制品滚塑、发泡成形等。除此之外,聚乙烯型材可以进行机械加工、焊接、热成形等二次加工。

聚乙烯的成形加工大多属于熔融加工,不同成形工艺对材料的熔体流动性有不同要求,注塑和薄膜吹塑应选用熔体流动速率较大的材料,型材挤出和中空吹塑应选用熔体流动速率较小的材料。

聚乙烯产量大、品种多,是应用范围最广的塑料。不同品种牌号的聚乙烯制得的产品遍及农业、水产、包装、日用、电器、化工、建筑、仪器仪表等工农业生产及人民生活的各个领域。

低密度聚乙烯主要用于制造薄膜,其薄膜制品主要用于农用薄膜及各种食品、药品、纺织品和工业品的包装。低密度聚乙烯电绝缘性能优良,常用作电线电缆的包覆材料。注射成形制品有各种玩具、盖盒、容器等。与高密度聚乙烯掺混后经注射成形和中空成形可制管道及容器等。低密度聚乙烯树脂及其与聚乙烯其他品种所形成的共混物或共挤复合制品,在包装、建筑、农业、工业以及日常生活中都具有重要地位。挤出涂敷是低密度聚乙烯的另一个重要应用市场,其结构特点使它在聚乙烯塑料中是十分适合挤出涂敷的品种之一。涂敷后的包装材料适合于封合,并且具有优良的可拉伸性,良好的覆盖性和对湿气和气味的有效阻隔。

线型低密度聚乙烯可代替低密度聚乙烯制造薄膜、管材、注射成形制品、中空吹塑容器、旋转成形制品及电线电缆包覆材料等。制得的产品机械性能比低密度聚乙烯好,所以,制造相同强度的制品时,线型低密度聚乙烯制品可减薄。

高密度聚乙烯密度高、强硬、阻隔性好,熔点高,可用多种成形方法进行加工,如片材、薄膜、管材或异型材的挤出成形、中空成形、注塑和旋转成形。由于高密度聚乙烯的出现,大大开拓了聚乙烯的用途,不仅用于薄膜和包装,还用于中空吹塑和注塑容器,以及鱼网丝、管材、机械零件和代木产品,如塑料周转箱、瓦楞箱等。最近又开发了许多新产品,如高密度聚乙烯微薄薄膜、单向拉伸薄膜、交叉复合薄膜、大型中空容器、输气管、输油管、护套管、电线电缆和型材等。

超高分子量聚乙烯作为工程塑料,主要用于化学工业、食品和饮料加工机械、铸件、木材加工工业、散装材料处理、医疗上人工移植器官、采矿加工机械、纺织机械及交通运输车辆、体育娱乐设备等领域。由于超高分子量聚乙烯摩擦系数小,耐磨损、耐冲击和耐腐蚀性优良,故可代替钢材,做化工阀门、泵和密封填料,纺织机械的齿轮,输送机的蜗轮杆、轴承、轴瓦、滑块滑道,各种料斗和筒仓的衬里材料以及食品加工机械的料斗和辊筒,体育用品的滑球和溜冰场等。新的应用领域有各种有轨车,农业机械等方面。在各种有轨车中可作为一种永久性固体润滑剂以保护受摩擦的金属表面,自动装配线中可降低能耗,减小噪音以及昂贵的维修费用。用超高分子量聚乙烯做内衬的轻型铝质散装卡车和拖车可节省大量运输燃料。

2.4 聚乙烯的改性

聚乙烯具有一系列优点,但也存在承载能力小,耐热性、耐候性、耐环境应力开裂性差等问题,因此,聚乙烯的改性研究一直十分活跃。聚乙烯通过多种途径在合成或加工过程中改性,许多改性品种已经成功地批量供应市场。

2.4.1 交联聚乙烯

聚乙烯树脂的耐热性能不高,耐环境应力开裂性能也差,其应用受到很大限制。通过化学或物理方法将聚乙烯分子的平面链状结构改变为三维网状结构,可使聚乙烯分子具有优良的物理和化学性质。交联聚乙烯为热固性材料,受热以后不再熔化。与普通聚乙烯相比,它具有卓越的电绝缘性能和更高的冲击强度及拉伸强度、突出的耐磨性、优良的耐应力开裂性、耐蠕变性及尺寸稳定性、耐热性好,使用温度可达 140℃,用作绝缘材料甚至可达 200℃,耐低温性、耐老化性、耐化学腐蚀性和耐辐射性也好。其产品可用作机械、军工等所需要的绝缘材料和电线电缆包覆物,制造热收缩膜和管、各种耐热管材、泡沫塑料、化工设备衬里及容器、制造阻燃建材等。

聚乙烯可通过高能辐射、过氧化物、硅烷、紫外光、盐(离子交联)等化学交联和物理交联方法使之交联。这些聚乙烯交联工艺各有特点和局限,可根据产品要求和生产条件选择使用,其中紫外光交联设备易得,投资费用低,操作简单,防护容易,前途看好。

2.4.2 氯化聚乙烯(CPE)

氯化聚乙烯(缩写代号 CPE)虽由聚乙烯改性而来,但早已作为独立的树脂品种供应市场。氯化聚乙烯通常由聚乙烯直接氯化制取(高密度聚乙烯和低密度聚乙烯均可氯化)。目前,氯化聚乙烯制备方法主要有溶剂法、固相法和悬浮法。其中盐酸相悬浮法是当前世界上最先进的生产方法,水相悬浮法次之。

氯化聚乙烯相当于聚乙烯分子链上的部分氢原子被氯原子取代,其结构式为

$$-\!\!\left[CH_2-\underset{\displaystyle Cl}{\underset{|}{CH}}\right]_x\!\!-\!\!\left[CH_2-CH_2\right]_y\!\!-\!\!\left[CH_2-\underset{\displaystyle Cl}{\underset{|}{\overset{\displaystyle Cl}{\overset{|}{C}}}}\right]_z\!\!-$$

氯化聚乙烯的分子结构中含有乙烯、氯乙烯、1,2-二氯乙烯等不同结构单元,分子中不含不饱和键,呈线型无规则结构。随树脂的平均相对分子质量、氯的质量分数、分子结构及氯化工艺的不同,可呈现硬性塑料到弹性体的不同性能。根据其氯的质量分数不同,可分为塑性氯化聚乙烯(w(Cl) = 15%)、弹性氯化聚乙烯(w(Cl) = 16% ~ 20%)、弹性体 CPE

(w(Cl) = 25% ~ 50%)、硬质氯化聚乙烯(w(Cl) = 51% ~ 60%)和高弹性氯化聚乙烯。普通商品氯化聚乙烯氯的质量分数为 25% ~ 45%,其性能类似于橡胶;如果氯的质量分数低于 30% ,其性能接近聚乙烯;如果氯的质量分数高于 40%,其性能接近聚氯乙烯。

氯化聚乙烯具有优良的耐候性、耐寒性、耐冲击性、耐化学药品性、耐油性和电气性能等优良特性,且同时具有塑料和橡胶的双重性能。氯化聚乙烯与其他塑料和填料有良好的兼容性,氯的质量分数超过 25%的氯化聚乙烯还具有自熄性,它还可以用有机过氧化物引发进行交联制得硫化型聚合物。

氯化聚乙烯可单独作为塑料或弹性体使用,也可通过掺混、接枝共聚等用于其他聚合物改性,以及橡胶、涂料、黏合剂等应用领域。

2.4.3 乙烯共聚物

共聚是开发聚乙烯改性品种的常用手段之一,乙烯可与多种其他烯烃或不饱和单体共聚,通过改变共聚单体的含量或类型,可以得到多种性能各异、用途不同的乙烯共聚物。其中,乙烯与 α - 烯烃(如丁烯 - 1、己烯 - 1、4 - 甲基 - 1 - 戊烯以及辛烯 - 1 等)共聚制得的线型聚乙烯作为聚乙烯家族的新成员已经在聚乙烯中占有相当重要的地位。乙烯与乙酸乙烯酯(VA)、丙烯酸乙酯(EA)等极性单体共聚得到的乙烯/乙酸乙烯酯共聚物(EVA)、乙烯/丙烯酸乙酯共聚物(EEA)等也早已作为独立的树脂品种供应市场。

1. 乙烯/乙酸乙烯酯共聚物

乙烯/乙酸乙烯酯共聚物是由乙烯和乙酸乙烯酯(VA)在引发剂存在下经由自由基聚合而得到的热塑性共聚树脂,缩写代号 EVA。其结构相当于在聚乙烯主链上引入了极性侧基(乙酸基)构成的短支链,结构式为

$$-\!\left[CH_2-CH_2\right]_n\!\!-\!\left[\underset{\underset{\displaystyle O-\overset{\displaystyle O}{\overset{\|}{C}}-CH_3}{|}}{CH}-CH_2\right]_m\!\!-$$

EVA 分子为无规结构,由于乙酸酯侧基的存在,干扰了原来的结晶状态,聚乙烯原有的结晶性遭到破坏,降低了结晶度。同时增大了聚合物链之间的距离,使 EVA 比高压低密度聚乙烯更富有柔软性和弹性。EVA 树脂为半透明或半乳白色的粒状或粉状料,能溶于芳烃、氯代烃中,易燃,离火后继续燃烧,不能自熄,燃烧时熔融滴落并有乙酸和乙酸酯气味。EVA 具有良好的柔软性、强韧性、耐低温性(- 58℃仍有可挠性)、耐候性、耐应力开裂性、热合性、黏结性、延伸性、透明性和光泽性,同时还具有橡胶般的弹性、优良的抗臭氧性、良好的加工性和染色性以及与其他树脂和填充剂的掺合性,且无毒。

EVA 的性能与乙酸乙烯酯的含量有关,乙酸乙烯酯含量越少,共聚物的性能越接近低密度聚乙烯;反之,则越接近橡胶。乙酸乙烯酯的质量分数为 5% ~ 50%。当相对分子质量一定时,乙酸乙烯酯含量降低,共聚物的刚性、耐磨性、电绝缘性较好。随着乙酸乙烯酯含量的增加,其密度增加,但与低密度聚乙烯不同,其密度增加并没有提高共聚物的结晶度,反而使它的结晶度及其与之相关的一些性能降低,从而使共聚物变得更透明,在低温下更柔软,耐应力开裂性能及冲击强度均提高。另一方面,乙酸乙烯酯含量的提高却使材

料的软化温度、封合温度和阻隔性能降低，当乙酸乙烯酯质量分数超过50%时，共聚物变为完全无定形的透明材料。极性乙酸乙烯酯侧链的存在增加了 EVA 分子间的作用力，从而提高了其黏结强度和与各种基材的黏结性，同时也提高了 EVA 在溶剂中的溶解度，使它的耐化学药品性变差。

EVA 可用乳液聚合法、溶液聚合法和悬浮聚合法制得，大多数工业生产主要采用高压本体共聚法。

EVA 中的乙酸乙烯酯含量的不同，使其具有了不同的用途。用于塑料工业的 EVA，其乙酸乙烯酯质量分数为10%～20%，可采用低密度聚乙烯的成形设备进行加工，加工温度比低密度聚乙烯低20～30℃，主要成形方法有注塑、中空吹塑、挤出、压延土层、挤出涂覆、多层共挤出吹塑复合、发泡成形、真空成形等。乙酸乙烯酯质量分数为40%～50%的 EVA，是合成橡胶新品种。乙烯乙酸酯质量分数为30%左右的 EVA，虽然也可用作热塑性塑料，但性能较差，通常作为改性剂与其他聚合物(聚氯乙烯等)掺混使用。由于乙烯/乙烯乙酸酯共聚物更易于浸润颜料和填料，通常用它作为色母料、填充母料的基体树脂。

模塑和挤出的 EVA 产品有注塑鞋和衬里、抗震防护用品等，中空成形的可伸缩软管、中空容器以及挤塑的输水管、微灌管及其他软管等。由于乙烯/乙烯乙酸酯树脂具有良好的发泡性能，其自身又具有优异的回弹性、耐老化性、耐龟裂性能，因而广泛用在鞋底、鞋垫用发泡片及各种包装用发泡物品，建筑和管线保温，体育用品等。

2.乙烯/丙烯酸乙酯共聚物

乙烯/丙烯酸乙酯共聚物(缩写代号 EEA)为柔韧的橡胶状半透明固体物，结构式为

$$-\!\!\left[CH_2-CH_2\right]_n\!\!-\!\!\left[\underset{\displaystyle \underset{\displaystyle O-\underset{\displaystyle \overset{\|}{O}}{C}-CH_2-CH_3}{|}}{CH}-CH_2\right]_m\!\!-$$

EEA 的主要优点是在加工过程中热稳定性好，耐低温性能优良，脆折温度可低至 -100℃，是聚烯烃类聚合物中韧性和柔顺性最好的树脂之一。EEA 具有优良的耐弯曲开裂性及耐环境应力开裂性，而且弹性较大，这是聚乙烯所不及的，此外，该共聚物还具有较大的填料收容性。EEA 可以用有机过氧化物进行交联处理，交联共聚物的耐热性、抗蠕变性、耐溶剂性等都比交联前有所提高。EEA 加工性能与低密度聚乙烯相似，挤出成形温度为120～150℃，注塑温度为205～300℃，注塑时要求模具光洁并使用硬脂酸锌脱模剂。

EEA 的性能与丙烯酸乙酯含量关系密切。市售产品丙烯酸乙酯质量分数为5%～20%，结晶度比聚乙烯低，当丙烯酸乙酯含量增加时，共聚物的柔软性和回弹性进一步提高，高丙烯酸乙酯含量的共聚物具有很高的极性，从而增加了其表面对油墨的吸附性和与其他材料的黏结性，丙烯酸乙酯含量的增加使它的使用温度上限略有降低，透明性变差。

EEA 通常以未改性粒状树脂出售，也可作为专用的高填充混合料的基础树脂，例如阻燃混合料和用于电线涂敷的半导电材料，也常与烯烃类或工程塑料，如聚酰胺、聚酯共混，从而综合了二者的最佳性能。由于它具有较高的热稳定性，其热分解物不腐蚀设备，因此比 EVA 更易于加工。EEA 的主要用途是热熔胶、低温密封材料、软管、层压片、多层膜、注塑/挤出制件和电线电缆料等，与其他聚合物共混改进低温柔性抗冲击性及耐环境应力开

裂性。

3.乙烯/丙烯酸甲酯共聚物

乙烯/丙烯酸甲酯共聚物(缩写代号 EMA)的分子结构为

$$-\!\left[CH_2-CH_2\right]_n\!\!-\!\!\left[\begin{matrix}CH-CH_2\\ |\\ C-O-CH_3\\ \|\\ O\end{matrix}\right]_m\!\!-$$

EMA 的最大特点是具有很高的热稳定性。共聚物中丙烯酸甲酯的质量分数一般为18%~24%,与低密度聚乙烯相比,丙烯酸甲酯的加入使共聚物的维卡软化点降低到大约60℃,弯曲模量降低,耐环境应力开裂性能明显改善,介电性能提高。这种共聚物也具有良好的耐大多数化学药品的性能,但不适合在有机溶剂和硝酸中长期浸泡。EMA 很容易用标准的低密度聚乙烯吹膜生产线制成薄膜,EMA 薄膜具有特别高的落锤冲击强度,易于通过普通的热封合设备或通过射频(RF)方法进行热封合,也可通过共挤贴合、铸膜、注塑和中空成形等方法加工成各种产品。乙烯/丙烯酸甲酯为无毒材料,可接触食品,可用作热封合。EMA 像乳胶那样柔软,适合于一次性手套和医用设备,还常用于薄膜的共挤出,在基材上形成热封合层,也可以作为连接层用于聚烯烃、离子型聚合物、聚酯、聚碳酸酯、乙烯/乙烯乙酸酯、聚偏二氯乙烯和拉伸聚丙烯等的复合。用 EMA 树脂制成的软管和型材具有优异的耐应力开裂性和低温冲击性能,发泡片材可用于肉类或食品的包装。EMA 树脂还被用来与低密度聚乙烯、聚丙烯、聚酯、尼龙和聚碳酸酯共混以改进这些材料的冲击强度和韧性,提高热封合效果,促进黏合作用,降低刚性和增大表面摩擦因数。

4.乙烯/丙烯酸类共聚物

乙烯与丙烯酸(AA)或甲基丙烯酸(MAA)共聚生成含有羧酸基团的共聚物 EAA 或 EMAA。随着羧酸基团含量的增加,降低了聚合物的结晶度,并因此提高了光学透明性,增强了熔体强度和密度,降低了热封合温度,并有利于与极性基材的黏结。共聚单体的质量分数为 3%~20%,熔体流动速率的范围可低至 1.5 g/10 min,高达 1 300 g/10 min。乙烯/丙烯酸共聚物是柔软的热塑性塑料,具有和低密度聚乙烯类似的耐化学药品性和阻隔性能,它的强度、光学性能、韧性、热粘性和黏结力都优于低密度聚乙烯。

乙烯/丙烯酸薄膜用于表面层和黏结层,用作肉类、奶酪、休闲食品和医用产品的软包装。挤出、涂敷的应用有涂敷纸板、消毒桶、复合容器、牙膏管、食品包装和作为铝箔与其他聚合物之间的黏合层。

5.离子聚合体

离子聚合体或称离聚体,是一类独特的塑料,在聚合物链中兼有共价键和离子键。这类聚合物是通过含离子基团侧基的聚烯烃或烯类单体共聚物(如 EAA、EMAA)与金属盐(如 Na^+、Pb^{2+}、Zn^{2+}、Li^+等)中和后形成离子交联键。这些离子型的交联键无规则地存在于长链聚合物链之间,使用时聚合物呈现很高的相对分子质量,使材料具有固态性质,然而它并不是共价交联键,在加热时离子交联键解离,呈现热塑性弹性体的性能,可用各种常规的加工技术进行加工,而残留离子键作用又足以大大提高熔体的强度。

目前国际市场上有 50 种以上具有很宽性能范围的离子聚合体,这些品种在性能上的差别与金属离子的类型和数量、基本树脂的组成(即乙烯与甲基丙烯酸的相对含量)以及加入的其他组分(如增强剂、添加剂等)有关。离子聚合体具有长链和半结晶的结构,这使它具备了与聚烯烃类似的性能,如良好的化学惰性、热稳定性、低介电性能和低的水蒸气透过率。

离子聚合体主要应用在:① 包装领域:主要是食品包装,可以通过共挤、挤出涂敷、层合等。由于这类聚合物特别耐油类和腐蚀性产品,它可确保在很宽的封合温度范围内封口。离子聚合体与铝能很好的黏合,并且耐弯曲开裂和穿刺,可用于冷冻食品、休闲食品和药物的包装,厚膜可作为电子产品的包装。② 运动器具:如用于高尔夫球和木制保龄球杆的涂层,可提高耐久性。并可用来制造运动鞋,如滑雪靴、冰鞋等。③ 汽车工业:玻纤增强的离子聚合体合金,可用于气阀和其他外装饰,未增强的离子聚合体由于它具有优良的冲击韧性和可印刷性,可制成防震垫和防震板。④室外装饰:其制件具有耐紫外线、透明、可着色、低温韧性和可与其他材料黏合等综合性能。此外,由于离子聚合体具有弯曲韧性、耐久性,也可制成发泡板材、层合材料等。

6.乙烯/乙烯醇共聚物

在现有的聚合物中,聚乙烯醇(PVOH)对各种气体的透过性最低,它是极好的阻隔材料,但聚乙烯醇是水溶性的,而且加工很困难。乙烯/乙烯醇的共聚物(EVOH Ethylene - Vinyl alcohol copolymer)既保留了聚乙烯醇的高阻隔性,又大大改善了聚乙烯醇的耐湿性和可加工性。EVOH 为高度结晶的材料,它的性能与共聚单体的相对组成密切相关,常用的乙烯/乙烯醇中的乙烯质量分数为 29% ~ 48%(EVOH 产品也常常根据其乙烯的含量来分级)。一般而言,随着乙烯含量的增加,阻气性降低,阻水性改善,加工更容易。乙烯含量的变化对 EVOH 的氧气透过率影响很大,在低湿度下,乙烯含量越低阻隔性越好;高湿度下,乙烯质量分数为 40%时阻隔性最好。共聚物的结晶形态对阻隔性也有很大影响,当乙烯质量分数低于 42%时,EVOH 结晶为单斜晶系,其晶体较小,排列紧密,与聚乙烯醇类似,这时的 EVOH 对气体的阻隔性很好,热成形的温度也比聚乙烯高。当乙烯质量分数为 42% ~ 80%,EVOH 结晶为六方晶,晶体比较大,也比较疏松,气体渗透率比较高,但热成形温度相对较低。EVOH 的气体阻隔性十分优越,不仅能阻隔氧,还能够有效地阻隔空气和被包装物所散发的特殊气味(如食品的香味、杀虫剂或垃圾的异味等),它的阻气性比尼龙大约 100 倍。乙烯/乙烯醇树脂在所有高阻隔树脂产品中热稳定性最好,因此 EVOH 加工的边角料和含有 EVOH 阻隔层的复合膜或容器均可回收利用。目前可回收的材料中 EVOH 占 20%以上,这对废料回收和环境保护是很有意义的。

由于 EVOH 是亲水性的,所以其气体阻隔性受湿度影响。如果将 EVOH 薄膜进行双向拉伸,则湿敏度将大大降低。EVOH 粒料可直接用来共挤制复合薄膜或片材。它的加工性能与聚乙烯类似。由于 EVOH 是湿敏性的,所以在复合薄膜结构设计时,一般将 EVOH 层放在中间,而常常采用聚乙烯或聚丙烯这样具有高度湿气阻隔性的材料作为复合薄膜的外层,以便更有效地发挥 EVOH 的阻气作用,但是,EVOH 与大多数聚合物的黏结性很差,需加入黏结树脂层。与 EVOH 复合的主树脂层可以是线型低密度聚乙烯、高密度聚乙烯、低密度聚乙烯、聚丙烯、拉伸聚丙烯(OPP)、EVA、离子聚合体、EAA、EMAA、尼龙、聚苯乙烯、聚碳酸酯等,其 EVOH 和尼龙可直接共挤出而不需要加入黏合层。EVOH 可采用通常的加工设备加工,也可采用二次加工(如热成形或真空成形、印刷),或采用喷涂、蘸涂或辊压涂敷技术制成阻隔性优良的容器。

2.4.4 聚乙烯的共混

聚乙烯与其他聚合物共混使用,是改进其性能的重要方法。共混工艺可以是熔融混炼,也可在适当的溶剂中进行共沉淀。工业上重要的聚乙烯共混物有不同密度聚乙烯的共混,有聚乙烯与EVA共混、与氯化聚乙烯共混、与橡胶类物质共混、与聚丙烯酸酯共混,等等。

1.不同密度聚乙烯共混

低密度聚乙烯较柔软,但力学强度及气密性较差;高密度聚乙烯刚度好,却又缺乏柔软性。将不同密度聚乙烯共混可制得软硬适中的聚乙烯材料,从而适应更广泛的用途。不同密度聚乙烯按各种比例共混后可得到一系列具有中间性能的共混物,共混物的性能除拉伸强度及断裂伸长率的变化稍显特殊外,其他如密度、结晶度、硬度、软化温度等的变化,都符合按原料共混比所计算的算术平均值。在低密度聚乙烯中掺入高密度聚乙烯,可使透气性及药品渗透性降低。80%~70%的低密度聚乙烯与20%~30%高密度聚乙烯共混,制得薄膜的透气性仅为单独低密度聚乙烯薄膜运气性的1/2~2/5,而且刚性提高,更适合制作包装材料。不同密度的聚乙烯共混可使熔化区加宽,而当熔融物料冷却时,又可以延缓结晶,这种特性在制造聚乙烯泡沫塑料时有利于发泡过程进行。控制不同密度聚乙烯的共混比例,就能够获得多种性能的泡沫塑料。低密度聚乙烯加入量越多,泡沫塑料越柔软。

2.聚乙烯与EVA共混

该共混物具有优良的柔韧性、加工性、较好的透气性和印刷性,因而受到重视。该共混物的性能受EVA中乙酸乙烯酯含量影响显著,其含量增加所产生的改性效果与增加共混物中EVA比例的效果相似。聚乙烯与EVA的共混物熔体流动性会随EVA含量的变化显示出极大和极小值的特殊现象,例如EVA的质量分数为10%和70%,共混物的流动性出现极大值;而质量分数为占30%和90%时,流动性出现极小值。据推断这是由于两组分共有的乙烯结构单元间的部分兼容以及乙烯结构单元与乙酸乙烯酯结构单元间的部分分离而导致的特殊混合形态所致。所用EVA熔体流动速率越高,这种出现极值的现象越显著,但乙酸乙烯酯在EVA中的含量对此现象无显著影响。

聚乙烯中掺混EVA后,对于生产泡沫塑料很有利。由于该共聚物对聚乙烯的交联反应有阻滞作用,若生产同样结构的泡沫塑料,需用较多的交联剂。

3.聚乙烯与氯化聚乙烯的共混

将氯化聚乙烯掺入聚乙烯可以增进聚乙烯的印刷性、阻燃性和韧性。氯的质量分数较高的氯化聚乙烯与聚乙烯共混时,仅需添加少量即可明显提高聚乙烯与油墨的黏结力。例如氯的质量分数为55%的氯化聚乙烯与高密度聚乙烯共混,若前者氯的质量分数为5%,所得共混物与油墨黏结力比高密度聚乙烯约高3倍。高密度聚乙烯与氯化聚乙烯共混物的力学性能与两组分的共混比例和氯化聚乙烯中氯含量等因素有关。当氯的质量分数为45%或55%时,氯化聚乙烯与高密度聚乙烯兼容性较好,共混物的力学性能基本与高密度聚乙烯相同,因而采用氯含量较高的氯化聚乙烯作为高密度聚乙烯的改性剂效果较好。

4.聚乙烯与聚苯乙烯的共混

聚乙烯具有良好的韧性、耐溶剂性及低温性能,却由于刚性较差,其应用受到一定限制。聚苯乙烯具有良好的刚性和热塑性能,但耐环境应力开裂性和耐溶剂性较差以及低温脆性等也限制了其应用。将聚乙烯和聚苯乙烯进行共混可得到一种集二者的优良性能为一体、综合性能良好的复合材料。由于聚乙烯和聚苯乙烯是两种互不相容的高聚物,简单的机械作用得不到理想的共混物。可以通过加入第三种组分,即相容剂来提高聚乙烯和聚苯乙烯之间的兼容性,常用的兼容剂有接枝共聚物和嵌段共聚物。接枝共聚物通常为聚苯乙烯接枝的聚烯烃弹性体。嵌段共聚物包括苯乙烯和丁二烯的双嵌段和三嵌段共聚物。聚乙烯与聚苯乙烯共混物的力学性能取决于体系中苯乙烯组分的含量、苯乙烯和乙烯的相对分子质量以及兼容剂的含量。随着聚苯乙烯含量的增加,共混物的拉伸强度和弯曲模量提高,断裂伸长率下降。聚乙烯和聚苯乙烯的兼容性差,无兼容剂存在时,其共混物的力学性能很差,加入少量兼容剂后,共混物的力学性能显著提高。另外,相溶剂还可有效地使聚乙烯在聚苯乙烯连续相中的分散更细微、更均匀。聚苯乙烯的相对分子质量增大对于提高共混物的拉伸强度很有利,但导致其断裂伸长率和冲击强度下降。聚乙烯相对分子质量的增大可在保持共混物的拉伸强度不变时,提高其冲击强度。聚乙烯/聚苯乙烯共混物塑化后属假塑性流体,随着聚乙烯含量的增加,共混物体系的黏度提高,但粘流活化能下降。

除此之外,聚乙烯还可与淀粉共混或接枝改性,以制备可生物降解的聚乙烯塑料。聚乙烯与天然橡胶共混,利用聚乙烯的非晶部分和橡胶间一定的互溶性,改善共混物的弹性和韧性。

思考题

1.导致PE老化的主要因素是什么?

2.根据乙烯聚合的压力不同可将PE分为哪几类?

3.根据聚乙烯密度的不同可将其分为哪几类?它们的结构各有什么特点?

4.通用型PE有哪些特性和通途?

5.PE出现环境应力开裂的时间与哪些因素有关?

6.PE常用的添加剂有哪些?

7.PE常用的添加剂中抗氧剂的主要作用是什么?

第3章 聚丙烯

聚丙烯(Polypropylene,缩写 PP)是四大通用塑料之一,1954 年意大利 Natta 教授合成出聚丙烯,1957 年先后在意大利和美国工业化生产,发展速度一直居于各种塑料之首。目前在产量上已经超过聚乙烯和聚氯乙烯。由于聚丙烯原料来源丰富,价格低廉,性能优良,用途广泛,通过改性后可以用于工程领域,其发展将继续处于领先地位。2001 年全世界聚丙烯销量约 3 129 万吨,而中国位居第二。

3.1 聚丙烯的制备与分类

商用聚丙烯塑料有均聚物和共聚物,共聚 PP 是在聚合过程中加入大约 2%～5%的乙烯而得。常用聚丙烯为均聚物,分子主链上每隔一个碳原子有一个侧甲基存在,于是有三种排列方式,即有三种不同的异构体,因而聚丙烯分为等规聚丙烯(Isotactic polypropylene IPP)、无规聚丙烯(Atactic polypropylene APP)和间规聚丙烯(Syndiotactic polypropylene SPP)。

目前所生产的聚丙烯 95%为等规 PP,是以丙烯为单体,采用有机金属立体规整催化剂(Zigler－Natta 催化剂),在一定压力和温度的条件下,按离子聚合机理反应而制得。工艺方法有溶液法、浆液法、本体法和气相法。常用的为浆液法,其次为本体法。聚合产物有 93%～95%为等规聚丙烯,其他为无规聚丙烯,可用己烷、庚烷溶剂进行萃取分离,在庚烷中不溶部分的质量分数作为聚丙烯的等规度。

近年来利用金属茂催化剂合成聚丙烯树脂逐渐增多,其催化活性高,具有单一催化活性中心,所得聚合物相对分子质量均匀、分布窄,可以合成间规 PP。通常间规 PP 是采用特殊的齐格勒－纳塔催化剂并在－78℃低温聚合而得。

根据聚合工艺条件不同,控制不同的聚合度和在聚合过程中加入不同的改性剂,聚丙烯可以有不同的品种和牌号,应用于不同的产品,具体可以参阅有关手册。

3.2 聚丙烯的结构与性能

3.2.1 聚丙烯结构与性能的关系

1.化学结构及其影响

聚丙烯为线型碳链高聚物,结构式为 $\left[CH_2-\underset{}{\overset{CH_3}{\overset{|}{CH_2}}}\right]_n$ 。等规 PP 大分子上的所有甲基取代基都排列在由主链所构成平面的一侧,因此具有高度的规整性,结晶度高达 50%～

70%;无规 PP 的大分子取代基无规则排列在主链两侧,因此为无定形的膏状或蜡状物;间规 PP 取代基有规则交叉排列在主链两侧,也具有结晶性。三种聚丙烯性能对照如表 3.1 所示。

表 3.1　三种聚丙烯性能对照

项　　目	等规 PP	间规 PP	无规 PP
等规度/%	95	5	5
密度/($g\cdot cm^{-3}$)	0.92	0.91	0.85
结晶度/%	60	50~70	无定形
熔点/℃	176	148~150	75
正庚烷中溶解情况	不溶	微溶	溶解

聚丙烯分子为线型碳氢化合物,不含或极少含有不饱和结构,聚丙烯与聚乙烯有相同的化学组成,因此性能有许多相似之处,如溶解性、电性能等,然而聚丙烯分子主链碳原子上交替存在的甲基,使其一方面刚性增强,另一方面又使分子的对称性下降。刚性增强使聚丙烯结晶熔融温度上升,而分子对称性下降使熔融温度降低,二者净效应是使聚丙烯熔点比聚乙烯高 50℃左右。侧甲基的存在使聚丙烯分子主链交替出现叔碳氢原子,叔碳氢原子极易发生氧化作用,因此,聚丙烯的抗氧化性比聚乙烯差。

2.平均相对分子质量及其影响

聚丙烯数均相对分子质量约为 3.8 万~6.0 万,重均相对分子质量约为 22 万~70 万。聚丙烯的平均相对分子质量增加,其熔体强度和拉伸强度增加,但屈服强度、硬度、刚性和熔融温度却随平均相对分子质量的增加而降低,这与其他大多数聚合物相反,是高相对分子质量的聚丙烯不易结晶,结晶度低于低相对分子质量聚丙烯的缘故,同样原因,平均相对分子质量增加也使聚丙烯的脆化温度下降。

工业上习惯使用熔体流动速率间接表示聚丙烯平均相对分子质量的大小,通常测定聚丙烯熔体流动速率的条件为温度 230℃,负荷 2 160 g。工业聚丙烯熔体流动速率为 0.1~30 g/10 min,最高达 800 g/10 min。聚丙烯用途和熔体流动速率的关系如表 3.2 所示。

表 3.2　聚丙烯制品与熔体流动速率的关系

制　品	熔体流动速率/($g\cdot 10^{-1}min^{-1}$)	制　品	熔体流动速率/($g\cdot 10^{-1}min^{-1}$)
管、板	0.15~0.85	单丝、扁丝	2~10
中空吹塑容器	0.4~1.5	延伸带	1~5
双轴拉伸薄膜	1.0~3.0	吹塑薄膜	8~12
纤　维	15~20	注射制品	1~15

3.聚集态结构及其影响

聚丙烯易结晶属结晶高聚物,因冷却结晶条件和结晶过程不同,聚丙烯可有 α、β、γ、δ 晶形以及拟六方晶形五种晶态结构。

最普通的是 α 态,它属于单斜晶系,在 138℃左右产生 α 态,它是最稳定的结构,熔点 180℃。β 态属于六方晶系,在 128℃以下产生 β 态,熔点 145~150℃,它在熔点以上进行处理时再结晶成α态。β态比α态弹性模量和屈服强度低，而拉伸强度相对较高，且β态韧性优于α态。γ态属三斜晶系，熔点比α态低10℃，它只有在平均相对分子质量低、分子活动高时才能得到。δ态不一定是等规聚丙烯，在含有无定形成分较多的试样中可以看到这种晶态。拟六方晶态也叫次晶结构，如将等规聚丙烯熔融后急冷至70℃以下，或在70℃以下进行冷拉伸，就会形成拟六方晶体，这种结构不稳定，在70℃以上进行热处理时就会由固相转变成α态。拟六方晶系在薄膜冷加工中或成形晶中常常见到，成形晶的表面由于急冷形成了六方晶系，而在内部还是单斜晶系，形成六方晶系后，硬度和刚性减弱了，可是冲击强度和透明度却提高了。

在通常的加工条件下，聚丙烯从熔融状态到冷却定型过程中，可以形成以小角度沿径向生成的片晶组成的粗大球晶结构，球晶界面联系的聚丙烯分子较少，是材料强度的薄弱环节。在聚丙烯熔融成形冷却过程中，形成的球晶大小和数目多少直接影响成形制品的性能，当球晶大且结晶度高时，制品的强度硬度虽高，但韧性很低，可见控制结晶的尺寸形态的重要性。

3.2.2 聚丙烯的性能

1.物理力学性能

等规聚丙烯是一种高度结晶热塑性树脂，常温下为白色固体，无味、无臭、无毒、相对密度小，是现有树脂中最轻的一种。其某些物理力学性能如表3.3所示。

表3.3 聚丙烯物理力学性能

性能	数值	性能	数值
密度/($g\cdot cm^{-3}$)	0.9~0.92	缺口冲击强度/($kJ\cdot m^{-2}$)	5~10
拉伸强度/MPa	29.4	水蒸气透过率/($g\cdot mil\cdot m^{-2}\cdot d^{-1}$) (38℃，湿度90%)	未取向 15 取向 6
断裂伸长率/%	200~700		
弯曲强度/MPa	49~58.8	透氧性 /($cc\cdot mil/m^{-2}\cdot d^{-1}\cdot atm^{-1}$)	未取向 3 700 取向 2 500
弹性模量/MPa	980~9 800		

注：1 mil = 0.025 mm；cc = ml；atm = 1.013×10^5 Pa

聚丙烯的物理力学性能与平均相对分子质量大小、相对分子质量分布、结晶度大小及晶粒尺寸等有关。聚丙烯的拉伸强度比聚乙烯高，特别是在较高温度下其拉伸性能优异，即使在100℃下，仍能保持到常温的1/2左右，其弯曲、压缩强度和模量由低温向高温逐渐降低。

聚丙烯等规度增加，拉伸屈服强度明显提高；当等规度相同时，熔体流动速率越高，屈服强度也越高，这是由于等规度高、平均相对分子质量低时聚丙烯结晶度高。

聚丙烯熔体流动速率对其拉伸强度和断裂伸长率的影响与屈服强度相反，熔体流动速率高，拉伸强度、断裂伸长率均低，例如当熔体流动速率超过10 g/10 min以后，断裂伸长率可能小于100%。这是由于试样发生应变硬化之前即已断裂。熔体流动速率较低的聚丙烯，拉伸强度高，应变硬化发生在断裂之前，断裂伸长率甚至可超过900%，因此用作制造单丝和扁丝的聚丙烯，熔体流动速率不能高，也不能太低，否则不能进行高倍拉伸。

聚丙烯的冲击强度由其等规度、球晶大小、熔体流动速率和温度等因素决定。当熔体流动速率较高($MI \geqslant 5$ g/10 min)时,其冲击强度随等规度增大而下降,下降到一定程度即不再发生变化;当熔体流动速率降低($MI < 1$ g/10 min)时,冲击强度随等规度变化不明显;熔体流动速率介于二者之间时,冲击强度随等规度增加而逐渐下降。熔体流动速率较低的聚丙烯具有较佳的耐冲击性,这是因为熔体流动速率较大的聚丙烯不仅平均相对分子质量较低,且易于结晶,使冲击强度降低。平均相对分子质量相同的聚丙烯,相对分子质量分布宽者冲击强度较低;在平均相对分子质量较高情况下,聚乙烯比聚丙烯有较高冲击强度,而平均相对分子质量较低时则相反。聚丙烯分子的取向对冲击强度颇有影响,如将聚丙烯模压试样经 60 min 退火处理,其落球冲击强度比未退火的试样高 3.5 倍,这说明在退火前由于取向对冲击强度产生了影响,但是大的球晶会使聚丙烯制品的冲击强度下降,所以退火时应予以注意。在降低温度条件下,聚丙烯冲击强度明显低于高密度聚乙烯,在 23℃下的无缺口冲击强度为在 0℃的 6 倍,说明聚丙烯具有低温脆性的弱点。

聚丙烯的表面硬度和刚度都比高密度聚乙烯高,并有良好的表面光泽,但不如聚苯乙烯和 ABS。这些性能都随聚丙烯等规度和熔体流动速率的增加而提高,显然这是由于结晶度增大。

聚丙烯的干摩擦因数与聚酰胺相接近,但有润滑油时其摩擦因数不会像聚酰胺那样显著下降,因此用于制作的齿轮和轴承,只适用于 PV 值低和没有冲击载荷的场合。聚丙烯的耐磨耗性比硬聚氯乙烯和聚丙烯酸类树脂差,砂轮法相对磨耗值为 4.3(以铸塑聚酰胺为 1.0 作比较),略优于高密度聚乙烯(相对磨耗值为 4.5)。

聚丙烯具有优异的抗弯曲疲劳性,用 SF－02－U 型万能疲劳试验机测试聚丙烯试样,经反复弯曲 10^7 次后,其疲劳强度为试验前的 34.6%,仍未折断,这种性能是聚丙烯特有的,称作铰链效果。这是由于聚丙烯经弯曲后产生了分子取向,使弯曲疲劳强度提高。利用此特性,可以制作盖与本体一体的容器、汽车加速器踏板及公文夹等。

聚丙烯的蠕变性能和弯曲疲劳性比高密度聚乙烯好,此性能是材料在负荷和变形作用下具有耐久性的重要指标,因此聚丙烯经过改性后,可以作为工程塑料使用。

聚丙烯制品对缺口敏感,在制品设计时应避免尖角出现,否则容易产生应力集中。

2.热性能

等规聚丙烯的熔点为 160～176℃。相同等规度的聚丙烯,平均相对分子质量越大,熔点越高。聚丙烯制品的使用温度可达 100～120℃,如果没有外部压力,150℃时仍不变形,因而可用作输送热水的管道。由聚丙烯制造的医疗器械,在 135℃下消毒处理 1 000 h 无严重损伤。分解温度可达 300℃以上,与氧接触的情况下,树脂在 260℃左右开始变黄。

聚丙烯的维卡软化点及负荷变形温度都随其等规度和熔体流动速率的增加而提高。熔体流动速率对负荷变形温度的影响要比维卡软化点大,如图 3.1 所示,而等规度增加则可使维卡软化点有较大幅度提高,如图 3.2 所示。再者,掺加矿物填料往往可以改善聚丙烯的负荷变形性能。

聚丙烯主链上交替出现的甲基使大分子链柔性下降,因而其玻璃化温度要比聚乙烯高,至于其具体数值目前尚无定论,见之于报道的有－10℃、－18℃、－35℃等。有人认为聚丙烯在－10℃和 27℃附近有两个玻璃化转变点;更有人认为聚丙烯有三个玻璃化温度为－30℃、0℃和室温。低温易脆裂是聚丙烯材料最主要的缺点,有些等级聚丙烯甚至在室温时冲击强度也达不到一般要求。聚丙烯的脆化温度约 -5~20℃,该温度与其熔体流动速率和等规度有关,如图 3.3 所示,而且前者的影响大于后者。

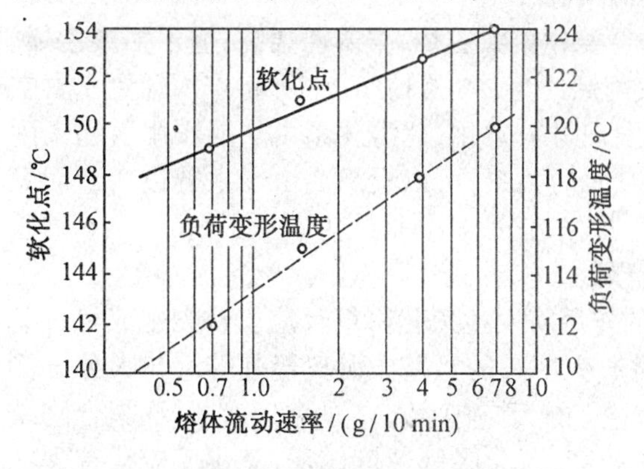

图 3.1 聚丙烯熔体流动速率与维卡软化点和负荷变形温度的关系

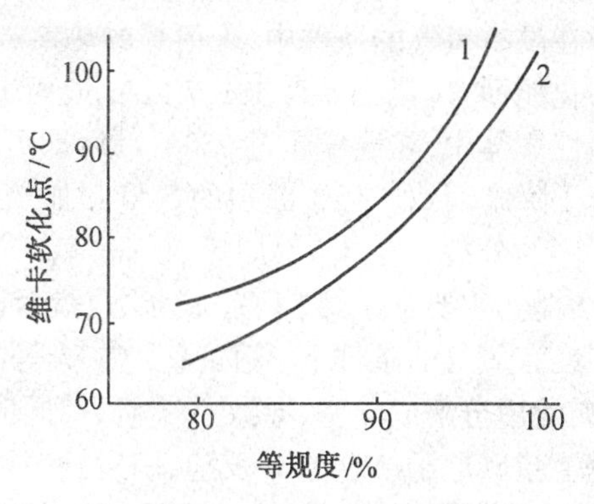

图 3.2 聚丙烯等规度与维卡软化点的关系
1—熔体流动速率为 5 g/10 min;
2—熔体流动速率为 1 g/10 min

当熔体流动速率增加时,聚丙烯脆化温度显著上升,高等规度时尤为突出;相同熔体流动速率时,高等规度的脆化温度比低等规度的高;因此高熔体流动速率和高等规度聚丙烯的应用受到限制。

3.化学稳定性

聚丙烯与高密度聚乙烯一样,具有优异的化学稳定性,而且结晶度越高,化学稳定性越好。这两种聚合物的溶解度参数相接近,因而能被同种液体所溶胀。无机酸、碱、盐的溶液,除具有强氧化性者以外,在 100℃以下几乎对聚丙烯无破坏作用。聚丙烯主链上的叔碳氢原子易被氧化,因而一些强氧化性的酸、碱、盐对聚丙烯有一定的侵蚀作用,例如聚丙烯对发烟硫酸、浓硝酸和氯磺酸等在室温下也不稳定,对次氯酸盐、过氧化氢、铬酸等只是在浓度较小、温度较低时才稳定。

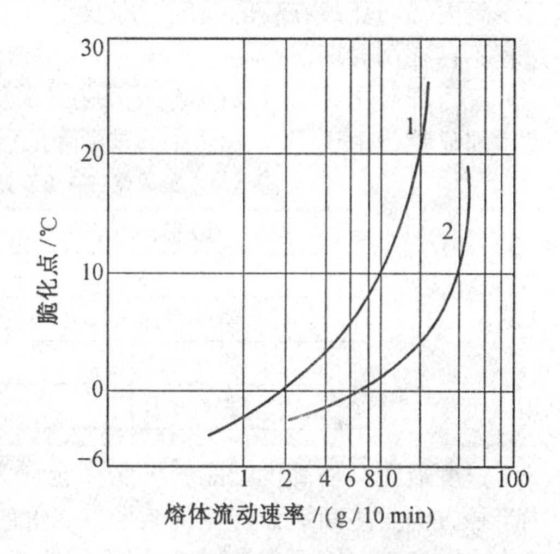

图 3.3 聚丙烯脆化温度与其熔体流动速率和等规度的关系

目前尚未发现在室温下能使聚丙烯溶解的有机溶剂,但非极性溶剂如脂肪烃、芳烃能使它软化或溶胀,温度越高,溶胀越严重,80℃以上则出现溶解现象。聚丙烯对极性有机溶剂十分稳定,醇、酚、醛、酮和大多数羧酸都不能使其溶胀,但卤代烃对聚丙烯的作用甚至超过非极性溶剂。

4.耐老化性

由于聚丙烯分子主链上交替出现的叔碳氢原子,因而它对热、氧、光的稳定性要比聚乙烯差。聚丙烯在这些因素影响下,极易发生降解反应,生成低相对分子质量产物,这时材料的熔体黏度降低,力学强度下降,甚至发生粉化。需要注意,聚乙烯在这些条件下有可能发生交联，平均相对分子质量增大，材料变硬或脆化；而聚丙烯只出现降解，在受到高能辐射或与过氧化物一起加热时，也是这种结果。

在没有氧气的条件中，聚丙烯的热稳定性要比聚氯乙烯、聚苯乙烯高，但不如聚乙烯。就活化能而言，聚乙烯为 301.7 kJ/mol，而聚丙烯约为 247.2 kJ/mol。如将聚丙烯置于真空或惰性气体中，在温度超过 250℃以后即可发现材料劣化，此劣化系由热能作用引起聚丙烯分子降解而致。分子断裂的数量和加热时间的关系，可以设想为由于主链被切断而发生无序的分裂。在 400℃加热 30 min 就产生挥发成分，经分析认为碳原子数从 1～6 的碳氢化合物，主要是丁烯、丁烷、戊烯、戊烷及已烯。

在有氧气的条件下，聚丙烯受热、光等的作用将发生氧化降解反应。首先生成氢过氧化物，然后分解成羰基，导致主链断裂，同时产生游离的羟基。游离羟基继续与大分子侧甲基上叔碳原子结合的 H 反应，引发链锁反应。此反应速度与氧的浓度有关，而聚合物结晶度大小会影响氧的扩散速度，因而结晶度越高，氧化降解速度越低，氧化反应会首先在无定形区域进行。聚丙烯分子中若有双键存在时，双键结合处很容易成为氧化反应的起点，而工业上要制造完全不含不饱和结构的聚丙烯通常极为困难。

聚丙烯与臭氧在较低温度下即发生氧化，导致聚合物平均相对分子质量减小，该氧化过程不存在诱导期。

聚丙烯氧化导致分子断链，因而在溶剂中的溶解度增加，密度也增加(见表 3.4)。密度增加显然是由于平均相对分子质量降低后导致结晶度提高。

表 3.4　聚丙烯在 150℃处理 3 h 后在甲苯中的溶解度

处理条件	甲苯中的溶解度/%
不加热	19.5
空气中加热	65.8
真空中加热	19.4
氮气中加热	22.7

过度氧化会使高度结晶的树脂完全成为粉末状，这是球晶之间的间隙扩大或是球晶内半径方向发生断裂而产生的结果。二价或二价以上的金属离子能与大分子过氧化物反应生成游离基，从而引发或加速聚丙烯的氧化，不同金属离子对聚丙烯氧化催化作用的强弱顺序为

$$Cu^{2+} > Mn^{2+} > Mn^{3+} > Fe^{2+} > Ni^{2+} > Co^{2+}$$

铜离子对聚丙烯氧化的影响最大。聚丙烯与铜接触时，氧化速度会成倍增长，一般抗氧剂在这种情况下已无能为力。例如，聚丙烯用于与铜接触的电线时，由于铜丝表面生成铜盐的影响，普通抗氧剂的效能会损失 99%以上，即使在铜丝表面镀锡或多加抗氧剂也无济于事。在这种情况下应选用加有铜抑制剂的原料，如丙二酸胺类、草酰胺类等，它们能与铜离子形成络合物，使其失去活性。此外，在加工过程中还应尽可能避免使用含铜的着色剂和其他添加剂。

尽管聚丙烯在成形过程中发生的热氧化反应会影响制品的质量，但实验证明，只要采用合理的成形工艺，对一般用途的制品使用寿命没有很大影响；然而当聚丙烯用作结构材料而需要承受较大应力时，热氧化作用会促使其迅速老化，例如将聚丙烯试样置于 130℃空气中，2 MPa 负荷可使其脆性破裂，4 MPa 负荷则发生延性破裂。1 g 聚丙烯吸收 1～2 mg

氧后，它所保持的力学强度只有原来的 80%，这种情况就认为是已经老化。

5.光稳定性

聚丙烯在热氧化过程中生成的羰基化合物能强烈吸收紫外线，使聚合物进一步降解，其机理如下。

途径Ⅰ（主要在高温下发生）

$$—CH_2—\underset{\underset{O}{\|}}{C}—CH_2— \xrightarrow{紫外线} —CH_2\cdot + \cdot\underset{\underset{O}{\|}}{C}—CH_2— \xrightarrow{热} CO + \cdot CH_2—$$

途径Ⅱ（主要在室温下发生）

$$—\underset{\underset{CH_3}{|}}{CH}—CH_2—\underset{\underset{CH_3}{|}}{CH}—\overset{\overset{O}{\|}}{C}—\underset{\underset{CH_3}{|}}{CH}— \xrightarrow{紫外线} —\underset{\underset{CH_3}{|}}{C}=CH_2 + CH_3—CH_2—\overset{\overset{O}{\|}}{C}—\underset{\underset{CH_3}{|}}{CH}—$$

波长 290 ~ 400 nm 的紫外线对聚丙烯的破坏作用最强，其中 290 ~ 325 nm 波段是羰基最为敏感的紫外线。太阳光中能够到达地面的紫外线波长正好在 290 nm 以上，因而聚丙烯对太阳光的抵御能力很差。未加光稳定剂的聚丙烯，曝晒 12 天即发脆，在室内放置 4 个月即变质。

为了提高聚丙烯的光稳定性，可以选用平均相对分子质量较高的聚合物，降低结晶度，减少聚合物中催化剂的残留量，而最普遍采取的措施为添加抗氧剂和光稳定剂。

6.其他性能

聚丙烯具有优异的电性能，其体积电阻率高达 10^{16} Ω·cm 以上，介电常数和介质损耗角正切都很小，具有优异的高频特性，这与它是非极性的碳氢化合物高分子有关。但聚丙烯的耐电弧性与耐燃性均不够理想，适合于作高频绝缘材料、电容器介质材料，而不宜用于经常出现电弧的电器开关和继电器等电器材料。聚丙烯的电性能指标如表 3.5 所示。

表 3.5 聚丙烯塑料的电性能

试验项目		试验方法	聚丙烯塑料种类			
			未改性	共聚体	玻璃增强	抗冲改性
击穿强度 /($kV\cdot mm^{-1}$)	短时间	ASTM D149	19.7 ~ 26.0	19.7 ~ 26.0		19.7 ~ 25.6
	逐步升压		17.7 ~ 26.0	17.7 ~ 23.6		17.1 ~ 23.6
体积电阻率/(Ω·cm)		ASTM D257	> 10^{16}	10^{17}		> 10^{15}
介电系数	60 Hz	ASTM D150	2.2 ~ 2.6	2.25 ~ 2.3	2.37	2.3
	10^3 Hz		2.2 ~ 2.6	2.24 ~ 2.3	2.36	2.3
	10^6 Hz		2.2 ~ 2.6	2.24 ~ 2.3	2.38	2.3
介质损耗角正切	60 Hz		< 0.000 5	0.000 3 ~ 0.000 5	0.002 2	< 0.000 3
	10^3 Hz		0.000 5 ~ 0.001 8	0.000 3 ~ 0.000 8	0.001 7	< 0.000 3
	10^6 Hz		0.000 5 ~ 0.001 8	0.000 3 ~ 0.001 8	0.003 5	< 0.000 3
耐电弧性/s			136 ~ 185	136	74	

高密度聚乙烯和聚苯乙烯制品极易出现应力开裂现象,聚丙烯则有较佳的耐环境应力开裂性(ESCR),而且平均相对分子质量越高,耐应力开裂性越好,如表 3.6 所示。聚丙烯共聚物的耐应力开裂性更好,但需注意,在浓硫酸、浓铬酸和王水介质中,聚丙烯易出现应力开裂现象。

表 3.6 聚丙烯与聚乙烯应力开裂性能

溶剂 \ 品种	LDPE	HDPE	PP
甲醇	0.5	20	>1 000
乙酸	0.5	9	>1 000
甲乙酮	0.8	34	>1 000
肥皂	20	62	>1 000

注:表中数据表示破损 50%时所需小时数。

聚丙烯吸水性很小,在水中浸泡 24 h 吸水还不到 0.01%。

聚丙烯对气体和液体的透过性与聚乙烯相似,对于许多渗透介质,除己烷外,聚丙烯的透过性都小于聚乙烯。聚烯烃对于非极性的氮、氧、二氧化碳的透过率大于极性聚合物,对于水蒸气的透过率较低。表 3.7 为聚丙烯与几种聚合物的透过率比较。

表 3.7 几种聚合物对气体或蒸气的透过率 $\times 10^{10}$

聚合物名称	N_2	O_2	CO_2	H_2O(蒸气)
聚丙烯	4.4	2.3	92	700
聚乙烯	3.3~20	11~59	43~280	120~2 100
聚苯乙烯	3~80	15~250	75~370	10 000
聚对苯二甲酸乙二醇酯	0.05	0.3	1.0	1 300~2 300
聚氯乙烯	0.4~1.7	1.2~6	10.2~37	2 600~6 300
聚酰胺	0.1~0.2	0.38	1.6	700~17 000
聚偏氯乙烯	0.01	0.05	0.29	14~1 000

尽管聚丙烯的结晶度相当高,但其透明度要比聚乙烯好,其原因是无定形聚丙烯的密度(0.850 g/cm^3)与晶态聚丙烯密度(0.936 g/cm^3)之差较聚乙烯的无定形密度与晶态密度之差小。聚丙烯双轴拉伸薄膜的透明度很高,这是由于双轴拉伸后减少了光漫射。

聚丙烯遇火易燃,燃烧时火焰上端黄色,下端蓝色,有少量黑烟,燃烧过程中熔融滴落,发出石油气味。聚丙烯具有高燃烧热,离火后不能自熄,且难以阻燃,因而在用于建筑、车辆、船舶、电器等领域时,应加入阻燃剂。

3.3 聚丙烯加工及应用

3.3.1 聚丙烯主要添加剂

如前所述,聚丙烯材料中通常都要添加抗氧剂,且在树脂造粒时加入。其他各种添加剂如光稳定剂、着色剂、填充剂、增强剂、阻燃剂等,它们有的已在树脂造粒时加入,构成了不同的树脂牌号,因而选择适当牌号树脂即可满足某种使用要求;有的则在制品成形前根据需要添加。

1.稳定化助剂

聚丙烯的稳定化体系中添加剂的种类及品种均与聚乙烯类似,由于聚丙烯的加工温度较聚乙烯高,且其抗氧化性能更差,所以对稳定体系的要求更强些。另外,金属离子钝化剂的选用除要求它们能与金属离子形成络合物,使其失去活性之外,还要求形成的络合物不溶或难溶于聚合物,否则会成为氧化作用的催化剂。

2.成核剂

聚丙烯易结晶,结晶度及结晶形态对成形过程及制品性能影响很大。成核剂系为控制结晶过程而添加的难熔微粒,它们能使聚合物结晶温度提高,球晶数目增加和球晶尺寸减小,并能使结晶形态得到控制,因而使材料的屈服强度、冲击强度和表面硬度提高,制品的透明度和表面光泽度改进,内应力减小,并可缩短成形周期。适合作聚丙烯成核剂的有芳香族或脂环族羧酸的碱金属盐或铝盐,其中以苯甲酸钠和碱性二甲酸铝效果最好,苯甲酸钾、艮萘甲酸钠、苯甲酸铝以及环己烷酸钠也是好的成核剂。一元、二元脂肪酸盐及芳基脂肪酸盐如丁二酸钠、戊二酸钠等效力中等。与有机成核剂相比,二氧化硅、二氧化钛、炭黑、粘土等效果都较差。

3.3.2 聚丙烯的加工特性

(1)吸湿性:聚丙烯吸水性低,加工前不需要干燥。

(2)熔体流动性:聚丙烯熔体黏度不大,加工流动性好,熔体的流变性能比聚乙烯更具非牛顿性,其表观黏度会随剪切速率增加迅速下降,对温度变化的敏感性相对较弱。

聚丙烯拉伸黏度也随拉伸应力的增加而下降,这一流变特性显然对挤出吹塑成形不利,所以一般认为聚丙烯比聚乙烯中空吹塑成形困难,必须对设备和成形工艺给予充分注意,才可得到优良的吹塑制品。

(3)加工温度:聚丙烯结晶度高,熔点也较高,在加热熔融时需要的热量也多,在冷却定型时释放的热量也多,因而成形设备应配置较有效的加热和冷却装置。

(4)结晶与收缩:聚丙烯易结晶,成形收缩率约为1.0%~3.0%,比聚乙烯小。一般地说,能降低晶体生长速率的工艺条件会降低收缩率,例如高熔体温度可得到较小的收缩值,这是高熔体温度导致分子高度无序,否则熔体中可能会保留某种分子秩序,从而为晶核形成提供有利条件,使结晶过程加快。同样原因,降低模温或缩短模塑时间也都对结晶不利,因而成形收缩率减小。加入矿物填料也会降低收缩率。

(5)热氧化:聚丙烯在高温下对氧的作用特别敏感,由于热和空气中氧的作用,聚丙烯在加工过程中平均相对分子质量会显著下降。工业聚丙烯中都加有抗氧剂,一般抗氧剂在高温下易挥发,因而在进行二次加工或使用回收料时要补充适量的抗氧剂。为了减轻聚丙烯在加工过程中的氧化降解现象,应尽量缩短在高温状态下与空气接触时间,如从口模挤出后加快进入冷却装置。

由于聚丙烯的非极性表面,印刷时与油墨的粘着性差,所以通常采用化学、火焰、电晕放电等处理方法提供与油墨粘着的氧化层。

3.3.3 聚丙烯加工及应用

聚丙烯价格低廉,性能优良,容易成形加工,可用传统的热塑性塑料的加工方法,如注射、挤出、中空等成形法及二次加工制出各种聚丙烯制品,如容器、管材、板材、薄膜、扁丝、纤维、瓶类等。同时由于共聚、共混、填充、取向、发泡、交联等工艺,以及使用适合各种要求的添加剂等改性技术的发展,使聚丙烯的应用正日益广泛。

1.注塑成形

生产注塑制品是聚丙烯的主要用途之一,用于注射成形的聚丙烯原料熔体流动速率根据制品用途和壁厚的不同可以从 0.8 g/10 min 到 40 g/10 min,高强度壁厚制品选择熔体流动速率小的树脂,薄壁形状复杂制品选择熔体流动速率高的树脂,例如,货物的周转箱 0.8~1.8 g/10 min,日用品 6~8 g/10 min,医疗用注射器 20~38 g/10 min 等。

聚丙烯注射制品应用范围非常广,日用品、家电产品壳体零件,特别是在汽车制造工业中,使用聚丙烯及其改性材料的增长率超过其他任何材料,如汽车保险杠、仪表板、发动机冷却风扇、蓄电池外壳、方向盘等。

2.挤出成形

在中国,聚丙烯最大的消费领域是编织袋、打包袋和捆扎绳等编织制品,这部分产品大约占聚丙烯总用量的 50%~60%。聚丙烯单丝具有密度小、韧性和耐磨性好等优点,适于制造绳索和编织渔网。聚丙烯扁丝拉伸强度高,制成的编织袋代替麻袋包装化肥、水泥、粮食、食糖等。聚丙烯编织布是制造地毯、苫布、人造草坪等的基材。由聚丙烯纤维制成的产品有衣料、蚊帐、地毯、人造草坪、尿布、滤布、无纺布、室内装饰材料等。

中国聚丙烯的另外一个主要消费领域是薄膜,约占 15%左右。聚丙烯薄膜的透氧率仅为低密度聚乙烯的一半,水蒸气不易透过,适合包装易吸潮的物品。聚丙烯薄膜可分为定向薄膜和非定向薄膜,后者有一半用于包装纺织品之类的软包装,另一半为共挤出薄膜,供食品包装用。定向薄膜(如 BOPP 膜)价格低廉,透明度好,强度高,适用于自动快速包装,特别适合于多层复合、涂覆等技术。不经过热定型处理的定向薄膜可用于收缩包装;经过热定型处理定向薄膜用于电容器以及作电缆、电机和变压器中绝缘材料,比聚酯薄膜还好,它还可用作打字机带和胶粘带的基膜,用聚偏二氯乙烯或聚丙烯酸涂覆后可代替玻璃纸包装香烟和食品。此外,聚丙烯镀金属膜、易开封和易切断膜以及以聚丙烯膜为基材的高附加值功能膜都在开发应用之中。

聚丙烯挤出成形制品还有管材、棒材、片材、板材及电线和电缆被覆等。聚丙烯管材可用于工业排水系统及化工厂输送腐蚀性液体。聚丙烯片材和板材通过热成形可制造食品包装容器、汽车挡泥板、汽车坐椅、马达和泵的罩壳、液体贮槽等。挤出成形的低发泡聚丙烯板材和型材,可以代替木材用于建筑领域,这是聚丙烯开发应用的重要方向。

3.中空吹塑

聚丙烯均聚物冲击性能低,中空成形性较差,一般选用熔体流动速率 0.4~1.5 g/10 min的树脂。

聚丙烯中空制品主要用作包装洗涤剂、化妆品和药品的容器。容量数百毫升以下的小瓶已广泛应用;采用拉伸技术后,制品的透明度和力学强度有所提高,因而容量1L左右的中型瓶也已投入市场。多层容器的出现,使聚丙烯在中空制品中消费量大增。以聚丙烯为主要结构层,与阻气性能好的聚合物如乙烯/乙酸乙烯酯共聚物、聚酰胺等复合,可用于盛装食油、酱油、液体燃料、化学试剂甚至啤酒等。由于聚丙烯具有优异的抗弯曲疲劳性能,用以制造工具箱可以不使用金属铰链。

3.4 聚丙烯的改性

聚丙烯主要缺点是耐热氧老化、光老化性能差,低温易脆,成形收缩率大,不易染色,耐热性与耐磨性比一般工程塑料差。为了克服其缺点扩大应用范围,常通过添加配合剂、机械共混、化学共聚等多种方式进行改性。

3.4.1 聚丙烯填充和增强改性

填充剂和增强剂由其本身的物理结构及其在复合材料中所起的作用来区别。按照传统的观念,填充剂多为廉价的粉粒状不熔物,塑料材料中使用填充剂的首要目的是增加容量,降低材料成本,故又称增量剂。增强剂则是某些一维或二维尺寸较大的高强纤维或织物,增强剂掺入塑料后,可与树脂牢固黏合,显著提高材料的力学强度,故又称增强材料。由定义区分填充剂和增强剂似乎并不困难,然而近年来通过使填充剂颗粒的细微化及表面处理等途径,已可以使其成为功能性添加剂,把增量、增强和改性统为一体,从而在某些场合下代替一些价格较贵的增强剂;因而随着填充材料的增强化和增强材料的廉价化,填充剂和增强剂的界限已变得十分模糊。

1.填充聚丙烯

填充聚丙烯常用填料有碳酸钙、云母、玻璃微珠、滑石粉、硅藻土、石棉等,聚丙烯填充后,材料的密度、刚性、硬度、扭曲强度、负荷变形温度有所提高,拉伸强度、伸长率、冲击强度和成形收缩率减小。矿物填料绝大多数粒度细小,极易凝聚,在聚合物熔融体中难以分散均匀,它们与聚丙烯的化学性质相差太大,彼此界面结合力极弱。如果这些填料不经过表面处理,填充效果很差,添加量也很低。填料经适当的化学物质处理后,不但可以具有良好的分散性,增加与树脂的亲合能力,而且降低对诸如抗氧剂等添加剂的吸附作用,因此,填充改性材料的性能很大程度取决于对填料的表面处理。

碳酸钙常用的表面处理剂有钛酸酯偶联剂、铝酸酯偶联剂以及硬脂酸皂类等。碳酸钙经异丙基三异十八酰钛酸酯(TTS)处理后,填充材料的冲击强度和熔体流动性有很大提高。硬脂酸皂处理碳酸钙,可使填充材料冲击强度提高,但拉伸强度和刚度降低。

滑石粉常用的表面处理剂有硅烷偶联剂和有机胺类润滑剂等。如采用γ-甲基丙烯酸丙酯基三甲氧基硅烷(A-174)处理的滑石粉及A-174与过氧化二异丙苯(DCP)组合处理的滑石粉填充聚丙烯,其拉伸强度比未处理对照物增加20%,可用于制作汽车零件。

2.增强聚丙烯

聚丙烯常用玻璃纤维增强,将聚丙烯树脂与经偶联处理的玻璃纤维混合均匀后切成颗粒，即制得玻璃纤维增强聚丙烯。该材料除了保持聚丙烯原有的优良性能外，拉伸强度、刚性、硬度、低温冲击性能等都有大幅度提高，负荷变形温度可接近聚碳酸酯，制品收缩率小，尺寸稳定性好，有较好的抗蠕变性，因此可以代替某些价格昂贵的工程塑料，用于汽车、建筑、电子、化工等部门。聚丙烯用玻璃纤维增强前后主要物理性能如表 3.8 所示。

表 3.8　未增强聚丙烯与玻璃纤维增强聚丙烯性能比较

性能 \ 材料	未增强聚丙烯均聚物	20%玻璃纤维增强聚丙烯	30%玻璃纤维增强聚丙烯
拉伸强度(22.8℃)/MPa	28.9	51.7	55.1
伸长率(22.8℃)/%	200～700	2.2	2.1
剪切强度/MPa		34.5	41.3
压缩强度/MPa	41.3	44.8	48.2
挠曲强度/MPa	42.1～55.1	68.9	72.3
弹性模量(22.8℃)/MPa	1 378	5 768	6 201
负荷变形温度(1.82 MPa)/℃		121	121
线胀系数/($10^{-5}K^{-1}$)	4.5	2.4	2.4
相对密度	0.9	1.04	1.13

用于玻璃纤维增强的聚丙烯树脂，其熔体流动速率以 3～13 g/10 min 为宜。增强用的玻璃纤维常用无碱或中碱玻璃纤维（主要成分是铝硼硅酸盐），而高碱玻璃纤维（主要成分钙钠硅酸盐）的耐水性差，增强效果不如前者，但价廉，若经适当处理增强效果可提高，因而也有使用。玻璃纤维直径为 8～15 μm，太细成本高，太粗则影响增强作用。玻璃纤维不像粉状矿物填料那样容易与树脂混合，因而对混炼的设备要求较高。按照玻璃纤维原料长度不同，可将增强材料分为两类：一类为无捻长玻璃纤维制品，另一类为短切玻璃纤维制品。这两类制品的工艺差别如下所述。

无捻长玻璃纤维制品的生产工艺有涂覆法、包覆法和涂覆－包覆法。涂覆法工艺先要把聚丙烯树脂配制成乳状液，无捻长玻璃纤维束在其中浸渍即被均匀包覆，然后烘干、切粒，颗粒长度约 12 mm。由这种工艺制得的产品，玻璃纤维质量分数高达 75%～85%。包覆法工艺的主要生产装置为挤出机，机头形式类似于生产电线包覆的机头。无捻长玻璃纤维束从机头芯棒中穿过，在口模处被熔融聚丙烯包覆，经冷却切成 12 mm 长的颗粒，玻璃纤维质量分数在 70%以上。涂覆－包覆法是将涂覆的玻璃纤维束烘干后不经切粒，再经过一次包覆加工，这样可以使用两种不同牌号的树脂。由上述长玻璃纤维制得的增强聚丙烯颗粒料通常作为浓缩母料使用，加工制品时根据要求掺加一定量聚丙烯树脂。

短切玻璃纤维制品可用双螺杆挤出机或单螺杆挤出机生产。双螺杆挤出工艺使用无捻长玻璃纤维束，由于两根螺杆的强烈剪切，纤维被切碎，并与熔融树脂混炼而均匀分散，生产效率高，目前常使用。单螺杆挤出工艺必须先将玻璃纤维切成 3～6 mm 的短切纤维，再与聚丙烯树脂掺混均匀后加入挤出机混炼。所用的挤出机以长径比为 40 的排气式双级单螺杆挤出机效果较好。不论是双螺杆挤出机还是单螺杆挤出机，玻璃纤维经过高温和强烈剪切,成为0.3~1 mm的短纤维,并均匀有序地分散在树脂中,挤出成条状,冷却后切成颗粒料。颗粒中玻璃纤维的长度很重要,对于直径为10 μm左右的玻璃纤维,其切短后的长度必须保证在0.25 mm以上,长径比太小的玻璃纤维会削弱其增强作用。

与填充改性一样,玻璃纤维增强材料的性能很大程度上也取决于对玻璃纤维的表面处理,而且对玻璃纤维的处理比处理粉状填料更为重要,其作用有:处理剂在玻璃纤维表面形成的一层保护膜具有润滑作用,可以改善纤维流动性,防止其在混炼中过度断碎;处理剂将无捻长玻璃纤维黏结为束状,短切容易操作,混炼时不会影响纤维分散;防止玻璃纤维因摩擦产生静电而影响分散;改善玻璃纤维与聚合物分子的界面结合。

玻璃纤维增强聚丙烯材料中,常用的玻璃纤维表面处理剂为硅烷偶联剂。

有些使用场合要求增强聚丙烯具有更高的力学性能,这就需要对聚丙烯树脂进行改性。聚丙烯为非极性分子,改性剂的作用是在聚丙烯的分子链上接枝带有极性基团的单体,或者是加入具有更强偶联作用的带有双官能团的物质。常用的聚丙烯改性剂有三聚氰酸三烯丙酯、亚苯基双马来酰亚胺、二烯丙基顺丁烯二酸酯、乙烯基三乙氧基硅烷、顺丁烯二酸酐、丙烯酸等,其用量一般为树脂的0.1%~1%,必要时加入少量过氧化物,以引发接枝反应。

玻璃纤维增强聚丙烯中,玻璃纤维质量分数一般不超过40%,过高会影响流动性,甚至难于挤出或注射成形。

石棉纤维增强聚丙烯具有突出的耐热性,高温下仍有很好的刚性,成形收缩率可降至0.8%~1.2%,但由于石棉纤维会危害人体健康,因而目前在聚丙烯增强材料中已很少应用。

3.4.2 共混改性

聚丙烯进行共混主要是克服其低温冲击强度差的缺点,此外还可提高其负荷变形温度和抗紫外线能力,改进染色性和印刷性等。但是,当聚丙烯通过共混在某种性能得到改进的同时,很可能会导致另一性能下降,例如韧性提高时,却易引起刚性变差。

聚丙烯经常与高密度聚乙烯共混使用,目的是提高冲击强度,例如掺入10%~40%高密度聚乙烯的聚丙烯共混物,在20℃时落球冲击强度比聚丙烯提高8倍以上,且加工流动性增加,适于注塑大型薄壁容器。不过共混物的拉伸强度却低于聚丙烯,而且掺加聚乙烯越多,拉伸强度下降也越多。

为了改善聚丙烯的冲击性能和克服其低温脆性,还经常使用弹性体进行改性。二元和三元乙丙橡胶(EPM和EPDM)与聚丙烯兼容性好,因此增韧效果好。还可以采用原位聚合方法进行共聚,得到耐冲击聚丙烯。

此外,(PP+PE+EPDM)三元共混体系具有更理想的综合性能。用乙丙橡胶增韧改性的聚丙烯广泛用于生产容器和建筑防护材料,例如,用(PP+EPDM)共混制造的安全帽在-17.5℃自1.5 m高度自由落下,三次尚不脆裂,而同样试验条件下的聚丙烯安全帽一次即破碎,聚氯乙烯安全帽则发生凹陷。近几年弹性体改性聚丙烯的使用以每年15%的速度增长。

聚丙烯与其他弹性体,如聚异丁烯、乙烯/丁烯共聚物、苯乙烯/丁二烯嵌段共聚物等共混，也都能取得良好的增韧效果。聚丙烯/高密度聚乙烯/SBS三元共混物具有良好的综合力学性能，已实用于中空制品、车用材料及蓄电池等方面。

聚丙烯与乙烯/乙酸乙烯酯共聚物共混，可以得到加工性、印刷性、耐应力开裂性以及冲击性能较好的材料。

聚丙烯与聚酰胺共混，其抗冲击性、耐磨性、耐热性、染色性、亲水性等都有显著提高，为了增进它们的兼容性，可掺入少量接枝顺丁烯二酸酐的聚丙烯。

聚丙烯的共混改性普遍采用机械共混法。近年来嵌段共聚－共混法得到发展与重视，有取代机械共混法的趋势。

3.4.3 共聚改性

近年来聚丙烯的消耗量中共聚物的比例越来越大，已近半数。丙烯共聚物包括无规共聚物、嵌段共聚物和接枝共聚物，前两种主要是丙烯与乙烯的共聚物。

1. 丙烯/乙烯无规共聚物

通常采用生产等规聚丙烯的工艺路线和方法，使丙烯和乙烯的混合气体进行共聚，即可制得主链中无规则分布丙烯和乙烯链段的共聚物。共聚物中乙烯的质量分数一般为1%～7%。乙烯单体的无规引入妨碍了聚合物结晶，使性能发生变化。乙烯质量分数为20%时结晶变得困难，质量分数为30%时几乎完全无定形了。

与等规聚丙烯均聚物相比，无规共聚物结晶度和熔点低，较柔软透明，温度低于0℃时仍具有良好的冲击强度，－20℃时才达到应用极限，但其刚度、硬度、耐蠕变性等要比均聚物降低10%～15%。

丙烯/乙烯无规共聚物主要用于生产透明度和冲击强度好的薄膜、中空吹塑和注塑制品。其初始热合温度较低，乙烯含量高的共聚物在共挤出薄膜或复合薄膜中作为特殊热合层得到广泛应用。由于该共聚物中含有较多的可萃取物和无规聚丙烯，因而用于生产食品包装材料时，要注意是否符合有关卫生法规。

2. 丙烯/乙烯嵌段共聚

嵌段共聚物与无规共聚物一样，也可以在制造等规聚丙烯的设备中生产。其生成方法可以用间歇法将丙烯原料先用齐格勒催化剂在一定温度和压力下于惰性溶剂（如庚烷）中制得丙烯均聚物－预聚物，然后再通乙烯继续进行聚合。连续法是以三氯化钛和二乙基氯化铝为催化剂，在两个以上串联的反应釜中进行聚合的工艺。第一个反应釜中制成聚丙烯浆液，然后使此浆液进入第二釜，再通乙烯或乙烯与丙烯的混合气体继续进行聚合。

丙烯/乙烯嵌段共聚物具有与等规聚丙烯及高密度聚乙烯相似的高结晶度及相应特性，其具体性能取决于乙烯含量、嵌段结构、平均相对分子质量大小及相对分子质量分布等。共聚物的嵌段结构有多种形式，如有嵌段的无规共聚物、分段嵌段共聚物、末端嵌段共聚物等。目前工业生产的主要是末端嵌段共聚物以及聚丙烯、聚乙烯、末端嵌段共聚物这三种聚合物的混合物。通常丙烯/乙烯嵌段共聚物中乙烯质量分数为5%～20%。

丙烯/乙烯嵌段共聚物既有较好的刚性，又有好的低温韧性，其主要用于制造大型容器、周转箱、中空吹塑容器、机械零件、电线电缆包覆制品，也可用于生产薄膜等产品。

3.接枝聚丙烯

聚丙烯接枝共聚物是在聚丙烯主链的某些原子上接枝化学结构与主链不同的大分子链段,以赋予聚合物优良的特性。

接枝聚丙烯通常可采用以下工艺路线制备:①将等规聚丙烯或无规聚丙烯悬浮在溶剂中或加热溶解在溶剂中,以有机过氧化物为引发剂,与甲基丙烯酸(酯)或丙烯酸(酯)、苯乙烯、乙酸乙烯酯、富马酸、顺丁烯二酸(酐)等单体进行接枝共聚合,制得接枝聚丙烯。该生产方法目前使用较多。②先将聚丙烯用过氧化物(如 H_2O_2)处理,再与丁二烯、异戊二烯、氯乙烯等在气相条件下进行接枝共聚合。该法使用较少。③将聚丙烯与 α,β-乙烯基不饱和羧酸及游离基引发剂按一定比例混合,在熔融状态下于挤出机中或各种塑料熔融混炼机中进行熔融接枝聚合。该法比较简单,但接枝产物较难纯化。

接枝聚丙烯的性能与接枝聚合所用的聚丙烯种类、接枝链段的种类及长短和数量、接枝聚合物的平均相对分子质量和相对分子质量分布等有关。在聚丙烯分子链上接枝弹性链段,可以提高聚丙烯的冲击强度和低温性能;接枝适当的极性基团,可以改善聚丙烯的黏接性能、染色性能、抗静电性能等。

接枝聚丙烯通常用作聚烯烃材料的黏合剂、涂料以及防水涂层等,还可以代替交联聚乙烯制造管材、板材和其他结构材料。近年来,接枝聚丙烯经常用作黏接性树脂材料,用于聚烯烃与聚酰胺、乙烯/乙烯醇共聚物、纸、布、铝箔、塑料薄膜等黏接复合,以制取气密性优良的食品软包装,耐蒸煮复合薄膜以及性能优良的多层板、多层管、多层中空瓶等。此外,接枝聚丙烯还可用于钢管、钢板、铝板的防腐涂装,电缆电线包覆,食用罐内外涂层等。在材料改性方面,接枝聚丙烯可作为兼容剂,增加聚烯烃与聚酰胺共混的界面强度,提高聚酰胺的韧性。

接枝聚丙烯的加工方法通常采用挤出、挤出涂敷、多层共挤出工艺,也可以制成悬浮体进行涂装,或者制成粉末进行喷涂。当它与其他聚合物共混后,则可用一般的塑料成形方法加工。

思考题

1.聚丙烯有哪些种类?各具有什么特点?

2.等规度对聚丙烯结晶性能、力学性能和热性能有什么影响?

3.聚丙烯具有哪些优异性能?为什么?

4.聚丙烯具有哪些缺点?为什么?如何改性?

5.聚丙烯主要有哪些方面的应用?

第4章 聚氯乙烯

聚氯乙烯(Polyvinyl chloride,PVC)是乙烯基聚合物中最重要的一种,也是最早工业化的塑料品种之一,它是目前世界上仅次于聚乙烯的第二大塑料品种。

聚氯乙烯为热塑性树脂,分子式为 $\left[CH_2-\underset{\displaystyle Cl}{\underset{|}{CH}} \right]_n$,为线型高分子。若以聚合物的平均相对分子质量区分,聚氯乙烯有通用型树脂和高聚合度树脂,前者平均聚合度为500~1 500,后者平均聚合度在1 700以上。通用聚氯乙烯中,聚合度较低者常加工硬质制品,较高者常借增塑剂的加入而加工成各类软质制品。加工温度随平均相对分子质量的高低和混料的配方而异,一般为150~200℃。

高聚合度聚氯乙烯是20世纪60年代中期开发的产品,进入80年代后,随着加工技术的进步和加工机械的改进,发展速度较快,众多牌号的高聚合度聚氯乙烯相继推出。高聚合度聚氯乙烯与普通聚氯乙烯相比,具有较高的拉伸强度和撕裂强度,优异的耐热、耐寒和耐溶剂性,特别是压缩永久变形和负荷变形小,回弹性优异,耐磨,具有热塑性弹性体的性能,可作为橡胶代用品而应用于电缆、电线、密封条、汽车部件、建筑材料、管材及日用品等方面。高聚合度聚氯乙烯虽具有许多优异性能,但其加工性比普通聚氯乙烯差,因此应用受到一定程度的限制,尚需进一步研究开发。

4.1 聚氯乙烯的制备

聚氯乙烯由氯乙烯单体聚合而成。氯乙烯聚合反应由自由基引发,可以用悬浮聚合、乳液聚合、本体聚合或溶液聚合四种基本聚合工艺聚合制得聚氯乙烯树脂。反应温度一般为40~70℃,反应温度和引发剂的浓度对聚合反应速率和聚氯乙烯树脂的相对分子质量分布影响很大。悬浮聚合生产工艺成熟、操作简单、生产成本低、产品品种多、应用范围广,一直是生产聚氯乙烯树脂的主要方法,目前世界上90%的聚氯乙烯树脂(包括均聚物和共聚物)都是出自悬浮法生产装置。乳液法树脂(又称糊状树脂)主要作人造革、墙纸、喷涂乳胶、干法抽丝等。本体法聚合树脂,由于构型规整而均匀,纯度高,热稳定性、透明性和电性能优良,主要作电气绝缘材料和透明制品。

4.2 聚氯乙烯的结构与性能

4.2.1 聚氯乙烯结构与性能的关系

由于电子效应和位阻效应的原因,乙烯基类高聚物主要以头尾形式连接,聚氯乙烯也基本如此。但由于氯乙烯的取代基氯的共轭稳定作用较苯基差,故在氯乙烯的加聚过程中,氯乙烯单元之间既可头尾相接,也可头头或尾尾相接。非头尾相接结构含量随聚合温度的升高而增多。

同聚乙烯相比,二者都是线型大分子,且都具有热塑性,但聚氯乙烯大分子中含极性极强的氯原子,使大分子的极性增大,大分子链间的引力增大,因此聚氯乙烯的硬度和刚度比聚乙烯大,其介电常数和介电损耗比聚乙烯有所增高。由于聚氯乙烯大分子中含有氯原子,使其具有良好的阻燃性能。

聚氯乙烯的大分子链末端,常因链终止反应形式不同而带有不同的端基。自由基向单体和聚合体作链转移,并以岐化反应终止链锁反应,可以形成不饱和的末端基团。引发剂残基或作为链转移剂的溶剂碎片也能在链终止反应中加入到分子链末端而构成末端基团。由于自由基向单体的高转移活性,约60%的聚氯乙烯分子带有不饱和末端基团。据研究,平均相对分子质量为89 000的聚氯乙烯(即聚合度为1 423)有20个支链,大约70个单体单元有一个支链,其中一个端基为引发剂的残基。这些少量的双键、支链及引发剂的残基,在一定的条件下易导致聚氯乙烯分子的降解。

典型的聚氯乙烯分子是由大约1 000个氯乙烯单元以头-尾结构为主结合而成,其他结构排列则认为是有缺陷的结构。比如,单体单元的头头加成是造成氯甲基支链和不饱和末端基的主要原因。同时,由于存在十分活泼的氯自由基,也能与聚合链结合而形成其他形式的支链和不饱和链节。

相邻单体单元的立体异构情况也会影响高聚物的性质。聚氯乙烯有两种立体异构,即全同立构和间同立构。前者的空间配位能比后者的高,降低聚合温度会增加间同立构度。虽然通常都把聚氯乙烯看作为无定形高聚物,实际上,间同立构的分子排列有易于形成结晶的倾向,致使聚氯乙烯的聚集态结构中仍含有少量的结晶,用X-射线衍射法测出其结晶度为5%~10%。据法拉尔(Fulller)和纳塔(Natta)的研究报道,晶区重复距离为0.51 nm,同间规(交替)结构是一致的。核磁共振研究指出,常规聚氯乙烯的间规结构大约是55%,其余基本上是无规结构。在实际的聚氯乙烯中,由于结晶体小和有序区不完整,从而降低了熔点,拉宽了融程。

4.2.2 聚氯乙烯的性能

聚氯乙烯的主要特点是耐腐蚀、自熄阻燃、耐磨、电绝缘性好、强度较高。其缺点是热稳定性差,受热易引起不同程度降解。

1.化学性能

聚氯乙烯在有机溶剂中的溶解性较差,能耐大多数无机酸(除发烟硫酸、浓硝酸等)、碱、多数有机溶剂(比如烃类、醇类、酯类、羧酸类、二硫化碳等)和无机盐溶液等,所以适合用作防腐蚀材料。聚氯乙烯对某些溶剂如乙醇、汽油和矿物油等是稳定的,而在酯、酮、芳烃(比如苯胺、丙酮、酸酐、硝基链烷烃等)以及大多数卤烃中则易被溶解或溶胀。对较低相对分子质量的聚氯乙烯,能够使其溶解的溶剂有甲苯、二氯乙烷、四氯乙烯/丙酮(混合液)、1,2-二氯苯、二恶烷、丙酮/二硫化碳(混合液)、环己酮、二异丙基甲酮、甲基异丁基甲酮、1,5,5-三甲基环已烯-3-酮(异佛尔酮)、N,N-二甲基甲酰胺、硝基苯、六甲基磷酸三胺、磷酸三甲苯酯。对高相对分子质量的聚氯乙烯，能够使其溶解的溶剂有四氢呋喃、丙酮/二硫化碳(混合液)、甲基乙基甲酮、环戊酮、N,N－二甲基甲酰胺、硝基苯、二甲亚砜。聚氯乙烯最好的溶剂是四氢呋喃和环已酮。

聚氯乙烯对热、光和氧的稳定性差，受热时易产生热降解，光照下易产生光降解，再加上大气中氧的协同作用，易发生热氧降解和光氧降解，引起树脂的变色。随着降解程度的加剧，树脂逐渐由白色到粉色、浅黄色、褐色、红棕色、红黑色、黑色不断变化，同时化学性能和力学性能迅速下降，因此，聚氯乙烯中必须加入热稳定剂，必要时还应加入抗氧剂及光稳定剂，使其在成形加工和使用中保持稳定。聚氯乙烯降解机理比较复杂，一般认为主要原因是反应形成了共轭双键结构而显色，随着共轭双键结构增多颜色加深、性能劣化。可能的反应有以下几种：①聚氯乙烯受热分解时放出氯化氢，导致形成共轭双键结构；②聚合过程中由于发生链转移，在分子末端形成双键，该末端继续连锁反应，脱去氯化氢，形成长链共扼双键结构；③残留引发剂分解产生的自由基夺取聚氯乙烯分子中亚甲基上的氢原子形成大分子自由基，为了使分子稳定，相应的氯原子接着脱去，大分子产生双键，继续脱氯化氢产生多烯结构，同时又产生了高活性氯自由基；④聚氯乙烯在成形加工和使用过程中，不可避免地要接触光和空气中的氧，通过光氧化降解，先使大分子形成羰基，进一步反应形成共轭双键体系。

2.热性能

聚氯乙烯属无定型聚合物，在玻璃化温度以下为脆硬固体。通常工业用聚氯乙烯树脂，温度在0～80℃范围内属玻璃态，80～175℃属弹性态，175～190℃为熔融范围(其间无明显熔点)，190～200℃属于粘流态，200℃会发生快速分解。曾有研究证明聚合温度对聚氯乙烯的玻璃化温度和熔点有严重影响，当聚合温度从125℃下降到－80℃时，则玻璃化温度从68℃上升到300℃以上，实际上由于聚合物中增加了间同立构结构百分比，导致了晶体结构的增多，同时这些晶体可能更接近于多面晶体，而不是在较高温度下制备而得的单片晶体。此外，平均相对分子质量的降低也会导致玻璃化温度下降。加入增塑剂可使聚氯乙烯的玻璃化温度降低到室温以下而成为弹性体。

3.力学性能

由于聚氯乙烯大分子中含有极性氯原子，使大分子间的作用力增大，所以具有较高的硬度和力学强度。聚氯乙烯的力学性能还与其平均相对分子质量的大小、加入增塑剂的品种和数量以及所处的环境温度等因素有关。一般随着平均相对分子质量的增加，其硬度和力学强度增加；随着所处环境温度的提高，其硬度和力学强度降低。根据在聚氯乙烯树脂中加入增塑剂量的多少，把聚氯乙烯塑料分为硬质聚氯乙烯和软质聚氯乙烯。通常硬质聚氯乙烯的增塑剂用量在5份以下，软质聚氯乙烯的增塑剂用量在25份以上，介于二者之间为半硬质聚氯乙烯。增塑剂用量对聚氯乙烯制品的力学性能有明显影响，随着增塑剂用量增加制品变软，抗变形能力下降。另外，软制品还有增塑剂外迁之弊，对应变敏感，变形后不能完全复原，且在低温下变硬。聚氯乙烯制品的力学性能如表4.1所示。

聚氯乙烯制品的力学性能主要随聚合物平均相对分子质量的增加而改善，但平均相对分子质量增加又会导致加工性能变差，因此，在加工各类制品中都应在能满足加工要求的情况下，选用平均相对分子质量最高的树脂。

表 4.1　聚氯乙烯制品的力学性能

性能项目	未增塑硬质制品	增塑的软质制品	
		不加填料	加填料
拉伸强度/MPa	40 ~ 60	11 ~ 25	11 ~ 25
断裂伸长率/%	40 ~ 80	200 ~ 450	200 ~ 400
拉伸模量/MPa	25 ~ 42		
压缩强度/MPa	50 ~ 90	130 ~ 1 200	200 ~ 1 270
弯曲强度/MPa	80 ~ 110		
冲击强度(缺口)/($J\cdot cm^{-2}$)	0.25 ~ 0.51		
硬　　度	65 ~ 85(邵尔 D)	50 ~ 100(邵尔 A)	50 ~ 100(邵尔 A)
弯曲模量/MPa	2 100 ~ 3 500		

4.电性能

聚氯乙烯大分子中虽含有极性氯原子但偶极相低,故仍属于弱极性聚合物,因而仍具有较好的电性能,介电损耗较小,介电强度和体积电阻较高,其电绝缘性能可与硬橡胶相媲美。随着环境温度的升高,其电绝缘性能降低;随着频率的增大,电性能变坏,特别是体积电阻率下降,介电损耗增大。聚氯乙烯制品的电性能如表 4.2 所示。

影响聚氯乙烯电性能的主要因素是含离子型物质的加入,因此,在进行绝缘材料的配料时,各类助剂及其反应产物以不含离子型物质为准,尤其在选用稳定剂时应该注意。当聚氯乙烯发生热分解时,产生的氯离子会使其电绝缘性降低,如果大量的氯离子不能被稳定剂所中和,会使电绝缘性能明显下降。稳定剂在电绝缘材料的配料中主要是确保在加工过程中和加工生成的降解产物必须是非离子型的,这样可防止电性能变差。

表 4.2　聚氯乙烯制品的电性能

项　　目	未增塑硬质制品	增塑的软质制品	
		不加填料	加填料
体积电阻率(20℃)/($\Omega\cdot cm$)	$10^{12} \sim 10^{16}$	$10^{11} \sim 10^{13}$	
介电常数(20℃)			
60 Hz	3.2 ~ 4.0	5.0 ~ 9.0	5.0 ~ 6.0
10^3 Hz	3.0 ~ 3.8	4.0 ~ 8.0	4.0 ~ 5.0
10^6 Hz	2.8 ~ 3.1	3.3 ~ 4.5	3.5 ~ 4.5
介电损耗正切			
60 Hz	0.07 ~ 0.02	0.08 ~ 0.15	0.10 ~ 0.15
10^3 Hz	0.009 ~ 0.017	0.07 ~ 0.16	0.09 ~ 0.16
10^6 Hz	0.006 ~ 0.019	0.04 ~ 0.14	0.09 ~ 0.10
耐电弧/s	60 ~ 80		
击穿强度(短时,20℃)/($kV\cdot mm^{-1}$)	9 ~ 12	8 ~ 10	
介电强度(60 Hz)/($kV\cdot mm^{-1}$)	14.7 ~ 29.5	26.5	9.85 ~ 35.0

聚氯乙烯的电性能还与配方中加入的增塑剂、稳定剂等的品种和数量及树脂的受热情况有关。另外，树脂的电性能还与聚合时留在树脂中的残留物的数量有关。一般悬浮法树脂较乳液法树脂的电性能好，因此，聚氯乙烯仅适用于作低频绝缘材料。

5.耐候性

聚氯乙烯受日光暴晒会发生光降解，光降解作用是一个自由基机理的光氧化过程，降解速度与适当紫外光区的辐射强度成正比。聚氯乙烯的光降解会形成过氧化物、酮和醛等基团，这些基团进一步进行光诱导反应而使聚氯乙烯分解。在光作用的早期也同样有脱氯化氢反应并导致共扼双键的产生，但其反应较典型的热降解脱氯化氢反应缓慢，且立刻会与氧反应形成羰基基团，终止反应，从而阻滞了制品因脱氯化氢导致的变色。但由于羰基基团的光敏性，更进一步加速了光解反应，并导致断链和交联结构的产生，最终使制品表面产生龟裂、变脆等现象。

除光降解之外，光能侵入产生的热量也会引起热降解和增塑剂的挥发，进而引起聚氯乙烯制品的老化。另外，雨雪及其他水分的反复吸着和散失，也会使吸湿组分流失而导致聚氯乙烯制品表面产生机械性碎裂，大气中污染粒尘的侵蚀也会加速制品的老化程度。聚氯乙烯制品的耐老化性能（含耐光）主要取决于配料的组成，尤其与使用的稳定剂体系关系密切。

6.高聚合度聚氯乙烯（HPVC）的性能

高聚合度聚氯乙烯（HPVC）由于采用了较低的聚合温度，使分子链段的结晶相组成比例提高，链结构规整性和结晶度增加。由于平均相对分子质量大，分子链长，无规分子链间的缠结点增多，使其具有类似交联的结构。高聚合度聚氯乙烯树脂增塑后的产品除保持了聚氯乙烯原有的特性外，还具有压缩永久变形和热变形小、强度高、回弹性优异、消光、耐油耐磨性突出等一般橡胶所具有的特点，因此也称之为聚氯乙烯热塑性弹性体（PVC－TPE）。

与普通聚氯乙烯相比，高聚合度聚氯乙烯具有下述优良的性能：压缩永久变形小，回弹性高；高温下尺寸稳定性好；具有较高的拉伸强度和撕裂强度，力学性能好；吸收增塑剂能力较强，增塑剂的保持性好，可制成性能优异的各种软质制品；硬度对温度的依赖性小，可在较宽的温度范围内使用；配用高分子增塑剂的高聚合度聚氯乙烯耐热、耐寒、耐老化性优良；耐磨性好，摩擦系数比普通聚氯乙烯低；耐油、耐溶剂性较好，其制品可用于特殊场合。

4.3 聚氯乙烯加工及应用

聚氯乙烯树脂可以采用多种方法加工成制品，悬浮聚合的聚氯乙烯树脂可以挤出成形、压延成形、注塑成形、吹塑成形、粉末成形或压塑成形。分散型树脂或糊树脂通常采用糊料涂布成形，用于涂布织物和基材生产壁纸、地板革等，也可以采用搪塑成形、滚塑成形、蘸塑成形和热喷成形。

4.3.1 聚氯乙烯主要添加剂

纯聚氯乙烯树脂加工及使用性能均不理想,不能单独加工使用,通常加入各种添加剂配制成性能各异的塑料。常用的添加剂有增塑剂、稳定剂、润滑剂、填充剂、着色剂、防霉剂、阻燃剂、发泡剂、抗冲击改进剂等。

1.增塑剂

增塑剂是为适应聚氯乙烯的不同用途而添加的,大部分为有机低分子化合物,也可以是低相对分子质量的聚合物。用于聚氯乙烯的绝大多数增塑剂都是高沸点酯类化合物,如DOP、DBP、BBP、DOS、DOA、TCP、DPOP等。增塑剂的加入,可使聚氯乙烯的分子间距加大,分子间力减弱,在较低温度下分子内部易产生布朗运动,从而降低了聚合物的玻璃化温度,增加了加工时的流动性。经过增塑的聚氯乙烯,其软化点、玻璃化温度、脆性、硬度、拉伸强度、弹性模量等下降,耐寒性、柔顺性、伸长率等提高。随着增塑剂用量不同,可将其加工成软硬程度不等的塑料制品,从柔软的薄膜、人造革、软管到硬质的板、棒、片、型材等。对增塑剂的要求为,有与树脂及其他配料成分的兼容性,不易挥发,有良好的耐高温及低温性能和光、热稳定性,低毒或无毒,价格低,必要时用两种或者两种以上的增塑剂组成混合增塑体系,以弥补单一增塑剂性能的不足。

2.稳定化助剂

以脱氯化氢反应为特征的热降解是聚氯乙烯老化的主要原因,所以聚氯乙烯的稳定体系以热稳定剂为主,必要时辅以光稳定剂、抗氧剂等。

热稳定剂一般为无机酸、有机酸或酚类的金属(铅)盐类或皂类,有机金属(锡和锑)化合物,稀土化合物,环氧化合物和磷酸酯类等。它们可分别以一种或多种方式抑止脱氯化氢反应,从而减缓聚氯乙烯的降解。盐基性铅盐,如三盐基性硫酸铅、二盐基性亚磷酸铅、二盐基性硬脂酸铅等;有机酸或硫醇锡盐,如二月桂酸二正丁基锡(DBTL)、二月桂酸二正辛基锡(DOTL)、马来酸二正丁基锡(DBTM)、二正辛基-S,S'-双硫代甘醇酸异辛酯锡(TVS)等;铅、钡、镉、钙、钡、锂等金属与硬脂酸、月桂酸、蓖麻油酸等生成的皂类(金属羧酸盐);环氧化合物及亚磷酸酯等,常用于聚氯乙烯热稳定剂。

这些稳定剂经常是两种或两种以上配合使用,以发挥其协同作用。

除热稳定剂外,聚氯乙烯中通常还加有适量的光稳定剂、抗氧剂等稳定化助剂,以抵御其光氧老化、热氧老化等降解过程。

3.润滑剂

聚氯乙烯,特别是硬聚氯乙烯,加工过程中物料与设备之间及物料流动单元之间的摩擦作用对加工流动性的影响较大。为减弱这些摩擦作用,改善体系加工流动性,避免摩擦生热导致降解,聚氯乙烯中常加入适量的润滑剂。

树脂熔融前在其颗粒间起作用和熔融后在聚合物熔体与加工设备间起作用的,称之为外润滑剂;而树脂熔融后在其分子间起作用的则称之为内润滑剂。内外润滑剂的区分在于润滑剂与聚合物的兼容性,前者具有较大的兼容性,后者则兼容性较小。

聚氯乙烯常用润滑剂有烃类、卤代烃类、脂肪酸、脂肪酸皂、脂肪酸酰胺等。

4.着色剂

聚氯乙烯中的着色剂一般可分为可溶性有机颜料和不溶性无机颜料。有机颜料多用于透明制品，常用的有：塑料红 GR、立索尔宝红 BK、橡胶大红 LC、色淀红 C、塑料紫 RL、耐晒黄 G、联苯胺黄、永固黄、酞菁蓝、酞菁绿等。无机颜料用于不透明制品，常用的有：钛白粉、锌钡白、铬黄、铬红、钼铬红、氧化铁红、群青、炭黑等。

5.填充剂

填充剂的使用已不再仅限于降低成本，并有使制品表面光泽以及增强、防滑和改善手感等作用，功能填料甚至可以赋予塑料某些特殊性能。为了提高填充剂的效能，可通过加入表面处理剂改善其表面性能，使惰性填料变为活性填料，增加填料与树脂紧密结合的能力。

聚氯乙烯中最常用的填料有碳酸钙、白炭黑、煅烧陶土、硫酸钡、硫酸钙、滑石粉等。聚氯乙烯填充体系中应用最多的偶联剂是酞酸酯类，如三(二辛基磷酰氧基)钛酸异丙酯(TTOP)、三(二辛基焦磷酰氧基)钛酸异丙酯(TTOPP－38)等。

除上述添加剂外，根据需要聚氯乙烯中还可加入发泡剂、阻燃剂、增强剂、抗静电剂、驱避剂等。

4.3.2 聚氯乙烯的加工工艺特性

1.聚氯乙烯树脂的颗粒特征

聚氯乙烯树脂的性能，特别是加工性能，不仅与分子结构、相对分子质量分布、单体纯度等因素有关，同时还与聚合过程中形成的粒子形态有关。聚氯乙烯树脂的颗粒通常呈粉粒状，粉粒由若干个初级粒子堆砌而成。粉粒及其中的初级粒子的大小取决于聚合方法和聚合条件，乳液聚氯乙烯树脂初级粒子直径多为 0.1～1 μm，粉粒直径约为 30～70 μm；悬浮聚氯乙烯树脂初级粒子大小约为 1～5 μm，粉粒直径约为 50～250 μm。

由悬浮聚合工艺得到的悬浮聚氯乙烯树脂一般具有不规则的外形，内部为 1～5μm 初级粒子堆砌而成的多孔结构，几乎全由聚氯乙烯组成，外面包裹着一层由分散剂与氯乙烯接枝共聚而成的外膜，厚约 0.5～1 μm。悬浮聚合的聚氯乙烯树脂可分为紧密型和疏松型，前者是以明胶为分散剂，后者则以纤维素醚类、聚乙烯醇或(顺丁烯二酸/乙酸乙烯酯)共聚物为分散剂。疏松型树脂与紧密型树脂相比性能比较优越，如增塑剂吸收快、易于塑化、加工性好、制品性能优异等，因此目前多发展疏松型树脂。两种悬浮聚氯乙烯树脂的颗粒特点如表 4.3 所示。

表 4.3 悬浮聚氯乙烯树脂的颗粒特点

项　目	疏松型树脂	紧密型树脂
粒子直径/μm	50～150	20～100
颗粒外形	棉花球状、不规则、表面毛糙	玻璃球状、表面光滑
断面结构	疏松、多孔呈网状	无孔实心结构
吸收增塑剂	快	慢
塑化性能	塑化速度快	塑化速度慢

采用乳液聚合工艺生产聚氯乙烯时，产物通常是高聚合物以圆珠状胶体粒子分散在

水相中的乳液,乳液中胶体粒子粒径为 0.2 ~ 3 μm。乳液破乳干燥制得的乳液聚氯乙烯树脂粉粒由 1 μm 以下的初级粒子组成,粒径约为 30 ~ 70 μm。乳液聚氯乙烯树脂不但粒径小,且颗粒呈空心微球状,比表面积大,与增塑剂配合能迅速成为溶液状,成糊比较容易,所以适于糊塑料成形。

本体聚合树脂是基于聚氯乙烯在氯乙烯中的不溶性和对搅拌的合适控制制得的,本体聚氯乙烯树脂的颗粒形态类似于悬浮聚氯乙烯树脂。

通过实验观察发现聚氯乙烯树脂粉粒在熔融过程中经历不同的结构状态:温度在 160℃以前,粉粒作为流动单元互相穿行流动;在大约 160℃时,粉粒破裂成初级粒子,这时初级粒子成为流动单元,各种添加剂在初级粒子表面均匀分布;在 190℃左右,初级粒子熔融,各种添加剂根据其与树脂的不同相容性,或溶于树脂中,或析出成为小的掺混物。由此可见,在一定条件下,聚氯乙烯的流动性等加工特性与其粒子形态有着更为密切的关系。

2.聚氯乙烯的加工特性

(1)吸湿性:聚氯乙烯为弱极性聚合物,尽管吸水性没有聚酰胺及聚酯等塑料强,但存放时间长也会吸湿。如果聚氯乙烯粉粒料中含有水分,会使制品表面缺乏光泽,产生细微的气泡,从而降低制品的力学性能和电性能,因此成形前最好将物料进行干燥。

(2)加工温度及热降解:由于聚氯乙烯的熔融温度超过其分解温度,给成形加工带来了很大的困难,因此,在硬聚氯乙烯塑料中,需加入强有力的热稳定体系,提高其分解温度;在软聚氯乙烯塑料中,因加有增塑剂粘流温度有所下降,热稳定体系可以相对较弱,但也必须添加,以拓宽加工温度,防止在成形过程中出现显著损害材料性能的热分解现象。

加工聚氯乙烯的设备必须合理设计,防止强烈的剪切作用和物料在设备内长时间滞留引起物料分解。

(3)熔体流动性:聚氯乙烯塑料在熔融状态下属于非牛顿流体,其流动特点是随着剪切速率的增加,熔体的表观黏度下降。硬质聚氯乙烯塑料熔体的表观黏度要比软质聚氯乙烯大得多,所以其成形加工困难较大。随着温度的上升,硬质聚氯乙烯熔体的表观黏度虽有降低,但下降的幅度较小;随着剪切速率的增加,黏度却下降显著。所以在成形加工中,对易发生热分解的硬质聚氯乙烯熔体,要想降低其黏度,增加流动性,首先要考虑提高剪切速率。如果使用提高温度的方法降低黏度,不但黏度的降低不大,而且可能出现因温度过高使物料分解。

聚氯乙烯的加工性能差,熔化速度慢,其熔体强度和热态伸长率低,加工中易出现不稳定流动甚至熔体破碎等缺陷,为此常加入改性剂进行改善。

(4)成形收缩:聚氯乙烯是无定形聚合物,熔体在冷却过程中不发生相变。收缩率不大,硬质聚氯乙烯为 0.1% ~ 0.4%,软质聚氯乙烯为 1% ~ 5%,通过调整不同的配方,聚氯乙烯可以制成各种透明和非透明制品。

4.3.3 聚氯乙烯加工及应用

聚氯乙烯属于热塑性塑料,可以采用各种热塑性塑料成形方法加工成形,与大多数树脂及其塑料不同,聚氯乙烯塑料成分复杂,添加剂种类多用量大,需根据不同制品及成形工艺要求,在成形加工前现场配制。聚氯乙烯塑料生产过程如图 4.1 所示。

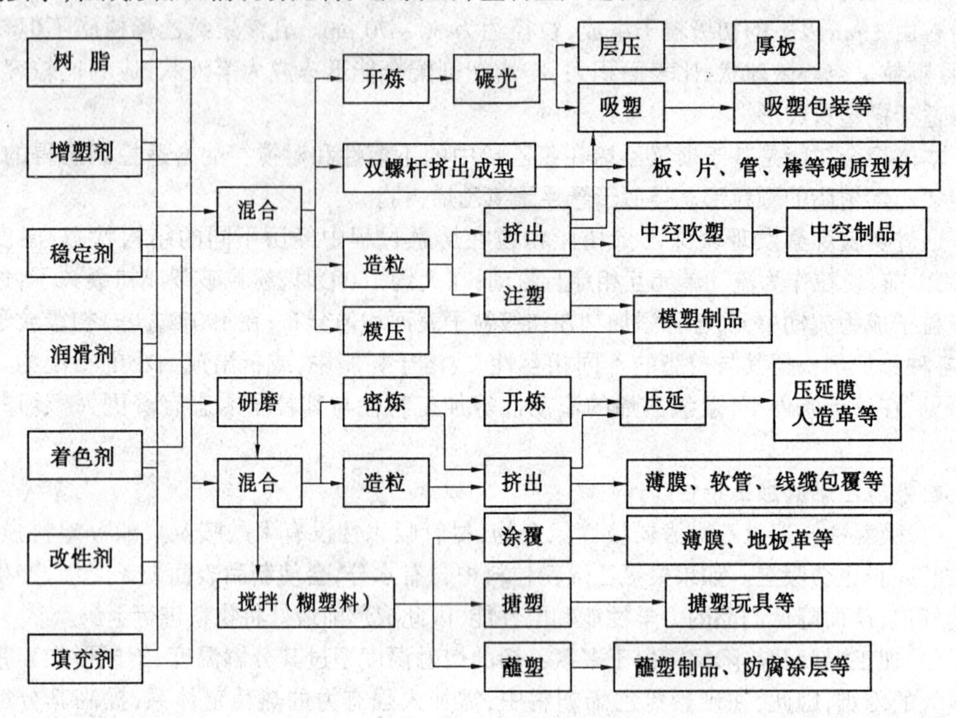

图 4.1 聚氯乙烯塑料制品生产过程

1.备料

备料或称预加工,就是将聚氯乙烯树脂和各种添加剂混合均匀并制备成粉料、粒料、塑料糊等不同状态的聚氯乙烯塑料,以备成形加工之用。

将聚氯乙烯树脂和各种添加剂通过高速混合机等混合设备进行均匀混合即制成粉料。粉料可直接用于双螺杆挤出及模压成形工艺成形制品,也可经密炼、开炼等塑炼加工后用于压延、层压等成形工艺。将混合所得的粉料经密炼、开炼、切粒或挤出造粒即得聚氯乙烯粒料,粒料主要用于单螺杆挤出、注塑等成形工艺。糊塑料是聚氯乙烯树脂与非水液体形成的悬浮体,也称作聚氯乙烯糊或聚氯乙烯溶胶。将树脂及分散剂(增塑剂、挥发性溶剂)等各种助剂经搅拌混合,使之成为均匀的糊状物,然后再经脱泡处理,即得糊塑料。糊塑料主要用于搪塑、蘸塑、涂覆等成形工艺。

2.成形

聚氯乙烯塑料可用多种成形方法进行成形加工,制成各种塑料制品。常用的有挤出、注塑、压延、中空吹塑以及涂覆、搪塑、滚塑等。

(1)挤出成形: 是聚氯乙烯加工中应用最广、使用最早的方法之一。挤出成形可生产薄膜、管材、片材、棒材、异型材、单丝、线缆绝缘层、护套等。聚氯乙烯可使用单螺杆挤出机或双螺杆挤出机挤出成形。双螺杆挤出机塑化能力强,可直接使用粉料,常用于挤出硬质制品;单螺杆挤出机塑化能力较弱,须使用粒料,主要用于薄膜、软管等软制品的生产。

(2)注塑成形: 软、硬聚氯乙烯均可采用注塑工艺成形,通常使用往复螺杆式注塑机。硬质聚氯乙烯注塑制品多为管件、阀门、泵体、机械零件等。软质聚氯乙烯注塑制品多为凉鞋、鞋底等。

(3)压延成形：是传统的聚氯乙烯幅状材料成形工艺，成形效率高，产品质量好。压延成形可以生产软质薄膜、硬质片材、人造革等产品。

(4)层压：是传统的聚氯乙烯厚板成形工艺，可生产夹心板，主要用于生产硬质厚板、泡沫塑料片材等。层压工艺的塑化成形和冷却定型在同一工位(多层液压机)，生产效率较低，有被挤出工艺取代之势。

(5)模压：可用粉粒料生产形状不很复杂的模塑制品。与层压类似，塑化成形和冷却定型须在同一工位(液压机)完成，生产效率较低，基本已被注塑工艺所取代。

(6)中空吹塑：聚氯乙烯采用挤/吹、挤/拉/吹、注/吹、注/拉/吹等中空吹塑成形。中空吹塑可生产各种软质和硬质中空制品，产品主要用于各种粉、液状产品包装，如饮料瓶、油壶、药瓶等。

(7)糊塑料的成形：聚氯乙烯糊塑料可用涂覆、搪塑、蘸塑、滚塑等方法成形加工。涂覆制品主要有地板革、仿皮革制品、漆布或壁纸等；搪塑主要用于儿童玩具及类似制品的生产；滚塑、蘸塑主要用于在工件内、外添加防腐、防水层。

高聚合度聚氯乙烯熔体黏度大，加工性能较通用聚氯乙烯差，因此配方中必须有良好的热稳定体系和润滑体系。高聚合度聚氯乙烯成形虽然对机械设备没有特殊要求，但技术要求和工艺控制难度相对较高。高聚合度聚氯乙烯可用挤出、注塑、中空吹塑、压延等方法进行加工，生产各种用途的软质制品。

3.产品用途

由于聚氯乙烯塑料制品种类多样，性能优良，因而在农业、化工、建筑等很多部门得到广泛应用。硬聚氯乙烯板(片)材可用于地板、天花板、百叶窗以及室内彩色透明装饰板等，经焊接可制成耐腐蚀贮槽、电解槽等。硬质结构泡沫材料可作为建筑和家具工业用材。无毒硬片大量用于医疗卫生中的针、片、胶、栓剂等多种剂型包装。管材用于轻化工业防腐蚀管道及城乡供排水系统、地下工程、煤气输送管道，也可用作线缆套管；薄壁管正在代替楼房铸铁排水管大量使用。异型材广泛用于楼房的门窗、楼梯扶手、地板条、挂镜线、线缆槽等。聚氯乙烯单丝可编织窗纱、蚊帐、防蛀网、绳索。硬质无毒透明薄膜大量用于超级市场的食品包装，如糖果、食用肉、海产品、蔬菜等的包装。小型、零散工业品及小商品的集成吸塑包装更是随处可见。中空吹塑制品主要用于油桶、调料瓶、化妆品瓶、饮料瓶等。

软制品可以大量代替橡胶用作电线电缆的绝缘层。薄膜在农业上用于育秧、蔬菜大棚膜；用作包装材料，如药品、洗衣粉、仪器仪表等包装；用作防雨材料，如雨衣、雨伞、雨布等。无毒薄膜广泛用于食品包装及医疗用的输液袋、输血袋等。除此以外，地板革、人造革、塑料鞋和鞋底、软管、垫片、唱片、壁纸、提包、桌布、窗帘等聚氯乙烯制品广泛用于人民日常生活中。

糊塑料广泛用作钢板涂层、瓶盖密封垫料、涂料、密封胶、纸张上光、地毯黏合剂、人造革、地板革、汽车内装饰、壁纸，浸渍成形手套、靴鞋、工具柄，搪塑玩具、瓶、罐等。

4.新产品开发

从国外发达国家聚氯乙烯树脂生产技术的发展看，新技术的发展主要集中在开发一些使用性能更好的专用树脂,如高表观密度聚氯乙烯、消光聚氯乙烯、超低聚合度聚氯乙烯、超高聚合度聚氯乙烯、聚氯乙烯薄膜专用树脂、直接挤出用聚氯乙烯树脂、耐热聚氯乙烯树脂、内增塑聚氯乙烯树脂及其他接枝共聚树脂等。

高表观密度聚氯乙烯的代表产品——球形树脂,是大口径管材专用树脂,也可生产异型材、板材等,在提高产品质量的同时,也提高了加工效率。

超低聚合度聚氯乙烯熔融和凝胶化温度低,熔融黏度低,透明性好,塑化时间短,具有良好的加工性能,可用于吹塑、注塑和挤出,最适宜于注塑成形,既可以单独使用,也可以共混改性制得各种不同性能的专用料。

4.4 聚氯乙烯的改性

随着聚氯乙烯树脂的产量不断增加,制品的应用领域逐步扩大,对制品的性能要求也愈来愈高。硬质聚氯乙烯塑料主要缺点是热变形温度低、压缩永久变形大、硬度受环境温度影响较大和抗冲击性较差、制品使用温度范围较窄。同时,软质聚氯乙烯中的增塑剂在使用中会逐渐挥发、迁移,以致制品变劣,通过配方的研究和改进,虽然可以改善其加工性和提高制品性能,但仍不能满足制品使用和成形加工的要求,因此,通过多种途径对聚氯乙烯进行改性的研究从未间断。目前主要的改性方法有共聚改性、交联改性、氯化改性、共混改性等。

4.4.1 共聚改性

用氯乙烯单体与其他单体共聚合,生成氯乙烯共聚物,以改进聚合物的性能。常见共聚物类型及特点如下。

(1)氯乙烯/乙酸乙烯酯共聚物:乙酸乙烯酯单体的引入,起到内增塑作用,降低熔融黏度和加工温度,改进加工性,避免了一般增塑剂的挥发、迁移、抽出等缺点。共聚物中乙酸乙烯酯质量分数大致为5%~30%,随着含量增加,共聚物软化点下降,加工容易。其主要缺点是强度和热稳定性比聚氯乙烯稍差。主要用作唱片材料、附腐蚀性涂料和纤维等。

(2)氯乙烯/偏二氯乙烯共聚物:这种共聚物中偏二氯乙烯质量分数为75%~85%,可用悬浮法共聚合,其塑化性、软化温度与氯乙烯/乙酸乙烯酯共聚物基本相同,最大特点是气体透过率小,缺点是光、热稳定性差。主要用于涂层、热收缩膜等阻隔性包装。

(3)氯乙烯/丙烯酸酯共聚物:这种共聚物的塑化性也与氯乙烯/乙酸乙烯酯共聚物相当,稳定性较好,改进了加工性、耐冲击性和耐寒性,可用于制造硬质和软质制品、涂层、黏合剂等。

(4)氯乙烯/丙烯腈共聚物:一般用乳液法共聚,丙烯腈质量分数为40%左右。耐燃、耐水、耐虫蛀,可制作纤维,作为工业用布、工作服布等。

(5)氯乙烯/烯烃共聚物:将氯乙烯与丙烯或乙烯单体共聚生成氯乙烯/丙烯共聚物或氯乙烯/乙烯共聚物。它们的加工性、热稳定性、抗冲击性、透明性都优于聚氯乙烯,但软化温度比聚氯乙烯稍有降低。

4.4.2 交联改性

若在聚氯乙烯大分子之间引入部分化学交联结构，将使其凝胶含量增加，加工及使用性能均会有所改善，从而有效地提高聚氯乙烯制品的使用温度，拓宽应用范围。

交联改性可以提高制品的拉伸强度、硬度、耐热性、耐溶剂性、尺寸稳定性、耐烟火性及耐油性等，同时材料的压缩永久变形及增塑剂含量对压缩永久变形的影响也会减小。交联聚氯乙烯在性能改善的同时，随着交联密度的加深，硬度增大，伸长率和冲击强度会有所降低。虽然增塑剂在一定程度上能降低硬度，增加柔软性，但如果用量超过一定范围，将会析出或挥发而失去作用。解决硬度变大问题最有效的办法是加入橡胶改性剂，使聚氯乙烯和橡胶改性剂共交联形成互穿网络结构。

聚氯乙烯交联的方法较多，常用方法是在加工配方中加入交联剂，在加工过程中（或加工后）完成交联反应。交联剂交联的方式又有接枝交联、主链直接交联和引入主链上的共聚单体的交联。关于主链直接交联，文献报道最多的是有机过氧化物（如过氧化二苯甲酰 DCP），有机过氧化物在交联温度下引发交联反应，形成网状结构，使制品的综合物理性能更好，特别是耐热显著提高。

目前交联聚氯乙烯泡沫塑料板已工业化生产，它是顺丁烯二酸酐和聚氯乙烯反应，再和异氰酸酯进行交联制得的，所得制品具有更好的热稳定性、尺寸稳定性和优良的耐溶剂性。

4.4.3 氯化改性

聚氯乙烯经氯化可制得氯化聚氯乙烯，这也是提高聚氯乙烯耐热性的有效途径之一。通过氯化，聚合物的极性增强，主链的运动受到抑制，因此玻璃化温度上升，耐热性提高，软化点与含氯量基本成直线上升关系，氯的质量分数为 60%时为 80～90℃，氯的质量分数为 68%时为 130℃。

根据分散介质的不同，氯化聚氯乙烯的生产方法主要有溶剂法、固相法和水相悬浮法。与普通聚氯乙烯相比氯化聚氯乙烯具有下述优良的性能：①使用温度范围广。氯化聚氯乙烯的维卡软化点可比聚氯乙烯树脂提高约 40℃。②力学性能优良。氯化聚氯乙烯的拉伸强度比聚氯乙烯提高约 50%，比 ABS 树脂、聚丙烯树脂的拉伸强度高约 1 倍。特别是在接近 100℃下，氯化聚氯乙烯仍能保持很强的刚性，可充分满足在此温度下对设备及管道等的要求。③耐化学腐蚀性好。氯化聚氯乙烯不仅在常温下耐化学腐蚀性能优异，而且在较高温度下，仍具有很好的耐酸、耐碱、耐化学药品性，远好于聚氯乙烯和其他树脂。④阻燃性良好。氯化聚氯乙烯具有优异的阻燃自熄性，其限氧指数为 60，因而在空气中不会燃烧。具有无火焰滴露、限制火焰扩散及低烟雾生成等特性。⑤绝热保温性好。氯化聚氯乙烯的热传导系数仅为 1.05 W/(cm·K)，用氯化聚氯乙烯加工的耐热管道，热量不容易从管道散发，热损失少，可免除隔热护层。⑥抑菌性好。氯化聚氯乙烯不受水中余氯的影响，不会产生裂痕和渗漏，管道内壁光滑，细菌不易滋生。⑦成形加工性良好。氯化聚氯乙烯制品成形加工方法与聚氯乙烯的加工方式基本相同，二次加工，如弯曲、切割、焊接、模压等和聚氯乙烯亦相差无几，加工简单方便。

氯化聚氯乙烯具有卓越的耐高温、抗腐蚀和阻燃性，而且与其他热塑性工程塑料比较，价格相对较低，因此被广泛应用于制造各种管材、板材、型材、片材、注塑件、泡沫材料、防腐涂料等产品。目前主要应用在化工用耐温、耐腐蚀管道、管件、板材、片材及化工塔器填料，埋地式高压电力电缆用，冷热水用管道及管件，高要求难燃材料，油田原油集输用管材，涂料及黏合剂，塑料改性剂，管道发泡保温材料，建筑、电器及化工设备用的机械强度、电绝缘性及耐高温性要求较高的发泡材料等。

4.4.4 共混改性

聚氯乙烯与其他高聚物共混，主要改善其加工性能和抗冲击性能。常用共混体系及特点如下。

1.聚氯乙烯与ACR树脂共混

ACR树脂是一类根据主要用途设计合成的甲基丙烯酸甲酯聚丙烯酸烷基酯接技共聚物。主要有加工改性剂和冲击改性剂两种类型。

作为硬聚氯乙烯加工改性剂，二者共混兼容性好。共混物在加工的初始阶段，由于ACR与聚氯乙烯颗粒相互摩擦，提高了聚氯乙烯的凝胶化速率，缩短了熔触时间，并使熔融转距升高。ACR的加入还提高了共混体系的热强度和热延伸。ACR树脂用作加工助剂时加入量很少，一般为1%～5%就能明显改善共混体系的加工性能，并且基本不影响聚氯乙烯的物理力学性能。

2.聚氯乙烯与CPE共混

氯化聚乙烯(CPE)结构与聚氯乙烯极为相似，二者兼容性取决于氯化聚乙烯的含氯量，氯的质量分数为25%～48%的CPE，与PVC兼容性适中，可用作聚氯乙烯的抗冲改性剂。氯的质量分数为36%的氯化聚乙烯，对聚氯乙烯的抗冲改性效果最好。随着氯化聚乙烯的加入，使体系的凝胶化速率提高，熔融时间明显缩短，虽然体系的平衡转矩有所上升，但上升的幅度不大，因此共混体系的加工性能优于聚氯乙烯。

3.聚氯乙烯与EVA共混

EVA(乙烯/乙酸乙烯酯共聚物)是一种橡胶状共聚物，其中乙酸乙烯酯含量适当时(质量分数为30%～50%)，可作为聚氯乙烯的抗冲改性剂，表现出较好的抗冲改性效果。聚氯乙烯与EVA的共混物使用范围很广，可生产硬质制品和软质制品。EVA含量较多时，共混物相当于内增塑聚氯乙烯，低温特性比软聚氯乙烯好，脆化温度低达－70℃，而且增塑效果稳定。EVA用量为5%～15%时为硬质共混物，增韧效果好，冲击强度高。共混物的熔体流动性和热稳定性随着乙烯乙酸乙烯酯含量的增加而增大，而模量、拉伸强度和热变形温度则降低。

4.聚氯乙烯与MBS共混

MBS(甲基丙烯酸甲酯/丁二烯/苯乙烯共聚物)含有与聚氯乙烯具有较好兼容性的甲基丙烯酸甲酯及苯乙烯成分，同时又有丁二烯橡胶组分存在，因此可作为聚氯乙烯的抗冲改性剂。以适量的MBS与聚氯乙烯共混，不但能赋予聚氯乙烯较高的抗冲击性能和透光性能，同时改善其加工性能，故MBS是硬质聚氯乙烯透明材料的优良改性剂，共混物可用来制造硬质薄膜、片材、吹塑容器、真空成形制品、管材、仪表外壳等。

5.无机纳米粒子改性聚氯乙烯

近年来,随着纳米技术的发展,纳米粒子增韧聚氯乙烯已成为国内外研究的热点。研究方向主要集中在纳米粒子的表面改性技术及其在塑料基体中的分散问题;聚氯乙烯/无机纳米复合材料体系基本理论的研究;研究开发价格低廉的新型纳米填充粒子降低复合材料的成本等。

例如,在一定用量范围内,利用刚性粒子改性聚氯乙烯可以获得增韧与增强双重效应,但当刚性粒子加入量超过一定比例时,随着加入量的增加,材料的冲击强度反而会下降。最近研究发现,当材料基体具有一定的韧性时,用刚性粒子增韧效果会更好,即提高基体韧性有利于共混增韧。所以,人们开始采用弹性体预增韧聚氯乙烯,使基体实现脆韧转变,然后再加入刚性粒子进行共混增韧,从而获得了更好的增韧效果。

纳米技术作为一项正在蓬勃发展的高新技术在塑料的高性能改性中有着广阔的应用前景,采用无机纳米粒子改性聚氯乙烯,不仅可以提高聚氯乙烯的韧性和强度,提高加工流动性、尺寸稳定性和热稳定性,还赋予材料一些特殊性能,如高导电性、高阻燃、优良的光学性能等,大大拓宽了聚氯乙烯的应用领域。

4.4.5 高聚合度聚氯乙烯的改性

高聚合度聚氯乙烯虽具有很多优良性能,但其不良的加工性能限制了它的应用范围,因此改进其加工性能,对拓宽其应用领域具有实际意义。

高聚合度聚氯乙烯加工性能的改善主要有化学改性和物理改性。

化学改性主要通过改进高聚合度聚氯乙烯的聚合配方和聚合工艺条件来改变其分子结构和颗粒结构,以改进其加工性。例如,合理选择扩链剂的种类;改变扩链剂的加入方式;不同扩链剂的并用;拓宽高聚合度聚氯乙烯的相对分子质量分布;内增塑单体共聚法;采用复合悬浮剂改进颗粒结构等。

物理改性主要是通过共混、增塑等方法改进高聚合度聚氯乙烯的加工性。例如,采用聚合度相差500以上的低聚合度聚氯乙烯与高聚合度聚氯乙烯共混;采用高聚合度聚氯乙烯与凝胶含量较高的交联聚氯乙烯共混;采用平均聚合度大于2 000的高聚合度聚氯乙烯与交联聚氯乙烯和平均聚合度小于500的低聚合度聚氯乙烯共混;采用质量分数为2%~10%乳液聚氯乙烯(平均聚合度为1 000~1 800)与高聚合度聚氯乙烯共混;高聚合度聚氯乙烯与增韧橡胶,如丁腈橡胶、部分交联的MBS、ABS、MAS等共混;采用常温为液体的低聚物(如液体聚丙烯、液体聚异丁烯、液体AS树脂、液体丁苯胶等)与高聚合度聚氯乙烯共混;采用EVA、CPE、CPVC、聚氨酯、聚甲基丙烯酸甲酯等与高聚合度聚氯乙烯共混,等等。

添加高效增塑剂也可改进高聚合度聚氯乙烯的加工性。如采用与树脂溶解性好,增塑效率高的高效增塑剂(如采用环氧六氢酞酸二烷基酯与二元烷基酯并用)无需大量使用即可获得比较明显的增塑效果。

思考题

1.氯乙烯单体合成方法主要有哪几种?

2.PVC有哪些化学性能?

3.PVC 的加工性能为什么差?

4.PVC 主要的改性方法有哪些?

5.高聚合度聚氯乙烯与普通氯乙烯相比,有哪些优良性能?

6.PVC 塑料为什么要加入多种添加剂?

7.PVC 塑料有哪些用途?

第5章　聚苯乙烯类塑料

聚苯乙烯类塑料指的是以苯乙烯系聚合物(包括均聚物和共聚物)为基材的塑料,是此类塑料中最简单而又最重要的代表品种,自20世纪30年代工业化生产以来,一直是主要的热塑性塑料。

通用聚苯乙烯质地坚硬,耐化学腐蚀和电绝缘性优良,透明性极好,易成形出各类透明、色彩鲜艳、表面光亮的制品,广泛应用于电器、仪表及日常生活等方面。但其性脆、力学强度低、耐热性差等缺点,在一定程度上限制了它的使用。为克服聚苯乙烯的局限性,长期以来人们进行了大量的聚苯乙烯改性研究,成功开发了一系列的苯乙烯系聚合物,极大地丰富了聚苯乙烯类塑料的品种和性能。目前工业化的聚苯乙烯类塑料已达数十种,如PS、HIPS、sPS、ABS、MBS、AS、AAS、ACS等,它们性能各异,应用领域极为广泛。

5.1　聚苯乙烯

聚苯乙烯(Polystyrene,PS)是以苯乙烯的均聚物(聚苯乙烯树脂)为基体加入或不加添加剂构成的高分子材料。

聚苯乙烯树脂由苯乙烯单体聚合而成,常温下苯乙烯为无色透明液体,溶于大多数有机溶剂。苯乙烯单体的制备方法有多种,基本工艺都是先合成乙基苯,再裂解、脱氢、精制得到苯乙烯。苯乙烯是少数几种可以在自由基、阴离子、阳离子以及金属催化剂存在的条件下进行聚合反应的单体之一,聚合的机理可以是自由基聚合,也可以是离子型聚合。聚合方法有本体聚合、悬浮聚合、溶液聚合、乳液聚合或离子聚合。采用不同的聚合条件,可得到分子链构型不同的无规、等规或间规聚合物。用作塑料基体的聚苯乙烯树脂主要是无规聚苯乙烯和间规聚苯乙烯,相应的塑料分别称之为通用聚苯乙烯(General-purpose Polystyrene ,GPPS)和间规聚苯乙烯(Syndiotactic Polystyrene,sPS)。

通用聚苯乙烯是最早实现工业化生产的热塑性塑料品种,与聚乙烯、聚丙烯、聚氯乙烯并称四大通用塑料,因其产销量大、应用广泛,业内习惯简称其为聚苯乙烯(PS)。未加说明的话,本节述及的聚苯乙烯均指用传统工艺生产的通用聚苯乙烯。间规聚苯乙烯是20世纪80年代中后期才实现工业化生产的新型工程塑料,将在下节介绍。

5.1.1　聚苯乙烯的制备

聚苯乙烯由苯乙烯单体经自由基聚合得到。苯乙烯单体在热或引发剂的作用下,通过连锁反应很容易聚合成无色透明的聚苯乙烯。市售聚苯乙烯通常采用本体聚合或悬浮聚合工艺生产。

本体聚合是将苯乙烯通过加热或引发剂引发而进行的自由基聚合。由于本体聚合基本不需加入辅助材料，从而得到的产品纯度高，具有良好的电绝缘性和透明性。但是本体聚合体系黏度高，搅拌困难，反应温度不易控制，产物平均相对分子质量低、相对分子质量分布宽，力学性能相对较差。本体聚合反应不完全，残留单体对材料性能有一定影响。本体聚合是生产通用聚苯乙烯的主要方法。

悬浮聚合以水为分散介质，反应在分散于水中的单体相内进行，俗称小本体聚合。根据聚合温度不同悬浮聚合可分为引发剂引发的低温聚合和热引发的高温聚合两种。悬浮聚合反应体系分散在水相中，传热和搅拌容易，反应比较完全，单体残留量低，产物综合性能良好。但悬浮聚合中加入的分散剂、助分散剂、悬浮剂等低分子物难以除尽，产物纯度略低于本体聚合。悬浮聚合主要用于生产可发性聚苯乙烯珠粒。

可发性聚苯乙烯珠粒是专门用于生产聚苯乙烯泡沫塑料(EPS)的含有发泡剂的聚苯乙烯。常用的制备方法是用两种分解温度不同的过氧化物引发剂引发苯乙烯单体进行两阶段悬浮聚合。先将体系加热至低温引发剂分解温度使单体聚合，当单体液滴聚合成聚合物珠粒时(转化率为65%～85%)，在一定压力下加入低沸点烃类物理发泡剂(戊烷、异戊烷等)浸渍聚合物珠粒，然后体系升温至高温引发剂分解温度使之进一步反应直至聚合完全。在高温高压下，用物理发泡剂浸渍已聚合完成的悬浮法聚苯乙烯珠粒，使之渗透到珠粒中，是制备可发性聚苯乙烯珠粒的另一种方法。

5.1.2 聚苯乙烯结构与性能

聚苯乙烯分子由只含C、H两种元素的苯乙烯结构单元构成，结构单元头尾相接，分子式为

$$\left[CH_2-\underset{\displaystyle C_6H_5}{\underset{|}{CH}} \right]_n$$

1.聚苯乙烯结构与性能的关系

聚苯乙烯为纯烃类化合物，分子主链为饱和的C—C链，使其具有较好的化学惰性和优良的电绝缘性。聚苯乙烯分子呈弱极性，吸湿性小，即使在潮湿环境中仍能保持良好的电绝缘性。

自由基聚合的本体法和悬浮法聚苯乙烯，大分子链立构规整性差，基本呈无规构型，这使得聚苯乙烯结晶度很低，为典型的无定形热塑性聚合物，具有良好的透明性。

聚苯乙烯大分子链上存在体积较大的苯环，空间位阻效应较大，阻碍C—C内旋，使链段运动受阻，使得聚苯乙烯大分子链较为僵硬。宏观上表现出刚而脆的性质，其产品在成形工艺条件不当的情况下易产生内应力。

由于体积效应削弱了聚苯乙烯的分子间作用力，分子热运动相对容易，大分子间容易产生滑移，所以其熔体具有很好的流动性，易于模塑成形。

因为聚苯乙烯具有良好的透光性，加之苯环共轭体系能将辐射能在苯环上均匀分配减少了局部激发，从而减弱了光辐射对聚合物的破坏作用，所以聚苯乙烯具有较好的耐辐

射性,但在大剂量辐射能作用下,性能才会发生明显变化。

线型聚苯乙烯大分子每个链节上都有一个叔碳原子,另外,自由基聚合反应的链转移和链终止反应,会产生少量的支链和不饱和结构,这些都会构成氧化敏感点。但是,聚苯乙烯的耐氧化性并不很差,它比聚丙烯等聚烯烃要稳定得多,这主要是苯环的体积效应及共轭效应削弱了叔氢原子的反应活性所致。

工业生产的聚苯乙烯相对分子质量为4万~20万,相对分子质量的大小及分布与聚合方法和聚合条件有关,平均相对分子质量对聚苯乙烯的力学性能有较大影响。

2.聚苯乙烯的性能

市售聚苯乙烯原料为无色透明粒状物,密度为1.05 g/cm³,无嗅、无味、无毒。聚苯乙烯易着色,可制成各种色泽鲜艳的制品,制品外观给人质硬、刚脆似玻璃的感觉,易折不易弯,轻掷或敲击时发出金属般的清脆声响。聚苯乙烯易燃,离火自燃,燃烧时软化、起泡,火焰为橙黄色,有浓黑烟并伴有苯乙烯单体的甜香味。

(1)力学性能:聚苯乙烯分子及其聚集态结构决定其为刚硬的脆性材料,在应力作用下表现为脆性断裂,聚苯乙烯的力学性能如表5.1所示。

表5.1 聚苯乙烯的力学性能

性能	本体法 PS	悬浮法 PS	性能	本体法 PS	悬浮法 PS
拉伸强度/MPa	45	50	拉伸弹性模量/MPa	3 300	
弯曲强度/MPa	100	105	冲击强度(无缺口)/($kJ \cdot m^{-2}$)	12	16

从表5.1中可以看出,它的拉伸弹性模量和弯曲强度较高,但冲击强度却很低,是刚脆的塑料品种。并且在成形加工中容易产生内应力,在较低的外力作用下即产生应力开裂,所以聚苯乙烯制品在使用中常表现出较低的力学强度。相对分子质量对聚苯乙烯的力学性能有较大影响,相对分子质量增大,其力学性能提高,但并非呈线型关系。相对分子质量在5万以下,PS的拉伸强度较低,随着相对分子质量增加,拉伸强度增大,但超过10万时,拉伸强度的改善就不明显了。

除结构因素外,聚苯乙烯的力学性能与载荷的大小、承载时间、环境温度有密切关系。在载荷的长期作用下,拉伸强度会下降到原来的1/4~1/3。温度上升,拉伸强度、弯曲强度、压缩强度均会显著下降,冲击强度也会下降,但降幅很小。

(2)热性能:聚苯乙烯的特性温度为:脆化温度-30℃左右、玻璃化温度80~105℃、熔融温度为140~180℃、分解温度300℃以上。由于聚苯乙烯的力学性能随温度的升高明显下降,耐热性较差,因而连续使用温度为60℃左右,最高不宜超过80℃。

聚苯乙烯的热性能受相对分子质量影响较小,受单体及其他杂质含量影响较大。单体和杂质的存在会导致耐热性下降,例如含单体从0上升至5%,聚苯乙烯的软化点约下降30℃。

聚苯乙烯的热导率较低,为0.04~0.15 W/(m·K),几乎不随温度而变化,因而具有良好的隔热性。它的比热容较低,约为1.33 kJ/(kg·K),但随温度升高会有所增大。聚苯乙烯的线膨胀系数较大,变化范围为$(6\sim8)\times10^{-5}$/℃,增塑会使此值增大,填充则使此值降低。

(3)化学性能：聚苯乙烯耐蚀性较好,耐溶剂性、耐氧化较差。

聚苯乙烯耐各种碱、盐及其水溶液,对低级醇类和某些酸类(如硫酸、磷酸、硼酸、质量分数为10%~30%的盐酸、质量分数为1%~25%的醋酸、质量分数为1%~90%的甲酸)也是稳定的,但是浓硝酸和其他氧化剂能使之破坏。

聚苯乙烯的溶度参数(δ)为$(1.74\sim1.90)\times10^3(J/m^3)^{1/2}$,它能溶于许多与其溶度参数相近的溶剂中,如四氯乙烷、苯乙烯、异丙苯、苯、氯仿、二甲苯、甲苯、四氯化碳、甲乙酮、酯类等,不溶于矿物油、脂肪烃类(如己烷、庚烷等)、乙醚、丙酮、苯酚等,但能被它们溶胀。许多非溶剂物质,如高级醇类和油类,可使聚苯乙烯产生应力开裂或溶胀。

聚苯乙烯在热、氧及大气条件下易发生老化现象,造成大分子链的断裂和显色,当体系中含有微量的单体、硫化物等杂质时更易老化,因此,聚苯乙烯制品在长期使用中会变黄发脆。

(4)电性能：聚苯乙烯具有优良的电性能,体积电阻率和表面电阻率分别高达$10^{16}\sim10^{18}\ \Omega\cdot cm$和$10^{15}\sim10^{18}\ \Omega$。介电损耗角正切值极低,在60 Hz时约为$(1\sim6)\times10^{-4}$,并且不受频率和环境温度、湿度变化的影响,是优异的电绝缘材料。此外,由于在300℃以上开始解聚,挥发出的单体能防止其表面碳化,因而还具有良好的耐电弧性。

聚苯乙烯的电性能主要受材料纯度的影响,在用不同聚合方法制得的聚苯乙烯中,本体聚合的聚苯乙烯杂质含量最少,因而电性能较好。

(5)光学性能：聚苯乙烯具有优良的光学性能,透光率达88%~92%、折射率为1.59~1.60,可透过所有波长的可见光,透明性在塑料中仅次于有机玻璃等丙烯酸类聚合物。但因聚苯乙烯耐候性较差,长期使用或存放时受阳光、灰尘作用,会出现混浊、发黄等现象,因而用聚苯乙烯制作光学部件等高透明制品时需考虑加入适当品种和用量的防老剂。

5.1.3 聚苯乙烯加工及应用

聚苯乙烯是比较易成形加工的塑料品种之一,成形温度范围宽、熔体黏度低、成形收缩率低,适用于各种加工方法。

1.聚苯乙烯的加工特性

(1)吸湿性：PS的吸水率低,约为0.05%,用于一般制品的原料加工前不必干燥,但对于外观质量要求较高的制品或原料颗粒表面黏附有水分时,成形前原料需在60~80℃下干燥适当时间,除去原料中的游离水分。

(2)熔体流变性：聚苯乙烯分子间力小,熔体黏度低,熔体属假塑性非牛顿型流体,其流变行为在低剪切速率范围内近似牛顿型,随着剪切速率增加非牛顿性增强。聚苯乙烯熔体黏度随剪切速率增加明显下降,提高温度也可降低熔体黏度,但变化比较缓慢,所以在成形加工中无论是增大剪切应力或升高加工温度,都会使聚苯乙烯熔体的流动性提高。

(3)加工温度：聚苯乙烯属无定形聚合物,无明显熔点,熔融温度的范围较宽,且稳定性较好,聚苯乙烯在95℃左右开始软化,120~180℃成为流体,300℃以上开始分解。聚苯乙烯的熔融温度与分解温度相差较大,成形温度范围宽,易于成形加工。

(4)加工效率：聚苯乙烯的比热容低，塑化速率和固化速率较快，易成形，模塑周期短，生产效率高，能耗低。

(5)成形收缩：聚苯乙烯是无定形聚合物，成形收缩率小(0.45%)，制品尺寸稳定性好。

(6)制品内应力：聚苯乙烯分子链的刚性大，而且玻璃化温度高，冷却快，由成形过程中熔体高速流动引起的剪切取向和分子变形不易松弛，容易被冻结在制品内部使制品产生内应力。另外，冷却速率差异或脱模时受力不均，也会使制品产生内应力。带有内应力的制品很容易产生银纹或开裂，特别在某些环境介质作用下更为严重，因此，聚苯乙烯制品，特别是注塑制品，必要时需通过热处理(将制品放入60~80℃的热水中，或鼓风干燥烘箱内静置1~4 h，然后缓慢冷却至室温)，以减少或消除制品内应力，避免制品使用时的应力开裂。另外，由于聚苯乙烯易产生内应力，且热膨胀系数比金属大，所以制品不宜带有金属嵌件，以免在嵌件周围产生应力而开裂。如果必须带有金属嵌件，嵌件最好用铜质或铝质的，并进行预热。此外，在制品设计时，若无特殊需要，应尽可能避免直角、锐角、缺口等易产生应力集中的结构特征。

2.聚苯乙烯加工及应用

聚苯乙烯可以采用注塑、挤出、热成形、旋转模塑、吹塑、发泡等多种成形工艺，其中注塑、挤出、发泡是最常采用的工艺方法。聚苯乙烯制品透明性好、绝缘性优、易印刷与着色、色彩鲜艳、价格便宜，用途非常广泛。

(1)注塑成形：是聚苯乙烯最重要的成形方法，在螺杆式注塑机或柱塞式注塑机上均可进行。根据制品形状和壁厚不同，在很大范围内调节熔体温度等成形工艺条件。聚苯乙烯注塑制品广泛应用于电气、仪表、汽车、光学仪器、包装、日用品、文教用品等各个领域，如仪器仪表壳罩、仪表板、高频电容器、汽车灯罩、标牌、饰件、镜片、包装盒等产品零部件及其包装，牙刷、皂盒、梳子、发卡、杯盘、玩具等日用品，笔杆、尺子、教学模型等文教用品。注塑型坯经中空吹塑可制得透明瓶等各类中空容器。

(2)挤出成形：聚苯乙烯可用单螺杆挤出机挤出成形板材、片材、管材、棒材、薄膜等。挤出型材除直接用于生产、生活外，大量用作二次加工的坯料，板材用于生产焊接制品，片材用于吸塑成形，管材用于中空吹塑，棒材用于机加工生产小批量机械零件。聚苯乙烯双向拉伸薄膜主要用于透明或彩印包装、介电材料、合成纸基材等。

(3)发泡成形：聚苯乙烯泡沫塑料加工方便、价格便宜、性能稳定，是最常用的泡沫塑料品种，广泛用作化工、建筑、交通工具、冷藏冷冻设备等领域的绝热保温、吸音隔音材料，仪器、仪表、家电、工艺品、玻璃、陶瓷等产品的防震包装材料，灯塔座、救生圈等漂浮材料，以及发泡一次性餐具等。

聚苯乙烯泡沫材料成形方法主要有可发性聚苯乙烯发泡和聚苯乙烯挤出发泡。可发性聚苯乙烯发泡是以含有物理发泡剂的可发性聚苯乙烯珠粒为原料，通过蒸汽箱模塑法或挤出、注塑法生产泡沫塑料制品。聚苯乙烯挤出发泡是以本体法或悬浮法制得的通用聚苯乙烯为原料，在挤出过程中用高压加料设备将高压液化的物理发泡剂(氟利昂等)注入挤出机的熔融段，在严格控温条件下将料筒内的混合物挤出，挤出物释压膨胀、缓慢冷却定型后即成为要求的泡沫塑料制品。

5.2 间规聚苯乙烯

间规聚苯乙烯(Syndiotactic Polystyrene,sPS)是随着茂金属催化剂的开发和应用实现商业化生产的。虽然间规聚苯乙烯的问世比通用聚苯乙烯晚了半个多世纪,但间规聚苯乙烯不仅继承了通用聚苯乙烯的密度低、电性能优良、水解稳定性好、价廉等优良特性;而且,间规聚苯乙烯属半结晶聚合物,结晶使其具有了优良的力学性能以及耐热性、耐溶剂性和尺寸稳定性,而其结晶速率又比等规聚苯乙烯快得多,使得模塑加工得以进行,因此,间规聚苯乙烯作为一种新型工程塑料正在得到普遍应用。

5.2.1 间规聚苯乙烯的制备

已商业化的间规聚苯乙烯是以过渡金属配合物(如茂钛配合物 $CpTiCl_3$)为催化剂,以甲基铝氧烷(MAO)或硼烷、硼酸盐为助催化剂,使苯乙烯单体进行定向配位聚合得到的苯乙烯均聚物。

研究表明,利用此类催化体系聚合各种苯环上带取代基的苯乙烯可以得到相应的间规聚苯乙烯,它们都具有高的结晶度和高熔点。苯乙烯和烷基苯乙烯的间规共聚物也已制成,这预示着苯乙烯类间规聚合物在工业应用中的价值将会更大。

5.2.2 间规聚苯乙烯结构与性能

1.间规聚苯乙烯结构与性能的关系

间规聚苯乙烯分子的结构单元构成及其连接方式与通用聚苯乙烯相同,从而使通用聚苯乙烯所具有的较好的化学惰性、优良的电绝缘性、耐湿性等得以保留。

与通用聚苯乙烯不同,间规聚苯乙烯是采用具有间规立构选择性的特殊催化体系经配位聚合得到的,分子链构型呈间规立构,结构单元中的侧基(苯环)交替排列在大分子链两侧。由于间规聚苯乙烯立构规整性很高(间同结构 > 99%),具有较强的结晶能力,因而间规聚苯乙烯为可结晶聚合物,结晶熔点高达 270℃左右。

高度结晶的聚集态结构赋予了间规聚苯乙烯良好的耐热性、耐蚀性,使其性能可与尼龙、聚酯、聚苯硫醚等热塑性工程塑料相媲美,从而使其成为性价比较高的工程塑料。

2.间规聚苯乙烯的性能

除了具有传统聚苯乙烯的基本特性,间规聚苯乙烯还具有耐热性和耐化学性。此外,其原料价廉易得,因而具有价格优势。尽管间规聚苯乙烯与通用聚苯乙烯一样具有脆性,不适宜单独用作结构材料,但可通过增强、增韧改性完善其机械性能,所以间规聚苯乙烯不失为一种综合性能良好的工程塑料。

(1)热性能:结晶使间规聚苯乙烯的耐热性比通用聚苯乙烯好的多,熔点为 255 ~ 275℃,维卡软化点高达 254℃,因此间规聚苯乙烯可在 200℃以上长期使用。除此之外,它的低温特性、导热性等热性能指标均与通用聚苯乙烯相似。

(2)化学性能:间规聚苯乙烯在宽广的使用温度范围内均具有优异的化学腐蚀性和

耐溶剂性。与通用聚苯乙烯相比,常温耐蚀性相同,高温耐蚀性大大提高。室温下没有可溶解间规聚苯乙烯的溶剂,即使对通用聚苯乙烯溶解能力较强的溶剂也只能使其溶胀。只有少数溶剂在接近它的沸点时可以溶解。

(3)电性能:间规聚苯乙烯不仅继承了通用聚苯乙烯在很宽的频率范围内具有高绝缘性、介电性及耐电弧性的优良电性能,而且扩展到很宽广的使用范围。

(4)力学性能:纯的间规聚苯乙烯与通用聚苯乙烯的力学性能接近,强度指标略高、韧性指标略低,所以间规聚苯乙烯也是一种脆性材料,甚至比通用聚苯乙烯还脆,不适宜单独用作结构材料。因此,实际作为工程塑料使用的间规聚苯乙烯多为玻纤增强或橡胶增韧的改性品种。

间规聚苯乙烯与通用聚苯乙烯及聚酯、尼龙等热塑性工程塑料的物理机械性能比较如表5.2所示。

表5.2 sPS与GPPS及其他工程塑料的物理机械性能比较

性　能	sPS	GPPS	PA66	PBT	30%GF填充		
					sPS	PA66	PBT
密度/($g·cm^{-3}$)	1.04	1.04	1.14	1.31	1.25	1.37	1.53
熔点/℃	270		260	224			
玻璃化转变温度/℃	100	100	70	30			
维卡软化点/℃	254	104	250	215			
拉伸强度/MPa	41	45	80	60	118	177	138
弯曲强度/MPa	75	65	110	80	185	255	215
弯曲模量/MPa	3 000	2 900	2 800	2 400	9 000	8 300	9 500
悬臂梁缺口冲击强度/($kJ·m^{-2}$)	2.0	2.2	5.4	4.4	11	10	9
热变形温度(1.82 MPa)/℃	96	89	80	60	251	250	210
介电常数(23℃,1 MHz)	2.6	2.6	3.4	3.2	2.9	3.3	3.6

5.2.3 间规聚苯乙烯加工及应用

间规聚苯乙烯属于比较容易成形的工程塑料。在成形温度范围内纯间规聚苯乙烯的熔体黏度及流变行为与通用聚苯乙烯基本相同,即使是用30%玻纤填充的间规聚苯乙烯也不亚于薄壁流动性良好的液晶高聚物(LCP),所以特别适合于注塑工艺。

间规聚苯乙烯属半结晶聚合物(结晶较完全时结晶度可达50%~60%),玻璃化温度为100℃,大约在150℃开始结晶,270℃左右结晶熔化,所以,间规聚苯乙烯的成形温度范围通常控制在280~310℃,模温控制在160℃左右。

间规聚苯乙烯可以采用注塑、挤出、热成形、中空吹塑等多种成形工艺进行加工成形。挤出产品主要为各种型材及二次加工坯料,注塑、吸塑及中空制品主要是用于电气、仪表、汽车等领域的工业产品零部件。

另外,间规聚苯乙烯与通用聚苯乙烯、高抗冲聚苯乙烯等传统的聚苯乙烯塑料化学组成相同，兼容性很好，所以间规聚苯乙烯还常作为传统聚苯乙烯塑料的改性剂使用，以提高传统聚苯乙烯塑料的耐溶剂性。HIPS 与 sPS 以 80:20 的比例共混，其耐溶剂性即可达到甚至超过 SAN 和 ABS，力学性能也有所提高。

5.3 高抗冲聚苯乙烯

高抗冲聚苯乙烯(High-Impact Polystyrene，HIPS)是为克服聚苯乙烯脆性而开发的一系列聚苯乙烯改性品种，是通过向聚苯乙烯中引入橡胶组分得到的橡胶增韧聚苯乙烯。近年来这种材料的发展非常迅速，其产销量已超过通用聚苯乙烯和 ABS。

5.3.1 高抗冲聚苯乙烯的制备

为了克服聚苯乙烯的脆性，人们用多种橡胶进行了增韧试验，结果表明用丁苯橡胶或顺丁橡胶(顺式 1,4 - 聚丁二烯)对聚苯乙烯增韧可以达到比较理想的效果，材料的抗冲强度大幅度提高，这就是所谓的高抗冲聚苯乙烯。

高抗冲聚苯乙烯的生产工艺可分为机械共混法和接枝聚合法。

1.机械共混法

机械共混法，又称熔融共混法，是用混炼设备将聚苯乙烯与橡胶(丁苯橡胶或顺丁橡胶)熔融共混，制成均匀的聚合物共溶体，然后再冷却、造粒制得高抗冲聚苯乙烯。

机械共混法属于物理增韧，混合物为两相结构，混合物性能与相畴大小及分散状态有关。由于两相混和性有一定限度，共混体系中聚苯乙烯相与橡胶相之间的分散不很均匀，故所得共混物韧性与聚苯乙烯相比不会大幅度提高，仅有一定改善。而且，由于相间为物理结合，界面结合力较弱，在增韧的同时会对强度等其他性能产生不利影响。一般说来，共混物的冲击强度随着体系橡胶含量的增加而提高。当掺混的橡胶组分为 10% ~ 15% 时，共混物的冲高强度可提高 2 倍以上。若要更有效地改善聚苯乙烯的韧性，可以通过增加橡胶含量(通常质量分数超过 25%)来实现。但随着橡胶含量的增加，共混物的拉伸强度、弯曲强度、表面硬度等性能都有所下降，并且加工性能也随之变坏，所以共混物中橡胶组分的用量是根据各种因素的综合平衡来决定的，常用的共混法高抗冲聚苯乙烯橡胶质量分数为 15% ~ 20%。

2.接枝聚合法

由于机械共混法的橡胶相分散不够均匀，相间结合力弱，改性效果受到限制，因而发展了接枝聚合法生产高抗冲聚苯乙烯。目前这一方法已成为生产抗冲聚苯乙烯的主要方法。

接枝聚合法是将未硫化的丁苯橡胶或顺丁橡胶粉粒溶解到苯乙烯单体中(橡胶用量一般为 5% ~ 10%)，用过氧化物引发聚合，在橡胶主链上接枝聚苯乙烯支链。其聚合工艺可分为本体法和本体悬浮法。

接枝聚合法属于化学增韧，两组分为化学结合，产物为均相结构，所得高抗冲聚苯乙烯不仅韧性与聚苯乙烯相比大幅度提高，而且对强度等其他性能的影响不大。

3.共聚共混法

用苯乙烯/丁二烯/苯乙烯嵌段共聚物与已增韧的聚苯乙烯进行第二次共混改性,可得到超高抗冲聚苯乙烯,其软化点、硬度均高于一般抗冲聚苯乙烯,加工性能也较好,而且所制的制品具有较好的表面光泽。

5.3.2 高抗冲聚苯乙烯的结构与性能

用接枝聚合法获得的高抗冲聚苯乙烯分子为主链由丁二烯、苯乙烯嵌段共聚构成,短侧支链为聚苯乙烯的共聚物。由于共聚物中所含苯乙烯组分较多(占90%~95%),分子链端以苯乙烯单元为主。

韧性的橡胶组分的加入除使高抗冲聚苯乙烯韧性卓越外,耐溶剂性也有所提高,但拉伸强度和透明性有所下降。另外,由于引入了含有不饱和键的橡胶组分,所以材料的耐老化性有所下降。高抗冲聚苯乙烯的主体仍是聚苯乙烯,仍具备聚苯乙烯的大多数优点,如刚性、易加工性、易染色性等。

影响高抗冲聚苯乙烯性能的因素很多,除了制备方法不同影响其韧性外,组成中橡胶组分含量是决定高抗冲聚苯乙烯性能的主要因素。高抗冲聚苯乙烯冲击强度的提高遵从弹性体增韧刚性聚合物的弹性体增韧机理,因此其冲击强度与体系内橡胶含量及粒径大小关系密切。工业上按照橡胶含量不同将高抗冲聚苯乙烯分为中抗冲、高抗冲和超高抗冲三种级别,其主要性能如表5.3所示。

表5.3 HIPS的主要性能

性　　能	中抗冲级	高抗冲级	超高抗冲级
丁二烯质量分数/%	3~4	5.1	14.5
密度/($g\cdot cm^{-3}$)	1.05	1.05	1.02
维卡软化点/℃	94	101	94
弹性模量/MPa	3 100	2 200	1 600
拉伸强度/MPa	24.6	20.0	13.3
断裂伸长率/%	1.4	3.5	17
悬臂梁缺口冲击强度/($kJ\cdot m^{-1}$)	3.24	7.0	24.3

5.3.3 高抗冲聚苯乙烯的加工及应用

高抗冲聚苯乙烯的加工性能良好,其流动性虽比聚苯乙烯有所减小,但优于聚丙烯酸塑料和绝大部分热塑性工程塑料,成形性能与ABS相近,可以进行注塑、挤出、热成形、中空吹塑、泡沫成形等。

高抗冲聚苯乙烯可用来生产电视机、收录机、空调、洗衣机、电话、吸尘器等家用电器的壳体和部件,冰箱内衬,各种仪表外壳,纺织器材,电器设备零件,玩具,照明装置,文教用品等。此外,高抗冲聚苯乙烯低发泡制成的结构泡沫材料外观及加工性能与木材相似,可用于包装、家具、建筑材料等。

5.4 ABS 塑料

以丙烯腈、丁二烯、苯乙烯三种单体制得的三元共聚物或二元共聚物的混合物(Acrylonitrile - Butadiene - Styrene, ABS)为基体加入或不加添加剂构成的高分子材料称为 ABS 塑料(Acrylonitrile - Butadiene - Styrene Plastic)。最早的 ABS 塑料诞生在 20 世纪 40 年代,是为改善聚苯乙烯的抗冲击性而开发的一种塑料材料。由于其具有很优异的综合物理力学性能、良好的耐化学性、与加工改性剂兼容性好、容易成形加工等优良特性,可满足多种用途的需要,而且价格便宜,因此在以后的几十年得到了长足的发展。如今 ABS 塑料早已成为牌号众多、用途极广的一类广普工程塑料。

5.4.1 ABS 树脂的制备

制备 ABS 树脂的主要原料是丙烯腈($CH_2{=}CH{-}CN$)、丁二烯($CH_2{=}CH{-}CH{=}CH_2$)和苯乙烯($CH_2{=}CH{-}C_6H_5$)三种单体。ABS 树脂是含有丙烯腈、丁二烯和苯乙烯三种结构单元的共聚物,但制备方法并不是将三种单体同时共聚,而是先用其中的两种单体或一种单体制成二元共聚物或均聚物,然后再通过共混、接枝共聚等方法制成 ABS 树脂。工业上生产 ABS 树脂的方法有多种(见图 5.1),因制备方法和组成配比不同产物有很多类型和牌号。

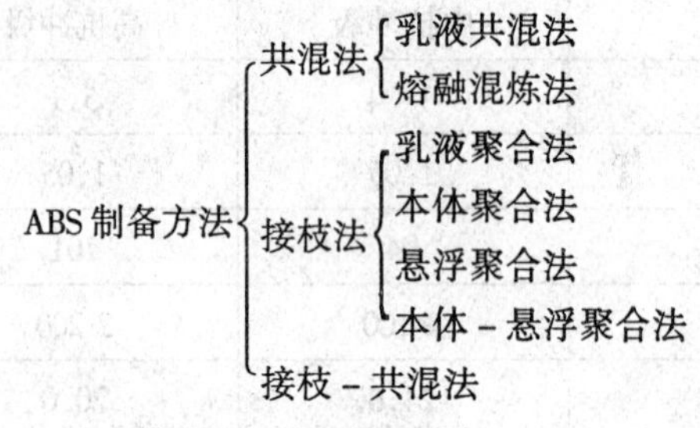

图 5.1 ABS 树脂制备方法

1.共混法

共混法是先分别使丙烯腈与苯乙烯、丙烯腈与丁二烯共聚,制得 AS 树脂和丁腈橡胶,然后将两种共聚物共混制成 ABS 树脂。具体方法有乳液共混法和熔融混炼法。

共混法制备的 ABS 树脂性能不够理想,实际生产中已少用此法。

2.接枝法

接枝法是用丙烯腈和苯乙烯两种单体与聚丁二烯共聚。虽然聚合体系中的三种组分(PB、A、S)同时投入,但在反应初期因为丙烯腈和苯乙烯单体活动能力强,所以优先共聚成 AS 嵌段共聚物。随着反应的深入,单体减少,AS 共聚物平均相对分子质量增大与聚丁二烯的活动能力逐渐接近,两种聚合物相互接枝。所以,接枝法得到的是聚丁二烯主链上接枝有 AS 嵌段共聚物的 ABS 树脂。接枝聚合法制备 ABS 树脂的生产工艺有乳液聚合、本体聚合、悬浮聚合、本体 - 悬浮聚合等多种。

3.接枝－共混法

接枝－共混法是将乳液接枝共聚法和共混法结合使用,又称乳液接枝共混法。具体方法是将乳液接枝共聚法制得的ABS胶乳与AS共聚物进行混合,共混物经处理和挤出造粒制得ABS树脂。根据AS共聚物的制备方法不同,接枝－共混法又可分为乳液接枝乳液共混法、乳液接技悬浮共混法、乳液接技本体共混法。

尽管近年来由于本体接枝共聚工艺的不断完善已逐步成为公认的更为先进、更具成本优势的ABS生产工艺,但在全世界范围内乳液接枝共混工艺仍是ABS生产中应用最为广泛的工艺技术,其主要原因是乳液接技共混工艺最成熟、产品范围最宽、实用性最强。

5.4.2 ABS树脂结构与性能

1.ABS的结构组成

ABS树脂是由丙烯腈、丁二烯和苯乙烯三种结构单元组成的共聚物,其结构通式为

$$\left[\left(CH_2 - \underset{\displaystyle CN}{\underset{|}{CH}} \right)_x \left(CH_2 - CH = CH - CH_2 \right)_y \left(CH_2 - \underset{\displaystyle C_6H_5}{\underset{|}{CH}} \right)_z \right]_n$$

工业化的ABS树脂由生产厂家依据不同的使用要求生产,不同类型和牌号的产品其具体结构组成因制备方法和原料配比不同而异。

ABS的结构主要与生产方法有关。一般认为,接枝法ABS树脂具有在聚丁二烯链上接枝有苯乙烯、丙烯腈嵌段共聚支链的三元共聚结构;共混法ABS树脂为丁二烯、丙烯腈嵌段共聚物与苯乙烯、丙烯腈嵌段共聚物的混合物;接枝－共混法ABS树脂为聚丁二烯链上接枝有苯乙烯、丙烯腈嵌段共聚支链的三元共聚物与苯乙烯、丙烯腈嵌段共聚物的混合物。

无论哪种方法生产的ABS树脂都是多元共聚物,而且三种结构单元差异明显,所以ABS分子结构规整性很差,几乎完全没有结晶能力,是典型的非晶聚合物。

ABS的组成取决于合成时三种单体的配比,不同牌号的ABS树脂组成差异很大,性能也各有所长。一般说来,三种单体的用量范围分别是:丙烯腈25%～30%,丁二烯25%～30%,苯乙烯40%～50%。

2.ABS结构组成与性能的关系

从聚集态结构来看,ABS具有在连续的树脂相中分散着橡胶相的两相结构,相当于弹性体增韧刚性聚合物体系,而且两相分散均匀,相间为化学结合(接枝),界面结合力强,从而赋予了ABS良好的综合力学性能。

从分子结构看,ABS由三种结构单元结合而成,每一种结构单元赋予ABS不同的性能,它们相互取长补短在体系中表现出很好的协同作用,所以ABS具有三种组分的综合特性。ABS分子刚柔相济,既有柔韧的聚丁二烯(橡胶)链段又有刚硬的聚丙烯腈、聚苯乙烯链段。这使得ABS不仅在使用温度下具有良好的综合力学性能,而且在加工温度下也具有良好的加工性:玻璃态,材质强而韧,便于机械加工;高弹态,延展性好,有利于吸塑成形、中空吹塑等二次加工;粘流态,流动性好、熔体强度高,可适应注塑、挤出、压延、发泡等

多种成形工艺。

ABS 中的组分构成及其对材料性能的贡献如图 5.2 所示。

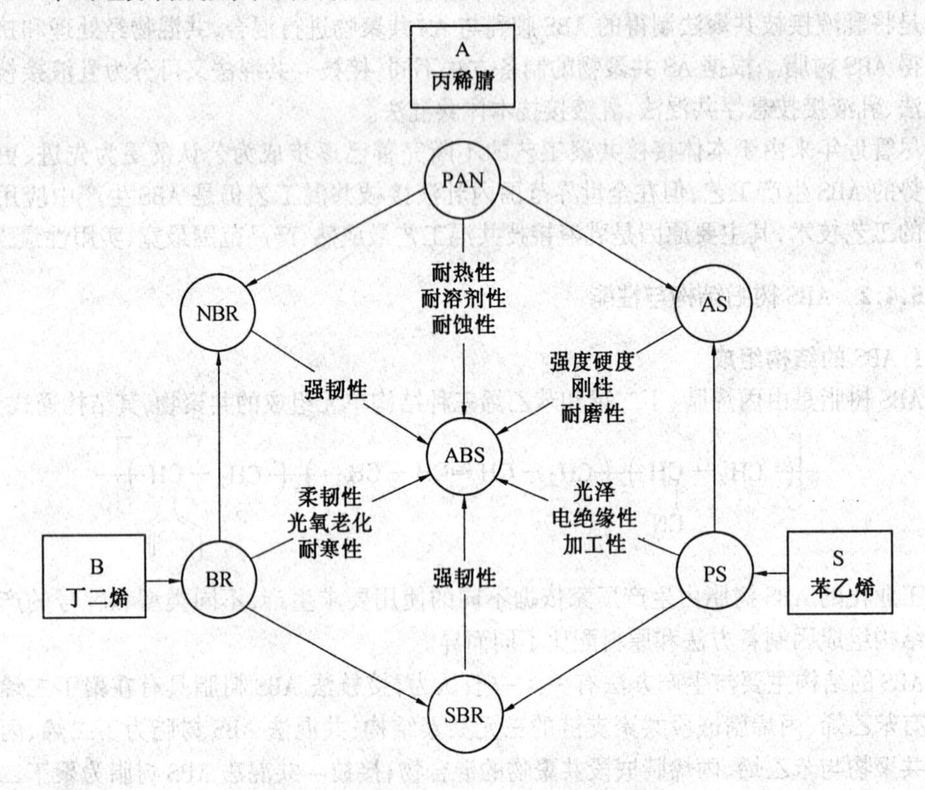

图 5.2　ABS 中各组分对材料性能的贡献

聚丙烯腈(PAN)组分增加可以提高材料的耐热性和耐化学腐蚀性;聚苯乙烯(PS)组分增加可赋予材料优良的电性能、表面光泽及良好的加工性;聚丁二烯(BR)组分增加则使材料的韧性、耐寒性提高,耐候性下降。由聚丙烯腈、聚苯乙烯及丙烯腈/苯乙烯共聚物组成的树脂组分(PAN、PS、AS)增加可使材料刚硬,强度提高,韧性下降。相反,增加由聚丁二烯和丁苯共聚物、丁腈共聚物组成的橡胶组分(BR、SBR、NBR)会使材料的韧性提高,强度下降。

因此适当调整三种原料的配比,控制材料中各组分的相对含量,可以得到性能各异、适应不同使用要求的 ABS 树脂。工业生产的 ABS 树脂因制备方法和组成配比不同有很多品种,如通用型、中抗冲击型、高抗冲击型、超高抗冲击型、挤出型、注塑型、电镀型等。

3. ABS 的性能

ABS 树脂外观呈浅象牙色、不透明,制品可呈各种颜色,光亮美观,密度约为 1.05 g/cm^3,无毒、无味,给人坚韧、硬质、刚性的质感。ABS 可燃,燃烧缓慢,离火后继续燃烧,火焰呈黄色,有黑烟,燃烧时软化、焦糊,无滴落,伴有类似橡胶燃烧的气味。

ABS 是一类综合性能优良的通用树脂,品种很多,不同品种之间性能差异较大,下面对 ABS 树脂的一般性能加以介绍。

(1)力学性能:除冲击强度外,ABS 的其他力学性能并不很高,但比较均衡,没有明显的力学缺陷,是一类综合力学性能优良的通用工程塑料。几种 ABS 在常温下的力学性能如表 5.4 所示。

表 5.4 常温下 ABS 的力学性能

性　　能	高抗冲击型	中抗冲击型	耐热型
密度/($g·cm^{-3}$)	1.02~1.05	1.05~1.07	1.06~1.08
悬臂梁缺口冲击强度/($J·m^{-1}$)	160~440	60~220	110~250
拉伸强度/MPa	35~44	42~62	45~57
断裂伸长率/%	5~60	5~25	3~20
拉伸弹性模量/MPa	1 600~3 300	2 300~3 000	2 300~3 000
弯曲强度/MPa	52~81	69~92	70~85
弯曲弹性模量/MPa	1 600~2 500	2 100~3 100	2 100~3 000
压缩强度/MPa	49~64	72~88	65~71
压缩弹性模量/MPa	1 200~1 400	1 900	1 700
洛氏硬度	65~109	108~115	105~115

良好的韧性是 ABS 的突出特性之一,ABS 有较高的冲击强度,即使在较低的温度下也不迅速下降。室温下 ABS 树脂的缺口冲击强度高达约 135~400 J/m,低温(-40℃)下缺口冲击强度仍可保持在 50~140 J/m。ABS 的冲击性能与树脂中所含橡胶的多少、粒子大小、接枝率和分散状态有关,同时也与使用环境温度有关。通常随着橡胶含量的增加冲击强度迅速提高,但当橡胶质量分数超过 30%时,不论冲击、拉伸、剪切还是其他力学性能都迅速下降。在使用温度范围内,温度越高 ABS 的冲击强度也越高,但拉伸强度、弯曲强度、压缩强度则随温度上升而下降。

ABS 树脂具有比较优异的刚性和抗冲击综合性能,是典型的强韧高聚物。比例极限应变一般为 0.5%~0.7%,屈服应变一般为 2.5%~3.5%,断裂伸长率可达 40%左右。

ABS 树脂和大多数热塑性塑料一样,在一定的条件下会产生蠕变或应力松弛。长期受力会产生塑性变形,应力则随之衰减,蠕变和松弛取决于环境温度、负荷大小和持续时间,也与树脂的组分含量有关。

ABS 的表面硬度和耐磨性较好,但摩擦系数不低,不能用作自润滑材料。

(2)热性能:ABS 树脂的负荷(1.86 MPa)热变形温度为 93~118℃,材料若经退火处理耐热性可提高 10℃左右。另外,由于 ABS 低温韧性好,-40℃时的冲击强度保有率仍在 30%以上。所以 ABS 的耐热、耐寒性均好,使用温度范围较宽,可在-40~100℃长期使用。相对于其他热塑性塑料,ABS 树脂的热膨胀系数较小。ABS 树脂是许多耐热聚合物合金的基础材料,其中最为常见的是 ABS/PC 合金。

(3)化学性能:ABS 的化学稳定性较好,几乎不受无机酸、碱、盐的影响,不溶于大部分醇类和烃类溶剂,但与烃类长期接触会软化、溶胀,可溶于酮类、醛类、酯类和氯代烃。在应力作用下 ABS 树脂与冰醋酸、植物油等化学品接触会产生应力开裂。

ABS 树脂中聚丁二烯组分的存在使其易发生热氧老化和光氧老化,因而耐候性较差。氧化交联导致 ABS 的抗冲击性能降低。使用橡胶防老剂、胺类光稳定剂和紫外光吸收剂组成的稳定体系,可以大大提高 ABS 树脂的耐候性。

(4)电性能：ABS 树脂的电绝缘性较好,基本不受温度、湿度和频率的影响,可以在大多数环境下使用。

5.4.3 ABS 加工及应用

ABS 是一种成形加工性能优良的热塑性工程塑料,可用各种常规方法成形加工,制品应用领域非常广泛。

1.ABS 的成形加工性能

(1)吸湿性：ABS 因含有极性腈基(—CN)而具有一定的吸湿性,吸水率为 0.3% ~ 0.8%。原料中水分的存在会对制品外观质量产生不利影响,因此 ABS 加工前常需进行干燥处理,使含水率降至 0.2%以下。ABS 对干燥工艺要求不高,一般采用热风干燥,干燥温度为 70 ~ 90℃,时间视料层厚度及产品要求决定。

(2)流变性：ABS 塑料熔体属假塑性非牛顿型流体,其熔体流动性随塑化温度和剪切速率增加均有所提高,但对剪切速率更为敏感。在成形加工过程中可通过提高剪切应力或升高加工温度提高熔体流动性。ABS 熔体黏度适中,适合各种成形方法,流动性与高抗冲聚苯乙烯相当,比聚苯乙烯、聚乙烯、聚丙烯等低黏度塑料差,但比硬聚氯乙烯、聚碳酸酯等高黏度塑料好。

(3)加工温度：ABS 属无定形聚合物,塑化速率和固化速率较快,易成形。ABS 塑料无明显熔点,熔融温度 160℃左右,分解温度 250℃以上,可在 160 ~ 240℃的较宽范围内进行成形加工。

(4)成形收缩及制品内应力：ABS 成形时不结晶,成形收缩率小(0.4% ~ 0.5%),制品尺寸稳定性好。ABS 分子链虽然不是非常刚硬,但熔体黏度较高,因此快速成形时也会使制品产生内应力,但一般情况下很少产生应力开裂。ABS 制品通常无需后处理,有特殊要求时可在 70 ~ 90℃的热风干燥箱内处理 2 ~ 4 h 后缓慢冷却,以消除制品内应力。

(5)二次加工性：ABS 具有良好的延展性、可镀涂性、可焊可粘性及机加工性,是二次加工性最好的塑料品种。ABS 在玻璃化温度以上具有非常好的延伸性,伸长率高,因而特别适合真空吸塑、中空吹塑等二次加工工艺。ABS 塑料与镀(涂)层的结合力比其他塑料都好,可进行表面镀涂处理,以获得制品装饰性或导电性等其他表面特性。ABS 是热塑性塑料可直接使用熔融焊接,也可使用焊条焊接。室温下可使用质量分数为 10%左右的 ABS 甲乙酮溶液对 ABS 塑料进行黏结,因材质强而韧,机加工性也好于其他塑料。

2.ABS 塑料加工及应用

ABS 适用于热塑性塑料的各种加工方法,如注塑、挤出、压延、热成形、中空吹塑等,其中注塑、挤出是最常采用的一次加工方法,真空吸塑、中空吹塑等成形工艺是二次加工常用的方法。

(1)注塑成形：注塑成形是 ABS 塑料最常用的成形方法,螺杆式和柱塞式注塑机均可使用,以螺杆式为好。成形工艺与其他热塑性塑料注塑成形相同,工艺条件视原料牌号和制品要求确定。ABS 注塑制品广泛应用于汽车、电信、机械仪表、日用文教等各个领域。如汽车用仪表盘、刻度盘、挡泥板、保险杠、扶手、汽车空调、内饰件等,甚至可用 ABS 夹层板制造轿车车身。在机械工业上ABS可用来制造齿轮、泵叶轮、轴承、把手,家用及工业电器、仪表壳体及洗衣机桶等零部件。在电信器材方面主要用于制造各种电话机壳、手机壳、多用插座、电脑机箱、显示器壳体以及电视机、VCD、DVD、组合音响等视听设备壳体和某些零部件等。在日用文教方面可以制造鞋跟、装饰性器皿、牙签盒、镜框、文具、乐器、雪橇、玩具、教学模型等。

(2)挤出成形:ABS挤出成形一般采用渐变型单螺杆挤出机,工艺条件视原料牌号和制品要求确定。ABS挤出制品主要有管材、板材、片材、棒材和各种型材。管材主要用于输送气体(包括天然气)、油类、化工物料等;板材、片材主要用作吸塑成形原料;棒材用于机加工生产小批量机械零件。

(3)压延成形:ABS可用压延工艺生产板材、片材等热成形用材料,但由于设备投资过大,成本高,已基本被性价比较高的挤出制品所取代。

(4)吸塑成形:ABS吸塑成形主要采用真空吸塑工艺,以板、片材为原料,生产冰箱内胆、旅行箱、工具箱等各种开放性壳体及汽车盖板等大面积零部件。

(5)中空吹塑:ABS中空吹塑主要采用挤出吹塑工艺生产各种中空制品,如汽车空气滤清器、化工容器、喷雾器桶等。

另外,因为ABS与多种高聚物具有良好的亲和性,还常作为大分子型抗冲改性剂、加工改性剂等与PVC、PC、PSF等热塑性塑料共混制备聚合物合金。

5.5 其他聚苯乙烯类塑料

以苯乙烯系聚合物为基础的聚苯乙烯类塑料品种较多,除前述的PS、sPS、HIPS、ABS之外,还有MBS、AS、AAS、ACS、EPSAN等,简述如下。

5.5.1 MBS

以甲基丙烯酸甲酯、丁二烯、苯乙烯的三元共聚物或二元共聚物的混合物(Methylmethacrylate - Butadiene - Styrene, MBS)为基体加入或不加添加剂构成的高分子材料称为MBS塑料,简称MBS。

MBS由甲基丙烯酸甲酯、苯乙烯共聚物与丁二烯、苯乙烯共聚物混合或在聚丁二烯骨架上接枝甲基丙烯酸甲酯和苯乙烯制成,其制备方法与ABS基本相同。

MBS树脂颗粒呈浅稻草黄色,密度为1.09~1.11 g/cm^3,透光率可达90%,折射率为1.538。可任意着色制成透明、半透明或不透明塑料制品。除良好的透明性和较好的耐候性之外,其他使用及加工性能均与ABS相似,所以通常也称其为透明ABS。

与ABS类似,MBS除可采用注塑、挤出等热塑性塑料成形工艺生产各种透明制品及塑料型材和坯料外,也常作为大分子型高分子材料加工改性剂与其他热塑性塑料共混,以改善它们的抗冲击性、透明性、加工流动性等。

5.5.2 AS

以丙烯腈和苯乙烯二元共聚物(Acrylonitrile - Styrene, AS)为基体加入或不加添加剂构成的高分子材料称为 AS 塑料，简称 AS 或 SAN。

丙烯腈和苯乙烯以本体法、悬浮法、乳液法共聚均可制得 AS 树脂，直接供应市场的 AS 树脂以本体聚合为主，其他方法主要用于生产苯乙烯系三元共聚物。

AS 树脂颗粒呈水白色，密度为 1.06 ~ 1.08 g/cm^3，折射率为 1.57。可着色制成透明、半透明或不透明塑料制品，性脆，抗冲强度低、对缺口敏感，耐动态疲劳性较差，但耐蚀性和耐应力开裂性良好，耐候性中等，老化后发黄，可用光稳定剂改善。AS 的性能不受高湿度环境的影响，能耐无机酸碱、油脂和洗涤剂，较耐醇类，可溶于酮类和某些芳烃、氯代烃。

AS 的加工性能与 PS 相似，也可适用于多种方法成形加工，但最常采用的是注塑和挤出。作为早期的改性品种 AS 扩大了聚苯乙烯的应用范围，可用于日用品、文教用品、包装容器、耐蚀的机械零件以及其他透明结构材料。另一重要用途是作为聚合物合金的共混组分，制备 ABS、AAS、ACS 等综合性能良好的热塑性工程塑料。

5.5.3 AAS

以丙烯腈、苯乙烯、丙烯酸酯三元共聚物（Acrylonitrile-Butadiene – Acrylic，AAS）为基础构成的高分子材料称为 AAS 塑料，简称 AAS 或 ASA。

AAS 由聚丙烯酸酯橡胶与丙烯腈、苯乙烯共聚物混合或在聚丙烯酸酯橡胶骨架上接枝丙烯腈和苯乙烯制成，其制备方法与 ABS 基本相同。

AAS 的性能及各组分对性能的影响与 ABS 相类似，但由于聚丙烯酸酯橡胶代替了含有不饱和键的聚丁二烯橡胶，所以 AAS 的耐候性与 ABS 相比显著提高，同时加工性能也进一步改善。

AAS 的密度约为 1.07 g/cm^3，呈微黄色，不透明，着色性良好。力学性能与 ABS 接近，也是硬而韧的材料，耐环境应力开裂性优良，能长期承受静、动载荷，耐蠕变性也较好。AAS 具有优良的热稳定性和耐老化性，能长期承受 −20 ~ 70℃的交变热负荷，室外曝露9 ~ 15 个月，其冲击强度和伸长率几乎没有下降，室外露置两年仍可弯曲不断。耐化学性能与 ABS 相似，能耐无机酸、碱、去污剂、油脂等，但不耐有机溶剂，在苯、氯仿、丙酮、二甲基甲酰胺、乙酸乙酯等试剂中易变形软化。体积电阻率为 10^{14} ~ 10^{16} Ω·cm，即使浸入水中也几乎不改变其表面电阻。

AAS 的加工性能也与 ABS 类似，能进行注塑、挤出、压延、中空吹塑成形，挤出的片材能进行快速真空成形，甚至可以像金属那样冷压成形。AAS 有一定的吸水性（常温 24 h 吸水率约为 0.5%），所以成形前需干燥。

由于其良好的耐老化性，AAS 不仅可以像 ABS 那样广泛应用于各种工业领域，而且可以用于露天及室内强光照射条件下使用的材料或制品。

5.5.4 ACS

以丙烯腈、氯化聚乙烯和苯乙烯三种单体制得的三元共聚物或二元共聚物的混合物（Acrylonitrile-Chlorinated polyethylene-Styrene，ACS）为基体构成的高分子材料称为 ACS 塑料，简称 ACS。

ACS 由氯化聚乙烯与丙烯腈、苯乙烯共聚物混合或在氯化聚乙烯上接枝丙烯腈和苯乙烯制成，其制备方法与 ABS 相似。根据氯化聚乙烯组分含量和氯化聚乙烯的氯含量不同，可分为高抗冲级、高刚性级、耐热级、通用级、耐燃级、透明级等。

ACS 的性能及各组分对性能的影响与 ABS 类似，但由于其橡胶组分为光氧稳定性较好的氯化聚乙烯，所以 ACS 的耐候性明显优于 ABS，甚至比 AAS 还好，可与 PC 相比。

ACS 碳链上含有氯原子，热稳定性较 ABS 差，加工时需适量加入热稳定剂，加工温度也要比 ABS 低，不宜超过 200℃，氯含量较高的耐燃级 ACS 加工温度要求更低。加工方法以注塑、挤出为主，产品主要用于室外代木制品以及机电产品外壳等各种工业零部件。

5.5.5 EPSAN

在乙烯、丙烯、二烯烃三元共聚物（乙丙橡胶）上接枝苯乙烯、丙烯腈二元共聚物（AS）制得的共聚物及以这种聚合物为基体构成的高分子材料，简称 EPSAN。

EPSAN 由乙烯、丙烯、二烯烃、苯乙烯、丙烯腈五种组分构成，其中二烯烃一般可用乙叉降冰片烯、双环戊二烯、1,4－已二烯等代替。

EPSAN 力学性能与 ABS 相当，耐候性、热稳定性优于 ABS 性能，负荷热变形温度为 86～89℃，吸水性仅为 0.2%左右，可用一般热塑性塑料的成形加工方法加工，可用于制造广告牌、窗框等室外用品，以及各种容器、箱包、设备外壳、日用品等。

思考题

1. 目前常用的苯乙烯类塑料主要是哪几种？举例说明苯乙烯类塑料的应用领域？
2. 聚苯乙烯可采用哪些工艺方法合成？
3. 聚苯乙烯有哪些优异性能和明显缺点？试分析聚苯乙烯结构与性能的关系。
4. 聚苯乙烯加工工艺性能方面有哪些特点？常用哪些方法成形加工？
5. 聚苯乙烯泡沫塑料制备方法有哪几种？
6. 间规聚苯乙烯、高抗冲聚苯乙烯与通用聚苯乙烯相比结构性能有何异同？
7. 影响高抗冲聚苯乙烯性能的主要因素是什么？是如何影响的？
8. 了解 ABS、MBS、AS、AAS、ACS、EPSAN 等苯乙烯共聚物的制备方法。
9. 共聚型和共混型三元或多元苯乙烯类聚合物在结构和性能上有何差异？
10. ABS 与聚苯乙烯相比性能上有哪些重要改变？试从材料组成及结构上给予解释。
11. 为什么 MBS 俗称透明 ABS？
12. 为什么 ABS 具有良好的综合物理力学性能？三种结构单元对材料性能各有何影响？
13. 为什么 ABS 的耐候性不及 AAS、ACS、EPSAN？
14. 三元或多元苯乙烯类聚合物中橡胶组分含量主要影响材料的哪些性能？是如何影响的？

第6章 聚丙烯酸类塑料

以丙烯酸及其酯类聚合所得到的聚合物统称聚丙烯酸类树脂,相应的塑料统称聚丙烯酸类塑料,又称丙烯酸塑料。聚丙烯酸类塑料的共同特点是透明度高、耐候性好、综合性能优良。聚丙烯酸酯类聚合物品种很多,包括所有丙烯酸酯或丙烯酸同系物及其酯类衍生物的聚合物,用作塑料材料的主要是聚甲基丙烯酸甲酯及某些丙烯酸酯的共聚物。聚甲基丙烯酸甲酯(Polymethyl Methacrylate,PMMA)是一种硬质透明塑料,俗称有机玻璃,于20世纪30年代实现工业化生产,是最常用的有机高分子光学材料。

6.1 聚甲基丙烯酸甲酯的制备

制备聚甲基丙烯酸甲酯的单体是甲基丙烯酸甲酯,分子式为

$$CH_2{=}\underset{}{\overset{\displaystyle CH_3}{\overset{|}{C}}}{-}COOCH_3$$

常温下甲基丙烯酸甲酯为无色透明具有特殊芳香味的液体,沸点 100.6℃,熔点 -48.2℃,密度 0.934 g/cm^3。稍溶于乙醚、乙醇,易溶于芳香族的烃类、酯类、醚类、酮类和氯代烃类有机溶剂。甲基丙烯酸甲酯分子中含有双键,在外界能量或引发剂作用下可进行加成聚合。甲基丙烯酸甲酯单体活性较高,常温下可自聚。

聚甲基丙烯酸甲酯的工业化生产方法是采用引发剂引发单体按自由基机理进行聚合。聚合的实施方法可采用本体聚合、悬浮聚合、乳液聚合、溶液聚合等,其中本体聚合适于直接制备 PMMA 型材(板、棒、管等),悬浮法适于制备模塑成形用的粉料或粒料,溶液聚合与乳液聚合分别用于制备胶粘剂和涂料。

6.1.1 本体聚合

甲基丙烯酸甲酯间歇本体聚合是重要的合成方法。产物平均相对分子质量大,力学性能及透明性好,常用于板、棒、管等有机玻璃型材的浇铸成形。

为控制本体聚合存在的散热困难、体积收缩、易产生气泡等问题,常采用预聚合、聚合、高温处理三段工艺。

预聚合:将甲基丙烯酸甲酯单体、引发剂(常用偶氮二异丁腈)以及适量的增塑剂、脱模剂置于搅拌釜内,于 90 ~ 95℃温度下聚合至转化率达 10% ~ 20%(成为黏稠的液体),然后用冷水冷却,使聚合反应暂时停止,预聚物备用。

聚合:将黏稠的预聚物灌入模具中,连同模具移入空气浴或水浴中,缓慢升温至 40 ~

50℃使之继续聚合,控制聚合速率与散热速率相适应,在该温度下聚合数天,使转化率达90%左右。

高温处理:将模具及物料升温至甲基丙烯酸甲酯的玻璃化温度以上(100~120℃)进行高温热处理,使残余单体充分聚合。

最后,经冷却、脱模、修饰即得到有机玻璃成品。

6.1.2 悬浮聚合

甲基丙烯酸甲酯本体聚合因反应热不易导除,体系温度高聚合快,产物平均相对分子质量极大,熔融黏度很高,不能用常规的注塑、挤出等成形方法成形加工,因此,用于熔融加工的聚甲基丙烯酸甲酯粉粒料皆采用悬浮聚合法制取。

悬浮聚合以水为介质,所用分散剂可以是聚乙烯醇、明胶、碳酸镁、滑石粉等(分散剂采用硫酸镁、碳酸镁亦可兼起稳定刑的作用),引发剂采用过氧化物或偶氮化合物,最常采用的是过氧化二苯甲酰,采用磷酸氢钠为缓冲剂调节反应介质的 pH 值,采用二氯乙烯或十二烷基硫醇为链转移剂以调节聚合物的平均相对分子质量。

反应开始时温度控制在 80℃,随着反应进行,反应热可使温度上升到 120℃,聚合反应约在 1 h 内完成,所得聚合物经过滤、洗涤、干燥,即得粉状树脂,粉状树脂可再经挤出造粒得到颗粒料。

6.2 聚甲基丙烯酸甲酯的结构与性能

6.2.1 聚甲基丙烯酸甲酯结构与性能的关系

聚甲基丙烯酸甲酯是由甲基丙烯酸甲酯结构单元重复连接而成的线型大分子,分子主链为饱和的 C—C 链,每个链节上都有一个季碳原子,季碳原子上的两个取代基分别为非极性的甲基和极性的甲酯基。相当于聚丙烯分子链上的叔氢原子被甲酯基取代,聚甲基丙烯酸甲酯的分子式为

$$\left[CH_2 - \underset{\underset{COOCH_3}{|}}{\overset{\overset{CH_3}{|}}{C}} \right]_n$$

极性甲酯基的存在增加了聚合物的分子间作用力,导致其柔性降低,分子链变得比较刚硬,所以聚甲基丙烯酸甲酯具有较高的玻璃化温度(约为 105℃)。同时,侧甲酯基的极性使聚甲基丙烯酸甲酯的电性能与聚乙烯、聚丙烯相比有所降低。

聚甲基丙烯酸甲酯分子骨架上有同时与侧甲基及侧甲酯基连接的不对称碳原子,因此聚合物可以有三种不同的立体构型。红外光谱分析证明,工业上按自由基聚合机理生产的本体法和悬浮法聚甲基丙烯酸甲酯是等规、间规、无规三种空间异构体的混合物,以间

规立构体和无规立构体为主,仅含少量等规立构体,因此聚合物宏观上介于无定形聚合物。

聚甲基丙烯酸甲酯主链全部由 C—C 键构成,为柔性线型大分子。大分子之间高度缠结,加之极性侧基的作用,分子间力较大,因此,平均相对分子质量大小对其加工和使用性能、力学性能、耐热性、熔融温度和熔体黏度等影响很大。本体浇铸制得的聚甲基丙烯酸甲酯平均相对分子质量约为 10^6 数量级,其在分解温度(约 260℃)以下难以流动无法再进行熔融成形。悬浮法制得的聚甲基丙烯酸甲酯模塑料平均相对分子质量相对较低,具有适当的粘流温度和熔体黏度,可熔融成形,但产品耐热性和力学强度低于铸塑制品。除平均相对分子质量外,相对分子质量分布对聚甲基丙烯酸甲酯制品的光学性能、加工性能及热性能也有较大影响。平均相对分子质量大,相对分子质量分布窄的制品具有较高的软化点及较好的耐热性,但易产生光学畸变(物体透过聚合物时影象失真),且成形困难;平均相对分子质量较低,相对分子质量分布较宽的制品光学性能优良,但软化点较低,耐热性较差。

在聚甲基丙烯酸甲酯中加入增塑剂(如 DOP),可改变它的聚集态结构,削弱分子间的作用力,从而降低聚合物的粘流温度及熔体黏度,改善材料的加工性能及韧性,而耐热性及刚性则略有降低。

将聚甲基丙烯酸甲酯在其玻璃化温度以上进行双轴拉伸,可使其形成高度有序性的取向态结构(定向有机玻璃),可提高制品的冲击强度和抗应力开裂性。

6.2.2 聚甲基丙烯酸甲酯的性能

(1)光学性能:聚甲基丙烯酸甲酯是刚性硬质无色透明材料,具有优异的光学性能(见表 6.1),透光率高达 92%,不仅优于其他透明塑料,而且比普通无机玻璃还高 10% 以上,可透过大部分紫外线和部分红外线。

表 6.1 聚甲基丙烯酸甲酯的光学性能

性　能	数　值	性　能	数　值
折射率	1.49	反射率/%	4
平均色散	0.008	可见光吸收率(厚 25 mm)/%	<0.5
光学密度	0.036	透光率/%	>92
透过波长/nm	287~2 600	光全反射临界角为	42°12′

由于聚甲基丙烯酸甲酯对光的吸收率很小,根据其全反射临界角特性,可将其制成全反射材料(使光线转弯)。它的光全反射临界角为 42°12′,表面光滑的制品,只要其弯角不超过 47°50′,无论折转几次,光线都可以从一端传入而全部从另一端导出,制品表面无光线泄露,若制品表面刻有线条或花纹时,光线又能从这些地方反射出来。利用这一特性,可用聚甲基丙烯酸甲酯制成有可发光图案的装饰品。

(2)力学性能:聚甲基丙烯酸甲酯具有良好的综合力学性能,在通用塑料中位居前列,拉伸、弯曲、压缩等强度均高于聚烯烃,也高于聚苯乙烯、聚氯乙烯等,冲击韧性较差,但也优于聚苯乙烯。浇注的本体聚合聚甲基丙烯酸甲酯板材(例如航空用有机玻璃板材)

拉伸、弯曲、压缩等力学性能更高,可以达到聚酰胺、聚碳酸酯等工程塑料的水平。聚甲基丙烯酸甲酯的强度与应力作用时间有关,随着力作用时间延长,强度下降,其力学性能如表 6.2 所示。

表 6.2　聚甲基丙烯酸甲酯的力学性能

性　能	数　值	性　能	数　值
密度/($g·cm^{-3}$)	1.17~1.19	弯曲强度/MPa	110
拉伸强度/MPa	55~77	压缩强度/MPa	130
拉伸弹性模量/MPa	2 400~2 800	冲击强度/($kJ·m^{-2}$)	12~14
伸长率/%	2.5~6	布氏硬度	18~24

一般而言,聚甲基丙烯酸甲酯的强度已达到甚至超过某些工程塑料,但韧性较差,冲击强度和断裂伸长率不高,且具有缺口敏感性,在应力下易开裂。经拉伸取向后的聚甲基丙烯酸甲酯的力学性能有明显提高,缺口敏感性也得到改善。未经改性的普通有机玻璃表面硬度较低,容易划伤、磨毛。

(3)热性能:聚甲基丙烯酸甲酯的耐热性并不高,它的玻璃化温度虽然达到 104℃,但最高连续使用温度随工作条件不同通常为 65~95℃,热变形温度约为 96℃(1.81 MPa),维卡软化点约 113℃。它的耐寒性也较差,脆化温度约为 9.2℃。热稳定性属于中等,优于聚氯乙烯和聚甲醛,但不及聚烯烃和聚苯乙烯,热分解温度略高于 260℃。粉粒料熔体流动温度约为 160℃,故有较宽的熔融加工温度范围,热导率和比热容在塑料中也属于中等水平。

(4)电性能:聚甲基丙烯酸甲酯由于主链上带有极性的甲酯基,介电常数和介电损耗较大,电性能不及聚烯烃和聚苯乙烯等非极性塑料。但甲酯基的极性并不太强,且相互偶合而有所削弱,所以仍具有较好的电绝缘性,体积电阻率和表面电阻均在 10^{15}以上。值得指出的是,聚甲基丙烯酸甲酯以及其他丙烯酸类塑料,都具有优异的耐电弧性,在电弧作用下,表面不会产生碳化的导电通路和电弧径迹。

(5)化学稳定性:聚甲基丙烯酸甲酯可耐较稀的无机酸、碱、盐类和油脂类,但浓的无机酸、温热的强碱(氢氧化钠、氢氧化钾等)可侵蚀它。聚甲基丙烯酸甲酯可耐烃类溶剂,不溶于水、甲醇、甘油等,但有一定的吸水性(最大吸水率达 2%),环境湿度变化对吸水率及性能影响不大,在潮湿条件下仍可长期使用。可吸收醇类而溶胀,并产生应力开裂,不耐酮类、氯代烃和芳烃,在许多氯代烃和芳烃中可以溶解,如二氯乙烷、三氯乙烯、氯仿、甲苯等,乙酸乙烯和丙酮也可以使它溶解,因此可用这些溶剂涂抹表面对其进行黏接。

聚甲基丙烯酸甲酯对臭氧和二氧化硫等气体具有良好的抵抗能力,耐大气老化性优异,其试样经 4 年自然老化试验,重量无变化,拉伸强度、透光率略有下降,色泽略有泛黄,抗银纹性下降较明显,冲击强度还略有提高,其他物理性能几乎未变化。

聚甲基丙烯酸甲酯很容易燃烧,有限氧指数仅 17.3,不能自熄。燃烧时有熔融滴落,燃烧产物为甲基丙烯酸甲酯等单体,以及 CO、CO_2 等。

6.3 聚甲基丙烯酸甲酯的加工及应用

根据所用原材料不同聚甲基丙烯酸甲酯制品的成形加工方法可分为单体浇铸成形、粉粒料熔融成形加工和型才二次加工,分述如下。

6.3.1 浇铸成形

浇铸成形是以精制(去除阻聚剂)的单体甲基丙烯酸甲酯为主要原料,成形板材、棒材、管材等有机玻璃型材的间歇成形工艺,即前面介绍的自由基本体聚合方法直接成形型材(参见本篇6.1.1)。具体工艺包括配料、预聚(制浆)、成形(聚合)、后处理等工序。

浇铸成形制得的制品平均相对分子质量大,力学性能及耐热性好,但由于受模具结构及灌模、排气等工艺要求限制,只能生产形状简单的制品,而且生产效率较低。

6.3.2 熔融加工

熔融加工是以悬浮法聚甲基丙烯酸甲酯树脂为原料,采用注塑、挤出等热塑性塑料成形工艺,制备有机玻璃制品或型材的加工方法。熔融加工可以生产形状比较复杂的制品或型材,生产效率高,但因可熔融的聚甲基丙烯酸甲酯平均相对分子质量较低,制品的力学强度、耐热性等内在性能不如本体浇铸制品。

1.聚甲基丙烯酸甲酯树脂的工艺特性

悬浮法聚甲基丙烯酸甲酯具有较好的熔融加工性能,其加工特性如下。

(1)吸湿性:聚甲基丙烯酸甲酯含有极性侧基,具有较明显的吸湿性,吸水率一般为0.3%~0.4%,且分子中的酯基在高温下易水解,所以成形前必须干燥,使物料含水率低于0.02%。干燥条件为先在100℃左右干燥4 h,再在70~80℃干燥2 h,料层厚度不超过30 cm。

(2)加工温度:开始流动的温度约为160℃,开始分解的温度约为260℃,加工温度区间为180~230℃,温度范围不宽,须注意控制温度。

(3)熔体特性:在成形加工的温度范围内具有较明显的假塑性非牛顿流体特性,熔融黏度随剪切速率增大会明显下降,熔体黏度对温度的变化也很敏感。因此,对于聚甲基丙烯酸甲酯的成形加工,提高成形压力和温度都可明显降低熔体黏度,取得较好的流动性。

(4)成形收缩及内应力:聚甲基丙烯酸甲酯是无定形聚合物,收缩率及其变化范围都较小,一般为0.5%~0.8%,有利于成形出尺寸精度较高的塑件。虽然其成形收缩率不大,但由于熔体黏度较大,冷却速率又较快,在成形加工过程中易使制品产生内应力。因此,要得到尺寸精度较高的制品,必须严格控制成形温度等工艺条件,模具温度不低于40℃,制品需经退火处理。

2.成形方法

(1)注塑成形:悬浮法聚甲基丙烯酸甲酯颗粒料可在普通的柱塞式或螺杆式注塑机上进行注塑成形,喷嘴最好采用可控制温度的直通式喷嘴。料筒及喷嘴温度在保证充模流动性的前提下尽量选低,以利充模流动、减小制品内应力。对于制品中产生的内应力,需要后处理消除内应力,后处理通常在70~80℃的热风循环干燥箱内进行,处理时间视制品厚度而定,一般均需4 h左右。

(2)挤出成形：悬浮法聚甲基丙烯酸甲酯颗粒料也可以采用挤出成形工艺生产各种型材,特别是板材。尽管挤出型材力学性能、耐热性、耐溶剂性等均不及浇铸成形的型材,但生产效率高,且可生产异型管材等用浇铸法时模具难以制造的型材。挤出成形可采用塑化能力较强的大长径比、螺槽较深的普通渐变螺杆挤出机或排气式挤出机。挤出速度不能太快,具体成形工艺条件视制品要求而定。

6.3.3 二次加工

二次加工指的是以浇铸或熔融成形的聚甲基丙烯酸甲酯型材为原材料,对其进行再加工以生产有机玻璃制品的成形加工过程。

1.热成形

聚甲基丙烯酸甲酯具有较好的延展性,将有机玻璃板材或片材加热到热变形温度以上,采用压塑、气压、真空吸塑等热成形工艺,可制成各种尺寸形状的开放式浅腔制品,也可采用挤出吹塑工艺成形中空容器类制品。

聚甲基丙烯酸甲酯分子间力大,强迫分子运动产生的内应力不易松弛,且导热性差,所以热成形时的加热和冷却过程均应缓慢进行,产品最好进行退火处理。

2.机加工

聚甲基丙烯酸甲酯切削性能甚好,其型材可很容易地用车、铣、刨、磨、钻、削、锯等机加工方法制成各种形状尺寸的制品。机加工时应注意摩擦热的导除。

3.黏接

聚甲基丙烯酸甲酯具有良好的可黏性,使用适当溶剂即可对其进行表面黏接。将有机玻璃型材机加工成所需尺寸形状,然后按要求在接触面涂上溶剂或溶液,对接并施以一定的接触压力静置,待溶剂挥发即完成黏接。此法常被用来生产小批量简单制品。

6.3.4 聚甲基丙烯酸甲酯的应用

聚甲基丙烯酸甲酯特有的性能优势是优异的光学透明性和耐候性,应用领域非常广泛。以下是几个比较主要的应用领域。

(1)作为易碎裂的无机硅玻璃的替代品用作透光防护材料,如用于航天器、飞机、汽车、船舶的防弹玻璃及窗玻璃;仪表面板、座舱盖、指示灯罩,汽车及摩托车的挡风玻璃等。

(2)作为透明装饰或功能材料用在建筑家装方面,如室内外照明及非照明信号显示;高级雕塑饰品、家具、透明隔板等;太阳能集热器的外罩、紫外灯罩;有机玻璃浴缸、洗脸盆等高级卫生洁具。

(3)作为光学材料用于光学仪器领域,如眼镜、放大镜、各种透镜等。

(4)作为医用高分子材料用于医疗卫生领域,如医疗器械、视镜、育婴箱的透明罩壳等;制作假肢、假鼻、假眼、牙托及医用导光管等。

(5)作为透明装饰性材料,用于文具及日用品方面,如各种丁字尺、三角板、量角器等制图工具,示教模型,标本封固及标本防护罩;灯具、各种笔杆、钮扣、发卡、糖果盒、肥皂盒等各种日用装饰品、食品及化妆品的包装。

(6)聚甲基丙烯酸甲酯共聚物及其他丙烯酸酯聚合物还可用于纤维、皮革处理剂、塑料和橡胶黏合剂、静电植绒黏合剂、复合安全玻璃夹层、涂料、密封材料、薄膜、软管、透明管道、仪器零件、机器外壳、框架等。

6.4 其他丙烯酸塑料

具有工业价值的丙烯酸类聚合物可分为四大类,①聚甲基丙烯酸酯类(除前述的聚甲基丙烯酸甲酯外,还有聚甲基丙烯酸乙酯、聚甲基丙烯酸丁酯等);②聚丙烯酸酯类(聚丙烯酸甲酯、聚丙烯酸乙酯、聚丙烯酸丁酯、聚丙烯酸 2-乙基己酯等);③聚丙烯酸及其钠盐;④两种或多种丙烯酸及其酯类单体的共聚物。

丙烯酸酯类聚合物的性能主要取决于单体的化学性能及其聚合条件。

聚丙烯酸酯类聚合物多属非晶结构,其玻璃化温度较聚甲基丙烯酸酯类聚合物低,具有较大的柔顺性及弹性。在同种类型聚合物中,酯基上碳原子数越多,可能的分子构象数目越大,分子间力则相对较弱,因此玻璃化温度就越低(见表 6.3)。

表 6.3 几种丙烯酸酯类聚合物的玻璃化温度

酯　基	聚甲基丙烯酸酯	聚丙烯酸酯
	玻璃化温度/℃	
甲　酯	105	8
乙　酯	65	-22
异丙酯	81	-5
正丙酯	33	-52
异丁酯	48	-24
正丁酯	20	-54
叔丁酯	107	41
2-乙基己酯		-85

与玻璃化温度类似,丙烯酸酯类聚合物的强度、弹性、耐热性、耐溶剂性等理化特性也与酯基中碳原子数目有关,碳原子数越多,聚合物弹性越好,强度、耐热性、耐溶剂性等相应降低。例如,丙烯酸或甲基丙烯酸低级酯的聚合物可溶于芳香烃、酯类、氯化烃等,而高级酯的聚合物在石蜡烃中即可溶解。

丙烯酸酯类单体可与其他乙烯基单体共聚。丙烯酸酯类共聚物很多,但实际应用的主要是少量乙烯基单体与甲基丙烯酸甲酯的共聚物,即改性有机玻璃,以及少量丙烯酸酯类单体与其他乙烯基单体共聚制得的改性乙烯基树脂。如甲基丙烯酸甲酯与少量苯乙烯的共聚物(372 号树脂)是改性有机玻璃模塑料主要品种之一。

少量丙烯酸酯类单体与氯乙烯、偏二氯乙烯、乙酸乙烯酯等共聚,可以起内增塑作用,改善加工性,还可改善这些聚合物的耐旋光性和耐热性;与丙烯腈共聚,可以改善丙烯腈纤维的染色性,并同时赋予其可塑性;与甲基丙烯酸或丙烯酰胺共聚,可提高其黏接性能;与多官能团化合物共聚,可制得热固性黏合剂。

此外,聚丙烯酸酯还可与其他均聚物或共聚物进行共混改性。

思考题

1.试述聚甲基丙烯酸甲酯聚合反应原理。

2.说明本体聚合和悬浮聚合聚甲基丙烯酸甲酯各自的产物特点并加以解释。

3.有机玻璃浇铸成形为什么要分段进行?

4.聚甲基丙烯酸甲酯分子结构有何特点?为什么它属于无定形聚合物?

5.聚甲基丙烯酸甲酯的突出特性是什么?

6.定向有机玻璃是怎样制成的?它与非定向有机玻璃在性能上有何差别?

第7章 热固性树脂及塑料

以含有多个可反应官能团(两个以上)的低相对分子质量单体或预聚物为主体,加入(或不加)固化剂、填料等添加剂构成的复合物称为热固性树脂。热固性树脂通常为液态或受热时可熔融塑化的固态物料,成形加工时具有流动性,可像热塑性塑料一样对其赋形。不同的是,热固性树脂具有反应活性,在一定条件下(如加热到一定温度、加入固化剂等)可在分子间发生化学反应,形成化学键(交联),形成网状或三维体型结构的高聚物,从而固化定型。

热固性树脂固化后称为热固性塑料。热固性树脂的固化过程是不可逆的化学变化,由于分子链间交联的化学键的束缚,原有的单个分子间不能再互相滑移。所以,热固性塑料不再具有可塑性,定型后再加热,即使达到分解温度材料也不可能再软化流动。

常用的热固性树脂主要有酚醛树脂、氨基树脂、环氧树脂、不饱和聚酯树脂等,本章只介绍前三种树脂及其塑料,不饱和聚酯将归入聚酯类塑料(参见本篇 9.3)中讨论。

7.1 酚醛树脂及其塑料

酚类化合物和醛类化合物,在催化剂存在下,经缩聚反应而得到的合成树脂,统称酚醛树脂,其中以苯酚和甲醛缩聚而得到酚醛树脂最为重要。随所用催化剂不同,可制得酸法(线型或热塑性)酚醛树脂及碱法(可熔型或热固性)酚醛树脂。

以酚醛树脂为基础,加入填料等添加剂而制得的塑料,称酚醛塑料,它是热固性塑料中最重要的品种。酚醛塑料的主要类型为模压塑料(俗称电木)、层压塑料(一般用棉布、玻璃布等填充增强)、铸塑塑料、耐酸石棉酚醛塑料、泡沫塑料等。此外,酚醛树脂可制造涂料、黏合剂、蜂窝材料、离子交换树脂等。

酚醛树脂是合成树脂中最早发现(1872 年)最早工业化(1907 年)的一个产品。由于它的颜色深暗、脆性较大,且在模压加工时,工艺较笨拙,不宜于大规模连续化生产,因此逐渐为后起的乙烯类树脂取代之。酚醛树脂的产量曾一度徘徊,上升缓慢,甚至低于氨基树脂。但现已解决了热固性树脂的注射成形工艺,并且出现了用环氧树脂、聚氯乙烯、尼龙等改性的品种,同时在空间技术等方面也发现了新的用途,又使其获得新生。其产量约占合成树脂世界总产量 4% ~ 6%,居第六位。

由于酚醛塑料具有较高的机械强度、耐热性、耐烧蚀性、耐酸、耐磨性、良好的电绝缘性等,因此主要应用于电工电器(灯头、开关、插座、保险丝板等)、机械制造工业(轴瓦、齿轮等)及日常用品(瓶盖、按钮等)。此外,还用于宇航、火箭等部件中作耐烧蚀材料。

7.1.1 酚醛缩聚及树脂结构

1.主要原料

酚醛树脂常用的酚类是苯酚,其次是甲酚、间苯二酚等;常用的醛类是甲醛,其次是糠醛。

2.反应特点

酚醛缩聚反应是逐步进行的,每阶段形成的中间产物相当稳定,能从系统中分离出来加以研究。酚类与醛类作用能形成牢固的化学健,反应的平衡常数很大,具有不可逆性,因此实际上反应是向生成缩聚物这一方向进行,反应过程中析出的低分子物(如水等),很少影响过程的平衡及速度,即使在水溶液中,反应也能进行,称水溶液缩聚。因此,反应的进行和缩聚程度,在很大程度上取决于催化剂浓度、温度、时间,而很少受反应副产物排出与否的影响,所得产物的结构决定于催化剂的类型。

3.影响因素

酚醛缩聚反应比较复杂,影响因素较多,其中对产物结构性能影响较大的有原料种类及配比、催化剂、体系 pH 值等,调整这些因素,可得到不同类型的酚醛树脂。

(1)原料种类的影响: 单体化学结构不同,所具有的官能度不同,反应能力不同,生成的树脂性能自然也不同。

不同类型酚的反应活性如下

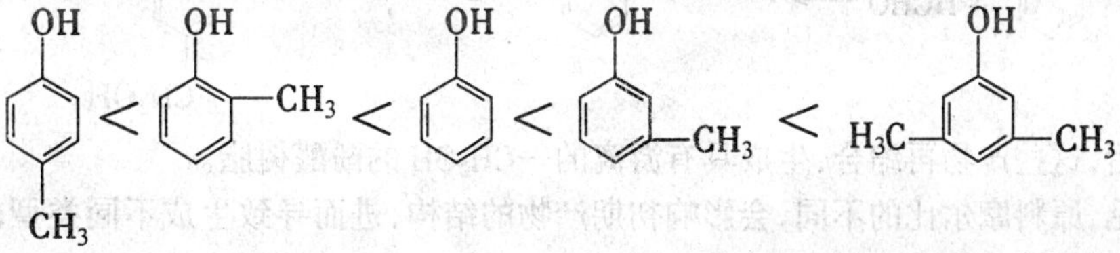

对甲酚(OH, CH_3) < 邻甲酚(OH, $-CH_3$) < 苯酚(OH) < 间甲酚(OH, $-CH_3$) < 3,5-二甲酚(OH, H_3C-, $-CH_3$)

0.7　　0.8　　1.0　　2.9

二官能度的酚(如邻甲酚、对甲酚等),只生成不能进一步固化交联的树脂;单官能度的酚(如 1,2,4 - 二甲酚等),根本不能生成树脂;三官能度的酚(如苯酚、间甲酚等),能生成可进一步固化交联的树脂。

醛的结构不同,反应活性也有差异。

甲醛较乙醛的活性大,与酚类的缩聚反应也要快些,同时制得的产物固化交联也迅速些,糠醛有呋喃环,影响醛基,不单使醛基具有一定活性,而且环上双键易打开聚合,因此生成的树脂性能不够好,少有采用。

(2)原料配比的影响: 即使其他条件相同,酚醛摩尔比不同,生成的产物也不同。

酚过量(苯酚与甲醛的摩尔比近似为 1:0.8)时,开始反应缓慢,生成邻位和对位羟甲基酚

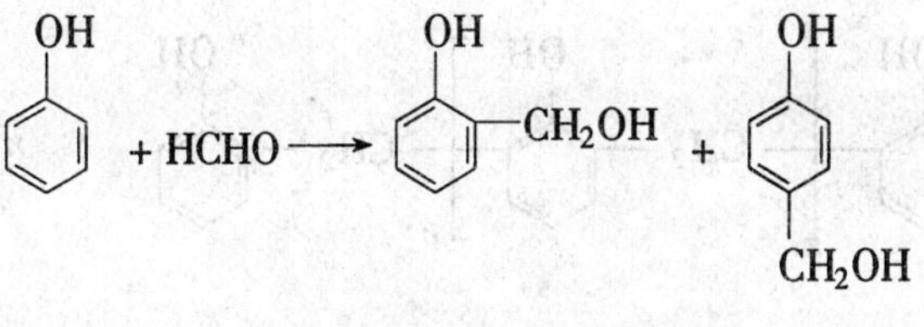

苯酚(OH) + HCHO ⟶ 邻羟甲基酚(OH, $-CH_2OH$) + 对羟甲基酚(OH, CH_2OH)

然后,反应物再迅速地缩合,而生成二羟基二苯基甲烷(D·P·M)类型的产物

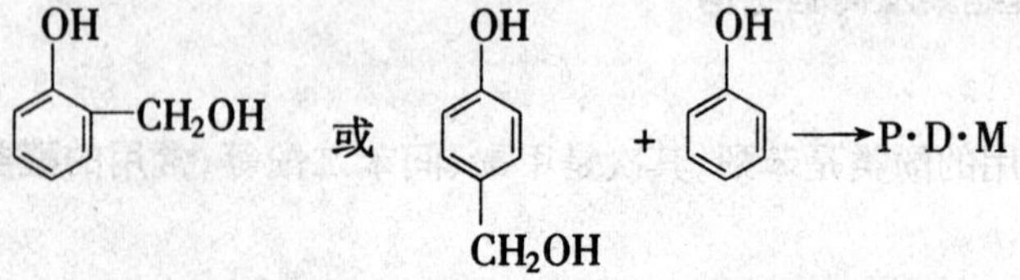

$$\text{邻羟甲基苯酚}\ (o\text{-}HOC_6H_4CH_2OH)\ \text{或}\ \text{对羟甲基苯酚}\ (p\text{-}HOC_6H_4CH_2OH) + C_6H_5OH \longrightarrow P\cdot D\cdot M$$

这种产物有三种可能的异构体

2,2′-P·D·M　$o\text{-}HOC_6H_4-CH_2-C_6H_4OH\text{-}o$

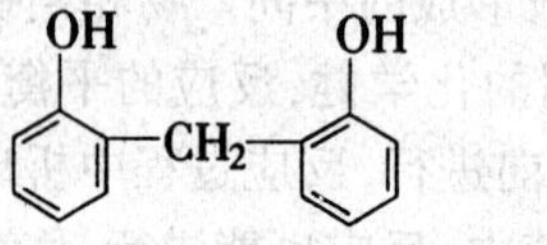

2,4′-P·D·M　$p\text{-}HOC_6H_4-CH_2-C_6H_4OH\text{-}o$

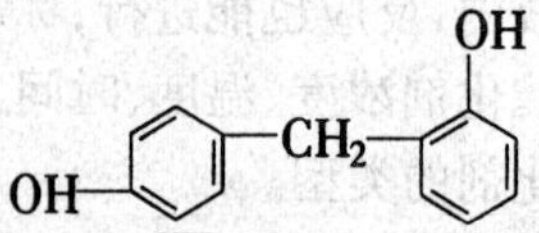

4,4′-P·D·M　$HO-C_6H_4-CH_2-C_6H_4-OH$

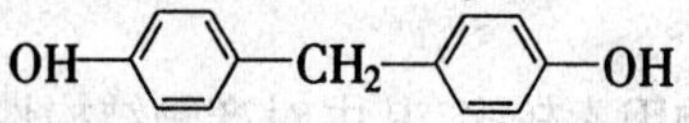

它们再进一步反应,可得到线型低相对分子质量树脂。

醛过量(苯酚与甲醛的摩尔比近似为 0.8:1.0)时,开始反应很快进行,主要生成二羟甲基酚,同时也生成三羟甲基酚等

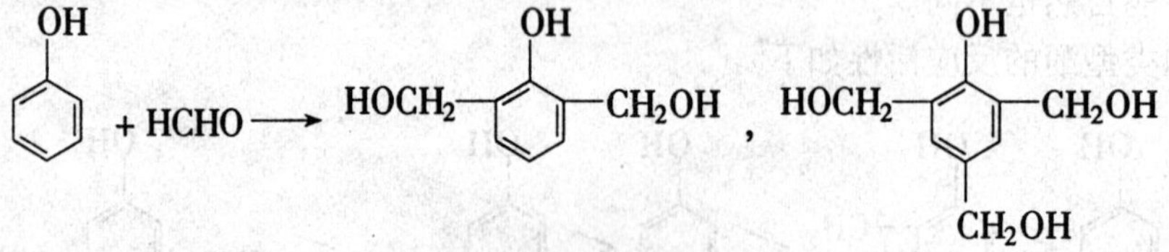

$$C_6H_5OH + HCHO \longrightarrow HOCH_2-C_6H_3(OH)-CH_2OH\ ,\ HOCH_2-C_6H_2(OH)(CH_2OH)-CH_2OH$$

然后,这些产物再缩合,生成具有游离的—CH_2OH 的酚醛树脂。

可见,原料摩尔比的不同,会影响初期产物的结构,进而导致生成不同类型的树脂,虽不起主导作用,但影响也大。

(3)体系酸碱度的影响:在酚与醛的缩聚过程中,能起主导作用的影响因素是 pH。

当用酸(盐酸、硫酸、草酸等)催化时,$pH<7$,生成的酚醇(羟甲基酚)不稳定,彼此间或与苯酚很快地发生反应,生成酸法酚醛树脂。

当用碱(氨水、氢氧化钡、氢氧化钠等)催化时,$pH>7$,生成的羟甲基酚稳定,易生成多羟甲基酚。在升高温度或加入酸性催化剂时,缩聚反应进一步进行,生成含有游离羟甲基的碱法酚醛树脂,该树脂称为甲阶酚醛树脂。

4.树脂的结构和特性

(1)酸法酚醛树脂:从结构上来讲,酸法酚醛树脂(亦称线型酚醛树脂、热塑性酚醛树脂)是一种带极少支链的直链型(线型)结构的低相对分子质量的初聚物(聚亚甲基酚)。分子结构为

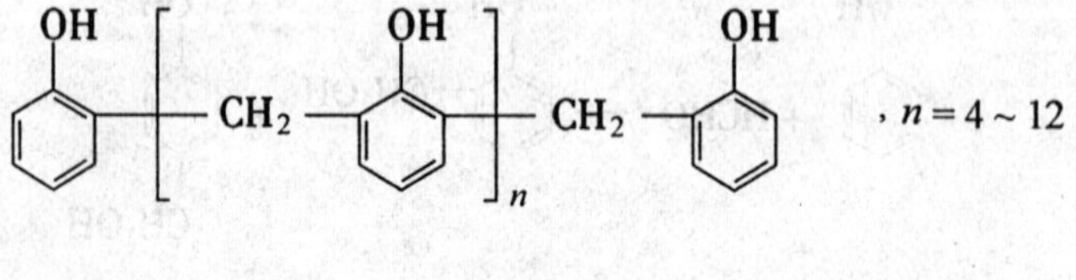

$$HOC_6H_4-\left[CH_2-C_6H_3(OH)\right]_n-CH_2-C_6H_4OH\ ,\ n=4\sim 12$$

酸法酚醛树脂外观多为具有一定光泽的暗褐色固体，密度为 1.2 g/cm^3，含水量为 0.35%。能反复地熔化和重新凝固，并易溶于丙酮、酒精中。

酸法酚醛树脂分子链中不存在或很少存在未反应的羟甲基，所以这种树脂在加热时，一般仅熔化而不发生继续的缩聚反应。但这种树脂的酚环上尚存在未反应的活性点，可与补加的甲醛或固化剂作用，进一步交联固化(变定)，缩聚成体型结构的高聚物。

酸法酚醛树脂具有储存稳定，变定快，产品耐热性高、刚性好等特点，主要用作快速变定的压塑粉，其次用作醇溶性涂料、黏合剂等。

(2)碱法酚醛树脂：碱法酚醛树脂通常指的是甲阶树脂(亦称可溶型酚醛树脂、热固性酚醛树脂)酚醛树脂。通常为红褐色的有毒性和强烈苯酚味的黏稠液体或脆性固体，有时也做成酒精溶液(能溶于酒精、丙酮及碱水溶液中)。碱法酚醛树脂也是低相对分子质量的初聚物，可看成亚甲基酚和对羟甲基亚甲基酚的嵌段共聚物，分子结构为

$$\mathrm{H}-\left[\mathrm{C_6H_2(OH)(CH_2OH)}-\mathrm{CH_2}\right]_n-\left[\mathrm{C_6H_3(OH)}-\mathrm{CH_2}\right]_m-\mathrm{OH},\quad m+n=4\sim10,\ m=2\sim5$$

由于其分子中含有较多的可进一步反应的羟甲基及苯环活性点，无需加入固化剂，受热时甚至在常温下即可进一步缩聚。由能溶于酒精、丙酮及碱水溶液中的甲阶树脂逐步转变为不溶于碱液中、可部分或全部地溶解于丙酮或酒精中的乙阶树脂，进而转变为不溶不熔的丙阶树脂。因此，碱法酚醛树脂实际上是一种中间产品或半成品，市场上不易购得。它们很不稳定，在储存过程中缓慢地进行缩聚反应，受热后可迅速缩聚，而失去可加工性。

碱法酚醛树脂不易储存，随着时间延长或温度提高，会由甲阶通过乙阶变成丙阶的不溶不熔固体，但变定慢。变定后的产物中，除含有—CH_2—键外，还含有较多的—CH_2—O—CH_2—键(特别是应用强碱性催化剂时更多)，这种键不稳定，受热时易释出甲醛而转变成—CH_2—键。固化产物特点是电性能好，抗弯强度高，但耐热性较差。主要用作层压塑料、泡沫塑料、碎屑塑料、蜂窝塑料、胶合剂、涂料等，也可用作压塑粉。

两种树脂的区别主要是制备方法和加工特性，变定后的产物(体型酚醛聚合物，或称纯酚醛树脂)性能差别不大。纯酚醛树脂的性能如表 7.1 所示。

表 7.1　纯酚醛树脂的性能

性　能	指　标	性　能	指　标
抗张强度/MPa	41 ~ 48	密度/(g·cm^{-3})	1.2 ~ 1.6
抗冲强度(悬梁)/(J·m^{-1})	1 576 ~ 1 786	吸水率/%	0.3 ~ 0.5
弯曲强度/MPa	63 ~ 76	表面电阻/Ω	10^{10} ~ 10^{12}
莫氏硬度	2.5 ~ 3.0	体积电阻率/(Ω·cm)	10^{12}
比热容/(J·g^{-1}·℃$^{-1}$)	1.68	击穿电压/(kV·mm^{-1})	18 ~ 35
导热系数/(J·s^{-1}·℃$^{-1}$)	0.1 ~ 0.2	介电常数	5
线膨胀系数 10^{-4}/℃	0.8	介电损耗(10^6 Hz)	0.022

7.1.2 酚醛树脂及塑料

1.酸法酚醛树脂与压塑粉

(1)树脂的制造：酚醛树脂可以制成黏稠状的液体,也可以制成脆硬的固体。液状树脂用于涂料、黏合剂等液态低黏度酚醛树脂的生产,生产压塑粉时,则常使用固态酚醛树脂。现将固态酚醛树脂的制造简介如下。

苯酚与甲醛(质量分数为37%的水溶液)按摩尔比1:0.8的配方,分别加入反应釜中,搅拌,用盐酸调节pH值为1.6~2.0,升温至85℃,停止加热,让其自动升温95~100℃,沸腾回流。当沸腾平稳后,再加入计量的35%盐酸,盐酸加完后,缩聚反应继续进行。当釜中出现浑浊后,继续反应45 min,取样测密度,达到要求的范围(1.17~1.20 g/cm^3)时,缩聚过程便告结束。立即进行树脂的干燥,调整冷凝器使出口接通水槽,进行真空脱水,此时釜内保持80℃和真空度约0.053 MPa(也可常压)。水分、未反应的原料物及催化剂等被大量蒸出。当产物透明并取样测试滴落温度为95~110℃时,干燥完成。停止加热,放空,趁热很快出料。冷却后,粉碎,包装或送去制压塑粉。

(2)压塑粉的组成：酚醛压塑粉,亦称模塑粉,通常由树脂、填料、固化剂、促进剂、润滑剂、着色剂等组分构成。酚醛压塑粉典型配方如表7.2所示。

表7.2 几种典型的压塑粉配方

组分名称	通用级	绝缘级	中抗冲级	高抗冲级
酸法酚醛树脂	100	100	100	100
六次甲基四胺	12.5	14	12.5	17
氧化镁	3	2	2	2
硬脂酸镁	2	2	2	3.3
对氮蒽黑染料	4	3	3	3
木 粉	100	—	—	—
云 母	—	120	—	—
织物碎块	—	—	—	150
棉 绒	—	—	110	—
石 棉	—	40	—	—

树脂:树脂是塑料的主体,对塑料性能的影响很大。树脂在塑料中主要起黏合作用,它将其他组分黏结起来成为一整体,其他组分都是通过树脂发挥作用的。制造一般用途的压塑粉时,通常选用酸法树脂,只有用于生产要求电性能高、气味小、需要改进耐碱性等特殊用途制品的压塑粉才选用碱法树脂。一般树脂的制造,是以苯酚为原料,苯酚甲醛树脂可以使产品获得最大的机械强度和固化速度。甲酚用于耐酸制品,而苯酚、甲酚混合物用于低成本的配方,二甲酚可用来改进树脂耐碱性。

固化剂:酸法树脂分子中很少甚至没有羟甲基,自身不能进一步缩聚而固化,变定过程必须在固化剂存在下,加热完成。固化剂是可以与树脂分子中苯环上的活性点作用,使树脂交联固化的小分子添加剂。酸法树脂常用的固化剂为六次甲基四胺(简称六次,俗称乌洛托品)。在加热条件下,六次甲基四胺或其分解产物与线型酚醛树脂反应,在分子间形成亚甲基桥,使之进一步交联而固化。固化剂用量一般以 10% ~ 15% 为佳,用量不够,压塑粉固化速度慢,降低制品的耐热性;用量过多,并不加快固化速度及提高耐热性,反使耐水性、电性能变劣,还会因压塑粉中低分子物过多,在制品成形时易汽化而发生肿胀现象。

促进剂:促进剂是一类可以促进六次甲基四胺分解的化学添加剂,因而可提高压塑粉的固化速度。压塑粉常用的促进剂有氧化镁、氧化钙等。在酸法树脂压塑粉中除了起促进剂的作用外,还起中和酸作用,防止腐蚀模具。对碱法树脂压塑粉,它们起固化促进剂的作用。同时提高制品的耐热性、耐水性及硬度。促进剂用量一般为 2% 左右,用量过多黄模,过少黑模。促进剂的活性大小对产品性能影响颇大,活性越小,越易起作用,生成的酚盐越稳定;相反,促进剂活性大会因氧化过剧,增大极性,降低压塑粉的电性能,同时还会使所制得的产品中,树脂的结构混乱,空白点增多,机械性能下降。因此最好不用活性高的金属氧化物作促进剂,否则需用乙醇处理。

润滑剂:润滑剂的作用是增加压塑粉在成形时的流动性,易于充满模腔。同时,可减小塑料在压制、压片时对模具的黏附,便于脱模。压塑粉常用的润滑剂为油酸、硬脂酸、硬脂酸盐等,用量为 1% ~ 3%。过多,影响制品的光泽,妨碍各组分的混合、塑化;太少,则起不到应有的作用。

填料:填料也是压塑粉的重要组分,除了起增量作用,降低成本之外,填料种类及用量对压塑粉及其产品性能也有着举足轻重的影响。酚醛压塑粉用填料种类很多,木粉(松木、云杉、白杨等的细木屑)是最常用的,它不仅能提高制品的机械强度,特别是抗冲击强度,而且能有效地降低树脂在成形时的放热及收缩现象,同时还能降低成本,但木粉易吸水而降低电性能。故一般制高电性能的压塑粉时,则多用酚醇或有机硅处理过的木粉为填料。其他常用的粉状填料还有石墨粉,能降低制品的摩擦性,增加其电导率;云母粉,可增加制品的电绝缘性,但对树脂的浸渍性不好;石英粉,可提高制品的电性能,减少吸水性和收缩率;及竹粉、核桃壳粉、废塑料粉等,可以增量。前三种成本高,多用在特殊用途上;后三种机械性能差,少有采用;所以粉状填料一般用木粉。另外,为了提高冲击强度等力学性能,也可用棉绒、棉布、捻线和玻纤等作为增强填料。为了提高耐热性和改善耐化学性可用石棉纤维,填料的用量一般为树脂质量的 1 ~ 1.5 倍。

色料:色料是为了增加树脂的美观而加入的一类物质。由于压塑粉成形需要在一定温度下进行,而在此温度下树脂会生成醌 - 甲基化合物及其衍生物,使树脂的颜色变成深色,因此所用的色料仅限于黑色、褐色、深蓝色、深绿色、深红色及橙色等,故常用苯胺黑、普鲁士红等。色料的用量随颜色深浅不同而异,一般为 1% ~ 5%。

其他添加剂:有时为了改进某些性能,如提高抗冲强度,常于其中加入丁腈(或丁苯)橡胶;提高耐热性加入有机硅;也可加入聚氯乙烯、聚酰胺等,改进其抗张强度。一般加入量为树脂的 20% 以上,这些物质可在压塑粉制造时加入。另外,还可加入流动促进剂(邻苯二甲酸二丁酯),用量为 1% 左右;防霉剂(8 - 羟基喹啉铜盐、水杨酰苯胺等),用量约为 1%。

(3)压塑粉的制造: 酸法树脂压塑粉的生产有干法和湿法。干法生产比较常用,简介如下。

根据使用要求拟定的配方,选择不同种类数量的填料,固化剂、促进剂、润滑剂和着色剂等。按配方称好各料,在捏合机或螺带式混合器中混合,再在辊压机上加热(100 ~

150℃)混炼,树脂受热熔融,借助于辊筒产生的剪切力,使其与填料等充分浸渍、混合,并且使树脂进一步缩聚,部分达到乙阶段。为了缩短成形时的固化时间,而又有一定的流动性,必须严格控制混炼温度,掌握好混炼时间。辊压后冷却、粉碎、过筛、并批、包装,则得压塑粉,这是常用的生产方法。另外还可用挤出机代替辊压机,利用螺杆转动,使物料很好的混合和压紧,同时使树脂受热进一步缩聚,部分达到乙阶段。挤出后冷却、粉碎、包装。本法可连续生产。由于控制要求更加严格,故不及上法采用普遍。有时为了成形的方便,可将压塑粉在专用的挤出机上造粒,但这样不单增加了工序,而且让树脂多次受热,流动性受影响,故一般不常采用。

(4)压塑粉的成形加工:压塑粉一般可在150~190℃及15~20 MPa的压力下成形,常采用压制或铸压(传递)工艺。随着技术的进步,近几年热固性塑料注塑成形工艺已日臻成熟,压塑粉也可用特殊的注塑机注射成形。

由于酚醛压塑粉注射成形相对比较困难,为此对压塑粉提出以下要求:①流动性好,拉西格流动性大于200 mm,否则流动性太小,注射有困难;太大,易产生飞边和粘膜。②塑化温度范围大,物料的黏度在较大的温度范围内变化不大,且能在较低的温度(75~90℃)下塑化,同时热稳定性好。③熔料能长时间保持流动性,在料筒中停留20~30 min黏度变化不大,且能顺利地向模腔注射和流动。④一进入型腔则固化,既能提高生产率,又缩短成形周期。⑤最好用收缩率小产生内应力小,脱模性好,批量稳定性好的料。

(5)酚醛压塑料的性能及用途:酸法酚醛树脂制的塑料,具有耐化学腐蚀性好、不燃、耐用、尺寸稳定,不易变形的特点,可以在较广泛的温度范围内使用。但在日光照射下易变色,因此一般制品均为深色。有关酚醛压塑粉的性能,如表7.4所示。

表7.4 酚醛压塑粉的性能

品种 性能	以木粉为填料		以无机物为填料	
	酸法树脂	碱法树脂	酸法树脂	碱法树脂
密度/(g·cm^{3})	1.25~1.40	1.25~1.40	1.6~2.0	1.6~2.0
抗拉强度/MPa	30~60	30~60	28~60	28~60
抗压强度/MPa	150~160	150~160	125~250	125~250
静弯强度/MPa	>55	>65	>55	>50
抗冲强度/(J·m^{-2})	>392	>441	>392	>412
弹性模量/MPa	0.07~0.09	0.07~0.09	0.07~0.315	0.07~0.315
布氏硬度	0.2~0.4	0.2~0.4	0.3~0.5	0.3~0.5
断裂伸长率/%	0.3~0.7	0.3~0.7	0.6	0.6
马丁耐热/℃	>110	>100	>125	>150
比热($\times 10^{5}$)/(J·kg^{-1}·K^{-1})	1.3~1.5	1.3~1.5	1.0~1.5	1.0~1.5
导热系数/(W·m^{-1}·K^{-1})	0.21~0.33	0.21~0.33	0.33~0.84	0.33~0.84
线胀系数(10^{-5})/℃	4.5~7	4.5~7	0.7~3	0.7~3
吸水率(24 h)/%	0.2~0.6	0.2~0.6	0.01~0.3	0.01~0.3
表面电阻/Ω	>10^{9}	>10^{12}	>10^{12}	>10^{12}
体积电阻率/(Ω·cm)	>10^{9}	>10^{12}	>10^{9}	>10^{12}
击穿电压/(kV·mm^{-1})	>10	>13	>10	>13
介质损耗角正切	—	0.09	—	0.09

根据用途的不同,选用不同的树脂和填料等,可生产出工业上需要的各种制品。如用木粉为填料,则具有一定的综合性能和电性能,可用于制造机器零件、手柄、文具用品、瓶盖、电话机及收音机外壳、开关、灯头、插座、纽扣等。以云母或玻纤为填料,具有高的电绝缘性,可用于制造电闸刀、电子管插座、电阻器、汽车点火器等。用石棉(美国从1980年起,为防止其污染而限制使用)为填料,可用于制造电炉、电熨斗和电阻的座子、刹车片等。

2.碱法酚醛树脂和层压塑料

(1)树脂的制造:碱法酚醛树脂的生产过程与酸法树脂基本相同,同样包括原料的缩聚与树脂的干燥(乳液树脂除外)两个阶段。但又有其特点,所用的催化剂不是酸性的而是碱性的,如 NaOH、$NH_3 \cdot H_2O$、$Ba(OH)_2$ 等,同时是在甲醛过量的情况下进行的。

苯酚和甲醛(质量分数为37%的水溶液)按摩尔比为1:(1.25~2.5)的配方,分别加入反应釜中,再加入一定量的氨水或氢氧化钠,然后升温至60℃,停止加热,反应自动放热,升温至沸腾,保持92~95℃,反应一段时间(这段时间反应较缓和,不必冷却,但注意时间不能太长),当显现浑浊时,缩聚结束,冷却,在60~70℃,减压至0.079 MPa下,真空脱水干燥,这时应严格控制干燥条件。脱水完后出料,可得固体树脂。如需配成酒精溶液,在冷却后加入酒精稀释到固体含量为50%~60%,既可供层压之用,也可制成水乳液(不经干燥而得到的树脂液),用于层压制品的生产中。

(2)层压制品的制造:层压制品是由树脂液浸渍片状填料(牛皮纸、石棉布、棉布、玻璃纤维织物等),经干燥、加热、加压而制成的板材、管材、棒或其他简单形状的制品。

板材的生产过程为:

①浸胶:先将成卷的纸或布,在卧式或立式浸胶机上,连续通过盛有树脂液的浸渍槽,黏附一定量的树脂后,即进行干燥,也有的是进入烘箱或烘房中干燥,让溶剂或水挥发,同时使树脂进一步缩聚。干燥后的浸胶材料,其含胶量控制在40%~50%,干燥程度达适量为好。

②热压成形:将干燥的浸胶材料,切成略大于制品尺寸的大小,按要求叠合成一定的厚度,放在两块不锈钢的模板当中,放在多层压机里,在155~165℃温度及7~10 MPa(布质层压板)或6.5~8.0 MPa(纸质层压板)或3.0~7.0 MPa(玻璃布层压板)压力下进行成形。压制时间随制品厚度而定。等树脂完全固化后,在上述压力下冷却到50℃以下取出。经过修边后,即得层压板。有时还需热处理,以提高层压板的性能。

(3)层压制品的性能及用途:酚醛层压板的特点是密度小、机械强度高、电性能好、热传导率低、摩擦系数小、易于机加工。牛皮纸及玻璃布层压板是电器工业中的重要绝缘材料,广泛的用于电机及电器设备;布及木质层压板在机器制造业中做无声齿轮、轴瓦及其他零件。石棉层压板主要用作刹车片及离合器等,也可作具有高机械强度和耐热性的机器零件。用聚酰胺、碳纤维、石墨、玻璃纤维、氧化硅织物制成的层压制品,可作为耐烧蚀材料,用于导弹外壳、鼻锥、宇宙飞船舱面层和抗热罩等,可耐3 000℃的瞬时高温。

碱法酚醛树脂的醇溶液,除用于制层压制品,表面被覆盖材料、刹车片衬里,被覆线等外,还可用作黏合剂(BΦ胶等)、耐酸腐蚀材料(法奥里特)、泡沫塑料、浇注塑料、涂料等。另外,固体树脂可作电性能好的压塑粉,较广泛的用于各工业部门,用于制轴承、轴瓦、蓄电池隔膜、砂轮、化工防腐设备、电器及仪表等的零部件。

7.2 氨基树脂及其塑料

某些含有胺基或酰胺基的单体与甲醛反应而生成的热固性树脂,称氨基树脂。氨基树脂本1930年就有工业生产,是目前世界塑料的五大品种之一。现在工业上应用较多的氨基树脂品种有:尿素/甲醛(脲醛)树脂、三聚氰胺/甲醛(蜜胺)树脂,比较少量的有:苯鸟粪胺/甲醛(涂料用)和三聚氰胺苯酚/甲醛树脂(模塑粉用),以及很少量的脲/硫脲甲醛树脂,脲/三聚氰胺甲醛树脂等。

以氨基树脂为基础,加入填料及其他辅助材料而制得的塑料,称氨基塑料。氨基塑料的主要类型为:模压塑料(俗称电玉)、层压塑料(一般用木片、碎木材、纸等为填料,包括装饰用的贴面板)、泡沫塑料等。另外,还可用其树脂作黏合剂、涂料、织物和纸张的处理剂等。

氨基树脂的特点是:坚硬、耐刮伤、无色、半透明,可制成色彩鲜艳的各种塑料制品。加之无毒、无臭,适于制造日用器皿、快餐餐具等。另外,广泛用于航空、电器、建筑等行业,作装饰、耐热、隔音材料等。

脲醛树脂比酚醛树脂便宜,但耐水性差,耐热性不高。三聚氰胺甲醛树脂比脲醛树脂硬度大,并有更好的耐水性、耐热性、耐电弧性,但成本高些。

7.2.1 脲醛树脂

脲醛树脂以尿素、甲醛为主要原料,经缩聚反应制成。

1.脲醛缩聚

脲醛缩聚的基本反应是醛胺缩聚。首先,尿素分子中的氨基与甲醛加成,生成羟甲基脲;然后,体系内不同分子中的羟甲基之间、羟甲基与氨基之间、氨基与甲醛以及亚胺基与甲醛之间进行脱水或加成反应而缩聚;最终形成体型结构的高聚物,即脲醛树脂。

尿素与甲醛的缩聚反应通常在中性介质中进行。

常温(20~35℃)下,在中性介质中反应,当尿素与甲醛的摩尔比为1:1时 ,生成一羟甲基脲;当尿素与甲醛的摩尔比为1:2时,则生成二羟甲基脲。一羟甲基脲、二羟甲基脲都是晶体,能溶于水,并能从反应液中分离出来。当甲醛的用量再增加时,理论上可得到三羟甲基脲甚至四羟甲基脲,但由于位阻效应,反应不易继续进行。故而甲醛的用量再增大,也只能得一、二羟甲基脲,羟甲基脲间进一步缩合,可制得树脂。工业上就是利用一、二羟甲基脲的混合物的进一步缩合,制造压塑粉等。在较高温度下(100℃以下),尿素与甲醛在中性、弱碱性或弱酸性介质中反应时,则生成水溶性树脂。

从理论上讲,脲醛树脂的形成经由加成、缩聚两个阶段。实际上,脲醛树脂的生产不是经过羟甲基脲的生成,以及随之而来的聚合,而是由尿素与甲醛加成生成羟甲基脲衍生物,再通过羟甲基间或与胺基缩合形成的。其化学反应为

$$
n\,\begin{array}{l} NH-CH_2OH \\ | \\ C=O \\ | \\ NH_2 \end{array} \longrightarrow \begin{array}{l} NH-CH_2- \\ | \\ C=O \\ | \\ NH_2\end{array} \left[\begin{array}{l} N-CH_2- \\ | \\ C=O \\ | \\ NH_2 \end{array}\right]_{n-2} \begin{array}{l} N-CH_2OH \\ | \\ C=O \\ | \\ NH_2\end{array} + (n-2)H_2O
$$

$$
n\,\begin{array}{l} NH-CH_2OH \\ | \\ C=O \\ | \\ NH-CH_2OH \end{array} \longrightarrow \begin{array}{l} NH-CH_2- \\ | \\ C=O \\ | \\ NHCH_2OH\end{array} \left[\begin{array}{l} N-CH_2- \\ | \\ C=O \\ | \\ NHCH_2OH \end{array}\right]_{n-2} \begin{array}{l} N-CH_2OH \\ | \\ C=O \\ | \\ NHCH_2OH\end{array} + (n-2)H_2O
$$

上述反应生成的树脂结构，看来是很有规律的，但实际并非如此，而是一种无规律的复杂结构。这类树脂的特性是，在加热、加压或在催化剂作用下，很快固化转变成为体型结构

$$
\begin{array}{ccccccccc}
 & & \sim\sim CH_2- & N & -CH_2\sim\sim & & & & \\
 & & & | & & & & & \\
 & & & C=O & & & & & \\
 & & & | & & & & & \\
\sim\sim & N & -CH_2- & N & -CH_2- & N & -CH_2-O-CH_2- & N & \sim\sim \\
 & | & & & & | & & | & \\
 & C=O & & & & C=O & & C=O & \\
 & | & & & & | & & | & \\
\sim\sim & N & -CH_2- & N & -CH_2- & N & -CH_2 & & \\
 & & & | & & & & & \\
 & & & C=O & & & & & \\
 & & & | & & & & & \\
\sim\sim & N & -CH_2- & N & -CH_2- & N & -CH_2\sim\sim & & \\
 & | & & & & | & & & \\
 & C=O & & & & C=O & & & \\
 & | & & & & | & & &
\end{array}
$$

研究表明，固化后的树脂受热水和酸溶液作用时很不稳定。另外，在隔绝空气加热时，树脂很易解聚，且含碳量很低。这些均可说明固化后的脲醛树脂分子间的交联键（横键）数目不多，交联度不大，趋向于线型结构。

2.脲醛树脂的制备

由于尿素中所含可缩聚反应的基点大于2，而工业生产中要求获得具有反应活性的低相对分子质量合成树脂，因而要防止在制造过程中发生固化。这样就要求先制成能溶于水的羟甲基脲混合物或低缩聚度树脂，以便于用来浸渍填料、作黏合剂或用来发泡制泡沫塑料等，进而在一定条件下固化（或变定），所以工业上生产的脲醛树脂多是其水溶胶。若不用水溶胶，则用经真空浓缩或喷雾干燥而得到的粉末状干树脂。

根据缩聚原理可知，原料配比、pH值、反应温度等，均对所制得的树脂性能发生重大影响。

用来制造压塑粉的脲醛树脂，通常是在脲醛摩尔比为1:1.5，pH值为8（微碱性），温度

为60℃左右的条件下缩聚而得到羟甲基脲的衍生物。用于制造泡沫塑料等的脲醛树脂，其原料配比中甲醛用量增大，温度提高到90~100℃。制造层压塑料所用树脂是在微酸性条件下，脲醛的摩尔比为1:(1.5~2.0)，反应温度为80℃制得的。显然，用于不同用途的脲醛树脂，其合成工艺条件有显著差别，原因在于制造泡沫塑料时，要求所用树脂缩聚度最高，树脂水溶液的黏度最大，因此反应程度也更大。而制层压塑料，要求所用树脂的缩聚度较高，树脂水溶液的黏度较大，反应程度也较大。生产压塑粉时，为了便于浸渍填料，保证在生产周期长和需进行干燥热处理以后，树脂仍有适当的流动性，因此要求采用低温，生产低缩聚度的羟甲基脲衍生物。

3.脲醛树脂的性能

工业生产的脲醛树脂缩聚度甚低，一般能溶于水，易制成水溶液，其分子中含有能反应的羟甲基和次甲基醚键，较易固化，固化时放出低分子物，而成体型结构。其特点是无色、无毒、耐光性优良，长时间使用后不变色，成形时受热固化亦不变色。另外，树脂具有一定极性，且易吸水，电性能差。一般采用漂白过的无色纸浆(含α-纤维素)和棉纤维作填料，加入各种鲜艳的着色剂，可作为色泽美观的模压塑料。

脲醛树脂在适当条件下，可固化转变为体型结构高聚物。少量酸的存在，可对固化过程发生明显的催化作用。如在中性时，加热至140℃时，10~60 min方可固化；如加少量酸使pH值为2时，不需加热即可发生固化作用，因此酸性物质是脲醛树脂的变定催化剂。酸的种类和用量，对其固化速度产生不同影响，可根据树脂的用途和要求的固化速度快慢，而选择催化剂的种类和用量，例如用来制造泡沫塑料或常温固化的黏合剂时，要求快速固化或不必加热，可以选用磷酸或氯化锌作为催化剂。如用来制造压塑粉时，则要求在室温或低的干燥温度下没有催化作用或作用不明显，当在成形温度下，则迅速催化固化，如草酸。脲醛树脂固化，是由于发生缩聚反应，析出水，或次甲基醚键断裂而析出甲醛，并发生交联作用而完成。

4.脲醛树脂的用途

脲醛树脂的用途甚为广泛，可用来制造色泽鲜艳、美观的模压塑料；可作各种用途的层压塑料、泡沫塑料、铸塑塑料等；可用来制作价廉的水溶性黏合剂，主要用来黏结木材(例如制造三夹板)；可用来制作纺织品的处理剂，以达防缩、防皱的目的；可用来处理纸张以提高湿强度；还可用醇改性作罩光漆。

7.2.2 脲醛塑料

1.脲醛压塑粉

(1)脲醛压塑粉的组成

脲醛压塑粉是由树脂、固化剂、填料、着色剂、润滑剂、稳定剂、增塑剂等组分组成。

树脂：树脂是塑料不可缺少的基本组分，在塑料中主要起黏合剂的作用。用作压塑粉的树脂，工业上多采用尿素与甲醛在低温下的缩合物(一、二羟甲基脲的混合物)。其特点是反应程度浅，黏度低，易于浸渍填料和其他组分，同时在塑料制造过程中，有充分的时间便于控制和操作。

固化剂：脲醛压塑粉中所用固化剂为催化性的，而且为潜伏性的，即在常温时不起或很少起作用，但当受热超过 100℃时，在有水(或无水)作用下，分解出酸性物质即起变定作用。这类物质有草酸、邻苯二甲酸、苯甲酸、一氯乙酸、1,3 - 二氯异丙醇、磷酸三酯等。其用量为总物料量的 0.2% ~ 2.0%。

填料：脲醛压塑粉最常用的填料是纸浆，其次为木粉和无机填料(石棉、玻纤、云母等)。所用的纸浆是以木材为原料，经亚硫酸盐处理，溶去木材中非纤维素杂质，再经漂白即得纯白的纯净的纤维素。所用纸浆要求其 α - 纤维素含量不小于 88%；不溶于质量分数为 1%氢氧化钠溶液中的物质，不超过 4%；纸浆水溶液的 pH 值为 5.8 ~ 6.3，过大的酸性会影响压塑粉的质量。据研究，树脂与纤维素之间不完全是机械混合，这与酚醛树脂与木粉间的关系不同。在显微镜下检查，看不到纤维素单独存在，认为脲醛树脂的羟甲基可能与纤维素分子的羟基发生了化学作用而生成醚键。填料用量为总物料量的 25% ~ 32%。用量过小，压塑粉流动性大，制品强度降低；反之，压塑粉流动性减小，制品表面不光滑、耐水性降低。

着色剂：脲醛压塑粉着色所用的着色剂为染料和颜料。选用时，应注意下列条件：着色力强，能均匀的分散在塑料中，在成形温度下不分解，在日光作用下不褪色，在溶剂或溶液自制品中不被洗去，且有一定细度等。常用有机染料及颜料主要有：耐光颜色黄、耐久颜色橙、颜色猩红、颜色天蓝、酞菁绿等；无机颜料多用白色，如立德粉(锌钡白)、钛白(二氧化钛)等，加入后可使物料洁白度增大。其他油溶性染料很少使用。用量随颜色深浅而异，约占总物料量的 0.01% ~ 0.2%。

润滑剂：通常采用硬脂酸的金属盐类(如锌、钙、铝、镁等金属盐)，有机酸的酯类(如硬脂酸环已酯、硬脂酸甘油酯等)，其作用在于使压塑粉在压制时易于流动，使制品不易粘模。其用量为总物料量的 0.1% ~ 1.5%。过多会污染制品外观、减少光泽；过少制品难以脱模，压制周期增大，热量损耗增大。

稳定剂：压塑粉中虽说加入的是潜性催化剂，但在室温下，仍有一点分解，放出的酸性物资会影响压塑粉的性能，为此，常加入碱性物质(六次甲基四胺、碳酸胺)等，以减小室温固化的可能性。

增塑剂：其目的在于使其与游离羟甲基或甲醛结合，降低固化收缩率，增加其成形时的流动性。常用的增塑剂为尿素及硫脲。一般在压塑粉不常采用，而使用于特殊压塑粉中。

上述添加物不是都要采用，而是根据具体用途而定，除树脂外，填料、变定催化剂、润滑剂和着色剂等为常选用的。

(2)脲醛压塑粉的生产

脲醛压塑粉的生产过程与酚醛压塑粉的生产过程完全不同，先是将树脂(羟甲基脲混合物)水溶液，加入捏合机中，再加入亚硫酸纸浆、催化剂、润滑剂和颜料少许，边加边在 110℃捏合，80 min 后干燥约 3 h，干燥至水分为 2%左右，游离甲醛为 4%以下，并保证缩聚反应推进到一定程度，产物有一定的流动性为止。冷却后，经锤击机粉碎，球磨机研磨到通过 60 ~ 80 目筛孔后包装即得压塑粉。也可经过捏合、干燥、粉碎、双辊机混炼、切粒或挤出造粒，而得粒状塑料。

(3)脲醛压塑粉的成形加工

脲醛压塑粉主要用于成形模塑制品，常用模压法或传递模塑法成形加工，也可用注射成形加工，但需用流动性好，在料筒停留较长时间流动性也不降低，能迅速充满模腔才固化的特殊压塑粉。

(4)脲醛压塑粉的性能与用途

脲醛模塑制品外观光泽如玉，可作成各种鲜艳的颜色。可以是透明的，也可以是半透明的。具有无臭、无味、耐油、耐弱碱和有机溶剂等性能，但不耐酸和沸水。表面硬度高、耐电弧。在 70℃长期使用无影响，短时间可在 110～120℃中使用。主要用来制日用品和装饰品，如纽扣、发夹、瓶盖、旋钮、钟壳、电器照明用的零件、电话零件、电插头、仪表外壳、餐具等。

2.脲醛层压塑料

脲醛层压塑料的制造过程，类似于酚醛层压塑料。即用脲醛树脂水溶液浸渍纸或棉织品或玻璃布后，经过干燥得浸胶材料，然后将浸胶材料叠合，放入多层液压机中，层压固化。这种层压板可以采用彩色图案的纸张作为面层，可以制得装饰用的板材。因为脲醛树脂的耐水性差，多用三聚氰胺、聚酯改性，或用三聚氰胺－甲醛树脂作面层树脂。这种板材能耐弱酸、弱碱、油、脂肪等，易吸附水气，在湿度较大的情况下，易发生一定程度的翘曲，可以用来制作桌面板、车厢、船舱、图版、家具、收音机外壳等。也可用作建筑上的装饰材料。为降低成本，可表面层用脲醛树脂或三聚氰胺甲醛树脂浸渍过的浸胶材料，内层纸张用碱法酚醛树脂浸渍过的浸胶材料，层压在一起后，可作建筑上的装饰板或日常使用的贴面板。

3.脲醛泡沫塑料

脲醛泡沫塑料的制造原理是用机械搅拌法，让空气进入树脂溶液中，使之发泡，然后固化使泡沫固定下来，从而转变成固－气相组成的多孔产物。所用的树脂是缩聚度最高的，且用甘油醚化的水溶液；所用的起泡液是由水、乳化剂(二丁基萘磺酸钠)、泡沫稳定剂(间苯二酚)与固化催化剂(磷酸或草酸)等配制而成。

工业生产方法是先在发泡设备中，加入起泡液使之发泡，然后很快地将树脂加入，继续搅拌数十秒钟后放料入模型中，将此泡沫体模型在 18～22℃室温下，放置 4～6 h，使其初步固化，自模型中取出，在 50～60℃下进行干燥，当其固化完全，脱除水分后，即得泡沫塑料；或用专门设备直接将泡沫体喷入需要加泡沫塑料的夹层中，进行固化，也得泡沫塑料。

脲醛泡沫塑料的特点是质轻(密度为 0.015～0.02 g/cm^3)、导热系数不大(只有软木的一半)、耐腐蚀、不燃等，缺点是强度较差。但其发泡简便，成本低廉，故得到广泛应用，主要用作隔音、绝热材料和防震的包装材料。

7.2.3 三聚氰胺甲醛树脂及其塑料

1.三聚氰胺甲醛树脂

三聚氰胺和甲醛缩聚形成树脂的机理，与尿素和甲醛形成树脂的机理相似。

三聚氰胺单体具有 6 个官能团，在中性或弱碱性条件下，三聚氰胺与甲醛反应形成不同羟甲基化程度的羟甲基三聚氰胺，产物的羟甲基化程度取决于单体摩尔比。工业生产中，控制三聚氰胺与甲醛的摩尔比在 1:(2～2.5)之间，因此形成二羟甲基三聚氰胺或三羟甲基三聚氰胺。

$$
\begin{array}{c}
\quad N \\
H_2N-C\quad\quad C-NH_2 \\
\| \quad\quad | \\
N \quad\quad N \\
\quad C \\
\quad | \\
\quad NH_2
\end{array}
\xrightarrow{HCHO}
\begin{array}{c}
\quad N \\
H_2N-C\quad\quad C-NHCH_2OH \\
\| \quad\quad | \\
N \quad\quad N \\
\quad C \\
\quad | \\
\quad NH_2
\end{array}
$$

$$
\xrightarrow{HCHO}
\begin{array}{c}
\quad N \\
H_2N-C\quad\quad C-NHCH_2OH \\
\| \quad\quad | \\
N \quad\quad N \\
\quad C \\
\quad | \\
\quad NHCH_2OH
\end{array}
\xrightarrow{HCHO}
\begin{array}{c}
\quad N \\
HOCH_2NH-C\quad\quad C-NHCH_2OH \\
\| \quad\quad | \\
N \quad\quad N \\
\quad C \\
\quad | \\
\quad NHCH_2OH
\end{array}
$$

多羟甲基三聚氰胺很容易缩聚。在弱碱性条件下,多羟甲基三聚氰胺脱出水和甲醛缩聚形成水溶性线型树脂;在酸性介质中或在高温下继续反应,则固化成为不溶不熔的体型结构产物。

2.三聚氰胺甲醛压塑粉

(1)低聚物水溶液的制备:按配方将37%甲醛水溶液加入反应釜中,加入一定量水稀释,用六次调节 pH 值至中性,升温至40℃,加入三聚氰胺,再升温至55℃,停止加热,自动升温并保持在75~80℃反应。溶液透明后,测定水溶液忍度(水数),以1:3份水,呈牛乳状为终点。为增加树脂溶液的稳定性,再加入一定量三乙醇胺和水,调节至较强碱性 pH 值为10,搅拌几分钟,此液很不稳定,立即送去制压塑粉。

(2)压塑粉的制造及成形加工:先将上述的树脂液加入已预先加热至60℃的捏和机中,再按配方加入一定量的草酸水溶液、亚硫酸纸浆、硬脂酸锌、增白剂与颜料等,捏和60 min,用吸风管抽风,使水散发;冷却、摊料,均匀地放入翻料烘箱或鼓风干燥器中,在85℃干燥3 h,至含水量为2%为止。冷却后用锤击机粉碎,过0.5 mm孔目筛,再用球磨机磨均匀,过筛、并批,包装,则得压塑粉。也可通过挤出机造粒,制成粒状塑料。

三聚氰胺甲醛压塑粉的成形,可用模压法,成形温度约145~165℃,压力为25~35 MPa,压制时间随制品的厚薄而定,一般制品每毫米厚约45~60 s。

(3)性能及用途:三聚氰胺甲醛压制塑料,可作成各种颜色、耐光、无毒、吸水性低的制品;可长期耐沸水,在-20~100℃之间性能很少变化;在潮湿状态下,仍有好的电性能;还有一定的抗果汁、酒等饮料的污染性。常用于制造一些质量要求高的电器零件和日用品,如灯罩、开关、点火器、电动机零件、盛装液体的杯、盘及其他餐具、医疗器具等。

7.3 环氧树脂及其塑料

凡含有环氧基团($-\underset{\diagdown\ O\ \diagup}{HC\text{——}CH_2}$)的树脂,统称为环氧树脂,其种类很多,但应用最广

的是环氧氯丙烷和双酚 A 缩合而成的环氧树脂。这种缩聚物是线型大分子，主链中还存在很多活性基团，在各种变定剂的作用下，能交联而成为不溶不熔的体型结构。因其具有许多独特的优异性能（耐化学腐蚀性好、机械强度高、尺寸稳定性好、黏结性及电性能优良等），所以广泛用于各个方面。根据平均相对分子质量的大小，环氧树脂可为液态或固态，液态树脂用于浇铸、层压和做黏合剂、涂料、胶泥等；固态树脂用不饱和脂肪酸或其他树脂改性后，主要用于涂料工业。

环氧树脂不但在产量上增长很快，而且新的品种不断出现，除上述双酚 A 型环氧树脂外，还有许多新型的耐热、耐燃、柔性大、黏度低的环氧树脂。作为环氧树脂的添加剂（增塑剂、固化剂、稀释剂等），也有很大发展，即向高效（低温固化，高温使用）、低毒方向发展。

以环氧树脂为基础的环氧塑料，主要类型有铸塑塑料、增强塑料、泡沫塑料、模压塑料等。

7.3.1 环氧树脂的制备

1. 环氧树脂的合成原理

合成环氧树脂的主要原料是环氧氯丙烷和二酚基丙烷（双酚 A）。环氧树脂缩聚反应的机理有许多理论解释，其中最被普遍认可的解释如下。

首先是环氧氯丙烷的环氧基与双酚 A 羟基上的活泼氢作用生成醚键；

$$\mathrm{HO{-}R{-}OH} + 2\,\mathrm{H_2C\underset{O}{\diagdown\!\diagup}CH{-}CH_2Cl} \longrightarrow$$

$$\mathrm{ClCH_2{-}\underset{\displaystyle OH}{\underset{|}{CH}}{-}CH_2{-}O{-}R{-}O{-}CH_2{-}\underset{\displaystyle OH}{\underset{|}{CH}}{-}CH_2Cl}$$

接着是在碱催化下，生成的醚分子端部的邻氯醇脱去氯化氢，再生成环氧基；

$$\mathrm{ClCH_2{-}\underset{\displaystyle OH}{\underset{|}{CH}}{-}CH_2{-}O{-}R{-}O{-}CH_2{-}\underset{\displaystyle OH}{\underset{|}{CH}}{-}CH_2Cl} \xrightarrow{-\mathrm{HCl}}$$

$$\mathrm{H_2C\underset{O}{\diagdown\!\diagup}CH{-}CH_2{-}O{-}R{-}O{-}CH_2{-}C\underset{O}{\diagdown\!\diagup}CH_2}$$

新生成的环氧基再与双酚 A 羟基上的活泼氢反应（如第一步反应）又生成醚键，而双酚 A 另一羟基上的活泼氢又与环氧氯丙烷作用，如此循环，就能得到线型环氧树脂。总反应为

$$(n+1)\ \mathrm{HO{-}R{-}OH} + (n+2)\ \mathrm{H_2C\underset{O}{\diagdown\!\diagup}CH{-}CH_2Cl}$$

$$\xrightarrow{\mathrm{NaOH}} \mathrm{H_2C\underset{O}{\diagdown\!\diagup}CH{-}CH_2}\left[\mathrm{O{-}R{-}O{-}CH_2{-}\underset{\displaystyle OH}{\underset{|}{CH}}{-}CH_2}\right]_n\mathrm{O{-}R{-}O{-}CH_2{-}C\underset{O}{\diagdown\!\diagup}CH_2}$$

式中，R 代表 $-C_6H_4-C(CH_3)_2-C_6H_4-$

环氧树脂的性能和用途随平均聚合度 n 的不同而异，通常分为三类：$n<2$ 称为低相对分子质量树脂，软化点 <50℃，黏稠液体；$n=2\sim5$ 称为中等相对分子质量树脂，软化点在 50～95℃，固体；$n>5$ 称为高相对分子质量树脂，软化点大于 100℃，固体。

研究表明，环氧树脂的平均相对分子质量除了与原料配比有关外，还与催化剂浓度有关，如表 7.5 所示。从表中可以看出，当反应条件相同，两种原料的摩尔比越接近于 1:1 时，所得的树脂平均相对分子质量越大。碱的用量越多，或浓度越高，所得的树脂平均相对分子质量越小。

表 7.5　反应物配比与环氧树脂性能和用途的关系

树脂种类	原料/摩尔比				树脂性能				用　途
	双酚A	环氧氯丙烷	氢氧化钠	碱液浓度%	形态	平均相对分子质量 M	聚合度 n	环氧值	
低相对分子量树脂	1	7.4～8	2.79	100	液体	314～417	0～0.27	0.48～0.54	浇铸、浸渍、层压塑料
	1	2.0～2.75	2.0～2.08	30	液体	450～500	0.3～0.56	0.40～0.42	黏合、密封、层压塑料
	1	2.0	2.0	15	液体	500～768	0.56～1.5	0.30～0.40	浇铸、密封
	1	1.7	1.7	15	半固体	820～880	1.7～1.9	0.23～0.38	浇铸、密封
中等相对分子质量树脂	1	1.5	1.47	10	固体	908～1 112	2～2.72	0.18～0.22	涂料用
	1	1.3	1.24	10	固体	1 112～2 000	2.72～5.85	0.10～0.18	涂料用
	1	1.23	1.22	10	固体	1 334～2 214	3.5～6.6	0.09～0.14	涂料用
高等相对分子质量树脂	1	M1000 的环氧树脂	用六氢吡啶（0.312%）催化	—	固体	2 500～4 000	7 以上	0.04～0.17	涂料用
	1	M1000 的环氧树脂	用六氢吡啶（0.28%）催化	—	固体	3 500～8 000	9 以上	0.01～0.08	涂料用

另外，环氧树脂的平均相对分子质量还和加料顺序、缩聚温度有关，当环氧氯丙烷后加时，所得环氧树脂平均相对分子质量较大；而当碱后加时，所得树脂平均相对分子质量较低。反应温度较高，会使生成的树脂继续受热，导致副反应发生。

$$\sim\!\sim HC\underset{O}{\diagdown\!\diagup}CH_2 + HO\!\!\!\int \longrightarrow \sim\!\sim CH(OH)-CH_2-O\!\!\!\int$$

$$\sim\!\sim HC\underset{O}{\diagdown\!\diagup}CH_2 + H_2C\underset{O}{\diagdown\!\diagup}CH\sim\!\sim \longrightarrow \text{(1,4-dioxane ring: } \sim CH-CH_2-O-CH_2-CH\sim \text{, O)}$$

在环氧氯乙烷过量的情况下,若反应温度较高,还会使其水解为甘油,甚至可能生成聚甘油,影响反应质量;相反,温度过低时,反应几乎无法进行。

$$\sim\!\sim HC\underset{O}{\diagdown\!\diagup}CH_2 + H_2O \longrightarrow \sim\!\sim \underset{OH}{CH}-CH_2-OH$$

$$\xrightarrow{\sim\sim HC\underset{O}{\diagdown\!\diagup}CH_2} \sim\!\sim \underset{OH}{CH}-CH_2-CH_2-O-CH_2-\underset{OH}{CH}-$$

因此应严格控制反应温度,一般低相对分子质量树脂的反应温度为 50 ~ 80℃,而中等相对分子质量的树脂,则于 100℃左右反应生成。

2.环氧树脂的结构

环氧树脂的结构为

$$H_2C\underset{O}{\diagdown\!\diagup}CH-CH_2\left[O-R-O-CH_2-\underset{OH}{CH}-CH_2\right]_n O-R-O-CH_2-C\underset{O}{\diagdown\!\diagup}CH_2$$

其中,R = ($-C_6H_4-\underset{CH_3}{\overset{CH_3}{C}}-C_6H_4-$)。环氧树脂是一种线型树脂,呈热塑性。一般认为其分子是对称的,无极性,加热固化时无低分子物产生,故电性能好。大分子链上多次出现大苯环 $-C_6H_4-$,因而使分子链的刚性和树脂的黏度增大,醚基—O—增加了分子链的柔曲性,异丙撑基 $-\underset{CH_3}{\overset{CH_3}{C}}-$ 可以减少分子间的作用力,赋予树脂一定韧性,它们均能增强树脂的抗弯强度等。醚基的静电吸力,烃基的极性,使树脂的黏接力好。

大分子的活性基团(环氧基、羟基),可与胺、羧酸、酸酐等固化剂反应交联成体型结构而固化;烃基也可酯化进行改性,故能在工业上获得应用。

另外,在树脂的大分子中,还有可能存在

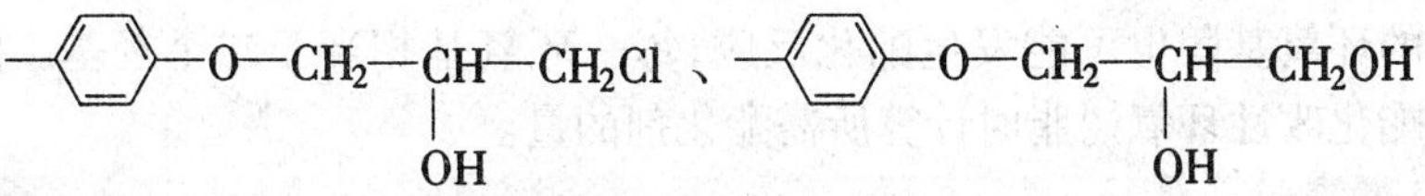

$$—C_6H_4—O—CH_2—\underset{\displaystyle OH}{\underset{|}{CH}}—CH_2Cl\text{、}—C_6H_4—O—CH_2—\underset{\displaystyle OH}{\underset{|}{CH}}—CH_2OH$$

等端基，影响其性能，在生产中应力求减少或避免。

3.环氧树脂的生产

(1)低相对分子质量树脂的生产

按配方在反应釜中先加入环氧氯丙烷，然后加入固体粉状双酚 A，搅拌，形成均匀悬浮液后，逐渐加入浓度为 30%氢氧化钠溶液，反应放热，釜的夹套通冷却水，碱液加完后，在 55～65℃继续搅拌反应数小时。反应完成后，静置半小时，分层，放去底层盐溶液，进行减压蒸馏回收未反应的环氧氯丙烷。回收完成后，加入甲苯萃取树脂，静置分层，分离取出下层水溶液后，将树脂甲苯液进行常压蒸馏，最后减压精馏进一步脱溶剂，脱净后(温度达到 130℃)放料得产品。

(2)中等相对分子质量树脂的生产

按配方在反应釜中加入浓度为 10%氢氧化钠和双酚 A 搅拌，加热至 60～70℃，使其溶解，过滤，冷至 47℃滴加环氧氯丙烷，温度上升至 80～85℃反应 30 min，此时反应物温度上升至 95℃，维持 1 h，在 95～100℃保温半小时或更长时间，反应完成后静置分层，用虹吸法将上层水吸出与树脂分离。树脂层用 70～100℃热水洗涤 20～26 次，至氯化钠洗净为止。再进一步减压脱水，放料得产品。

(3)高相对分子质量树脂的生产

高相对分子质量环氧树脂的熔化温度超过 100℃，难以用水洗法除去反应中的氯化钠，因而，不能采用中等相对分子质量树脂的生产方法进行生产，而是使用中等相对分子质量树脂与双酚 A 熔融反应的方法制备。

7.3.2 环氧树脂的性能

环氧树脂的主要性能指标有环氧值、环氧当量、环氧基含量、酯化当量、有机氯、无机氯等。

(1)环氧基含量

环氧树脂中环氧基团的多少是环氧树脂最重要的性能指标，是计算固化剂用量的依据，常用环氧当量表示。

含有 1 克当量环氧基的环氧树脂质量克数，称为环氧当量。可利用环氧基团与氯化氢定量加成反应而测得。液态低相对分子质量环氧树脂的环氧当量约为 175～200。平均相对分子质量越高，其环氧当量越大。

环氧树脂中环氧基团的多少也可用环氧值(每 100 g 环氧树脂中所含的环氧当量数)或环氧基含量(环氧树脂每个分子中环氧基的百分含量)表示，它们与环氧当量之间可以互相换算。

(2)酯化当量

酯化当量是表示环氧树脂中含羟基多少的性能指标。含有 1 克当量羟基(—OH)的环氧树脂的质量克数，称为酯化(或羟基)当量。酯化当量通常用酯化法测定，但需注意环氧树脂分子中的环氧基团也可能发生酯化反应，每一环氧基相当于二个羟基。酯化当量主要用于制备酯化改性环氧树脂时计算所需酯化剂的量。

(3)有机氯值

在环氧氯丙烷与双酚A的缩聚过程中，反应不可能完全，故有可能在分子链上，留有极少量未反应的氯原子，这就是有机氯，它的存在会影响环氧树脂的高温电性能。故在生产中应尽量降低其有机氯含量。环氧树脂中的有机氯含量常用每100 g环氧树脂中所含的有机氯当量数表示，称有机氯值。

(4)无机氯值

树脂制造过程中，放出的氯化氢往往与催化剂氢氧化钠起作用，在反应液中生成氯化钠，这种物质极难除净，存在树脂中，这就是无机氯。它会在常温下影响树脂的电性能。环氧树脂中的无机氯含量常用每100 g环氧树脂中所含的无机氯当量数表示，称无机氯值。

工业上生产的环氧树脂是淡黄色的黏稠液体和脆性固体，随平均相对分子质量、软化点等性能不同有许多牌号。

几种国产环氧树脂的主要性能如表7.6所示。

表7.6　不同牌号环氧树脂的性能

型号		性能				
国家统一牌号	商品型号	软化点/℃	环氧值	有机氯值	无机氯值	挥发分/% (110℃,3 h)
E-51	618	液体	0.48~0.54	≤0.02	≤0.001	≤2
E-44	6101	12~20	0.41~0.47	≤0.02	≤0.001	≤1
E-42	634	21~27	0.38~0.45	≤0.02	≤0.001	≤1
E-35	637	20~35	0.28~0.38	≯0.02	≯0.002	≯1
E-28	638	40~55	0.23~0.33	≯0.02	≯0.005	≯1
E-20	601	64~76	0.18~0.22	≤0.02	≤0.001	≤1
E-14	603	78~85	0.10~0.18	≯0.02	≯0.002	≯1
E-12	604	85~95	0.09~0.14	≤0.02	≤0.001	≤1
E-06	607	110~135	0.04~0.07	—	—	—
E-03	609	135~155	0.02~0.045	—	—	—

线型环氧树脂呈热塑性，故很少应用。未加固化剂的环氧树脂可长期储存而不变质。能溶于酯、酮、氯苯及芳烃等有机溶剂中。高相对分子质量的环氧树脂，则难溶于乙醇及芳烃中。树脂分子中含有烃基和环氧基，能与许多物质起反应，其中尤以环氧基的反应能力最高，它能与多元胺类、酸酐类等反应而生成体型结构的树脂，这种反应过程称为固化(或变定)。环氧树脂的固化反应是在成形过程中完成的，在固化过程中，引发固化反应的可以是固化剂(既加快固化，又参与反应成为产物的组成部分)，也可以是固化促进剂(只加快变定，但不参与反应，不成为产物的组成部分)。环氧树脂在变定过程中不放出低分

子物，收缩率小（一般为 0.5%～1.5%，加入填料后可以降为 0.1%，甚至更小），可常压成形。环氧树脂的黏结力强，加工性良好，制品的机械强度高，电性能好。

双酚 A 型环氧树脂固化物综合性能如表 7.7 所示。

表 7.7　双酚 A 型环氧树脂综合性能

性能＼品种	模压塑料（未填充）	浇注塑料（未填充）
密度（15℃）/（$g\cdot cm^{-3}$）	1.7～1.9	1.1～1.3
吸水率/%（浸渍 24 h）	0.05～0.1	0.1
抗张强度/MPa	56～70	70～105
伸长率/%	15	25
抗压强度/MPa	84～140	98～126
抗弯强度/MPa	105～126	105～140
冲击强度（缺口）/（$J\cdot m^{-2}$）	5 336	2 457～10 692
热膨胀系数	5×10^{-5}	$(4\sim6)\times10^{-5}$
热变形温度/℃	140～150	120～250
体积电阻率/（$\Omega\cdot cm$）	10^{14}	10^{17}
击穿电压/（$V\cdot mm^{-1}$）	16	16
介电常数（60 Hz）	3～5	3.5～5
介电损耗（60 Hz）	0.35	0.002

7.3.3　环氧树脂的固化与添加剂

环氧树脂从线型可溶可熔转变为不溶不熔的体型结构时，需要配用一些特殊的添加剂，如固化剂或促进剂、稀释剂、增韧剂、填料等。树脂固化后的性能，与所用的添加剂有关，而在很大程度上决定于固化剂的种类与数量。

1. 固化剂及其作用

为了使树脂固化，必须使用能够引发其交联反应的化合物。所用固化剂可以是引发树脂本身进行交联而不参与交联的化合物，如 BF_3 络合物、$SnCl_4$、叔胺等；也可以是引发树脂交联，而又参与到交联结构中去的化合物，如带活性氢的多元胺类、多元酸酐类、多元酸类等。

（1）胺类固化剂

有机胺类化合物是开发最早、应用最多的环氧树脂固化剂。伯胺、仲胺、叔胺均可使环氧树脂固化但作用机理不同。

①多元伯胺与仲胺：伯胺与仲胺在环氧树脂固化反应体系中属于固化剂，引发并参与固化作用。由于每个活性氢原子只能与一个环氧基发生反应，为了形成体型结构，所用伯胺或仲胺必须为多元胺，即至少含有 3 个活泼氢原子。其氮原子上的活性氢原子与环氧基开环加成，形成交联键；与氮原子相连的有机基团则作为支链或链段（桥）存在于交联聚

合物中。

$$H_2N-R-NH_2+4\ H_2C\overset{O}{—}CH\sim \longrightarrow \begin{matrix}\sim CH(OH)-CH_2 \\ \sim CH(OH)-CH_2\end{matrix}\!\!>N-R-N<\!\!\begin{matrix}CH_2-CH(OH)\sim \\ CH_2-CH(OH)\sim\end{matrix}$$

$$\begin{matrix}H_2N-R \\ H_2N-R\end{matrix}\!\!>NH+3\ H_2C\overset{O}{—}CH\sim$$

$$\longrightarrow \begin{matrix}\sim CH(OH)-CH_2-NH-R \\ \sim CH(OH)-CH_2-NH-R\end{matrix}\!\!>N-CH_2-CH(OH)\sim$$

一般来说,环氧树脂用多元胺进行固化时,当环氧基团的数目与固化剂中活性氢原子数目相当时,固化产物性能最好。因此多元胺固化剂的用量,可根据活性氢原子数目和环氧树脂的环氧当量或环氧值进行理论计算。固化 100 g 树脂需要的多元胺克数

$$G=M\cdot E/n_H$$

式中 G——固化 100 g 树脂需要的多元胺/g;

n_H——多元胺分子中的活性氢数;

M——多元胺的平均相对分子质量;

E——环氧树脂的环氧值。

例如,环氧树脂的环氧当量为 200,用间苯二胺 $C_6H_4(NH_2)_2$ 为固化剂,其分子中含有 4 个活性氢原子,活性氢原子的当量为 108/4 = 27,则间苯二胺的理论用量为 27/200,即每 100 份环氧树脂用间苯二胺 13.5 份。

为补偿挥发等损失的量,使固化反应进行比较完全,胺的实际用量,常较理论用量多 10% ~ 20%。各类胺在不同配方中的最佳用量,除计算外,还须通过试验最后确定。

工业上常用的多元胺固化剂,主要分为脂肪族胺与芳香族胺两大类。

脂肪族的多元伯胺与仲胺,在室温下多为低黏度液体,易与液态环氧树脂混合,但其溶解量有限,一般为 5% ~ 15%,给成形带来一定的困难。并且大多易挥发、有毒、刺激皮肤,故使用时要注意。加有这类胺的环氧树脂适用期短,固化时应注意控制其放热,不然会使大量低分子物逸出,产生气孔。用这类胺固化的产物,机械强度、电性能及耐化学腐蚀性均良好,而耐热性较多元芳香胺及多元酸酐固化产物差。

脂肪族多元胺主要用于环氧树脂制造小型浇铸制件、玻纤增强塑料、黏合金属等场合。常用的脂肪族多元胺为

乙二胺　$H_2N-CH_2-CH_2-NH_2$

二乙基三胺　$H_2N-CH_2-CH_2-NH-CH_2-CH_2-NH_2$

三乙基四胺　$H_2N-CH_2-CH_2-NH-CH_2-CH_2-NH-CH_2-CH_2-NH_2$

二甲基氨基丙胺　$(CH_3)_2N-CH_2-CH_2-CH_2-NH_2$

此外，还有590固化剂、591、593多乙烯多胺等。

芳香族多元胺室温下多为固体。固化速度慢，室温下不能固化完全，长时间放置后虽能固化，但产物太脆。通常需加热至100℃以上，才能固化。也可分两阶段固化，即室温预固化、高温再固化。固化后的产物具有电性能、耐化学腐蚀性、耐热性能优良，树脂的适用期长等特点，主要用于树脂预浸玻璃纤维及其织物中。

常用多元芳香族胺为

间苯二胺　$C_6H_4(NH_2)_2$（1,3-位）

二氨基苯基甲烷　$H_2N-C_6H_4-CH_2-C_6H_4-NH_2$

二氨基苯基砜　$H_2N-C_6H_4-SO_2-C_6H_4-NH_2$

②叔胺：叔胺属于固化促进剂，通过电子作用催化环氧基开环聚合

$$R_3N+H_2C\underset{O}{—}CH\sim \longrightarrow R_3N^+-CH_2-\underset{O^-}{\underset{|}{CH}}\sim$$

$$\xrightarrow{H_2C\underset{O}{—}CH\sim} R_3N^+-CH_2-\underset{O-CH_2-\underset{O^-}{\underset{|}{CH}}\sim}{\underset{|}{CH}}\sim$$

⋮

随着反应进行生成以下结构

$$-CH_2-\underset{O-CH_2-\underset{O-CH_2-\underset{O-CH_2-\underset{O-}{\underset{|}{CH}}\sim}{\underset{|}{CH}}\sim}{\underset{|}{CH}}\sim}{\underset{|}{CH}}\sim$$

因为环氧树脂每分子两端都有环氧基团，故另一端也发生类似的反应从而实现交联。叔胺的用量一般为5～15份(PHR)。而用于促进多元酸酐的固化，用量一般为0.5～3份。工业上应用较多的叔胺有三乙胺、二甲基苄胺、甲基苄胺等。

(2)多元酸酐固化剂

酸酐与环氧树脂的反应是很复杂的，主要反应有以下几种：

①环氧树脂中的羟基(或少量水)与酸酐作用打开酸酐环，生成单酯。

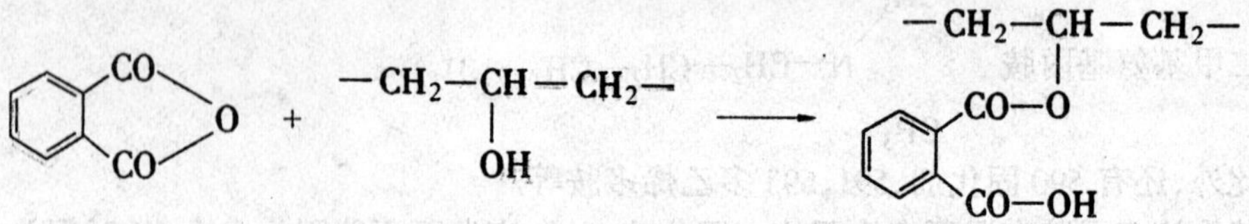

$$C_6H_4(CO)_2O + -CH_2-CH(OH)-CH_2- \longrightarrow C_6H_4(CO-O-)(CO-OH)\quad(-O-\text{ 连于 }-CH_2-CH-CH_2-)$$

②新生成的羧基与环氧树脂的环氧基反应而生成二元酯，同时生成一个新的羟基。

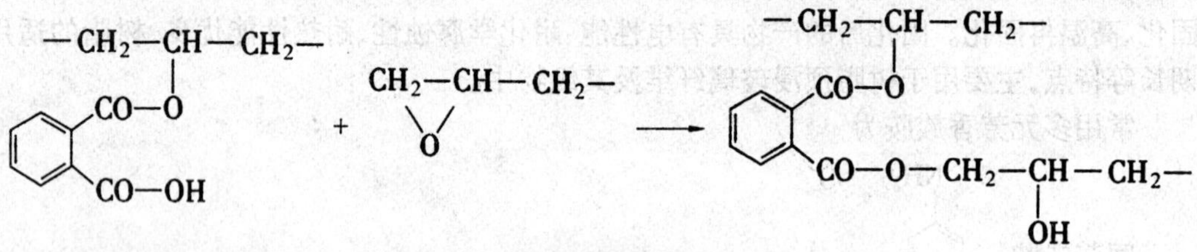

$$C_6H_4(CO-O-)(CO-OH) + CH_2\overset{O}{-}CH-CH_2- \longrightarrow C_6H_4(CO-O-)(CO-O-CH_2-CH(OH)-CH_2-)$$

③环氧基与另外一分子生成的羟基或原有羟基进行醚化反应。

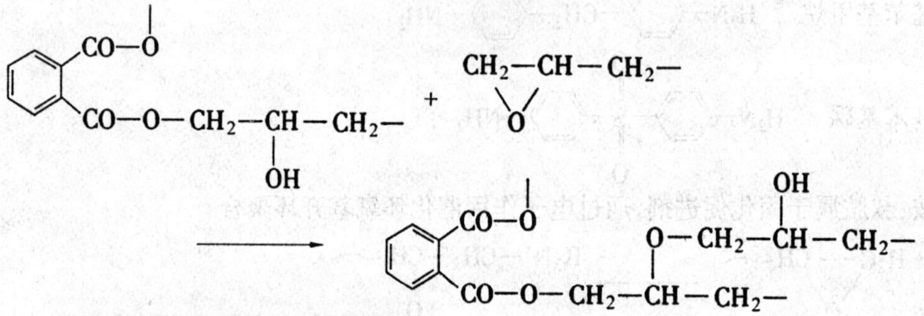

$$C_6H_4(CO-O-)(CO-O-CH_2-CH(OH)-CH_2-) + CH_2\overset{O}{-}CH-CH_2- \longrightarrow C_6H_4(CO-O-)(CO-O-CH_2-CH(O-CH_2-CH(OH)-CH_2-)-CH_2-)$$

④单酯与羟基反应生成双酯和水。

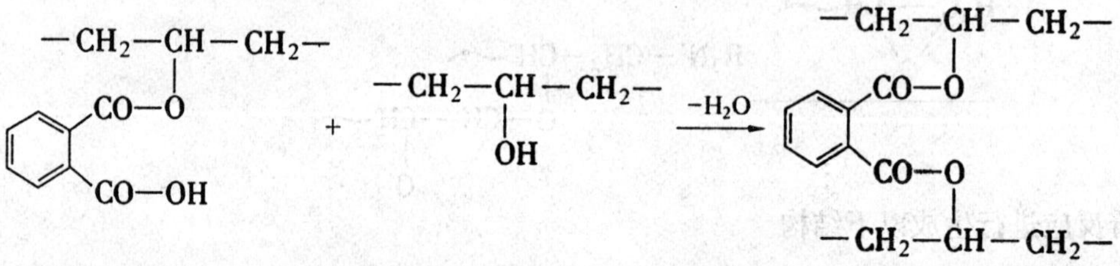

$$C_6H_4(CO-O-)(CO-OH) + -CH_2-CH(OH)-CH_2- \xrightarrow{-H_2O} C_6H_4(CO-O-)(CO-O-)\quad(\text{两个 }-O-\text{ 各连于 }-CH_2-CH-CH_2-)$$

反应以前三种为主，①是可逆平衡反应，主要起引发作用；②③是不可逆反应，主要起交联作用。

多元酸酐的用量，可用下式近似计算

$$G = C \cdot M \cdot E / n$$

式中 G——固化 100 g 树脂所需酸酐的克数；

M——酸酐平均相对分子质量；

E——环氧树脂的环氧值；

n——酸酐基的数目；

C——系数，其值为 0.5～1。

随酸酐种类不同 C 取不同值，当采用卤代酸酐时，C 取 0.6～0.65；一般酸酐取 0.8～0.85。

常用多元酸酐及其性能特点如下：

邻苯二甲酸酐：在树脂中溶解性差，需要预先加热到 180～190℃熔化，稍冷即加入树脂中调匀，或将树脂先加热至 120～130℃ 后再加入，否则会结晶析出，影响树脂固化。价廉，对人有刺激性，适于作层压和浇铸材料。

顺丁烯二酸酐：固化时放热，温度升高，影响产品质量，故应很好控制。加入后，树脂液适用期长，价廉，有刺激性，适于作层压和浇铸材料。

均苯四甲酸酐：固化后产物热稳定性好，变形温度达 300℃，但成本高。

六氢邻苯二甲酸酐：熔点低，室温下溶于树脂中，可在室温下使用，使用寿命长，毒性小，可用于大型制品浇铸、浸渍等。

多元酸酐用作环氧树脂固化剂的主要特点是：固化作用较缓和，容易控制，固化时间较长(可加叔胺缩短)。与胺比较，除少数酸酐有刺激性外，无毒；易与系统中的水作用，减少固化时产生的挥发物。固化后的产物，具有良好的机械性能、电性能、耐化学腐蚀性，受热后形状稳定，且耐老化性和耐热性优良，产品颜色较浅。缺点是需要高温固化，酸酐易吸水，不易保存。此类固化剂多用于浇铸塑料和增强塑料中。

作为环氧树脂的固化剂，除了胺类、酸酐类外，还有聚酰胺、酚醛树脂、蜜胺树脂、尿醛树脂、苯胺甲醛树脂、糠醛树脂、有机金属固化剂等。

2.环氧塑料中的其他添加剂

除固化剂必须应用外，在环氧树脂加工中根据实际需要也可使用稀释剂、填料等其他添加剂。

(1)稀释剂：为了降低树脂的黏度，以便更好地浸润填料和成形操作，有时需加入稀释剂。稀释剂可以分为不参与固化反应的惰性稀释剂和参与固化反应的活性稀释剂。

惰性稀释剂为一般的有机溶剂，通常要求在固化前完全除去，但实际上办不到。因而会增大制品的收缩率，降低抗张强度、冲击强度、黏合力、耐热性等，因此使用时慎重考虑。活性稀释剂多为缩水甘油醚的衍生物(即含有环氧基的化合物)，如表 7.8 所示。在固化前起稀释作用，固化时参与化学反应，固化后成为体型高聚物的一部分。

表 7.8 环氧树脂的活性稀释剂

名　称	简　称	平均相对分子质量	沸点/℃	用量份
环氧丙烷丁基醚	501＃或 BGE	130	80(4 kPa)	5～15
环氧丙烷苯基醚	690＃或 PGE	150	245	10～20
环氧丙烷丙烯醚	AGE	114	154	5～15
缩水甘油醚	600＃或 DGE	131.1	215(2.6 kPa)	
3,4 环氧－6 甲基环己基甲酸－3,4 环氧－6 甲基环己基甲酯	201＃	280.35	215(0.67 kPa)	
3,4 环氧己基甲酸－3,4 环氧己基甲酯	221＃	252.3	215(0.67 kPa)	
甘油环氧树脂	662＃	300		

稀释剂的用量，一般为树脂质量的5%～20%，过量，将使产品性能下降。

(2)增韧剂：为了提高固化后树脂的柔韧性，常于树脂中加入增韧剂。增韧剂分为活性和非活性。

非活性增韧剂无活性基团，不参与固化反应，对树脂性能影响不及活性增韧剂大，它可增加树脂的流动性，利于扩散、浸润和吸附。但时间一长会游离出来，造成塑料变质和老化，故使用时应当心。这类增韧剂常用的有邻苯二甲酸二丁酯、邻苯二甲酸二辛酯、磷酸酯类等，一般用量亦为树脂用量的5%～20%。加入量过多，会降低树脂强度。

活性增韧剂带有活性基团，能直接参与固化反应。常用的活性增韧剂为平均相对分子质量较大的含环氧基化合物(如环氧化植物油等)、液态聚酰胺、聚硫橡胶、丁腈橡胶、聚醋酸乙烯酯、不饱和聚酯等，而以液态聚酰胺和聚硫橡胶应用最普遍。活性增韧剂可有效地改善树脂的脆性和易开裂性，但却使抗张强度下降。在用量上，一般为树脂的40%～80%。

(3)填料：未固化的树脂中加入填料，不但可以降低成本，减少热膨胀系数，导出固化时放出的热量，减小收缩率和内应力，而且可提高固化产物的硬度和强度。采用纤维状和织物状的填料，还可显著提高机械强度、耐热性等。然而，采用填料后，会使树脂固化体系的黏度增加，操作困难。如用粉状填料，还会使固化产物静弯曲强度下降。采用有机填料还可能使耐水性、耐腐性下降，故应酌情使用。

填料的种类很多，一般可分为粉状、纤维状和片状。而以粉状使用最多，通常以金属和非金属氧化物粉末和矿物粉末为主，要求其为中性或微碱性，而不与其他组分作用最好。填料中不含有结晶水，同时还要求其密度与树脂接近为佳，以免在铸塑等制品中发生分层现象。填料颗粒应力求细小、均匀(最好通过200目筛孔，直径为0.1 μm左右)，含水量在0.1%以下。其用量随种类而异，如石棉粉、石英粉等轻质填料，用量低于树脂质量的30%；中质填料如石母粉、铝粉等用量可达200%；重质填料如铁粉、铜粉等可超过300%。

(4)其他：为了改进树脂固化产物的某些性能，还可加入其他树脂(酚醛、聚酯、氨基等树脂)进行改姓，改性后的树脂多用作涂料。只有酚醛树脂改性后可用作塑料，以提高其耐热性。

7.3.4 环氧树脂的主要用途

1.层压塑料

用树脂作黏结剂，玻璃纤维及其织物、纸张、棉布和石棉布等为填料而制成的层压塑料，称环氧层压塑料。环氧层压塑料的成形类似于酚醛层压制品，首先用树脂溶液浸渍剥离布或其他填料，然后干燥，蒸去溶剂，所得胶布中树脂的质量分数为40%～60%，最后按要求将胶布叠合，在150℃、1.3～1.4 MPa压力下压制成形，压制时间随制品厚薄不同而异，和酚醛层压塑料一样，一般厚度小于5 mm的板材，需30 min，大于5 mm者60 min，以后再增厚1 mm，增加6～8 min。用玻璃布为填料的环氧层压板，与不饱和聚酯层压板相比，具有高的抗压强度，优异的耐疲劳和抗蠕变性等。该板广泛应用于航空工业中，如做飞机的升降舵尾段的结构板，质轻的蜂窝材料，此外大量用于电开关装置、仪表盘、防湿能力极高的印刷电路板、线圈绝缘等，也可用于汽车、建筑、造船等工业上。

环氧树脂溶液浸渍纤维制作的缠绕制品，用于制造出槽、槽车、耐腐蚀管道、飞机、导弹部件、运动器具等。

2.浇铸塑料

大约90%的电子仪器的浇铸与胶封(封装)都是采用环氧树脂，形成坚牢的抗震护封的整体结构，可耐-80~155℃温度变化而不变形。用于飞机、仪表、变压器、整流器、电容器、电话零件、浸渍电阻线圈、定子绕组等，可以缩小结构，节约材料，减轻重量，节省工时等，也可浸渍低压电缆线头。高填充的可绕制套管，代替瓷制制品，还可用来绕制宇宙飞船部件、地面通讯设备、电视机安全绝缘板与电视显像管之间的薄片上，可以节约很多空间，缩小体积。

在金属机械加工方面，用来制造铝皮、铁皮真空成形或冲床用的模具模芯，或用作精密量具，这些制品均精度高、质轻、易于修复和制作、省工省料，但性脆、需要配合其他树脂增韧。由于环氧树脂的黏接力强，一般模具、压板等均需涂脱模剂，以防制品的黏附。脱模剂可使用凡士林、硅油、聚苯乙烯溶液等，或模内(或板上)衬一玻璃纸、塑料薄膜等。浇铸时，先将树脂与固化剂混合，搅拌均匀，注入模具中，再进行加热或不加热固化。当树脂黏度过大，浇铸发生困难时，则加入稀释剂，必要时可加入增韧剂等。

有关环氧树脂浇铸塑料和玻璃布层压塑料的主要性能，如表7.9所示。

表7.9 环氧树脂浇铸塑料和玻璃布层压塑料的主要性能

性能 \ 塑料种类		浇铸塑料		玻璃布层压塑料
		无填料	200%石英粉	
密度/(g·cm^{-3})		1.1~1.2	1.7~1.8	1.9~2.0
抗弯强度/MPa		90~120	70~100	400~500
抗张强度/MPa		60~80	75~95	350~450
抗压强度/MPa		110~130	200~220	—
抗冲强度/(J·m^{-2})		9 810~19 620	5 886~6 867	—
马丁耐热/℃		110~120	120~130	—
分解温度/℃		340	330	—
热膨胀系数/℃		60×10^{-6}	30×10^{-6}	—
体积电阻率/(Ω·cm)		10^{16}	10^{16}	10^{12}~10^{13}
击穿电压/(kV·mm^{-1})		30	—	16~30
介电常数	60 Hz	3.7	4.4	4.2
	10^6 Hz	3.6	3.9	4.5
介电损耗	60 Hz	10	20	3~15
	10^6 Hz	5	50	15~25

3.黏合剂

环氧树脂具有优异的黏结性能，不仅可以黏结金属和金属，而且可以黏结金属和非金属材料(木材、玻璃、陶瓷等),甚至可以黏结各种类型的塑料,应用广泛。可代替某些铆接或铜焊,其强度有时可超过被黏结材料本身。有时最终强度与耐疲劳性,可能胜过铆钉。不能用于要求高剥离强度和立即达到黏合强度的地方。被粘物接触表面状态、黏合工艺、胶的配方等均对黏结效果影响很大,一般在黏结前被黏结物的表面应根据不同的材料进行处理,金属材料应喷砂、除锈、去油垢,用化学腐蚀法除去氧化膜;非金属材料,如塑料,则用砂轮打磨或火焰处理。

此外,环氧树脂还可以做泡沫塑料和涂料。

思考题

1.热固性塑料与热塑性塑料的本质区别在哪里?

2.热塑性和热固性酚醛树脂在合成、结构、性能及用途上有何不同?

3.了解两种酚醛树脂的固化原理及影响固化的主要因素。

4.酚醛压塑粉常含有哪些组分?试述添加剂硬脂酸锌、木粉、六次、苯胺黑在配方中的作用。

5.酚醛塑料产品主要有哪几大类?了解其主要用途。

6.试述脲醛树脂的固化原理及影响固化的主要因素。

7.指出脲醛树脂与蜜胺树脂在组成、性能、应用等方面的异同。

8.了解环氧树脂的固化原理及影响固化的主要因素。

9.环氧树脂与缩醛类树脂在组成、性能、应用等方面有何异同。

10.常用的环氧树脂固化剂有哪些种类?了解其固化机理。

第8章 聚酰胺类塑料

聚酰胺(PA)俗称尼龙(Nylon),是主链上含有酰胺基团($-NH-\overset{O}{\overset{\|}{C}}-$)的高分子化合物的总称。聚酰胺可由二元酸与二元胺或由同时含有胺基和羧基的ω-氨基酸缩聚而得,也可由内酰胺自聚制得。聚酰胺按主链组成分为脂肪族聚酰胺、芳香族聚酰胺、半芳香族聚酰胺、脂环族聚酰胺、含杂环的聚酰胺等。

聚酰胺的发现开创了人类运用有机合成方法合成实用高分子的新篇章,在此之前,烯烃类聚合物已为人们所熟悉,但合成材料的发展并没有获得大的突破,研究的困惑需要新理论的指导。1920年德国化学家H·Staudinger提出了高分子学说,1928年加入杜邦公司的W·H·Carothers为了用事实验证这一学说而进行了大量的合成实验。他从一系列缩聚反应中找出了能冷延伸的聚酯和含酰胺基的高分子,并于1931年申请了聚酰胺专利。1937年公布了这项专利,同时进行了用于生产单丝和片材的中试,1938年10月27日杜邦公司正式宣布开发了可用于纺织品的超级聚合物新品种,并贯名Nylon(尼龙),这种聚合物有类似于蛋白分子的某些特性。杜邦公司从Carothers合成的一系列高分子中选择了认为在工业上最有可能成功的聚己二酰己二胺,即尼龙66。由于尼龙66纤维的力学性能优于天然蚕丝,因此杜邦公司用其织成女性长筒袜并在1939年的纽约世界交易会和芝加哥交易会上展出,获得巨大成功。1940年5月尼龙袜在美国市场上正式出售,并迅即呈现供不应求之势,随后在美国许多地区迅速建立了很多的尼龙66及其纤维生产装置。

1938年德国法本公司(I·G·Farben)的P·Schlack发现了在水、氨基酸、己二酸己二胺盐等存在下ε-己内酰胺可聚合生成高分子,法本公司以这一发现为基础于1939年成功地开发了聚己内酰胺商品(当时的商品名为Perlon),即尼龙6,并在应用领域里主要侧重于开发模塑料制品,而不是杜邦公司所开发的纤维。

日本在第二次世界大战期间受杜邦公司发明尼龙66、法本公司发明尼龙6的刺激,成立了军事部门、产业和学校的共同研究体制,进行了尼龙6的试生产,但直到1951年才由当时的东洋人造丝公司(现为东丽公司)实现企业化生产。

随着有机化工和聚合物科学技术的发展,为其他聚酰胺品种的开发提供了坚实的基础。特别是在一些特殊领域和环境对高分子材料性能的更高要求,促进了特种聚酰胺的开发和性能改性的技术发展。杜邦公司于1967年和1972年实现了耐热性高的聚间苯二甲酰间苯二胺(商品名为Nomex)和高强度高弹性模量的聚对苯二甲酰对苯二胺(商品名为Kevlar)的工业化生产。此外,高性能的聚酰胺和聚酰亚胺的研究和应用也取得了可喜进展。

从分子结构改进聚酰胺树脂性能的研究也取得了良好的进展,如20世纪90年代初开发的半芳香族聚酰胺的聚对苯二甲酰己二胺(尼龙6T)和聚对苯二甲酰壬二胺(尼龙9T),除具有良好的加工性能外,还具有介于芳香族聚酰胺和脂肪族聚酰胺之间的优异的综合性能,已引起广泛关注。近年来,传统的尼龙 6 和尼龙 66 因生产能力迅速扩大,特别是 VK 聚合管及其相关连的聚合工艺技术的日渐成熟和广泛应用,使得越来越多的领域从经济上考虑可以接受使用聚酰胺制品。但为了适合不同结构部件和环境下的要求必须对其性能进行改性,这一需求促进了聚酰胺技术的发展。虽然纺丝用聚酰胺用量增长缓慢,但工程和膜用聚酰胺树脂用量高速增长,年增长率达 8%以上。

虽然已研究过的 PA 品种很多,而实际上工业化生产的品种并不太多,主要有 PA66、PA610、PA11、PA12 等。其中 PA6 和 PA66 由于其具有最佳的价格、性能和加工性的综合优点,所以产量最高。20 世纪 60 年代中期以后,PA 类塑料不断有新的品种问世,如芳香 PA、脂环 PA、PA 热塑性弹性体,以及其他共聚、共混、增强、填充等改性品种,展示了 PA 广阔的发展前景。按其在生产和应用上的重要性,本章主要介绍脂肪族、芳香族、半芳香族聚酰胺。

8.1 脂肪族聚酰胺

脂肪族聚酰胺分子链由亚甲基和酰胺基组成。按单体类型不同,脂肪族聚酰胺又分为 p 型和 mp 型。

8.1.1 脂肪族聚酰胺的制备

1.p 型聚酰胺

p 型聚酰胺由 ω-氨基酸自缩聚或由内酰胺开环聚合制得,称聚酰胺 p(p 代表单体中所含碳原子数)。p 型聚酰胺大分子中相邻酰胺基的排列方向相同,分子式为

$$H\left[NH-(CH_2)_{p-1}-CO\right]_n OH$$

聚酰胺 3、4、6、7、8、9、11、12 等都属于 p 型聚酰胺,其中聚酰胺 6、聚酰胺 9 应用最广。

聚酰胺 6 是由己内酰胺开环聚合得到。己内酰胺先高温水解得 6-氨基己酸,然后缩聚与加聚同时进行得聚酰胺 6。

$$\underbrace{NH-(CH_2)_5-CO}_{\text{环}} + H_2O \xrightarrow{\text{水解}} NH_2-(CH_2)_5-COOH$$

$$\xrightarrow{\text{聚合}} H\left[NH-(CH_2)_5-CO\right]_n OH + (n-1)H_2O$$

聚酰胺 9 由 ω-氨基壬酸自缩聚制得,工业上采用的生产路线是先用癸二酸与氨反应得到癸二酸单酰胺,后者再与次氯酸钠反应制得 9-氨基壬酸,9-氨基壬酸可以熔融自缩聚得到聚酰胺 9。

$$HOOC(CH_2)_8COOH + NH_3 \longrightarrow HOOC(CH_2)_8CONH_2 + H_2O$$

$$HOOC(CH_2)_8CONH_2 + 2NaClO \longrightarrow HOOC(CH_2)_8NH_2 + Na_2CO_3 + Cl_2$$

$$nHOOC(CH_2)_8NH_2 \longrightarrow H\left[NH(CH_2)_8CO\right]_n OH + (n-1)H_2O$$

2.mp 型聚酰胺

由二元胺与二元羧酸缩聚所得到的聚酰胺是 mp 型聚酰胺，称为聚酰胺 mp，其中 m 代表所用二元胺中所含碳原子数，p 代表所用二元羧酸的碳原子数。mp 型聚酰胺大分子中相邻酰胺基的排列方向相反，分子式为

$$H\left[NH-(CH_2)_m-NH-CO-(CH_2)_{p-2}-CO\right]_n OH$$

聚酰胺 66、69、610、1010、1212、1313 等都属于 mp 型聚酰胺。

聚酰胺 66 是 mp 型聚酰胺的典型代表，它的工业化生产方法是以已二胺与已二酸为原料，先使两者配制成聚酰胺 66 盐，再进行缩聚得到聚酰胺 66。

聚酰胺 66 盐的制备反应如下

$$HOOC\left(CH_2\right)_4COOH + H_2N\left(CH_2\right)_6NH_2 \xrightarrow{\text{乙醇溶液}}$$

$$^{+}H_3N\left(CH_2\right)_6NH_3^{+}\ ^{-}OOC\left(CH_2\right)_4COO^{-}$$

配制时将二单体的乙醇溶液在搅拌下混合，成盐析出后，过滤、醇洗、干燥，再配制成 60% 的水溶液供缩聚用。

聚酰胺 66 盐在高温和水引发下缩聚成高相对分子质量的聚酰胺 66。

$$^{+}H_3N\left(CH_2\right)_6NH_3^{+}\ ^{-}OOC\left(CH_2\right)_4COO^{-} \longrightarrow$$

$$H\left[NH\left(CH_2\right)_6NH-CO\left(CH_2\right)_4CO\right]_n OH + (2n-1)H_2O$$

上述聚酰胺 66 制备过程中首先将两单体配制成 66 盐的目的是为了保持缩聚时两单体的严格等摩尔比。如此，才能获得高相对分子质量聚合物。因为形成聚酰胺的缩聚反应是可逆反应，缩聚反应后期应进一步升温并保持真空条件，以保证得到高相对分子质量聚合物。

8.1.2 脂肪族聚酰胺的结构与性能

1.脂肪族聚酰胺结构与性能的关系

所有脂肪族聚酰胺分子链都是线型结构，分子链骨架由—C—N—链组成，具有良好的柔顺性，因此都是典型的热塑性聚合物。分子链上有规律地交替排列着较强的极性酰胺基，分子链很规整，具有较强的结晶能力。极性的酰胺基可以使分子链之间形成氢键(一个分子链中的酰胺基上与氮原子连接的氢原子是质子授予体，另一个分子链中的酰胺基上与碳原子连接的氧原子是质子接受体，二者之间相互吸引形成氢键)。氢键的形成增大了分子链之间的作用力，使聚合物的结晶能力进一步增强，同时也使聚合物的熔点升高。另一方面，分子链的柔性又赋予材料良好的韧性。

由于不同品种的聚酰胺其单体所含碳原子数不同，使分子链之间所能形成的氢键比例数及氢键沿分子链分布的疏密程度不同，影响到不同聚酰胺的结晶能力和熔点有明显差别。分子链上的酰胺基间形成的氢键比例愈大，材料的结晶能力就愈强，熔点愈高。不同聚酰胺形成氢键多寡的规律如下。

对于 p 型聚酰胺，凡单体中含有奇数个碳原子者，分子链上的酰胺基可以 100% 形成

氢键;单体中含有偶数个碳原子者,分子链上的酰胺基仅有50%可以形成氢键。

对于mp型聚酰胺,凡两种单体都含有偶数碳原子者,分子链上的酰胺基可以100%形成氢键,但两种单体中,有一种或两种含有奇数个碳原子,分子链上的酰胺基就只有50%能形成氢键。

2.脂肪族聚酰胺的性能

脂肪族聚酰胺皆是白色至淡黄色的颗粒,密度较小。不同聚酰胺密度在1.01~1.16 g/cm^3之间。由于分子主链中重复出现的酰胺基团是极性基团,这个基团上的氢能与另一个酰胺基团上的羰基结合成牢固的氢键,使聚酰胺的结构发生结晶化,从而使其具有良好的力学性能、耐热性、耐溶剂性等。聚酰胺是塑料中吸湿性最强的品种之一,表8.1是常用聚酰胺品种中酰胺基含量与吸水率的关系。由表8.1可以看出,不同聚酰胺吸水性取决于分子链上酰胺基含量,含量愈大,吸水性愈强,所以吸水率大小排序为PA6 > PA66 > PA610 > PA1010 > PA12。

表8.1　聚酰胺酰胺基含量与吸水率的关系

聚酰胺名称	6	66	69	610	612	1010	12
酰胺基含量/%	38	38	32	30.7	28	25.4	22
24 h吸水率/%	1.3~1.9	1.0~1.3	0.5	0.4	0.4	0.39	0.25~0.3

(1)力学性能

脂肪族聚酰胺是典型的硬而韧聚合物,综合力学性能优于一般的通用塑料,但某些性能指标低于丙烯酸塑料,而韧性远优于丙烯酸塑料。不同聚酰胺的力学性能指标与分子链中连续的亚甲基数量有关,也与酰胺基所形成的氢键比例有关。表8.2列出若干脂肪族聚酰胺的典型力学性能与热性能。

测试环境和条件(温度、湿度、加载速率)对力学性能测试结果影响颇大,这符合一般规律。对于聚酰胺,由于吸湿性强,测试环境的湿度对测试结果影响比其他塑料更突出。因为水分对材料有增塑作用,所以对于聚酰胺的测试,应特别强调测试环境的标准性。

聚酰胺具有良好的耐磨耗性,是优良的耐磨材料之一。结晶度愈高,材料硬度愈大,耐磨性愈好。

(2)热性能

聚酰胺是半结晶型聚合物,结晶度一般小于聚乙烯、聚丙烯、聚四氟乙烯等高结晶度聚合物。根据聚酰胺分子链具有良好柔性的结构特点,各种聚酰胺的玻璃化温度约在从稍高于室温到室温的范围内。由于分子链间会形成氢键,聚酰胺的熔融温度一般高于聚烯烃,熔融温度范围较窄,有较明显的熔点。不同聚酰胺的玻璃化温度和熔点的高低主要取决于分子链中所含连续亚甲基的数量及亚甲基的奇偶数。连续亚甲基数增多,玻璃化温度和熔点就较低。连续亚甲基数接近的聚酰胺、含偶数个亚甲基的聚酰胺,其熔点高于含奇数个亚甲基的聚酰胺,表8.2的数据可说明这一规律。聚酰胺具有良好的耐寒性,不同聚酰胺的热变形温度和最高连续使用温度都不是太高。

表 8.2　脂肪族聚酰胺的力学性能和热学性能

p 型聚酰胺	6	7	8	9	11	12
拉伸强度/MPa	60~65	58~60	—	58~65	55	43
拉伸模量/MPa	—	—	—	—	1 300	1 800
断裂伸长率/%	30	100~200	38	182	300	300
弯曲强度/MPa	90	75	—	—	70	—
弯曲模量/MPa	2 600~2 700	—	—	—	1 000	1 400
冲击强度，简梁/($kJ\cdot m^{-2}$)	≥5~7（缺口）	—	—	250~300	3.5~4.8（缺口）	10~11.5（缺口）
冲击强度，悬梁/($kJ\cdot m^{-1}$)	—	—	—	—	107~299（缺口）	50
熔点/℃	215~225	223	200~205	210~215	187	178
热变形温度，(1.81 MPa)/℃	63~66 (55~58)	—	—	46~50 (1)	55~63	51~55
连续使用温度/℃	105	—	—	—	90	90
脆化温度/℃	-70~-30	—	—	-10	-60	-70

mp 型聚酰胺	66	69	610	612	1010	1212	1313
拉伸强度/MPa	80	45~70	60	62	52~55	55	35~37
拉伸模量/MPa	2 900	966~2 000	2 000	2 000	—	374	—
断裂伸长率/%	60	50~200（屈服）	200	200	100~250	370	>2 500
弯曲强度/MPa		48~76（屈服）	90	83	89	—	33~42
弯曲模量/MPa	3 000	1 100~2 340	2 200	2 000	—	—	—
冲击强度，简梁/($kJ\cdot m^{-2}$)	3.9（缺口）	—	3.5~5.5（缺口）	—	4~5（缺口）	15.7（缺口）	251~290
冲击强度，悬梁/($kJ\cdot m^{-1}$)	—	37.3~144	—	54（缺口）	—	—	—
熔点/℃	250~260	241~271	213~220	210		185	170~174
热变形温度，(1.81 MPa)/℃	75(66~68)	—	51~56	60	—	61	—
连续使用温度/℃	105	—	—	65		—	—
脆化温度/℃	-25~-30	—	-20	—		—	—

注：(1)马丁耐热数据

脂肪族聚酰胺的热导率约为 0.17~0.34 W/(m·K)，比热容约为 1 255~2 092 J/(kg·K)，在塑料中分别居于中高等水平。

(3)电性能

由于聚酰胺分子链中含有极性的酰胺基团，就会影响到它的电绝缘性。在室温且干燥的条件下，聚酰胺具有较好的电性能，但明显低于聚乙烯、聚苯乙烯等材料。在潮湿环境下，体积电阻率和介电强度均会下降，介电常数和介质损耗明显增大。随电场频率增大，体积电阻率和介电常数有所降低，介电损耗会增加。温度升高，电性能降低。一般而言，各种脂肪族聚酰胺的介电常数为 3 ~ 4，介质损耗因数为 10^{-2}数量级，体积电阻率为 $10^{10} \sim 10^{12}\ \Omega \cdot m$，介电强度为 15 ~ 20 kV/mm。

(4)光学性能

通常，评价聚酰胺树脂的光学性能指标有透光率和雾度，一般采用 GB 2410 - 89 标准测定。透光率为透过试样的光通量和射到试样上的光通量之比；雾度为透过试样而偏离入射光方向的散射光通量与透射光通量之比，两者均用百分数表示。

大多数半结晶脂肪聚酰胺超过 2.5 mm 厚几乎不透明，低于 0.5 mm 厚透明，厚度处于两者之间的半透明。聚酰胺的光线透射因加入添加剂如炭黑、颜料、矿物质、玻璃纤维而降低，在聚酰胺中所添加的成核剂增加聚酰胺的结晶度、球晶数量，从而降低光透射，在球晶边界的光散射是光透射减少和不透明的原因。因为球晶结构因初始热历程而定型，热处理聚酰胺部件会增加结晶而光透射降低，透明度随聚酰胺结晶度的增加而降低。熔体迅速冷却、经共聚或者增塑改性聚酰胺，都将增加透明度，随聚酰胺中的酰胺基浓度减少，聚酰胺的透明区增加。

(5)耐化学性能

聚酰胺具有良好的化学稳定性，由于具有高的内聚能和结晶性，所以聚酰胺不溶于普通溶剂(如醇、酯、酮和烃类)，能耐许多化学药品，它不受弱碱、弱酸、醇、酯、润滑油、油脂、汽油及清洁剂等的影响。对盐水、细菌和霉菌都很稳定。

常温下，聚酰胺溶解于强极性溶剂，如硫酸、甲酸、冰醋酸、苯酚等，特别是强酸对聚酰胺有侵蚀作用。聚酰胺中酰胺基分布密度愈大，耐酸性愈差。酸类的破坏作用引起断链(降解)。聚酰胺也能溶于某些盐的溶液，如氯化钙饱和的甲醇溶液、硫氰酸钾溶液等。

在高温下，聚酰胺溶解于乙二醇、冰醋酸、氯乙醇、丙二醇和氯化锌的甲醇溶液。

(6)其他性能

在室温环境下，聚酰胺性能稳定，可长时间保持性能不变。聚酰胺像大多数塑料一样可被紫外光降解。具有相对不良的耐候性，气候的变化会使聚酰胺材料发脆，力学性能下降，也会使表面发生变化。不同聚酰胺的氧指数约为 26 ~ 30，在火源作用下可以燃烧，但多数聚酰胺具有自熄性，即使燃烧，火焰传播速度也很慢。炭黑是聚酰胺的有效防老剂。此外，碱金属的溴盐、碘盐、亚磷酸酯类可以作为聚酰胺的抗氧剂。

8.1.3 单体浇铸聚酰胺与增强聚酰胺

1.单体浇铸尼龙(MC 尼龙)

单体浇铸尼龙(MC 尼龙)是尼龙 6 的一种，由于采用碱聚合法，加快了聚合速度使己内酰胺可直接在模具内聚合成形。MC 尼龙相对分子质量比一般 PA6 高一倍左右，达 3.5 万 ~ 7.0 万，各项力学性能均高于尼龙 6，MC 尼龙成形加工设备及模具简单，可直接浇铸，特别适合于大件、多品种和小批量制品的生产。

制备 MC 尼龙的主要原料是己内酰胺，催化剂和助催化剂分别为 NaOH 和甲苯二异氰酸酯(TDI)，反应物配比为 n(己内酰胺)：n(NaOH)：n(TDI) = 1:0.004:0.003。配制好的反应物在模具内直接聚合并成形为制品。其制备反应式如下

$$\underbrace{NH\text{-}\!(CH_2)_5\!\text{-}CO}_{} + NaOH \xrightarrow{130\sim140℃} \underbrace{NaN\text{-}\!(CH_2)_5\!\text{-}CO}_{} + H_2O$$

甲苯二异氰酸酯（助催化剂）

$$\underbrace{NaN\text{-}\!(CH_2)_5\!\text{-}CO}_{} + n\underbrace{HN\text{-}\!(CH_2)_5\!\text{-}CO}_{} \xrightarrow[150\sim160℃]{}$$

$$H\text{-}\!\left[NH\text{-}\!(CH_2)_5\!\text{-}CO\right]_n\!\text{-}\underbrace{N\text{-}\!(CH_2)_5\!\text{-}CO}_{} + Na^+$$

由于己内酰胺的吸水性很强，而且在反应过程中又有水生成，因此在浇铸聚合中必须除去水分，通常脱水的方法有氮气法和真空法。

氮气法是将己内酰胺加入到脱水容器内，加热到 110℃，再加苛性钠，在搅拌下通入氮气，使之脱水 0.5 h，再升温至 140℃并加入助催化剂 TDI，迅速通入氮气并搅拌 15 min，然后迅速浇入 160℃的模具内，在 0.5 h 内完成聚合，最后脱模取出产品。此法的缺点是要耗用大量氮气，并有大量单体被带入空气中污染环境，制品的质量难以控制。

真空法是将己内酰胺加入脱水容器中，加热至单体开始溶化时就开始抽真空，单体全部溶化后，加入 NaOH 并升温至 130 ~ 140℃，继续抽真空 10 ~ 15 min，之后加入助催化剂，搅拌均匀后迅速浇入 150 ~ 160℃的模具内，在 15 min 内即可完成聚合，保温 1 h 后即可脱模。

2. 增强聚酰胺

各种脂肪类聚酰胺都可以用玻璃纤维进行增强，使力学性能包括强度、刚度、硬度大幅度提高，抗蠕变性改善，耐热性提高，收缩率下降，尺寸稳定性改善。玻璃纤维在增强后的材料中所占比例为 10% ~ 45%，但最佳质量分数为 30% ~ 35%，这时的材料综合性能最佳。玻纤含量进一步增加将使物料熔体黏度增大，给加工成形带来很大的困难，降低材料的某些性能。

8.1.4 脂肪族聚酰胺的加工与应用

聚酰胺具有宽泛的加工范围和良好的加工性，几乎所有常用的热塑件塑料加工方法均可加工聚酰胺，如注塑、挤出（管、片、薄膜、型材、单丝、电线电缆护套）、中空吹塑、旋转成形、热成形和浇铸成形，其中最主要的是注塑和挤出成形。

由于聚酰胺吸水率高，为避免制品表面出现气泡、银丝、斑纹和降低力学性能，应在成形前对树脂进行干燥。聚酰胺的结晶性使成形收缩率较高，一般为 1.5% ~ 2.5%，同时由于结晶的不完全性和不均匀性，会使制品在成形后出现后收缩，产生内应力，应对制品进行成形后的热处理。为提高制品尺才稳定性和冲击强度，也可将制品放入水或醋酸钾水溶液中进行调湿处理。

1.加工

(1)注塑成形

聚酰胺注塑成形可采用柱塞式或螺杆式注塑机。螺杆式注塑机应带有止逆环，并采用长径比为12～20、压缩比为3～4的突变型螺杆。成形时熔体温度下限应高于熔点5～10℃，上、下限温度差40～50℃。注塑压力为30～200 MPa，模温可从室温至60℃。

(2)挤出成形

聚酰胺挤出成形所用挤出机螺杆与注塑机螺杆基本相同，熔体温度范围也相同，但挤出压力不能太高，压力太高会使挤出量减小，挤出压力一般为3～4 MPa。

2.应用

聚酰胺应用范围较广，主要应用领域及用途有：

(1)机械设备：例如轴承、轴瓦、小模数齿轮、蜗轮、密封势、活塞环、采叶轮、螺栓、螺母等连接件、水压机的立柱导套、阀座、风扇叶片等。

(2)汽车工业：主要采用玻纤增强聚酰胺，可用在皮带轮、吸附罐、散热器箱体、刮水器、油泵齿轮等。

(3)电子电器：各种线圈骨架、机罩、集成线路板、旋扭、电视机调谐零件、电器线圈。

(4)化工设备：耐腐耐油管道、输油管、贮油容器、过滤器。

(5)建筑与民用：门、窗帘导执、滑轮、自动门横栏、安全帽、绳索、打字机框架。聚酰胺11和12的双轴拉伸薄膜还用在食品包装上。

8.2 芳香族聚酰胺

分子主链上含有芳香环的聚酰胺称芳香族聚酰胺。芳香族聚酰胺是20世纪60年代首先由美国杜邦公司开发成功的耐高温、耐辐射、耐腐蚀尼龙新品种。尽管芳香族聚酰胺的品种很多，目前投入实际应用的主要有两种：聚间苯二甲酰间苯二胺(商品名Nomex)和全对位聚芳酰胺。

8.2.1 聚间苯二甲酰间苯二胺

1.制备方法

以间苯二甲酰氯和间苯二胺为单体进行界面缩聚或低温溶液缩聚，可以得到聚间苯二甲酰间苯二胺，这是一种酰胺基位于苯环邻位的一种聚芳酰胺。

$$n\,\mathrm{Cl{-}\overset{O}{\overset{\|}{C}}{-}C_6H_4{-}\overset{O}{\overset{\|}{C}}{-}Cl} + n\,\mathrm{H_2N{-}C_6H_4{-}NH_2} \longrightarrow$$

$$\mathrm{Cl}\!\left[\mathrm{\overset{O}{\overset{\|}{C}}{-}C_6H_4{-}\overset{O}{\overset{\|}{C}}{-}\overset{H}{\overset{|}{N}}{-}C_6H_4{-}\overset{H}{\overset{|}{N}}}\right]_n\!\mathrm{H} + (2n-1)\mathrm{HCl}$$

其中单体间苯二甲酰氯由间苯二甲酸用氯化亚砜酰氯化制得。

界面缩聚是将间苯二甲酰氯溶于环己酮中成为有机相,间苯二胺溶在碳酸钠水溶液中成为水相,在快速搅拌下将水相倒入有机相,两相即在界面进行缩聚。反应可在 10 min 内完成。低温溶液缩聚是将间苯二胺与二甲基乙酰胺加入反应器内使前者完全溶解。冷却至 -12℃以下,并在搅拌下缓慢加入间苯二甲酰氯,使二者进行缩聚,反应温度控制在不超过 68℃,反应进行 0.5 h 即可完成。低温溶液缩聚可以得到平均相对分子质量更高的聚合物。

2.结构与性能

聚间苯二甲酰间苯二胺分子链骨架由交替排列的苯环和酰胺基组成,二者都呈高密度分布。苯环的存在使分子链不能内旋转,较强的极性酰胺基在分子链之间又可形成氢键,增大了分子链之间的作用力,苯环与酰胺基之间又可形成共扼体系。这三种因素都赋予聚合物分子链很大的刚性,决定了材料具有优异的耐热性,突出的强度、刚度,高熔点、高黏度。

聚间苯二甲酰间苯二胺外观为白色粉末或小片,密度为 1.33~1.36 g/cm^3,可以结晶,具有高耐热、高强度、高刚度、耐化学腐蚀、耐高能辐射、难燃、耐潮湿等一系列突出特性。聚间苯二甲酰间苯二胺具有远高于脂肪族聚酰胺的力学性能和耐热性。作为纤维织物(熨烫布),其寿命是脂肪族聚酰胺纤维布的 8 倍,棉布的 20 倍,这充分说明了它的强度和耐久性。除突出的耐热性外,它还具有良好的耐热老化性,在 220~250℃ 经 2 000 h 热老化后其表面电阻率和体积电阻率保持不变。它的耐辐射性也很优异,可耐(4~5)×10^6 Gy 剂量的 γ 射线照射。聚间苯二甲酰间苯二胺具有较好的耐化学腐蚀性,可以耐稀酸、稀碱、沸水,也耐腐蚀性气体,例如,在 250℃的 SO_2 或 SO_3 作用下,强度仍可保持 60%。但该材料不耐浓酸浓碱,浓硫酸和氨基磺酸均可使其溶解。它可耐醇类、酮类、脂肪烃、芳烃、汽油、煤油等,但强极性溶剂二甲基甲酰胺、二甲基乙酰胺均可使它溶解。由于分子链含有大量极性酰胺基,对电性能有不利影响,标准状态下的电性能接近或稍低于脂肪族聚酰胺的水平,但介电强度远高于脂肪族聚酰胺,它的优点是在较高温度或潮湿环境下仍可保持较好的电性能。聚间苯二甲酰间苯二胺难以燃烧,即使燃烧,也会自熄。聚间苯二甲酰间苯二胺耐光性较差,其织物在日光下暴晒一年,强度会下降 50%。

3.加工与应用

聚间苯二甲酰间苯二胺具有很高的熔点(约 410℃),熔体黏度很高(约 10^{12} Pa·s),难以采用一般热塑性塑料的成形加工方法加工,主要成形方法是用浸渍法制备薄膜。将聚间苯二甲酰间苯二胺配制成树脂质量分数为 10%~20%的二甲基乙酰胺溶液,用厚度为 0.05~0.06 mm 的铝箔通过浸胶机浸胶。浸胶后的铝箔经鼓风烘箱干燥,取出后冷至室温剥离即得聚间苯二甲酰间苯二胺薄膜。聚间苯二甲酰间苯二胺还可层压,将玻璃布浸渍树脂溶液后晾干叠制,可层压为板材。

聚间苯二甲酰间苯二胺层压制品主要用作 H 级电绝缘材料使用,亦可作为耐高温的装饰板、防火墙或制备蜂窝制品用于飞行器中。

聚间苯二甲酰间苯二胺也是制备高性能纤维(HT-1 纤维)的主要原料。

8.2.2 全对位聚芳酰胺

全对位聚芳酰胺是酰胺基位于苯环对位的一种聚芳酰胺,制备方法有两种,结构上也有所不同。

1.制备方法

(1)对苯二胺与对苯二甲酰氯缩聚

缩聚产物称聚对苯二甲酰对苯二胺,又称芳纶 1414 树脂。该树脂主要用于制备纤维,称为 Kevlax 纤维。

$$n\,Cl-\overset{O}{\overset{\|}{C}}-C_6H_4-\overset{O}{\overset{\|}{C}}-Cl + n\,H_2N-C_6H_4-NH_2 \longrightarrow Cl\left[\overset{O}{\overset{\|}{C}}-C_6H_4-\overset{O}{\overset{\|}{C}}-\underset{}{\overset{H}{\overset{|}{N}}}-C_6H_4-\overset{H}{\overset{|}{N}}\right]_n H + (2n-1)HCl$$

(2)对氨基苯甲酸自缩聚

缩聚产物称为聚对苯甲酰胺,又称芳纶 14 树脂,也用于制纤维,称为 B 纤维。

$$n\,HO-\overset{O}{\overset{\|}{C}}-C_6H_4-NH_2 \longrightarrow HO\left[\overset{O}{\overset{\|}{C}}-C_6H_4-NH_2\right]_n H + (n-1)H_2O$$

2.结构与性能

全对位聚芳酰胺分子链交替地由苯撑基和极性酰胺基组成,二者在分子链上都呈高密度分布,酰胺基与苯环又可以形成大共扼体系,这三种因素都决定了聚合物分子链会有极大的刚性,特别是苯撑基比间位苯基对分子链变刚的影响更大。两种全对位聚芳酰胺实际上均不会出现熔融状态。即使将聚合物配制成溶液,分子链也不能以柔曲的卷曲状存在,而是以伸直的棒状存在。因此全对位聚芳酰胺是一种溶致液晶聚合物。正是利用这种结构特性对它进行湿法纺丝。直棒状的分子链在加工时的剪切作用下高度取向,使制品具有超高模量超高强度。

全对位聚芳酰胺具有超高强度、超高模量、耐高温、耐腐蚀、阻燃、膨胀系数小等一系列优异性能。Kevlax 纤维的拉伸强度可达到同直径钢丝的 5 倍。Kevlax 薄膜的拉伸强度约 200 MPa,伸长率约 40% ~ 60%。Kevlax 树脂具有极优异的耐热性,其玻璃化温度超过 300℃,分解温度约 500℃。在 200℃下经 100 h 后,强度保持率为 85%,320℃经 100 h,强度保持率仍可达 50%。电性能好,体积电阻率约为 $6\times10^{13}\ \Omega\cdot m$, $\tan\delta$ 值约为 0.03,介电常数较高达 7.0,最突出的是介电强度可达 220 kV/mm。

3.加工与应用

全对位聚芳酰胺主要用于超高强度超高模量纤维。在塑料工业中,全对位聚芳酰胺可采用与 Nomex 相似的方法制备薄膜,作为高强度、高模量复合塑料增强材料,用于航天器、导弹壳体材料等。

8.3 半芳香聚酰胺

脂肪族聚酰胺耐热性差,吸水率波动会引起尺寸变化。为了克服常规的聚酰胺的这些性能缺陷,开发出具有较好的物理机械性能、尺寸相对稳定的聚酰胺,人们尝试在脂肪族聚酰胺中引入含有苯环的半芳族聚酰胺链段,由此制得的聚酰胺称为半芳族聚酰胺。

半芳族聚酰胺是在脂肪族聚酰胺的分子主链中部分地引入芳环。用芳族的二酸或二胺代替脂族的二酸或二胺合成的半芳香聚酰胺称均聚半芳香聚酰胺。为了改善半芳族聚酰胺的某些性能,可添加另外一种或多种共聚单体,这样合成的半芳香聚酰胺称为共聚半芳族酰胺。

目前研究的半芳香聚酰胺的主链大都是具有

$$-\overset{O}{\overset{\|}{C}}-C_6H_4-\overset{O}{\overset{\|}{C}}-NHRNH- \quad 或 \quad -\overset{O}{\overset{\|}{C}}-C_6H_4-\overset{O}{\overset{\|}{C}}-NHRNH-$$

结构单元的均聚和共聚物,其中 R 为脂肪族链。

表 8.3 列举了一些已见报道的主要的半芳香聚酰胺及其结构。

表 8.3 主要的半芳香聚酰胺的结构和性能

商品名 (厂家)	化学结构及代号	热性质
HTnylon Arlene C (三井化学)	$\left[\!\left(NH-(CH_2)_6-NH\right)\!\left(\overset{O}{\overset{\|}{C}}-(CH_2)_4-\overset{O}{\overset{\|}{C}}-/-\overset{O}{\overset{\|}{C}}-C_6H_4-\overset{O}{\overset{\|}{C}}\right)\!\right]_n$ PA - 6T/66	T_m= 290~ 300 ℃ T_g = 90 ~ 110℃
Arlene (三井化学)	$\left[\!\left(NH-(CH_2)_6-NH\right)\!\left(\overset{O}{\overset{\|}{C}}-C_6H_4-\overset{O}{\overset{\|}{C}}-/-\overset{O}{\overset{\|}{C}}-C_6H_4-\overset{O}{\overset{\|}{C}}\right)\!\right]_n$ PA - 6T/6I	T_m = 320℃ T_g = 125℃
Amodel (PEI)	$\left[\!\left(NH-(CH_2)_6-NH\right)\!\left(\overset{O}{\overset{\|}{C}}-(CH_2)_4-\overset{O}{\overset{\|}{C}}-/-\overset{O}{\overset{\|}{C}}-C_6H_4-\overset{O}{\overset{\|}{C}}-/-\overset{O}{\overset{\|}{C}}-C_6H_4-\overset{O}{\overset{\|}{C}}\right)\!\right]_n$ PA - 6T/6I/66	T_m= 290~ 300℃ T_g = 90 ~ 110℃
Zytel HTN (Du pont)	$\left[\!\left(NH-(CH_2)_6-NH-/-NH-CH_2CH(CH_3)CH_2CH_2CH_2-NH\right)\!\left(\overset{O}{\overset{\|}{C}}-C_6H_4-\overset{O}{\overset{\|}{C}}\right)\!\right]_n$ PA - 6T/M-5T	T_m= 305℃ T_g = 135℃
Vltramide (BASF)	$\left[\!\left(NH-(CH_2)_5-\overset{O}{\overset{\|}{C}}\right)\!\left(NH-(CH_2)_6-NH-\overset{O}{\overset{\|}{C}}-C_6H_4-\overset{O}{\overset{\|}{C}}\right)\!\right]_n$ PA - 6T/6	T_m= 295℃

8.3.1 均聚半芳香聚酰胺

1.透明尼龙

透明尼龙即聚对苯二甲酰三甲基已二胺,由对苯二甲酸和三甲基已二胺经脱水缩聚而制得,也可将对苯二甲酸制成对苯二甲酰氯再与三甲基已二胺进行界面缩聚而成,其化

学结构式为

$$\left[\!-NH-CH_2-\underset{CH_3}{\overset{CH_3}{\underset{|}{\overset{|}{C}}}}-CH_2-\overset{CH_3}{\overset{|}{C}H}-CH_2-CH_2-NH-\overset{O}{\overset{\|}{C}}-\langle\bigcirc\rangle-\overset{O}{\overset{\|}{C}}-\!\right]_n$$

透明尼龙的可见光透过率达 85% ~ 90%，密度为 1.12 g/cm^3。耐化学药品性好，耐碱、烃、酮、油脂、浓的和稀的无机酸，不耐醇，溶于质量分数为 80% 氯仿与质量分数为 20% 甲醇混合液中。电气绝缘性优良，可作透明机械零部件、X 射线窥视窗、高强度安全开关、接线柱、手柄、绝缘性薄膜等。

2. 尼龙 MXD6

20 世纪 50 年代 Lum 等人用间苯二甲胺和已二酸为原料合成了结晶性尼龙树脂 MXD6，化学结构如下

$$\left[\!-NH-CH_2-\langle\bigcirc\rangle-CH_2-NH-\overset{O}{\overset{\|}{C}}-CH_2-CH_2-CH_2-CH_2-\overset{O}{\overset{\|}{C}}-\!\right]_n$$

尼龙 MXD6 吸水性小，玻璃化温度高，拉伸强度、弯曲强度高，硬度大，具有优良的气体阻隔性。初期尼龙 MXD6 主要用于生产纤维，现在主要用作工程塑料。尼龙 MXD6 可以注塑、挤出、吹塑成形，产品主要用于电器部件、机械部件、小齿轮、皮带轮，气密性包装材料，多层极片，多层容器等。

3. 尼龙 6T

尼龙 6T 以已二胺和对苯二甲酰氯为原料合成，其化学结构如下

$$\left[\!-NH-CH_2-CH_2-CH_2-CH_2-CH_2-CH_2-NH-\underset{O}{\underset{\|}{C}}-\langle\bigcirc\rangle-\underset{O}{\underset{\|}{C}}-\!\right]_n$$

尼龙 6T 的拉伸强度高，200℃保持其尺寸稳定性，相对密度为 1.21，玻璃化转变温度 180℃，熔融温度高达 370℃，仅溶于硫酸、三氟乙酸等强酸。需采用界面缩聚或固相聚合，尼龙 6T 主要用于纤维制造，也用于制造机械零件和薄膜。

日本三井石油化学的改性尼龙 6T 分为三个品种：汽车和通用机械部件用品种，薄壁部件制造用高流动性品种，实现低摩擦低磨耗的转动品种。它们具有高熔点 320℃，高刚性，高强度，有效降低了吸水率，玻璃化转变温度 125℃，可取代铝铸作金属部件，因不受三氯乙烷等电子部件清洗剂的侵蚀，可在汽油或高温引擎油环境下使用。

4. 尼龙 9T

尼龙 9T 由日本可乐丽公司开发成功，由壬二胺和对苯二甲酸熔融缩聚制备，其化学结构式为

$$\left[\!-NH-CH_2-CH_2-CH_2-CH_2-CH_2-CH_2-CH_2-CH_2-CH_2-NH-\underset{O}{\underset{\|}{C}}-\langle\bigcirc\rangle-\underset{O}{\underset{\|}{C}}-\!\right]_n$$

尼龙 9T 耐水性好，尺寸稳定性好，吸水率仅为 0.17%；尼龙 9T 耐热性好，机械强度和模量开始降低时的温度高，具有优良的高温尺寸稳定性，焊接温度为 290℃；尼龙 9T 具有

优良的加工成形性，结晶温度高，结晶速度快，能快速成形。目前，尼龙 9T 主要用于电气电子行业的表面实装技术、计算机和移动电话等信息设备的零部件和汽车工业。

5.尼龙 12T

尼龙 12T 是由对苯二甲酸和十二碳二元胺缩聚而得。

由于它分子主链中含有芳环，并且源于一个长碳链的二胺，此种尼龙有高熔点，高结晶度，低的吸水率，良好的机械性能等，尼龙 12T 可用于电气电子行业的表面实装技术，信息设备的零部件和汽车工业。

8.3.2 共聚半芳香聚酰胺

共聚是半芳香二元酰胺改性的重要手段，特别对其熔点和加工性能的影响更甚。半芳香二元酰胺的共聚改性往往采用以下几种方法：①在半芳香聚酰胺链段中引入另外一种结构不对称的酸，如间苯二甲酸；②在半芳香聚酰胺分子主链中引入带支链的二元胺；③将半芳香聚酰胺和脂肪族聚酰胺共聚。

1.德国(BASF)半芳族共聚酰胺模塑料

该模塑料的主体成分是一种共聚酰胺，它是以对苯二甲酸、间苯二甲酸、己二胺或脂环族二胺为主要原料合成的。

此共聚酰胺具有高熔点(290～340℃)，高玻璃化转变温度(＞130℃)，高结晶度(＞40%)，有相对高的抗热变形性，良好的多轴向冲击强度。能用热塑性塑料加工方法加工，适合生产纤维、薄膜和模塑件。纤维增强模塑件具有很好的表面，特别适用于汽车制造业。

2.日本(三井化学)半芳族共聚酰胺

它是以对苯二甲酸、间苯二甲酸、4～18 个碳原子的脂族二胺和任选的内酰胺或 6～20 个碳原子的氨基羧酸等为主要原料合成的新型半芳族共聚酰胺。

此种共聚酰胺玻璃化转变温度为 70～150℃，熔点为 260～360℃，具有低含量的 MO 组分(沸水溶解组分)，几乎不会污染模具，能有效地生产模塑制品，而且生产的模塑制品具有良好的耐热性、高机械强度、低吸水率和良好的耐磨擦性、阻燃性。适于制作连接器、精密电子元件等。

3.日本(可乐丽)PA9M－T

它以对苯二甲酸、1,9－壬二胺与特定量的 2－甲基－1,8－辛二胺共聚而得。

此共聚酰胺在 30℃与浓硫酸中测得 0.4～3.0 dl/g 的特性黏度。它不仅具有大的可熔融模塑的温度范围和优良的模塑性能，而且具有优良的结晶性和机械性能，尤其是抗震性，还具有好的表面润滑性，可用作工业品和日常用品的模塑材料。

4.法国(埃勒夫阿托)高度耐化学试剂的透明尼龙

此种透明聚酰胺是由对苯二甲酸、间苯二甲酸、环脂二胺构成的共聚酰胺和至少含有 7 个碳原子的脂族单元构成的半结晶聚酰胺组合而成的，其中共聚酰胺以如下链结构为特征

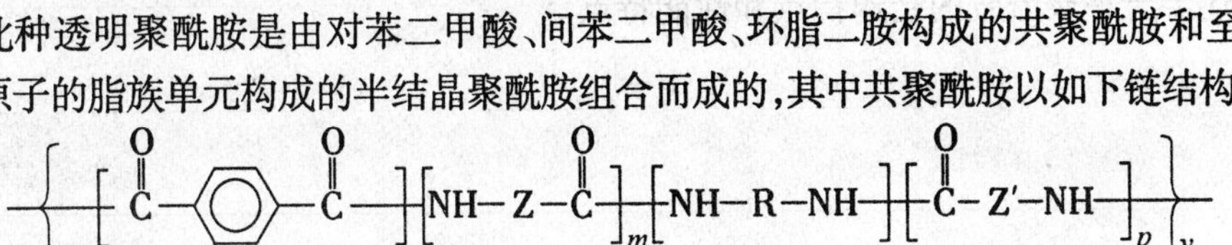

$$-\left\{\left[\overset{O}{\overset{\|}{C}}-C_6H_4-\overset{O}{\overset{\|}{C}}\right]\left[NH-Z-\overset{O}{\overset{\|}{C}}\right]_m\left[NH-R-NH\right]\left[\overset{O}{\overset{\|}{C}}-Z'-NH\right]_p\right\}_{y_1}-$$

和

$$-\!\!\left\{\left[\overset{O}{\overset{\|}{C}}-\bigcirc\!\!\!\!\!\!\bigcirc-\overset{O}{\overset{\|}{C}}\right]\left[NH-Z-\overset{O}{\overset{\|}{C}}\right]_{m'}\left[NH-R-NH\right]\left[\overset{O}{\overset{\|}{C}}-Z'-NH\right]_{p'}\right\}_{y_2}$$

其中，—NH—R—NH—为环脂族、脂族或芳脂族二胺；Z 和 Z′为$\leftarrow\!CH_2\!\rightarrow_n$。

这种新型的尼龙除了具有良好的机械性能，如冲击强度、抗张强度、压缩强度外，还具有高度耐化学试剂性和透明度，可制作各种塞子、瓶子、眼镜架等。

5.中国(郑州大学)尼龙 12T/12I

以 PA12T 为主，加入另一种共聚单体间苯二甲酸，由于间苯二甲酸结构不对称，不易结晶，在分子链中贡献一个"软段"部分，使尼龙的韧性增大，熔点有所降低而易于加工成形。为此 PA12T/12I 具有更广泛的使用范围。

8.3.3 半芳香聚酰胺的应用

目前，半芳香聚酰胺主要应用于以下几个方面：

(1)电气电子工业

这是市场开发的重点领域。作为 SMT(Surface Mount Technology)基板，半芳香聚酰胺是这一领域性能十分优良的树脂。该领域可用的合成材料虽有多种，但半芳香聚酰胺很可能是综合性能优良的材料。另外，从保护环境考虑，今后对无铅焊锡的要求越来越高。为了达到焊锡无铅化，焊锡的熔点可能要提高 15℃，那么聚苯醚(PPS)，液晶高分子(LCP)的耐热性也会不够，而半芳香优良的耐热性则可满足无铅焊锡的要求。

(2)汽车工业

发动机周围的燃料体系、吸气体系、冷却体系等全套部件的树脂化，要求高性能的合成树脂。半芳香聚酰胺的耐热性、耐药品性、滑动性等优良特性，有可能使它成为汽车工业的配套基本材料。特别是对制作的轴承支架、传动齿轮，可望有高的评价。

(3)纤维工业

半芳香聚酰胺的耐热性好，坚固性和染色性也很好，经纤维化后，可望作为衣料及工业用纤维材料。

思考题

1.解释制备聚酰胺 66 时，为什么要先配制成聚酰胺 66 盐？

2.脂肪族聚酰胺分子链上酰胺基形成氢键有什么规律？氢键的形成对材料性能有何影响？

3.试说明 Nomex 为何具有高强度、高耐热性。

4.试述半芳香聚酰胺的结构特点和性能特点。

第9章　聚酯类塑料

聚酯是主链上含有酯键 $-\overset{\displaystyle O}{\overset{\|}{C}}-O-$ 的高分子化合物的总称。聚酯树脂通常分为热塑性聚酯和热固性聚酯。

热塑性聚酯是由饱和的二元酸(或其衍生物)与饱和的二羟基化合物(或其衍生物)通过缩聚反应制得的线型聚合物,又称饱和聚酯。目前工业上比较常用的热塑性聚酯主要有三类,①由碳酸衍生物与二羟基化合物缩聚制成的聚碳酸酯型聚酯,简称聚碳酸酯(Polycarbonate,PC),代表品种为双酚A型聚碳酸酯;②由芳香族二元酸或其衍生物与脂肪族二元醇缩聚制成的脂肪族聚酯,简称聚酯,代表品种有聚对苯二甲酸乙二酯(Polyethylene Terephthalate,PET)和聚对苯二甲酸丁二酯(Polybutylene Terephthalate,PBT);③由芳香族二元酸及其衍生物与芳香族二羟基化合物(二元酚)及其衍生物缩聚制成的芳香族聚酯,简称聚芳酯(Polyarylate,PAR),代表品种是聚对苯二甲酸二酚基丙烷酯。除此之外,聚酯液晶聚合物系列、聚酯弹性体、生物分解性聚酯等也属于此类。

热固性聚酯是由不饱和二元酸(酐)、饱和二元酸(酐)与二元醇或多元醇等多羟基化合物缩聚而成的分子链上具有不饱和键的聚酯高分子,俗称不饱和聚酯。它们在一定条件下可与乙烯基类单体发生反应形成立体网状结构的高分子化合物。

9.1　聚碳酸酯

聚碳酸酯(Polycarbonate,PC)是指分子链中含有碳酸酯基的聚合物,可以看作是由二羟基化合物与碳酸的缩聚产物,通式为

$$\left[O-R-O-\overset{\displaystyle O}{\overset{\|}{C}} \right]_n$$

式中,R代表生成聚碳酸酯的二羟基化合物的主体部分。

随其链节中R基团的不同,聚碳酸酯可分为脂肪族、脂环族、芳香族以及脂肪-芳香族等几种类型。脂肪族聚碳酸酯熔点低、耐水性及热稳定性差、机械强度不高,不能作为工程材料使用。脂环族、脂肪-芳香族聚碳酸酯,虽说熔点和耐水性有所提高,但由于结晶趋势较大、性脆、机械强度仍显不足,其实用价值还是不大。从原材料成本、制品性能及成形加工性能等多方面综合考虑,迄今为止,作为工程塑料最有应用价值的是芳香族聚碳酸酯,其中,尤以双酚A型聚碳酸酯最为重要。在没有特别加以说明的情况下,通常所说的聚碳酸酯几乎都指的是双酚A型聚碳酸酯(简称PC)及其改性品种,以及以它们为基质

制得的各种高分子材料。

9.1.1 聚碳酸酯的制备

由于自由状态的碳酸并不存在，因此双酚 A 型聚碳酸酯的制备通常采用酯交换法或光气法来实现。两种方法采用的二羟基化合物均为双酚 A，即 2,2′－二(4－羟基)苯基丙烷。

酯交换法制备双酚 A 型聚碳酸酯常用的另一种单体是碳酸二苯酯。原理是在碱性催化剂存在的高温、高真空条件下，使双酚 A 与碳酸二苯酯进行酯交换，脱出苯酚，缩聚成聚碳酸酯。酯交换法所得聚碳酸酯平均相对分子质量可达$(2.5 \sim 5) \times 10^4$。酯交换法的优点是不使用溶剂、无毒性和火灾危险，但反应时间长，产物平均相对分子质量低，设备要求高。

光气法可以获得平均相对分子质量更高的聚碳酸酯，采用的另一种单体是光气，即碳酸氯。光气法的原理是将双酚 A 先转变成钠盐，以双酚 A 钠盐的 NaOH 水溶液为一相，以通入光气的二氯甲烷为另一相，在常温常压下进行界面缩聚。光气法的优点是反应温度低速度快，可得到高相对分子质量产物。缺点是消耗较昂贵的溶剂，且有毒性与火灾危险。

9.1.2 聚碳酸酯的结构与性能

聚碳酸酯为线型大分子，平均相对分子质量为 2 万～10 万，分子结构对称，不存在空间异构现象。双酚 A 型聚碳酸酯的分子式为

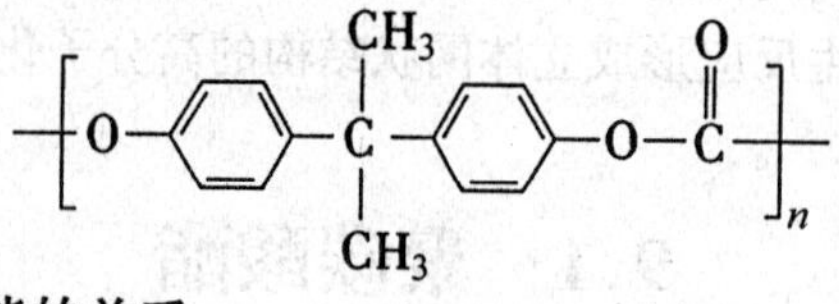

$$\left[-O-C_6H_4-C(CH_3)_2-C_6H_4-O-\overset{O}{\overset{\|}{C}}- \right]_n$$

1.聚碳酸酯结构与性能的关系

从分子结构来看，聚合物分子重复结构单元中存在苯撑基 $-C_6H_4-$、异丙撑基 $-C(CH_3)_2-$、醚键—O—、羰基 $-\overset{O}{\overset{\|}{C}}-$ 四种特性基团。苯撑基为大共轭芳环，两个苯撑基与中间的丙撑基构成一个庞大的刚硬基团 $-C_6H_4-C(CH_3)_2-C_6H_4-$，限制了分子链段内旋，赋予分子链刚性；氧醚键为典型的柔性基团，分子链段可以绕氧原子两端的单键旋转，使分子链呈现一定柔性；羰基为强极性基团，提供较大的分子间力，使相邻分子链段相互束缚，分子链柔性被削弱。总体而言，分子链上苯撑基、羰基的影响大于氧醚键的影响，决定了聚碳酸酯属于刚性较强的大分子。因此，聚合物具有较高的玻璃化温度和熔融温度、熔体黏度高，分子链在外力作用下不易滑移，抗变形能力强(刚性好、蠕变小、尺寸稳定性好)，力学

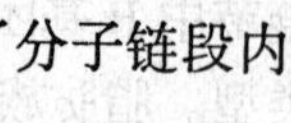

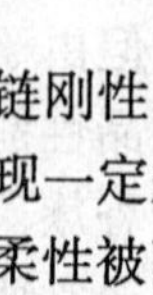

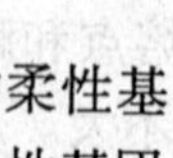

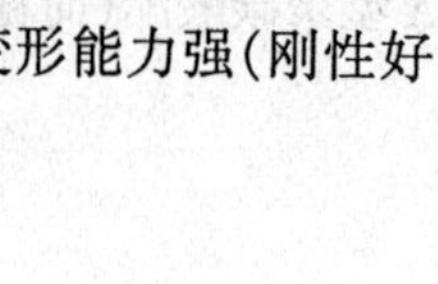

强度高，耐溶剂性和耐水性较好。

分子链上极性的碳酸酯基被由丙撑基连接两个苯撑基构成的非极性大基团隔开，聚合物总体上显示弱极性，对电性能略有影响。

从聚集态结构来看，聚碳酸酯分子链对称性和规整性均较好，理论上能够结晶（将聚合物溶液缓慢蒸发或将熔体冷却到180℃保温数日，可以得到结晶结构的聚碳酸酯），但聚碳酸酯的链刚性使分子链段运动能力较弱，刚硬大分子相互缠结，不易相对滑移，限制了分子取向和结晶，而且其熔融温度和玻璃化温度都很高，成形时冷却固化很快，根本来不及结晶，只能得到无定形制品。因此一般情况下聚碳酸酯为非晶聚合物，具有良好的透明性，加之分子中共轭苯环对辐射能的转移作用，其耐候性也好。同时，链刚性也使强迫取向不易松弛，制品内应力不易消除，容易导致某些应用条件下的应力开裂现象。

由于分子中极性羰基的作用，聚碳酸酯分子有相互靠近的趋势，容易敛集形成介于结晶和非结晶之间的超分子结构——原纤维结构（分子束）。所以，聚碳酸酯的聚集态结构可看成是由许多混乱交错排列的原纤维结构单元组成的骨架中充填有无定形大分子的疏松网络结构，这种特殊的聚集态结构赋予聚合物很好的强韧性。原纤维结构单元内部分子间作用力大，分子敛集密度较高，在外加载荷作用下，聚合物以原纤维结构为活动单元移动，吸收并耗散大量能量，原纤维结构单元相当于无定型塑料中的纤维状填料，起到了增强作用。而未进入原纤维结构单元的无定形大分子或链段，相对比较松散，在混乱交错的原纤维骨架中形成了许多空隙，这些空隙不仅为原纤维结构单元受力运动提供了空间，而且本身也吸收并耗散冲击能。因此，尽管双酚A型聚碳酸酯具有刚性分子链，但却具有十分优异的耐冲击性。

2.聚碳酸酯的性能

聚碳酸酯是透明的无色或微黄色强韧固体，透明性仅次于PMMA和PS，透光率可达89%，无味、无毒，密度约为1.20 g/cm^3，着色性好，可制成各种色彩鲜艳的制品。聚碳酸酯可以燃烧，但燃烧缓慢，离火后缓慢熄灭，火焰呈黄色，黑烟，燃烧物熔融起泡，发出果蔬腐烂的气味。

（1）力学性能：聚碳酸酯是典型的强韧聚合物，具有良好的综合力学性能，能在广阔的温度范围内保持较高的机械强度，是常用工程塑料之一。其突出特点是具有特别优异的抗冲击性和尺寸稳定性，但耐疲劳性和耐磨性较差，易产生应力开裂。

聚碳酸酯的抗冲击性在通用工程塑料乃至所有热塑性塑料中都是很突出的，其冲击强度比PS高18倍，比HDPE高7~8倍，是ABS的2倍左右，可与玻璃钢相比。聚碳酸酯对缺口比较敏感，缺口冲击强度只有无缺口冲击强度的50%左右，但仍比一般塑料高的多。

影响聚碳酸酯冲击强度的主要因素有平均相对分子质量、缺口半径、温度和添加剂等。当平均相对分子质量低于2万时，聚碳酸酯的冲击强度较低；此后，随平均相对分子质量增大，冲击强度逐渐增加，当平均相对分子质量为2.8万~3万时，其冲击强度达到最大值；平均相对分子质量继续增大，冲击强度随之逐渐下降。常温下聚碳酸酯的冲击强度随温度升高逐渐增加，当温度升高到160~180℃时，其冲击强度达到最大值并趋于稳定。

聚碳酸酯的耐蠕变性在热塑性工程塑料中是相当好的，而且环境温度、湿度变化引起的尺寸变化和长期受力引起的冷流变形均很小,所以聚碳酸酯的尺寸稳定性非常好,甚至优于尼龙和聚甲醛。

聚碳酸酯的耐疲劳性较差,抵抗周期性循环应力作用的能力较低。由于疲劳强度低,因此聚碳酸酯在长期负荷情况下的许用应力比瞬时载荷作用条件下的许用应力小得多,反复施加冲击力时的冲击疲劳强度也较小。

聚碳酸酯制品的残留应力和应力开裂现象是个较为突出的问题。聚碳酸酯熔体黏度高,成形时强迫取向的大分子链间相互作用所造成的内应力难以避免,不过由于聚碳酸酯强度高,微小的内应力一般不会影响其使用性能。但是,如果聚碳酸酯制品在成形加工过程中发生了热分解或水解,或者制品本身存在缺口或熔接焊缝等应力集中结构,以及制品在化学气体中长期使用,则所能承受的极限应力值将大幅度下降。

聚碳酸酯的摩擦系数较大,耐磨性比尼龙、聚甲醛、氯化聚醚、聚四氟乙烯等工程塑料差,属于中等耐磨性材料,但比金属的耐磨性还是要好得多。聚碳酸酯的主要性能如表9.1所示。

表9.1　聚碳酸酯的主要性能

性　能		数　值	性　能	数　值
密度/($g\cdot cm^{-3}$)		1.2	流动温度/℃	220~230
吸水率/%		0.15	热分解温度/℃	340
拉伸屈服强度/MPa		60~68	脆化温度/℃	-100
拉伸断裂强度/MPa		58~74	玻璃化温度/℃	145~150
断裂伸长率/%		70~120	热导率/($W\cdot m^{-1}\cdot K^{-1}$)	0.145~0.22
拉伸弹性模量/MPa		2 200~2 400	比热容/($J\cdot kg^{-1}\cdot K^{-1}$)	1 090~1 260
弯曲强度/MPa		91~120	透光率/%	85~90
压缩强度/MPa		70~100	折射率/%	1.585~1.587
简支梁冲击强度/($kJ\cdot m^{-2}$)	缺　口	17~24	介电常数(10^6 Hz)	3.05
	无缺口	不　断	介电损耗(10^6 Hz)	$(0.9\sim1.1)\times10^{-2}$
布氏硬度/MPa		90~95	体积电阻率/($\Omega\cdot cm$)	$(4\sim5)\times10^{14}$
热变形温度(1.81 MPa)/℃		126~135	介电强度/($kV\cdot mm^{-1}$)	15~22
最高连续使用温度/℃		120	有限氧指数	25~27

(2)热性能:聚碳酸酯的耐热性能和耐寒性都很好。热变形温度高达130℃左右,且受负荷大小影响不大,脆化温度低于-100℃,甚至在-180℃仍有一定的冲击强度,可在-100~130℃之间长期使用。热变形温度和最高连续使用温度高于绝大多数脂肪族聚酰胺,也高于几乎所有的热塑性通用塑料。在工程塑料中,它的耐热性优于聚甲醛、脂肪族聚酰胺和PBT,与PET相当,但逊于其他特种工程塑料。聚碳酸酯具有良好的耐寒性,可在-70℃条件下长时间工作。热导率及比热容在塑料材料中居中等水平,但与其他非金属材料相比,仍不失为良好的绝热材料。

(3)光学性能及耐旋光性：聚碳酸酯通常呈非晶结构，纯净聚碳酸酯无色透明，具有良好的透光性。聚碳酸酯的透光能力与光线的波长、制件厚度及表面光洁度有关。厚度2 mm的薄板可见光透过率可达90%。聚碳酸酯的表面硬度较低，耐磨性也不太好，表而容易磨毛而影响其透光率。

聚碳酸酯对红外光、可见光和紫外光等低能长波光线一般都有良好的稳定性。但是，当受波长290 nm附近的紫外光作用时，会因光氧老化而变黄、强度降低甚至发生龟裂或降解。对薄膜等薄制品影响比较明显，所以室外用薄制品通常需加入紫外线吸收剂等光稳定剂。

(4)电性能：聚碳酸酯是弱极性聚合物，极性的存在对电性能有些不利影响。在通常条件下电性能虽不如聚烯烃、聚苯乙烯等非极性塑料，但也不失为电性能较优的绝缘材料，特别是因其耐热性优于聚烯烃，可在较宽温度范围保持良好的电性能。由于吸湿性较小，环境湿度对电性能无明显影响。电场频率对介电常数和介电损耗有影响但变化很小。

(5)耐化学试剂及耐溶剂性：聚碳酸酯是无定形聚合物，它的内聚能密度在塑料中居中等水平。具有一定的抗化学腐蚀能力和耐溶剂性，对有机酸、稀无机盐类、脂肪烃类、油类、大多数醇类都较稳定，酮类、芳香烃类、酯类可使它溶胀，二氯甲烷、二氯乙烷、氯仿、三氯乙烷等许多氯代烃是它的良好溶剂。噻吩、二氧六环、甲酚、四氢呋喃也可使它溶解。某些对它无溶解作用的溶剂与其接触可引起应力开裂。聚碳酸酯含有碳酸酯基，酯基易水解，但憎水的苯环对酯基有一定的保护作用，使它尚可耐室温下的水、稀酸、盐类、氧化剂，但不耐碱，例如稀的氢氧化钠、稀氨水就可使它水解。它的耐沸水性很差，仅可耐60℃的水温，进一步升高水温，就可因水解而失去韧性，若在沸水中反复煮沸，力学性能就会大大下降。

9.1.3 聚碳酸酯加工及应用

聚碳酸酯属于加工性能较好的热塑性工程塑料，塑化温度220～230℃，可用注塑、挤出、中空吹塑等方法成形加工，其中以注塑成形最为重要，产品应用非常广泛。

1.聚碳酸酯的加工性能

(1)流变特性：与其他热塑性塑料不同，聚碳酸酯在低剪切速率下的熔体流变性接近于牛顿型，即熔体黏度主要与温度有关与剪切速率关系不大。

聚碳酸酯熔体黏度很高，可达10^3～10^5 Pa·s，表观黏度随温度的升高有较大的下降。聚碳酸酯的黏度对温度变化非常敏感，温度下降时，熔体黏度迅速增大，所以成形时制品固化定型快。因此，聚碳酸酯宜采用高压快速注射成形。

聚碳酸酯熔体的剪切敏感性较小，在高剪切速率下，熔体黏度因剪切速率的增加而有所下降，但降低幅度较小，剪切速率越低，黏度随剪切速率的变化就越小。所以，在聚碳酸酯成形时，为改善熔体流动性，调高熔体温度比增大对熔体剪切应力更有效。尤其在低剪切速率范围内，如果单靠提高压力和速度，不仅达不到降低黏度的目的，而且还会使内应力增大，甚至引发力降解。

(2)热稳定性：聚碳酸酯在320℃以下很少降解，在330～340℃出现热降解。透明聚碳酸酯的注塑温度高达310℃，未见出现气泡、银丝等。但是，即使在适宜的成形加工温度下，也不能让聚碳酸酯物料长时间受热。高温物料长期暴露在空气中，即使温度低于300℃，也会发生热氧化降解。

(3)水敏感性：聚碳酸酯的主链中含有酯基，有亲水性，容易吸水。在常温空气中，其平衡吸水率为0.15%～0.2%，吸水后其性能变化也不大，对使用几乎没有影响。

但是，聚碳酸酯的成形过程对水却极为敏感，物料颗粒中的水分不仅会使制品产生银丝或气泡等缺陷，更重要的是在高温的成形加工过程中，水分可使聚碳酸酯发生高温水解。所以，即使含有微量水分，在高温下也会使聚碳酸酯主链上的酯基发生水解，放出二氧化碳等气体，导致聚合物平均相对分子质量急剧下降，树脂变色，制品出现银丝、气泡、甚至裂纹。水分含量越高，平均相对分子质量下降越多，制品性能下降越厉害。因此，聚碳酸酯原料在成形前必须严格干燥，成形物料水分含量控制在0.02%以下。树脂经干燥后必须立即使用，如不立即使用，应在温度为100℃的密闭容器中短时间保存。成形机的加料斗也应保温在100℃以上，料斗一次装料量不应超过0.5 h的用量，以防干燥过的物料再吸湿。

聚碳酸酯可采用沸腾床、真空、循环鼓风、红外线等方法干燥，其中以真空干燥效果较好。不管用哪种干燥方法，温度都不允许超过135℃，料层厚度不超过30 mm。

(4)成形收缩：聚碳酸酯的结晶能力弱，一般被认为是无定形聚合物，因而成形收缩率较小，成形收缩率一般在0.5%～0.8%。聚碳酸酯的平均相对分子质量、成形时的熔融温度、模具温度、注射温度、保压时间以及制品厚度等都对成形收缩率有一定的影响。制品厚度为3.2 mm时，成形收缩率具有最小值，当厚度偏离此值时，成形收缩率随偏离程度的增大而增大。其他因素对成形收缩率的影响与一般非晶塑料类似。

聚碳酸酯成形时的收缩性大致各向同性，如果加工条件控制得好，制品尺寸变化几乎可以稳定在一定范围内，这很有利于成形高精度的制品。

(5)制品内应力及后处理：聚碳酸酯分子刚性大，熔体黏度高、流动性差，而且冷却速度快。熔体强迫流动导致的分子、链段取向来不及松弛就冻结起来，因而制品内部容易产生内应力。因此，成形聚碳酸酯时工艺条件必须严格控制，制品及模具设计时应特别注意避免应力集中。

为减少制品内应力，通常成形后的制品都立即进行热处理。热处理一般采用油浴、热风烘箱、红外保温箱等。热处理温度通常控制在110～120℃，处理时间视制品厚度而定，制品愈厚，时间愈长。

2.聚碳酸酯的加工及应用

(1)注塑成形：注塑用聚碳酸酯相对分子质量通常为2.7万～3.4万。设备常选用往复螺杆式注塑机，宜采用直通式喷嘴。针对物料加工特性，聚碳酸酯一般采用高温、高压、快速注塑成形。成形时应注意以下几点：①成形前物料必须严格干燥，并注意防止干燥料再吸湿；②严格控制熔体温度，在不造成分解的前提下尽量提高料温，以提高流动性，减小内应力；③模具需加热，模具温度视塑件壁厚而定，一般控制在80～120℃，目的是延缓冷却速度，尽可能使制品均匀冷却，减小内应力；④塑件脱模后立即进行退火处理；⑤模具采用短粗的流道设计，以减小流动阻力；⑥制品设计切忌尖角、缺口、厚薄突变等易产生应力集中的结构。

注塑成形是最重要的聚碳酸酯成形方法,注塑制品广泛应用于汽车、建筑、纺织、机械、电子、电器、光学、照明、办公机械、医疗器械、包装、运动器材、日用百货、食品药品以及航空、航天、电子计算机、信息存储等各种工程技术领域。产品以各种设备零部件为主,也用于光盘、灯罩、透明盖板、防护玻璃、安全帽等。

(2)挤出成形:挤出成形用聚碳酸酯相对分子质量较高,一般均在 3.4 万以上。挤出制品主要有板、管、棒、异型材、片才、薄膜等。挤出机宜选用渐变型螺杆,长径比为 18 ~ 20。挤出制品不宜直接冷却,一般在 90℃的热水中冷却,再经红外辐照退火,以减少制品变形。

挤出制品主要用作绝缘材料、防震玻璃以及二次加工和冷加工原材料。

(3)中空吹塑:聚碳酸酯可采用挤出吹塑、注塑吹塑工艺生产热水杯、包装容器等中空制品,其工艺要求与挤出、注塑类似。

除此之外,聚碳酸酯还可通过铸塑、流延、涂层等成形工艺生产多种制品。

另外,聚碳酸酯与玻纤等增强材料以及 ABS 等苯乙烯类树脂、热塑性聚酯、聚氨酯、丙烯酸树脂、聚烯烃、氟树脂、聚甲醛、聚苯醚、聚苯硫醚、聚砜、氯化聚醚等多种高聚物具有较好的亲和性,可通过增强、共混改性制成增强塑料或聚合物合金,使材料使用及加工性能进一步完善和提高,应用领域进一步扩大。当前,这方面的研究非常活跃,许多成果正迅速推广应用,发展速度惊人。

9.2 脂肪族聚酯

脂肪族聚酯最初主要用于合成纤维工业,俗称涤纶,后来随着薄膜级和玻璃纤维增强聚酯的成功开发,确立了其在塑料工业中的地位。如今,以脂肪族聚酯(简称聚酯树脂)为基础制得的塑料,由于其综合性能优异,已成为应用广泛的通用塑料和工程塑料。

脂肪族聚酯多由芳香族二元酸或其衍生物与脂肪族二元醇缩聚而成,主要品种有:聚对苯二甲酸丁二酯(PBT)、聚对苯二甲酸乙二酯(PET)、聚对苯二甲酸 - 1,4 - 环己烷二甲酯(PCT)、聚萘二甲酸乙二酯(PEN)、聚萘二甲酸丁二酯(PBN)、聚对苯二甲酸丙二酯(PTT)等。本节主要讨论最具代表性的传统品种 PBT、PET。

9.2.1 脂肪族聚酯的制备

制备脂肪族聚酯的二元酸类单体主要是对苯二甲酸或对苯二甲酸二甲酯,二元醇类单体多为乙二醇或 1,4 - 丁二醇,其合成反应按缩聚反应机理进行。聚合实施方法有熔融缩聚法、溶液缩聚法和固相缩聚法,其中以熔融缩聚法最早投入生产,工艺和设备较为成熟。

熔融缩聚反应分两步进行。首先,使对苯二甲酸(或对苯二甲酸二甲酯)和乙二醇或丁二醇两种单体在催化剂作用下进行酯化(或酯交换)反应,合成对苯二甲酸双羟烷基酯;然后,在高温、高真空反应釜中使对苯二甲酸双羟烷基酯熔融缩聚制得聚合物,即 PET 或 PBT 树脂。

因为聚对苯二甲酸酯在高温下易发生氧化裂解反应(如酯键的氧化、水解、羟基的氧化等),严重时发生脱羧反应,甚至降解。为防止和减少这些氧化裂解反应,聚合反应过程中需加入适量的稳定剂,如亚磷酸三苯酯、磷酸三苯酯等。

9.2.2 脂肪族聚酯的结构与性能

1.脂肪族聚酯结构与性能的关系

脂肪族聚酯分子的重复结构单元可用以下通式表示

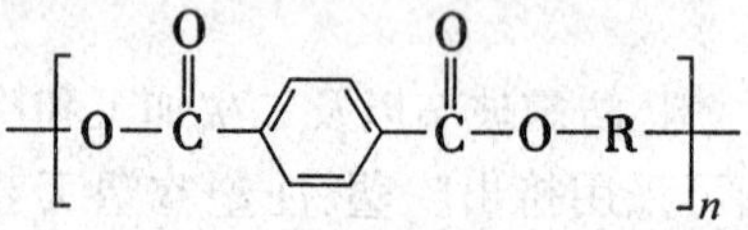

$$\left[O-\overset{\displaystyle O}{\overset{\|}{C}}-C_6H_4-\overset{\displaystyle O}{\overset{\|}{C}}-O-R \right]_n$$

式中,R 为亚甲基链$\leftarrow CH_2 \rightarrow_n$(PET: $n=2$;PBT: $n=4$)。

(1)分子结构: 脂肪族聚酯的结构单元由三部分组成:柔性亚甲基链、刚性苯环和极性酯基。分子链上每个重复单元中的苯环与两端的酯基共轭形成了一个比较庞大的刚性基团。整个分子呈现刚性基团间柔性点连接的“链条”状,当大分子链段欲自由转动时,庞大的刚性基团只能作为一个整体振动,由于位阻较大,几乎抵消了柔性烷基的作用,使得分子链段运动受阻,分子链刚性增加。聚合物大分子链上具有高度对称的苯环结构,官能团排列规整,为饱和的线型大分子,没有支链,因而,具有较高的强度及良好的成纤性和成膜性;共轭的刚性基团使聚合物具有较高的机械强度,突出的耐化学试剂性,耐热性和优良的电性能;聚合物分子链上的极性酯基,赋予较强的分子间作用力、较高的强度、一定的吸水性及水解性;分子的高度几何规整性和酯基极性使得分子链段易于紧密堆砌,利于取向和结晶,因而,聚合物有高度结晶性。

(2)聚集态结构: 脂肪族聚酯分子规整、对称,分子间力适中,链段易于紧密堆砌,容易结晶。大分子在晶相和非晶相呈现两种不同构象,在无定形区域呈顺式构象,相邻分子的原子间距较大,分子排列较松散,在晶体中呈反式构象,一个分子中的突出部分正好嵌入相邻分子的凹陷部分中,所以晶体中大分子排列极为紧密。结晶使聚合物具有较高的玻璃化温度和高熔点,耐热性好、强度高,但呈现一定脆性,韧性较差,冲击强度较低。

脂肪族聚酯分子链上的官能团排列比较整齐,在外力作用下容易取向。聚合物取向即包括非晶区大分子和链段取向,又包括晶区晶胞和晶片取向。由于晶体中大分子为平面型反式构象结构,且大分子在外力作用下沿外力方向取向,因此在薄膜型流体场中,聚合物呈苯环平面与膜面方向平行的平面层状聚集态结构。因此,在应力作用下所形成的小晶粒就像一层层平面镶嵌在取向的纤维中间。它们在纵向拉伸过程中形成,在横向拉伸过程中转向,在热定形时长大完善,最后在两个方向上形成不同取向的棒状结晶。

取向态的脂肪族聚酯中非晶区的分子也并非完全无规地混乱缠绕在一起,而是存在不同程度的近程和远程取向。由于晶粒和晶粒之间分子链的存在,使得非晶区的取向可在一定条件下较稳定地长期存在。将脂肪族聚酯熔体经骤冷和双轴拉伸,可得到韧性及强度都很好的非晶取向态透明材料。取向态聚酯的力学性能、热性能、光学性能等均呈现明显的各向异性。

两种常用的脂肪族聚酯(PET 和 PBT),虽然结构相似,但由于 PBT 比 PET 每个分子链节上多两个亚甲基,柔性链加长,刚性部分比例相对下降,使整个大分子柔性有所提高。因此它们在强度、刚度、硬度、耐热性等多方面的性能均存在一定的差异。PET结晶速度较慢,只有在80℃以上,大分子才能从顺式构象转变为反式构象排入晶格中形成晶体。PBT在50℃即可结晶,而且结晶速率较高,当然熔点也相对较低。

2.脂肪族聚酯的性能

脂肪族聚酯的物理性能与结晶度密切相关,PET可为乳白色半透明体或无色透明体,而PBT因结晶速率较快,除薄膜制品外,很难得到完全的无定形制品,外观常为乳白色结晶型固体。因结晶度不同,这两种树脂的密度可在1.31~1.55 g/cm^{3}之间的很大范围内变化。PET和PBT及改性产品在空气中的饱和吸水率均小于0.1%。PET和PBT树脂的摩擦系数低,而且耐磨,在同样条件下的磨损量仅为聚甲醛的1/40。

PET、PBT及它们的增强材料的主要物理性能如表9.2所示。

表9.2 PBT、PET的主要性能

性能		PBT		PET	
		标准树脂	30%GF	标准树脂	30%GF
密度/(g·cm^{-3})		1.31	1.52	1.40	1.60
吸水率/%		0.09	0.06~0.07	0.08	0.08
成形收缩率/%		1.7~2.3	0.2~0.8	1.5~2	0.3~1.2
拉伸强度/MPa		53~55	132~137	63	142
断裂伸长率/%		300~360	2.5~4	50~300	3.8
弯曲强度/MPa		85~96	186~196	83~115	205
压缩强度/MPa		88	118~127		
悬臂梁冲击强度/(J·m)	有缺口	49~59	78~98	42~53	74
	无缺口	不断	637~686		637
结晶熔点/℃		225		265	
玻璃化温度/℃		20		79	
热变形温度(1.81 MPa)/℃		58~60	205~212	80	235
介电常数/10^6 Hz		3.3	3.8		3.8
介电损耗/10^6 Hz		0.002	0.002	0.002	0.043
体积电阻率/(10^{14} Ω·cm)		4	2.5	>1	0.3
介电强度/(kV·mm^{-1})		17	28		38

(1)力学性能:未增强脂肪族聚酯的力学性能在工程塑料中并没有明显的优越性,只是摩擦系数较低,磨耗性较小。但经过玻璃纤维增强后力学性能提高幅度很大,增强效果超过许多工程塑料。由于PET和PBT是结晶性聚合物,经玻璃纤维增强后,不仅热变形温度得到很大的提高,其机械性能的各种强度都可成倍地增长,而且比同样条件下PC、POM、MPPO的各种强度都好,30%玻璃纤维增强PBT的综合力学性能已超过30%玻璃纤维增强

聚苯醚,而且韧性及耐疲劳性均较好。

需要指出的是,纯聚酯树脂有优异的冲击韧性,但对缺口敏感性大,缺口冲击强度较低。

(2)热性能：PET 和 PBT 与其他工程塑料相比热变形温度并不高,并且在负荷稍大的情况下,热变形温度就迅速下降。但当用玻璃纤维增强后,热性能便有明显的改进。例如,当玻璃纤维的质量分数为 5%时,PBT 在 1.82 MPa 负荷下的热变形温度从未增强时的 60℃提高到 100~170℃,已达到 30%玻璃纤维增强的聚甲醛、聚碳酸酯和改性聚苯醚的热变形温度。而当玻璃纤维的质量分数为 30%时,PBT 的热变形温度达 203~212℃,PET 更高达 220~240℃,是热塑件工程塑料中热变形温度最高的。

由于耐热性高和高结晶性,玻璃纤维增强的这两种材料的机械强度在高温下显示出很好的强度保持率。

(3)电性能：聚酯含有极性酯基,对材料电性能有一定影响,但仍具有良好的电性能。常温下酯基处于不活动状态,故室温时电性能测试数据有较高的值,随温度升高,电性能略有降低。电场频率改变对聚酯的介电性能影响不大。

(4)耐化学试剂和耐溶剂性：PET 和 PBT 的耐化学试剂性比聚苯醚、聚砜、聚碳酸酯等材料优越,常温下几乎能耐除强酸、强碱外的其他化学试剂。但聚酯分子中的酯基遇强酸强碱会引起分解,浓碱在室温即会引起水解,水蒸气亦可引起水解,稀碱溶液在较高温度下亦可引起水解,氨水对它的破坏更甚,它们对氢氟酸、有机酸稳定。

PET 和 PBT 对非极性溶剂如烃类、汽油、煤油、滑油等都很稳定,对极性溶剂在室温下也较稳定,例如室温下不受丙酮、氯仿、三氯乙烯、乙酸、甲醇、乙酸乙酯等的影响;苯甲醇、硝基苯、三甲酚可以使该聚合物溶解;四氯乙烷/甲酚(或苯酚)混合液、苯酚/四氯化碳混合液、苯酚/氯苯混合液等混合溶剂也可以使它们溶解。

(5)耐老化性：脂肪族聚酯具有优良的耐候性,室外暴露 6 年,拉伸、弯曲等力学性能可保持初始值的 80%。户外长期老化及高温老化试验结果表明,聚酯的耐光老化性能低于尼龙和聚甲醛。增强聚酯经过室外老化试验或人工加速老化试验后,机械性能和电性能的变化都不大,也显示出极好的长期耐候性。

PET 和 PBT 的耐热老化性能亦相当突出,在长时间曝露于高温条件下,其物理性能几乎不下降而且性能很稳定,但 POM 在同样条件下,在 250 h 后,其拉伸、冲击强度会急剧下降。

(6)其他性能：脂肪族聚酯具有突出的摩擦和磨耗特性。摩擦系数很小,仅大于氟塑料且与共聚甲醛差不多,其磨耗量比 PC、POM 还小的多。玻璃纤维增强聚酯的磨耗量与玻璃纤维含量有关,基本成正比关系,其增强后的磨耗量高于不增强塑料。

聚酯难燃,有缓慢的燃烧性,点燃后离火继续燃烧。但聚酯与阻燃剂亲和性好,极易阻燃,只要加入百分之几的阻燃剂即可达到 UL94 的 V-0 级。近年来由于高效阻燃剂的发展,不仅可使聚酯材料在 0.8 mm 和 0.4 mm 的厚度下能达到 UL94V-0 级,还可使阻燃剂在高温下不析出。据此开发出了多种反应型和添加型的阻燃聚酯,使其产品广泛应用于电子电气行业中。

聚酯薄膜强度高、韧性好、耐热、耐酸、耐溶剂,且具有较好的隔氧性。

9.2.3 聚酯的加工及应用

1.聚酯加工工艺特性

PET 和 PBT 的成形加工工艺特性大体相同。

(1)吸水性及水敏感性：虽然 PET 和 PBT 在空气中的平衡吸水率小于 0.1%，在酯类聚合物中吸水性是比较低的，制品吸湿对使用性能几乎没有影响。但它们与聚碳酸酯一样，在熔融温度下都容易发生水解，所以含水率对加工及产品性能影响很大，成形加工前必须进行干燥。PET 一般在 135℃的热风循环烘箱中干燥 2～4 h，PBT 一般在 120℃下干燥 3～6 h，干燥温度较低时需相应延长干燥时间，务必使含水率降低到 0.02%以下。

(2)加工温度：PET 和 PBT 都是高结晶性聚合物，具有较明显的熔点，熔体黏度较低。温度低于熔点，树脂不熔化，一旦温度超过熔点，树脂很快熔融，熔体黏度迅速下降。这两种树脂的分解温度约为 300℃，所以这两种热塑性聚酯树脂成形加工温度范围分别在它们的熔点以上至 290℃之间，通常 PBT 控制在 230～270℃，PET 控制在 270～290℃，加工温度范围较窄。

(3)熔体流动性：PET 和 PBT 熔体黏度较低，一般为 20～100 Pa·s。玻璃纤维增强的聚酯比纯聚合物熔体黏度约高一个数量级，在其成形温度下的熔体黏度与标准注塑级的聚甲醛相当，仍属于低黏度范畴，是玻璃纤维增强塑料中流动性较好的一种材料。

PET 和 PBT 熔体都属于假塑性非牛流体，黏度对剪切速率有较明显的依赖关系，剪切速率越高，黏度降低越明显。温度改变对熔体黏度的影响较小，所以，生产中通常通过调节压力，增大剪切应力或剪切速率，以达到降低熔体黏度的目的。

模温和玻璃纤维含量对熔体流动性有一定影响。模温升高熔体流动性提高但影响不大，而增强塑料随玻璃纤维含量的增加，熔体流动性很快下降。

(4)成形收缩：由于成形过程中聚合物结晶取向，PET 和 PBT 都有较大的收缩率及其波动范围，分别为 2.0%～2.5%和 1.5%～2.0%，增强后收缩率绝对值减小，但波动范围仍然较大。结晶和取向使 PET 和 PBT 制品不同方向收缩率差别较大，这一特点比其他大多数塑料表现更明显。玻璃纤维增强聚酯在成形时，由于玻璃纤维取向，成形收缩的各向异性更为明显，在流动方向的成形收缩率与非结晶塑料的大体相同，与流动成直角方向的成形收缩率却很大。另外，成形收缩率还与成形加工时的工艺条件(料温、注射压力、模温等)、树脂中玻璃纤维含量、制品形状、浇口形式等因素有关。通常，制品薄、玻璃纤维含量高、模具温度低，则成形收缩率就小，反之亦然。

2.聚酯的加工及应用

PET 和 PBT 的成形加工主要采用注塑和挤出工艺，PET 也可用于中空吹塑。

(1)注塑成形：PET 的注塑成形主要用于增强塑料，PBT 注塑成形既可用于非增强塑料，亦可用于增强塑料。螺杆式和柱塞式注塑机均可使用，但玻璃纤增强聚酯最好使用混炼效果较好的移动螺杆式注塑机。聚酯成形用注塑机螺杆头部应带有止逆环，喷嘴越短越好，孔径尽可能大，最好使用针阀式喷嘴。聚酯注塑制品通常需要进行后处理，模具温度较低时更应如此。

聚酯及其增强塑料的注塑制品主要为用于机械、电子、电器、汽车等机电行业的各种零部件，如汽车配电盘、点火线圈骨架、阀件、齿轮、凸轮、叶片、泵壳、计算机壳、水银灯罩等。

(2)挤出成形：PET 挤出成形主要用于制备各种双轴拉伸薄膜，PBT 可以挤出成形薄膜和片材。用来作为电机、变压器、印刷电路、电线电缆的包缠绝缘膜及带基、胶片等，亦可用于制备复合膜。

挤出聚酯一般用单螺杆挤出机，螺杆通常采用带有混炼头的热塑件聚酯专用分离型螺杆，长径比一般为24～25。机头一般使用带流线型限流棒的柔性模唇窄缝机头。挤出物通常采用三辊压光机进行骤冷，以防止材料结晶。压光机与机头的距离应尽可能近，骤冷后的坯片即可进行双轴拉伸以得到高韧性透明薄膜或片材。

(3)中空吹塑：中空吹塑仅用于PET，主要采用注－拉－吹工艺生产各种聚酯瓶，用作饮料瓶或其他包装容器，如油瓶、酒瓶、二氧化碳瓶等。

型坯采用注塑成形得到，与常规注塑工艺不同的是，采用热流道模具，模具型腔强制冷却，使进入模腔的熔体迅速冷却至其玻璃化温度以下，以防止结晶。脱模后将瓶坯加热，进行拉伸、吹塑成形，冷却后即得中空制品。

聚酯拉伸吹塑既可生产单层中空制品，也可生产两层或多层中空制品。

9.3 聚芳酯

聚芳酯(Polyarylate，PAR)是芳香族聚酯的简称，代表品种为聚对苯二甲酸二酚基丙烷酯，其分子结构式为

$$\left[O-C_6H_4-C(CH_3)_2-C_6H_4-O-\overset{O}{\overset{\|}{C}}-C_6H_4-\overset{O}{\overset{\|}{C}} \right]_n$$

这种聚芳酯为非晶性透明聚合物，其玻璃化转变温度高达196℃，高负荷下的热变形温度为175℃，热分解温度为443℃，耐热性优良。冲击强度高，抗蠕变性、耐候性、紫外线阻隔性、尺寸稳定件均佳，是一种耐高温热塑性工程塑料。然而，与许多非晶聚合物相似，聚芳酯在耐化学药品性方面较差，通常通过共混方式进行改性。

9.3.1 聚芳酯的制备

聚芳酯的制备方法主要有三种。

(1)熔融聚合法：以芳香族二元酸(对苯二甲酸)和双酚A的乙酸酯为原料，在高温熔融状态下反应制得聚芳酯。

(2)溶液聚合法：以芳香族二甲酰氯(对苯二甲酰氯)和双酚A为原料，在脱酸剂存在下，在有机溶剂中反应制得聚芳酯。

(3)界面缩聚法：以双酚A钠盐和芳香族二甲酰氯(对苯二甲酰氯)为原料，分别溶解在互不相溶的两种溶剂中，在碱存在下通过界面缩聚制得聚芳酯。

9.3.2 聚芳酯的结构与性能

聚芳酯为线型无定形大分子，分子主链构成与双酚A型聚碳酸酯类似，也由苯撑基、异丙撑基、醚键、羰基四种基团组成，但每个重复单元均多了一个本身不能内旋，且有位阻

效应的苯撑基和一个极性较强的羰基,使聚合物分子间力加大,分子链刚性加强,电绝缘性降低。总的来看,聚芳酯大分子链呈现较大的刚性,一定的极性和柔性,结晶能力低。

聚芳酯为不易结晶的透明固体,相对密度为 1.21,吸水性 0.2%,难燃、自熄。

聚芳酯具有强而韧的综合机械性能,拉伸强度可达 70 MPa 以上,同时具有优良的耐蠕变性、耐磨性、抗冲击性及应变恢复性。

聚芳酯的玻璃化温度和热变形温度均比聚碳酸酯高出 50℃左右,耐热性更好,抗变形能力强(刚性好、蠕变小、尺寸稳定性好)。

聚芳酯分子链有一定极性,对其高频电绝缘性有一定影响,但中、低频电绝缘性依然优良,与聚甲醛、聚碳酸酯、聚酰胺等工程塑料相当,且电绝缘性受环境温度、湿度的影响比较小。

聚芳酯还具有优良的耐紫外线型、较好的化学稳定性,但易被卤代烃类、芳烃类及酯类溶剂侵蚀。

9.3.3 聚芳酯的加工及应用

聚芳酯与其他酯类聚合物一样,虽然吸水率不是很高,制品吸湿对使用性能影响也不大,但在高温下容易发生水解,所以加工前必须进行干燥,使含水率降低到 0.02%以下。

聚芳酯的熔体黏度很高,在同一温度下约为聚碳酸酯的 10 倍,表观黏度受温度的影响远大于受剪切速率的影响。聚芳酯的熔体流动性与制品厚度有一定关系,当厚度小于 2 mm时,流动性迅速降低,因此在成形聚芳酯薄壁制品时需采用较高的温度和压力。

聚芳酯为非晶聚合物,成形收缩率小,尺寸稳定性好。

聚芳酯为热塑性高聚物,可采用注塑、挤出等常规的热塑性塑料成形方法进行成形加工如。由于聚芳酯熔体黏度较高,所需成形温度较高,应尽量避免物料长时间受热。注塑时料筒温度为 300～350℃,模具温度控制在 120～140℃,注塑压力为 100～130 MPa。挤出成形温度控制比注塑低 10～20℃。

聚芳酯具有优良的耐热、阻燃性及较高的力学强度,在电子电气、汽车、机械及医疗器械等领域应用广泛。

9.3.4 聚芳酯共混改性

聚芳酯共混改性体系基本分为兼容与不兼容两大类。兼容性共混体系主要是聚芳酯与 PET、PBT、PC 等化学结构相似的聚酯类树脂共混;非兼容性共混体系则以聚芳酯与氟树脂、聚酰胺树脂共混为代表。

9.4 不饱和聚酯树脂及塑料

不饱和聚酯是指分子主链上含有不饱和键的聚酯,它们是由不饱和二元酸、饱和二元酸同时与二元醇缩聚制得的一种线型聚合物。该聚合物分子结构中存在不饱和双键,在引发剂的作用下,可与乙烯基单体共聚,甚至不同大分子上的双键之间可直接共聚形成体型结构，因此，不饱和聚酯具有热固性。

商品化的不饱和聚酯产品可分为液态树脂和模塑料。前者是将聚合物溶解在烯烃类活性单体(如苯乙烯)中的高分子溶液，称为不饱和聚酯树脂(Unsaturated Polyester Resin, UPR)，简称不饱和聚酯。后者模塑料是由树脂、填料、玻璃纤维、引发剂、增稠剂、内脱模剂等组分构成的可塑化片状或团状固体，片状模塑料简称 SMC(Sheet Molding Compound)，团状模塑料简称 DMC(Dough Molding Compound)。

9.4.1 不饱和聚酯树脂的制备

不饱和聚酯是一系列树脂的总称，它们可由多种饱和二元酸、不饱和二元酸与二元醇经缩聚反应得到。利用它们分子结构中的不饱和键与某些乙烯基单体(交联单体)进行交联即可得到体型结构的聚酯。单体种类、配比对不饱和聚酯及其塑料的结构和性能有很大的影响。

1.不饱和聚酯树脂常用单体

(1)不饱和二元酸：不饱和二元酸是制备不饱和聚酯必须的单体，作用是给聚酯分子链提供不饱和键。不饱和二元酸的比例越高，固化后树脂的交联度越高，固化产物的热变形温度越高。目前常用的不饱和二元酸单体为顺丁烯二酸酐 $\begin{array}{l}\mathrm{CH{-}CO}\diagdown \\ \| \qquad\quad \mathrm{O} \\ \mathrm{CH{-}CO}\diagup\end{array}$ (简称顺酐)和反丁烯二酸 $\begin{array}{l}\mathrm{HOOC{-}CH} \\ \qquad\quad \| \\ \qquad\quad \mathrm{CH{-}COOH}\end{array}$。反式结构的双键较活泼，有利于提高树脂的固化反应速率，并使聚合物分子排列比较规整，因此用反丁烯二酸制得的不饱和聚酯固化后具有较高的力学强度和化学稳定性。但实际生产中多使用顺酐，这是因为顺酐熔点低，价廉易得，而且在温度较高的缩聚过程中顺式双键大多能转化为反式结构，制得的树脂与用反丁烯二酸制得的产物性能差异不大。

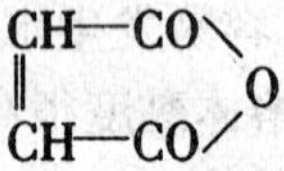

(2)饱和二元酸：用饱和二元酸部分代替不饱和二元酸的目的是调节不饱和聚酯的不饱和性(双键密度)，提高树脂的韧性、改善聚合物与苯乙烯等乙烯基单体的兼容性等，使之具有良好的综合性能。使用不同种类和比例的饱和二元酸，可制得性能和用途各异的不饱和聚酯树脂。常用的饱和二元酸有邻苯二甲酸酐、间苯二甲酸、对苯二甲酸等，此外还可用己二酸、四氯邻苯二甲酸酐、四溴邻苯二甲酸酐、桥亚甲基四氢邻苯二甲酸酐、六氯桥亚甲基邻苯二甲酸酐等，它们有的可赋予树脂柔性，有的可赋予树脂耐高温性，有的可赋予树脂阻燃性，其中最常用的是邻苯二甲酸酐 (苯环邻位连接 CO—O—CO 环) ，简称苯酐。

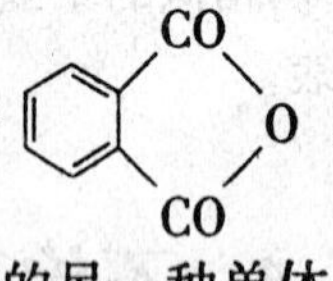

(3)二元醇：多元醇是参与醇酸缩聚生成聚酯的另一种单体，制备不饱和聚酯主要采用二元醇，多元醇能合成支化结构的聚合物，但常使缩聚反应产物分子质量增长过快而难以控制。工业上最常用的二元醇是 1,2 - 丙二醇 $\mathrm{CH_3{-}\underset{}{\overset{OH}{\overset{|}{C}H}}{-}\overset{OH}{\overset{|}{C}H_2}}$ (简称丙二醇)，由它制得的不饱和聚酯分子主链上有侧甲基，结晶倾向小，与苯乙烯类交联单体兼容性好，树脂

固化后具有良好的物理、化学性能和力学强度。除丙二醇外，乙二醇、一缩二乙二醇、一缩二丙二醇、新戊二醇、二溴新戊二醇、双酚 A 及其衍生物等多羟基化合物也可作为合成不饱和聚酯的单体使用。

(4)交联单体：交联单体，亦称助交联剂，其作用是在树脂固化时与线型不饱和聚酯大分子中的不饱和键进行共聚反应，在大分子之间构建“桥梁”，使之交联。不饱和聚酯用交联单体多为分子结构中含有 π 键或共轭大 π 键等可聚合活性基团的有机单体。工业上最常用的是苯乙烯 $C_6H_5-CH=CH_2$，它价格低廉，与不饱和聚酯兼容性好，固化时能与大分子中的双键很好地共聚，树脂固化后具有良好的力学性能和电性能。其他常用的不饱和聚酯交联单体还有二乙烯基苯、乙烯基甲苯、甲基丙烯酸、甲基丙烯酸甲酯、邻苯二甲酸二烯丙酯等。

2.不饱和聚酯的合成

不饱和聚酯的聚合反应机理为醇酸缩聚，反应过程完全遵循线型聚酯聚合反应历程，聚合方法多采用熔融缩聚。

不饱和聚酯树脂的制备过程分为聚合和稀释两部分。首先，把二元酸和二元醇按设定比例加入已排除空气的反应釜中，于 170～210℃进行缩聚至反应终点(反应终点通过体系酸值测定控制)。然后，在稀释釜内预先投入按配方计量的苯乙烯、阻聚剂等，搅拌均匀，再将反应釜中的聚合物缓慢放入稀释釜中，控制流速使混合温度不超过 90℃，稀释完毕，冷却至室温，过滤后即得具有一定黏度的液体树脂。

9.4.2 不饱和聚酯的固化

不饱和聚酯中含有大量的双键，它们可以进行自身的聚合，但反应相当缓慢，在工业上意义不大。不饱和聚酯通常采用加入交联单体，在引发剂的作用下使之进行自由基共聚的方法进行交联固化，引发剂多采用有机过氧化物。

不饱和聚酯的固化是在引发剂作用下的自由基加聚反应，遵循自由基反应机理。不饱和聚酯固化过程分为凝胶、定型、熟化三个阶段，树脂从液态或粘流态转变成难流动的凝胶态，再转变成不溶不熔的固体，最后完全固化获得稳定的理化性能。

不饱和聚酯的加工适用性很广，根据不同加工工艺的使用要求，不饱和聚酯树脂固化的引发体系分为三大类。

(1)室温固化体系：用于手糊成形、喷射接触成形、反应注塑成形等加工工艺。树脂不需要或只需极短的存放期，要求引发剂在室温或稍稍升温下反应，使树脂可在室温固化。此类固化体系通常采用由低温分解的引发剂与能降低引发剂分解反应活化能的促进剂构成的氧化－还原引发体系。常用引发剂有过氧化甲乙酮、过氧化环己酮、异丙苯过氧化氢、过氧化苯甲酸等，促进剂可用金属化合物、叔胺类化合物等。

(2)中温固化体系：用于连续挤拉工艺、旋转成形工艺等。要求树脂需存放几小时到几天，要求引发剂在中等温度下分解，在室温下有一定的稳定性。此类固化体系通常采用中温固化引发剂，如过氧化二碳酸二－2－苯氧基酯、过氧化苯甲酰、氧化二碳酸二(4－叔丁基环己烷)等。

(3)高温固化体系：用于片状模塑料(SMC)和团状模塑料(DMC)及其他一些模塑成形

或热压成形工艺中,树脂需要存放一周以上甚至几个月,要求引发剂在较高温度下才能分解。此类固化体系通常采用过氧化二异丙苯、过氧化苯甲酸叔丁酯等,在室温下它们是相当稳定的引发剂。

9.4.3 不饱和聚酯固化物的结构与性能

固化后的不饱和聚酯呈线型聚酯分子链之间通过交联单体分子链(如聚苯乙烯链)多点连接的体型网状结构。性能与原料(不饱和聚酯)品种、交联点密度、交联单体种类及用量等密切相关。

总体来看,交联的不饱和聚酯具有以下结构及性能特点:

(1)交联使材料成为刚性硬质材料,重新加热时不能流动,但交联密度较小,材料呈现较好的强韧性,抗冲性比酚醛树脂等一般热固性塑料好。

(2)不饱和聚酯交联反应属自由基聚合,固化过程中无低分子副产物放出,因而制品可在低压和接触压力下成形,这有利于大型制品的生产。

(3)交联后的树脂仍为聚酯结构,分子链中含有极性的酯基,因而耐水性,特别是耐碱水性差。介电性、绝缘性也不如烃类聚合物。

(4)固化后的不饱和聚酯树脂,酯基之间由脂肪烃基或芳烃基组成,交联点之间的桥联分子链也由烃基组成。制备不饱和聚酯树脂的缩聚单体及交联单体的种类、配比决定了聚合物中各部分烃基的性质和数量,从而对材料的力学性能和其他性能构成影响。因此,改变树脂配方中各种单体的种类或比例,调节交联点密度,可在很大的范围内调节制品的力学性能、热性能及其他性能。

9.4.4 不饱和聚酯加工及应用

作为塑料材料,不饱和聚酯具有流动性好,易于成形,可在各种条件下快速固化等一系列优良的加工工艺特性,加工适用性很广,可采用多种成形工艺生产出各类制品。

1.不饱和聚酯玻璃钢

不饱和聚酯玻璃钢简称聚酯玻璃钢,是玻璃纤维增强不饱和聚酯塑料及其制品的总称。聚酯玻璃钢制品种类繁多,性能优异,在化工、建筑、交通等领域得到了广泛的应用,常用的成形方法主要有以下几种。

(1)接触成形:接触成形包括手工铺叠(手糊成形)和喷射成形,主要用于室温固化的通用树脂生产船体、贮罐等体积大、产量少的大型制品。这种方法劳动强度大,但工具和设备费用低,是聚酯玻璃钢制品的传统加工方法。

(2)连续成形:连续成形包括缠绕成形、拉挤成形、连续层压成形等工艺方法,产品主要是缠绕制品、板材、型材等。

2.不饱和聚酯非增强塑料

不饱和聚酯非增强塑料通常指的是由液态树脂和交联引发剂以及填充材料等构成的,成形后才被催化交联固化的,可流动不饱和聚酯复合材料。

这类材料最常用的加工方法是现场配料、浇铸成形。成形加工可在闭模内进行,也可在开模内进行。根据制品使用要求可设计不同的配方,器物把柄、纽扣等日用装饰品,标本铸封等常用无填料配方，以获得透明或色彩鲜艳的制品；低填充配方常用于电感器、变压器等电工元器件的铸封装固，以及绝缘子等制品的浇注成形；高填充配方主要用于墙地面装饰和人造石材等建筑材料。

此外，非增强不饱和聚酯树脂还可直接用作涂料、黏合剂、胶泥、涂层材料等。

9.4.5 不饱和聚酯模塑料

不饱和聚酯模塑料是由不饱和聚酯树脂及多种添加剂组成的混合物，常温下呈凝胶结构，在适当的溶剂中可溶解，加热或在压力作用下可流动，属未固化预浸料，可用于不饱和聚酯模塑件的生产。

不饱和聚酯模塑料有片状模塑料(SMC)和团状模塑料(DMC)两种。

1.不饱和聚酯模塑料的组成

不饱和聚酯模塑料通常由树脂、玻璃纤维、填料、引发剂、增稠剂、内脱模剂等组成，各组分物质构成及作用如下。

(1)树脂：树脂是塑料的基体。SMC和DMC所用树脂由具有中、高反应活性的不饱和聚酯(苯酐、顺酐摩尔比为1:(2~3))与苯乙烯等交联单体组成，当采用苯乙烯作交联单体时，树脂与交联单体的质量比为65:35。另外，要求缩聚物分子链终端均为羧基，以利于其与增稠剂反应。

(2)玻璃纤维：玻璃纤维在配方中起增强剂作用，模塑料用的玻璃纤维有短切纤维、无捻粗纱以及短切纤维毡三种。短切纤维用于生产DMC；短切纤维毡用于生产SMC；无捻粗纱用于连续法生产SMC，以及要求纤维长度较大的DMC的生产。

(3)填料：填料是模塑料中的重要组分，其加入量通常达100~300份。填料在材料中有降低成本，调节流动性，改善外观，减少或避免制品的收缩、开裂等多种作用。目前最常用的填料是碳酸钙，此外还有滑石粉、瓷土、煅烧粘土等。

(4)引发剂：引发剂的作用是分解产生自由基，引发树脂的交联固化反应。模塑料中所用的引发剂为高温的引发别，常用的为过氧化二异丙苯、过氧化苯甲酸叔丁酯、过氧化苯甲酰等。

(5)阻聚剂：阻聚剂的作用是阻止室温固化，延长模塑料的有效期。常用的阻聚剂是对苯二酚或对苯醌，以及特丁基对苯二酚和2,6-二特丁基-4-甲酚等。

(6)增稠剂：增稠剂的作用是增大体系黏度，使之成为具有足够硬挺度的凝胶状的干性材料，以便操作。常用的增稠剂有氧化钙、氧化镁、氢氧化镁、氧化锌等。

(7)内脱模剂：内脱模剂是为便于模塑料成形过程中制品脱模而加入的助剂。内脱模剂大多是长链脂肪酸及其盐类，如硬脂酸、硬脂酸锌、硬脂酸镁、硬脂酸钙等，以及烷基磷酸酯类化合物。

(8)防收缩剂：防收缩剂的作用是减小模塑料固化成形时的成形收缩率，提高制品尺寸精度和表面质量。防收缩剂通常是某些热塑性树脂，如聚乙烯、聚氯乙烯、聚醋酸乙烯、聚丙烯酸酯、聚已内酯、聚苯乙烯等。

SMC和DMC具有相似的组成，但并不相同。它们的主要区别在于组成比例和所用树脂的品种不同，通常SMC用玻璃纤维多，填料少，纤维的长度大，需化学增稠，所用树脂的活性较高，适于制造大型、薄壁的制品；DMC用纤维少，填料多，可以不用化学增稠，适于制造厚度较大的立体结构件。

2.不饱和聚酯模塑料的制备

SMC是由短切玻璃纤维毡浸渍液态树脂，经化学增稠制成的干片状预浸料。

SMC一般采用连续工艺生产，具体方法是：首先将颜料、填料、引发剂等分散于树脂中，增稠剂、防收缩剂、内脱模剂等不易分散的物质先于惰性的介质（如封端树脂）中用三辊涂料研磨机等高效分散设备强制分散，然后再加入到树脂中，制成树脂浆料；通过上下两组浆料刮涂装置，将浆料分别涂覆在上下两层聚乙烯薄膜的对应面上；将玻璃纤维无捻粗纱引出、短切并均匀铺覆在上好浆的下层聚乙烯薄膜上，再将两层薄膜合拢，形成PE/浆料/玻璃纤维毡/浆料/PE的夹层结构；通过一系列压辊碾压，使浆料和玻璃纤维毡浸透、混匀并压实；最后将压实的材料卷曲，放于50℃的环境中进行熟化和硬化，即得SMC产品。

DMC是由树脂、短切玻璃纤维、填料以及各种添加剂经充分混合制成的团状预浸料。DMC通常采用间歇工艺分批生产，具体生产过程分为两步：首先，用高剪切型的搅拌机将树脂、引发剂、颜料、脱模剂及填料等组分混合均匀；然后，将搅拌好的浆料倒入Z型混料机或行星式混料机，并加入玻璃纤维短丝，进行搅拌，混合10～15min后卸料，即得SMC。SMC料团可直接用于成形制品，必要时也可将料团用挤出机挤出成条状或小圆柱状物料备用或出售。

3.不饱和聚酯模塑料的加工

以SMC、DMC为原料采用模塑成形工艺可生产结构复杂、精度较高的不饱和聚酯模塑制品。模塑成形方法包括压塑、注塑、传递模塑等。

压塑工艺的生产效率和制品精度相对较低，但可生产高强度的大制品。

注塑工艺主要用于生产较小的制品，具有加工周期短、生产效率高、可以加工精度较高、形状复杂的制品。

传递模塑的工艺特点介于压塑和注塑之间。

4.不饱和聚酯模塑件的性能

不饱和聚酯模塑料的性能可在很大的范围内进行调节，可根据使用要求设计生产不同的品种，因此不饱和聚酯模塑制品的性能也各不相同。总体来说，不饱和聚酯模塑料成形的产品机械性能较好，在长期负荷下的耐蠕变性比大多数的热塑性塑料好得多。可耐一般的烃类溶剂，但在甲苯、二甲苯等芳烃类溶剂中则会产生表面侵蚀，含氯的溶剂能对模塑料产生较大的侵蚀。模塑料耐热性较好，如SMC模塑件的最高连续使用温度可达140℃，模塑件的热膨胀系数与钢、铝接近，可作为钢和铝的代用品。模塑料的电气性能优良，耐电弧性良好。模塑件的尺寸稳定性与使用条件有关，耐潮湿性比某些热塑性塑料略差。

思考题

1.双酚A型聚碳酸酯的制备方法主要有哪两种？说明两种方法的优缺点。

2.试述聚碳酸酯的结构特点及其与性能的关系。

3.聚碳酸酯在使用性能方面有哪些突出优点？

4.聚碳酸酯分子链是刚性链,为什么却具有优异的冲击韧性?

5.聚碳酸酯可以结晶吗?一般聚碳酸酯制品是否结晶?为什么?

6.聚碳酸酯有哪些工艺特性?对成形加工有何影响?

7.纯聚碳酸酯的主要缺点是什么?如何克服这些缺点?

8.注塑聚碳酸酯时的工艺、模具及制品设计应注意什么?

9.制备 PET、PBT 常用单体是哪几种?

10.试分析 PET、PBT 的结构特点及其与聚合物性能的关系。

11.了解 PET、PBT 及其增强塑料的性能特点。

12.脂肪族聚酯有哪些工艺特性?

13.PET、PBT 及其增强塑料主要采用哪些成形加工方法生产何种制品?

14.比较说明 PAR 与 PC 结构及性能的异同。

15.聚芳酯与脂肪族聚酯的聚集态结构有何不同?为什么?

16.不饱和聚酯树脂与热塑性聚酯有何不同?

17.不饱和聚酯树脂的交联引发体系可分为哪几类?各自可应用于何种场合?

18.固化的不饱和聚酯聚合物结构性能主要与哪些因素有关?

19.不饱和聚酯模塑料通常含有哪些组分?

20.说明 SMC 和 DMC 形态、组成和性能上的异同。

第10章　聚醚类塑料

分子主链上含有醚键(—O—)或硫醚键(—S—)的聚合物及其塑料统称为聚醚类塑料,其分子结构可用通式 $-\!\!\left[R-O\right]_n\!\!-$ 或 $-\!\!\left[R-S\right]_n\!\!-$ 表示。

常用的聚醚类塑料主要有聚甲醛(POM)、聚苯醚(PPO)、氯化聚醚、聚苯硫醚(PPS)、聚醚醚酮(PEEK)等。

10.1　聚甲醛

聚甲醛(Polyoxymethylene,POM)是指分子链中以 $\left(CH_2—O\right)$ 重复结构单元为主的聚合物,又称聚亚甲基醚。聚甲醛可分为均聚甲醛和共聚甲醛,它们是综合性能较好的工程塑料之一,因其具有优异的综合力学性能、良好的尺寸稳定性、容易成形加工等优良特性而跻身通用工程塑料之列。

10.1.1　聚甲醛的制备

均聚甲醛是甲醛或三聚甲醛的均聚物,可通过三聚甲醛(环状结构:$CH_2—O$、O、CH_2、$CH_2—O$)开环聚合、无水甲醛加成聚合或甲醛在水溶液或醇溶液中缩聚得到。共聚甲醛是三聚甲醛和少量共聚单体(如1,3-二氧五环(环状结构:$CH_2—O$、CH_2、$CH_2—O$))的共聚物,由两种单体开环聚合而成。

由于采用甲醛直接聚合对单体甲醛的纯度要求很高,目前工业上均聚甲醛和共聚甲醛都是以三聚甲醛为主要单体制备的。

三聚甲醛的聚合方法可分为溶液聚合、本体聚合、气相聚合和辐射聚合等多种。

目前工业上制备均聚甲醛和共聚甲醛的主要方法是以三聚甲醛在催化剂作用下进行溶液聚合。具体方法是以精制过的三聚甲醛为原料,以活性较大的三氟化硼乙醚络合物为阳离子催化剂,在石油醚、环已烷、苯等惰性溶剂中进行溶液聚合,反应按阳离子型聚合机理进行,反应末期加入链终止剂(氨水、醇、碳酸钠水溶液等)使反应终止。反应结束后进行溶液回收,并使聚合物粉料经水煮、洗涤、干燥后,在酯化釜内通过酯化或醚化反应进行封端处理,以除去对热很不稳定的半缩醛端基。经封端后处理得到的粉料加入抗氧剂、紫外线吸收剂及其他助剂后再经挤出造粒即得到商品聚甲醛粒料。必要时可在聚甲醛粒料中加入 20%～30% 的短切玻璃纤维经双螺杆挤出机造粒制得玻璃纤维增强聚甲醛粒料。

10.1.2 聚甲醛的结构与性能

1.聚甲醛结构与性能的关系

聚甲醛是以 $\text{-}(CH_2\text{—}O)\text{-}$ 为主要重复结构单元的线型聚合物。分子结构为

$$\text{-}[CH_2-O]_n\text{-}\ \text{(均聚甲醛)},\quad \text{-}[(CH_2-O)_x(CH_2-O-CH_2-CH_2-O)_y]_n\text{-}\ \text{(共聚甲醛)}$$

由于 C—O 键的键长(1.46×10^{-10} m)比 C—C 键的键长(1.55×10^{-10} m)短，所以聚甲醛分子链轴向原子排列比较紧密。另外，聚甲醛分子链中的 C、O 原子不是平面曲折构型而是螺旋构型，所以分子间距离也小。而且氧的原子质量比亚甲基上 3 个原子的质量之和还大，所以聚甲醛密度比烃类高聚物大得多。均聚甲醛的密度为 1.425～1.430 g/cm^3，分子主链中引入少量 C—C 键的共聚甲醛的密度稍有降低(1.410 g/cm^3)，但仍比聚乙烯(0.960 g/cm^3)高得多。

聚甲醛分子主链均为可自由内旋的 C—O 键，单个大分子柔性非常好，而且侧基小、链的结构规整性高，因而结晶能力强，结晶度高。均聚甲醛的结晶度为 75%～85%，共聚甲醛为 70%～75%。聚甲醛非常容易结晶，即使快速淬火，结晶度也能达到 65% 以上。完全非晶态的聚甲醛只有在 -100℃以下骤冷才能得到。而且，低温骤冷得到的低结晶度聚甲醛形态很不稳定，放置于室温后结晶度会随时间延长而增加。在 100～150℃的温度范围内处理聚甲醛会使其结晶结构更趋完善，在 150～175℃范围内结晶度会逐渐降低，在175～180℃范围内结晶度会突然降低，只有当温度超过 181℃时结晶才能完全消失。

聚甲醛的平均聚合度在 1000～1500 之间，数均相对分子质量为 3 万～4.5 万，相对分子质量分布窄。

高密度和高结晶度是聚甲醛具有优良性能的主要原因，如硬度大和模量高，尺寸稳定性好，耐疲劳性突出，不易被化学介质腐蚀等。尽管聚甲醛分子链中 C—O 键有一定的极性，但由于高度结晶束缚了偶极矩的运动，从而使其仍具有良好的电绝缘性能和介电性能。

聚甲醛的热稳定性差，而且降解一旦开始，发展很快。主要原因是大分子上半缩醛结构的端基对热很不稳定。当加热至 100℃左右时可从其端基半缩醛处开始解聚，当加热至 170℃左右时，可从其分子链的任何一处发生自动催化解聚反应而放出甲醛(甲醛高温氧化成为甲酸，甲酸对聚甲醛的降解反应有自动加速催化作用)。因此，常在均聚甲醛树脂中加入热稳定剂、抗氧剂、甲醛吸收剂等以满足成形加工的需要。由于共聚甲醛分子链中含有一定量的 C—C 链，可适当阻止聚甲醛的解聚降解，因而共聚甲醛比均聚甲醛的热稳定性能要好得多。但是无论是均聚甲醛还是共聚甲醛，其热稳定性和热氧稳定性差的缺点，在加工和使用时必须充分重视。

2.聚甲醛的性能

聚甲醛外观为淡黄色或白色粉或粒状固体，半透明或不透明，表面光滑、有光泽，硬而

致密,触之有滑腻感。聚甲醛易燃,离火后继续燃烧,火焰上端黄色,下端蓝色,燃烧时熔融滴落,有强烈的刺激性甲醛味和鱼腥臭。

聚甲醛的主要性能如表 10.1 所示。

表 10.1 聚甲醛的主要性能

性能		均聚甲醛	共聚甲醛
密度/$(g\cdot cm^{-3})$		1.425 ~ 1.43	1.41
结晶度/%		75 ~ 85	70 ~ 75
吸水率/%		0.25	0.22
洛氏硬度		M94	M80
拉伸强度/MPa		70	60
断裂伸长率/%		40	60
弯曲强度/MPa		99	92
剪切强度/MPa		67	54
压缩强度/MPa	1%形变	36.5	31.6
	10%形变	126.6	112.5
冲击强度/$(J\cdot m^{-2})$	有缺口	7.6	6.5
	无缺口	108	95
疲劳极限(23℃)/MPa		35	31
结晶熔点/℃		175	165
玻璃化温度/℃		—	$-40 \sim -60$
热变形温度/℃	1.81 MPa	124	110
	0.46 MPa	170	158
热分解温度/℃		230	230
介电常数(10^6 Hz)		3.3	
介电损耗(10^6 Hz)		0.005	0.007
体积电阻率/$(\Omega\cdot cm)$		10^{15}	10^{14}
介电强度/$(kV\cdot mm^{-1})$		20	20

(1)力学性能:聚甲醛具有较好的综合力学性能,是所有塑料材料中力学性能最接近金属的品种。它的硬度大、模量高、刚性好、冲击强度、弯曲强度和疲劳强度高,耐磨性优异,有较小的蠕变性和吸水性。

聚甲醛力学性能方面的突出优点是抗疲劳性好、耐磨性优异和蠕变值低。聚甲醛具有良好的耐疲劳性,在上万次的循环载荷以后,它的耐疲劳性能依然良好,即使达到 10^7 交变次数,均聚甲醛也有近 35 MPa 的疲劳强度,而聚酰胺、聚碳酸酯在 10^4 交变次数下的疲劳强度也仅有 28 MPa 左右,聚甲醛的疲劳强度随温度升高而降低。而耐蠕变性与聚酰胺等工程塑料相似，在23℃、21 MPa负荷下，经过3 000 h蠕变值仅为2.3%，它的蠕变值受温度的影响较小，即使在较高的温度下仍能保持较好的抗蠕变性。

聚甲醛是耐摩擦、摩耗性很好的自润滑材料，它的摩擦系数很小，极限PV值很大，因而自润滑性极佳，且无噪声。

聚甲醛具有较高的模量和刚度，通常它的比强度可达50.5 MPa，比刚度可达2 650 MPa，与金属材料较为接近，在许多领域中能代替钢、锌、铝、铜及铸铁等金属材料。聚甲醛的拉伸强度与温度和拉伸速度有关，通常随着温度的上升而下降，随着拉伸速度的提高而增高。聚甲醛的刚度(弯曲弹性模量)虽然随着温度的升高有些降低，但在较宽的温度范围内仍然保持着良好的刚性。共聚甲醛的刚性随着温度的变化比均聚甲醛要略大些。

聚甲醛具有较高的冲击强度，特别是耐多次重复冲击。实验表明，ABS和PC的首次冲击强度比聚甲醛高，但经过疲劳冲击后，聚甲醛却比ABS和PC的冲击强度高得多。但聚甲醛对缺口比较敏感，有缺口冲击强度与无缺口冲击强度相比下降90%以上。

(2)热性能：聚甲醛的负荷热变形温度较高，均聚甲醛比共聚甲醛的负荷变形温度还要高些。共聚甲醛在114℃和138℃分别连续使用2 000 h和1 000 h的情况下，其性能仍不会有明显变化，而短时间内的使用温度可高达160℃。均聚甲醛在82℃可连续使用1年以上，在120℃可连续使用3个月，其强度和韧性均没有明显变化。

(3)电性能：聚甲醛的电绝缘性较好，几乎不受温度和湿度的影响。它的介电常数和介电损耗在很宽的频率(10^2 ~ 10^5 Hz)和温度(20 ~ 100℃)范围内变化很小，在很高温度下仍能保持良好的耐电弧性。聚甲醛的制品厚度对其耐电压性(介电强度)有一定影响，厚度越薄，介电强度越高。

(4)化学性能：聚甲醛是弱极性结晶型聚合物，内聚能密度高、溶解度参数大，决定了它在室温下具有好的耐溶剂性，特别是耐有机溶剂(如烃类、醇类、醛类、酯类和醚类等)，即使在高温下，聚甲醛对一般有机溶剂也表现出相当好的耐蚀性。与均聚甲醛相比，共聚甲醛的耐蚀性表现更突出，它能耐强碱，而均聚甲醛只能耐弱碱。它们共同的缺点是不耐强酸和氧化剂，也不耐酚类、有机卤化物及强极性有机溶剂，只对稀酸和弱酸有一定的抵抗性。

聚甲醛的吸水性与ABS和聚酰胺等工程塑料相比是较低的，因而其制品即使在潮湿环境中也具有较好的尺寸稳定性。聚甲醛在热水中长时间使用，对其力学性能没有什么影响，在水中短时间的最高使用温度可达121℃。

聚甲醛的耐候性不好，如长时间曝露在室外，其力学性能显著下降，表面甚至会发生粉化、龟裂现象。所以聚甲醛如用于室外，必须加入适量紫外线吸收剂和抗氧剂，以提高它的耐候性。

10.1.3 聚甲醛加工及应用

聚甲醛属于易加工的工程塑料，可以用注塑、挤出、吹塑、压塑等各种热塑性塑料的成形方法加工，其中注塑成形最常用。

1.聚甲醛的加工特性

聚甲醛的成形加工工艺特性可归纳为以下几个方面。

(1)吸水性：聚甲醛的吸水率不高，制品成形后的尺寸稳定性好。水分的存在对其性能和成形加工影响不大，因此成形前物料可以不干燥，但当颗粒表面吸附有水分时，从改善制品外观出发，最好对其进行干燥处理。

(2)加工温度：聚甲醛的熔融温度在180℃左右，热分解温度为230℃。

聚甲醛具有明显的熔点，熔融温度范围窄（均聚甲醛约10℃、共聚甲醛约50℃），当温度未达到熔点，长期受热也不会熔融，而当温度一旦达到熔点，便会立即发生相变化，从固态变为熔融状态。

聚甲醛热稳定性差，加工温度宜低不宜高，熔体在料筒中停留时间不能过长。成形温度过高，加热时间过长，均会引起分解。最好通过提高注射压力和速度增加物料的流动性，而不是升高温度。

(3)流变性：聚甲醛在熔融状态下的流变特性呈非牛顿型流体，而且非牛顿性较强。熔体黏度对温度的依赖性较小，而对剪切应力的依赖性较大。因而，对注塑成形来说，要增加其流动性，可以从增大注射速率、改进模具结构、控制模具温度等方面来考虑。

(4)成形收缩：聚甲醛的结晶度高，从无定形状态转变为结晶态时，会产生较大的体积变化，成形收缩率为1.5%～3.5%，所以聚甲醛制品容易出现缩痕，甚至发生变形开裂。因此在加工厚壁制品时，不仅要控制模具温度以放慢凝固速度，还要进行充分补料，以保证制品形状和尺寸精度。

(5)固化速度：聚甲醛的凝固温度在160℃左右，凝固速度大于熔融速度，温度稍低于熔点时即可结晶，从而使制品具有一定的刚性和表面硬度，故可快速脱模。同时由于凝固快，会造成充模困难，制品表面出现皱折、斑纹、熔接痕等缺陷，应采取相应的措施，如增加注射速度、提高模具温度、改进模具结构等，以消除这些缺陷。

2.聚甲醛的成形加工

(1)注射成形：注射成形是聚甲醛最主要的加工方法，可用来加工各种薄壁及精密制品。注射成形可选用柱塞式和螺杆式注射机，但以螺杆式较好。聚甲醛具有明显的熔点，应选用单头、全螺纹、突变压缩型螺杆。为利于补缩，避免喷嘴处物料凝固，注塑机所用喷嘴应有较大孔径，通常采用逆向倒锥的直通型喷嘴，并对喷嘴单独加热控温。模具宜采用短而粗的主流道，若采用分流道，其分支应尽量少，每级分流道末端均应设置冷料穴。

均聚甲醛和共聚甲醛的熔体流动温度分别为184℃和174℃，成形温度分别为185～200℃和175～215℃。因此，注塑温度以190～200℃为佳，对于薄壁制品可提高到210℃，超过此温度不但不能改善熔体流动性，反而可能导致物料分解。

聚甲醛是热稳定性较差的聚合物，为防止料筒内部产生过量的摩擦热，螺杆转速不宜过高，一般在50～60 rpm为好，并应尽量减小背压。

注塑压力为40～100 MPa，薄壁制品可高达130 MPa。适当提高注塑压力对制品的力学性能无害，而且可改善物料的流动性和制品外观，但过高的注塑压力会导致模具变形、制品溢边等问题。

为了提高物料的流动性，避免过早凝固而不能充满型腔，增加制品力学强度，模具温度应控制在80℃以上。

对于厚壁或带有金属嵌件的制品，为减小收缩应力，需将制品置于沸水或烘箱中进行后处理,但在 80℃以下使用的制品,一般不需后处理。

(2)挤出成形：聚甲醛通过挤出成形可以生产棒材、管材、片材及电线电缆的包覆层,还可以进行原料的着色、增强和填充改性以及制造高聚物合金。

聚甲醛挤出成形可用单螺杆或双螺杆挤出机,选用平均相对分子质量较高的材料。根据螺杆转速及制品要求,加工温度约为 180～210℃。挤出机及机头与聚甲醛熔融物料接触的部分应避免使用铜及其他会导致热分解的合金材料。

聚甲醛也可采用挤出吹塑工艺成形中空制品,模具温度以 93～127℃为宜,低于此温度会影响制品表面质量,吹塑压力通常为 0.35～1.12 MPa。

(3)二次加工：聚甲醛机械加工特性类似于黄铜,刚性较高,机加工时发热较少,即使不用冷却液,也能进行切削加工。

聚甲醛的连接可采用机械连接、熔接和黏接等方法。

3.聚甲醛的应用

聚甲醛具有优良的物理、力学、电绝缘性以及耐有机溶剂、耐磨、抗蠕变、耐疲劳、自润滑等特性,广泛用于代替各种有色金属和合金制造汽车、机械、仪表、农机、化工等行业的各种零部件,如齿轮、凸轮、轴承、衬套、垫圈、阀门、液体输送管道、把手及化工容器等。

在汽车工业中大量用于制作方向盘、汽化器;在建筑行业中制作水龙头;在农业中制作喷灌器喷嘴、喷雾器组件;在电子电器工业中可做录音机、录像机磁带卷轴、计算机外壳、洗衣机滑轮、影碟机零件等。

含油聚甲醛具有可将其内部润滑油不断渗析到工作面上的特点,可始终处于自润滑状态,因而广泛用于纺织、电影机械、汽车等行业的轴承、轴套、齿轮、滑块等耐磨运动零部件。特别适宜于汽车耐磨自润滑部件,如悬挂及操纵系统中的球座、衬套、雨刷、轴承等。

聚甲醛无毒、不污染环境、全面符合国际卫生标准,是食品机械零件的理想材料。聚甲醛具有良好的耐油性、耐腐蚀性、气密性等优点,使其可用于气溶胶的包装、输油管、浸在油中的部件及标准电阻面板等。

4.聚甲醛的改性

尽管聚甲醛具有优良的综合性能,但在某些方面仍满足不了更高的使用要求,因而,开发了多种聚甲醛改性品种。

(1)高润滑聚甲醛：尽管聚甲醛有很好的自润滑性能,但仍然可以利用添加润滑组分的方法制成具有更高润滑性能的聚甲醛,以进一步提高制品的耐摩擦和耐磨耗性。目前,高润滑聚甲醛主要有三种类型:添加有聚四氟乙烯、石墨、二硫化钼、低相对分子质量聚乙烯等固体润滑剂高润滑聚甲醛;以液体润滑油(如机油、压缩机油、汽缸油、车用润滑油和航空润滑油等)作为聚甲醛内润滑剂制成的含油高润滑聚甲醛;添加有二甲基硅油、乙烯基硅橡胶、多元醇脂肪酸以及乙二醇碳酸酯等化学润滑剂的高润滑聚甲醛。

(2)增强聚甲醛：在聚甲醛中加入 20%～30%经偶联剂处理过的短切无碱玻璃纤维可制得玻璃纤维增强聚甲醛。玻璃纤维增强聚甲醛与未增强聚甲醛相比,拉伸强度提高 10%～20%,拉伸模量提高 1～3 倍,马丁耐热提高 0.5～1 倍,线膨胀系数大约降低 60%,收缩率大约降低 80%。当然,同时其耐磨性、冲击强度和伸长率有所下降,脆性和磨耗量增加。

除此之外，还有电镀聚甲醛、柔性聚甲醛、防静电及导电聚甲醛、耐光及耐候聚甲醛等改性品种。

10.2 聚苯醚和改性聚苯醚

聚2,6-二甲基-1,4-苯醚，简称聚苯醚(Polyphenylene oxide, PPO)，是2,6-二甲基苯酚的氧化偶合聚合物，结构式为

$$\left[\text{C}_6\text{H}_2(\text{CH}_3)_2 - \text{O} \right]_n$$

聚苯醚于1959年由美国通用电器公司(GE)开发成功，1964年投入市场。这种聚合物具有优良的物理力学性能、耐热性和电绝缘性，但由于熔体流动性差、加工困难、制品易开裂和价格昂贵而使其应用受到了限制。为了改善加工性能，该公司于1966年将聚苯醚与聚苯乙烯共混改性制得的产品——改性聚苯醚(Modified polyphenylene oxide, MPPO)成功投入市场。MPPO与PPO相比熔体流动性大为改善且价格低廉，因而发展迅速。1979年日本旭成化工公司成功推出加工性更好的化学改性聚苯醚——苯乙烯接枝聚苯醚。

改性聚苯醚成形加工性优良，成形收缩率小，尺寸稳定性好，吸水率低，并具有良好的电性能及耐热性能，遇热水不易分解、耐酸碱、密度低，易使用非卤素阻燃剂达到UL级阻燃标准，广泛应用于办公设备、家用电器、电子及汽车工业。

由于MPPO综合性能好、品级多而迅速发展成为五大通用工程塑料之一。目前，市场上流通的商品主要为改性聚苯醚，大多由聚苯醚与高抗冲聚苯乙烯共混制成，约占聚苯醚总产量的90%以上。

10.2.1 聚苯醚和改性聚苯醚的制备

聚苯醚是以2,6-二甲基苯酚为原料，在铜-铵络合物的催化作用下，以甲苯为溶剂通入氧气进行氧化偶合反应合成的。

该反应可按溶液法和沉淀法两种方法实施。溶液法产物收率高，催化剂的去除较方便和彻底，产物中杂质少、制品色泽和性能优良，但是对单体的纯度要求高(99%以上)，操作步骤多。而沉淀法对单体纯度要求不高(95%以上)，操作步骤少，缺点是产物收率低，由于生产过程中边聚合边沉淀，部分催化剂会被包裹在聚合物内，使后处理(洗涤)较为困难，从而影响了产物的色泽和电性能。

MPPO一般是用PPO(特性黏度$[\eta]=0.5\sim0.55$)与PS或HIPS按7:3配比进行共混制得的。共混料中可根据需要适量加入稳定剂、增塑剂、阻燃剂、润滑剂、颜料等。

10.2.2 聚苯醚的结构与性能

1.聚苯醚结构与性能的关系

聚苯醚的分子结构比较简单，分子主链由氧原子和二甲基苯环交替连接构成，每个链

节都是一个酚基芳环，酚基上的两个邻位活性点被甲基封闭。从分子结构看，苯环的存在使分子链段内旋转能垒增加、大分子链刚硬，醚键使分子主链具有一定的柔性，但氧原子与苯环处于共扼状态，使氧原子提供的柔顺性因二甲基苯环的影响而大大降低，因此聚苯醚分子链本身呈现较高的刚性。聚苯醚分子结构比较规整且对称，分子间有较强的凝聚力，分子链有一定的结晶能力，但由于分子链刚性大，分子链间作用力强，阻碍了大分子链运动，而且其熔点(257℃)与玻璃化转变温度(210℃)比较接近，冷却时结晶能力本来就较弱的大分子来不及结晶即被冻结，所以聚苯醚冷却时一般生成无定形聚合物。

由于链的刚性大，分子链间作用力强，使聚苯醚具有较高的力学强度，受力时的形变小，尺寸稳定。同时，由于分子运动阻力大，大分子结晶和取向都比较困难，受外力强迫取向后，也不易松弛。所以，制品中残余的内应力难以自行消除，易产生应力开裂。聚苯醚分子链虽然比较刚硬，但毕竟存在大量醚键，因而聚苯醚的抗冲击性和低温性能并不差。

聚苯醚的分子结构中无任何可水解基因，使其具有十分突出的耐水性。

聚苯醚分子链无显著极性，因而电绝缘性也很好。

聚苯醚链节中酚基上的两个邻位活性点被甲基封闭，因而具有较高的热及化学稳定性和耐腐蚀性。但未处理的大分子链端的酚羟基是聚合物的氧化活性点，为此常需用异氰酸酯进行封端处理，将端基封闭，或者加入抗氧剂、防老化剂等提高热氧稳定性。

聚苯醚与聚苯乙烯能够充分混合，两者之间的兼容性极好，混合物(MPPO)显示单一的特征温度，且特征温度等性能指标与其组成变化基本呈线型关系。随着 PS 用量的增加，MPPO 的流动性增加，熔体黏度降低，加工工艺性能变好，应力开裂性大大降低。

2.聚苯醚的性能

(1)物理力学性能：聚苯醚外观为琥珀色透明体，相对密度为 1.06，难燃、耐磨、无毒、耐污染。

聚苯醚力学强度较高，拉伸强度可达 70 MPa，弯曲强度可达 100 MPa 以上，抗蠕变性能优良(在 23℃、21 MPa 负荷下 3 000 h，蠕变值仅为 0.75%；在 120℃、10 MPa 负荷下 500 h，蠕变值仅为 0.98%)，抗冲击性能优于聚碳酸酯，且在较宽的温度范围内(-160～190℃)保持较高的力学强度。

改性聚苯醚的力学性能接近或略低于聚苯醚，与聚碳酸酯较为接近。MPPO 是非结晶型塑料，成形收缩率低，冲击强度高，刚性较大，耐蠕变性优良，湿度对其力学性能影响小，基本上保持了聚苯醚优良的力学性能。

(2)热性能：聚苯醚具有较高的耐热性，玻璃化转变温度为 210℃，负荷变形温度为 190℃，脆化温度低于 -170℃，长期使用温度为 -127～120℃，间断使用温度可达 205℃。聚苯醚在有氧环境中，从 121℃起到 438℃左右可逐渐交联转变为热固性塑料，而在惰性气体中，300℃以内无明显热降解现象，350℃以上急剧降解。由此可见，聚苯醚的耐热性优于聚碳酸酯、聚酰胺和 ABS 等热塑性工程塑料，可达到热固性酚醛和聚酯的水平。

改性聚苯醚的耐热性稍逊于聚苯醚，与聚碳酸酯相近。随着 PS 用量的增加，MPPO 的热变形温度降低，其变化与组成基本呈线型关系。当 PS 用量由 20%增至 60%时，混合物的热变形温度可由 120℃降到 90℃。

(3)电性能：聚苯醚和改性聚苯醚分子均无明显极性，且吸水性低，因此它们的电绝缘性十分优异,其表面电阻率及体积电阻率均达到 10^{17}数量级,其介电常数和介电损耗在工程塑料中是最小的。在宽广的温度范围(-150~300℃)和电场频率范围(10~10^6 Hz)内介电性能几乎不受影响,湿度变化对聚苯醚的电性能也几乎没有影响。

(4)化学性能:聚苯醚和改性聚苯醚均具有优良的化学稳定性,对于以水为介质的化学药品(如酸、减、盐、洗涤剂等),无论是在室温还是在高温下都能抵抗。在受力情况下,矿物油、酮类、酯类会使其产生应力开裂现象,卤代烃会使其溶胀,其他有机试剂对其作用甚小。

聚苯醚和改性聚苯醚的耐水性十分突出,即使将它放入沸水中 10 000 h 后其拉伸强度、伸长率和冲击强度都没有明显下降,可作为高温耐水制品使用。

聚苯醚耐紫外线型不佳,在阳光下曝晒后退色或色泽变深,故须加入紫外线吸收剂或炭黑,加有炭黑的制品在室外曝露一年,其拉伸强度和冲击强度均无变化。另外,由于酚氧基的存在,聚苯醚易发生热氧老化,可加入六甲基磷酸三胺、亚磷酸酯等抗氧剂改善其热氧老化性。

10.2.3 聚苯醚的加工及应用

1.聚苯醚的加工工艺特性

聚苯醚和改性聚苯醚在熔融状态下的流变性基本接近于牛顿流体,其表观黏度受温度影响较大,对剪切速率不敏感,但随着温度升高熔体非牛顿性增强。由于聚苯醚熔体黏度大,因此加工时应提高温度并适当增加注射压力以提高熔体充模流动能力。纯聚苯醚加工流动性差,可适当加入增塑剂如环氧辛酯、磷酸三苯酯等加以改善。

聚苯醚及改性聚苯醚的吸水性小(0.03%),微量水分在高温下对其化学结构不会产生影响,一般不需要干燥即能成形加工,但含水量稍大时,成形的制品会产生气泡、银丝等缺陷,并影响其力学强度,故对表观质量及性能要求较高的产品,成形前最好进行干燥处理。

聚苯醚和改性聚苯醚均为无定型聚合物,成形收缩率较小(0.2%~0.65%),而且在不同的成形条件下基本保持不变,这对成形精密制品十分有利。

聚苯醚分子链刚性大,熔体黏度高,制品易产生内应力。使用过程中易发生应力开裂,所以,模具温度要保持在100℃以上,制品需热处理。

2.聚苯醚的成形加工

聚苯醚和改性聚苯醚为热塑性塑料,可用常规的成形方法加工成形。

注塑是聚苯醚和改性聚苯醚成形加工的主要方法,主要用于加工形状复杂、带有嵌件的各种工业零部件。设备采用螺杆式注塑机,料筒温度控制在 260~320℃,模温 90~150℃,注塑压力 80~200 MPa。

聚苯醚和改性聚苯醚可用挤出工艺成形棒材、管材、片材和线缆包覆层等,最好采用排气式挤出机,渐变式螺杆,料筒温度控制在 250~320℃,挤出成形的制品一般需经后处理,以减小或消除内应力。

此外聚苯醚和改性聚苯醚还可采用压塑、吹塑、发泡、热成形等方法进行加工。

3. 聚苯醚的应用

聚苯醚和改性聚苯醚具有优良的综合性能,因此被广泛应用于电子、电气、汽车、机械、化工等工业领域。

实际应用的聚苯醚制品多为改性聚苯醚,除具有优良的综合性能外,特别是它的尺寸稳定性、电气绝缘性、耐水性和耐蒸煮性在工程塑料中很突出,而且品级和合金材料多达百种,价格适中,加工性好,因而最适宜于应用在潮湿、有负荷、电绝缘、力学性能和尺寸稳定性要求高的场合。如在电子电气方面,用于制作电视机调谐片、线圈芯、微波绝缘件、屏蔽套及高频印刷电路板等;在汽车工业中,适于做仪表板、窗框、减震器、过滤网等;在机械工业方面,用作齿轮、轴承、泵叶轮、鼓风机叶片等;在化工领域,用于制作管道、阀件、滤片及潜水泵零件等耐腐蚀零配件;另外,在办公、精密仪器、液体输送设备、家用电器和纺织器材等方面也有广泛应用。

10.3 氯化聚醚

氯化聚醚(Chlorinated polyester),又称聚氯醚,化学名称为聚 3,3′-双(氯甲基)氧杂环丁烷,是一种由 3,3′-双(氯甲基)氧杂环丁烷单体开环聚合制得的线型高聚物,其分子结构式为

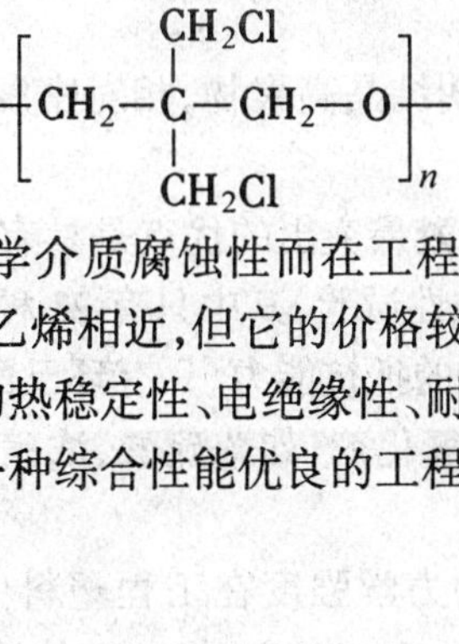

$$\left[-CH_2-\underset{CH_2Cl}{\overset{CH_2Cl}{\underset{|}{\overset{|}{C}}}}-CH_2-O- \right]_n$$

氯化聚醚因具有突出的耐化学介质腐蚀性而在工程塑料中倍受关注,它的耐腐蚀性仅次于聚四氟乙烯而与聚三氟氯乙烯相近,但它的价格较氟塑料低,且可以用常规的热塑性塑料加工方法成形。另外,它的热稳定性、电绝缘性、耐磨性优良,还具有较低的吸水性和优良的尺寸稳定性,因此也是一种综合性能优良的工程塑料。

10.3.1 氯化聚醚的制备

氯化聚醚是由 3,3′-双(氯甲基)氧杂环丁烷 $O\langle_{CH_2}^{CH_2}\rangle C\langle_{CH_2Cl}^{CH_2Cl}$ 单体,在离子型催化剂(三氟化硼及其络合物、有机铝等)存在下,按阳离子聚合机理进行开环聚合制成的高聚物。

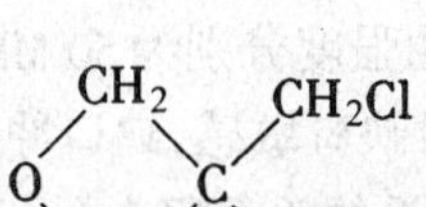

氯化聚醚的合成分为本体聚合和溶液聚合。本体聚合反应时间短、收率高、平均相对分子质量大、设备简单、毒性小;缺点是反应热难以逸出,易引起爆聚,操作难控制,不适宜工业化大规模生产。溶液聚合是工业上制备氯化聚醚的主要方法,其优点是反应热易散去,反应容易控制,不会出现爆聚现象;缺点是溶剂消耗量大,毒性大,操作步骤多,生产成本高。

10.3.2 氯化聚醚的结构与性能

1.氯化聚醚结构与性能的关系

氯化聚醚是线型大分子,以顺序相连的三个C原子和一个O原子构成主链重复结构单元,每个结构单元的中间一个C原子上连有两个氯甲基侧基。

氯化聚醚的氯的质量分数高达45.7%,与氯甲基相连的季碳原子上已无氢原子,因而不会发生像聚氯乙烯那样的脱氯化氢反应,氯甲基上的氯原子对骨架碳原子又有屏蔽作用,故氯化聚醚具有突出的化学稳定性和良好的热稳定性。

氯化聚醚分子链中含有大量的醚键,与醚键相连的是无取代基的次甲基,因而赋予大分子良好的柔顺性。但由于每个链节的季碳原子上连有两个位阻较大的氯甲基,又增加了链的刚性,使大分子的柔性比聚甲醛低,其玻璃化温度(10℃)远高于聚甲醛(-83℃),而且脆化温度(-40℃)也比聚甲醛高。总的来看,氯化聚醚大分子刚柔兼备以柔为主。

尽管氯化聚醚大分子链上含有许多极性的氯甲基,但氯甲基对称分布,偶极互抵,因而并不显示极性,同时由于氯原子的憎水性使它具有极低的吸水率,从而电绝缘性良好。

氯化聚醚大分子结构规整对称,又有较好的柔顺性,使它成为一种半结晶型聚合物,结晶度约40%左右,结晶增加了大分子链的敛集密度,使其有较高的密度、硬度、刚度及低的透气性。氯化聚醚的结晶速率缓慢,玻璃化温度又低于室温,所以成形制品中即使有内应力,也会因大分子链段运动而松弛。

2.氯化聚醚的性能

氯化聚醚为不透明或半透明结晶高聚物,相对密度为1.4,吸水率为0.01%,属难燃、自熄性材料。

(1)耐化学药品性:氯化聚醚最突出的优点是具有极好的耐化学腐蚀性。据报道,用390多种化学介质对其进行腐蚀性试验,其中只有23种可腐蚀它。氯化聚醚对于多种酸、碱、盐及大部分有机溶剂有很好的抵抗能力,只有环已酮等少数强极性溶剂在加热情况下可使之溶解或溶胀。但某些强氧化剂,如浓硫酸、浓硝酸、液氯、氟、溴、氯磺酸等,在室温或高温下能使之腐蚀。

(2)力学性能:氯化聚醚的力学强度在工程塑料中不算很好,与通用热塑性塑料相当。拉伸强度和弯曲强度分别为50 MPa和70 MPa,抗冲击性较好,简支梁无缺口冲击强度可达500 kJ/m^2,但对缺口敏感,缺口冲击强度不高。氯化聚醚的力学性能与其结晶度、晶型、平均相对分子质量的关系很大。一般情况下,拉伸强度、弯曲强度、压缩强度和硬度均随结晶度增大而增加,而伸长率和冲击强度则下降。当其特性黏度[η]小于1.0时,力学性能随平均相对分子质量增加而显著提高,但当其特性黏度[η]超过1.0以后,则不再明显变化。氯化聚醚具有优异的减摩耐磨性,优于聚酰胺、环氧塑料等,仅次于聚甲醛。

(3)热性能:氯化聚醚的玻璃化转变温度为10℃,熔点为180℃,负荷变形温度为140℃,分解温度在300℃以上,脆化温度为-40℃以下,长期使用温度为-40~120℃,短期使用可达130~140℃。氯化聚醚导热系数低于多数耐蚀热塑性塑料,是一种优良的耐腐蚀绝热塑料。

(4)电性能:氯化聚醚是一种良好的电绝缘材料,表面电阻率和体积电阻率均为10^{15}

数量级,而且其电绝缘性不受潮湿环境的影响,特别适于潮湿、有腐蚀介质和温度较高的场合使用。但氯化聚醚分子中含有极性氯甲基,介电损耗较大,不宜做高频电场。

10.3.3 氯化聚醚的加工及应用

1.氯化聚醚的加工工艺特性

氯化聚醚的吸水性较小,且在较高温度下对水也不敏感,粒料加工前不必干燥。氯化聚醚的熔体为非牛顿型流体,其表观黏度随剪切速率的增加而明显下降,而温度对黏度影响较小。氯化聚醚的熔程较大(180~220℃),结晶速率小,不同的结晶温度对结晶晶型及制品性能有一定影响,120℃以上以 α 晶型为主,120℃以下以 β 晶型为主,以 α 晶型为主的制品强度较高。氯化聚醚虽然结晶,但成形收缩率较低(0.6%左右),尺寸稳定性好,适于制造精密制品。

2.氯化聚醚的成形加工

氯化聚醚为线型热塑性塑料,熔体流动性较好,可用注塑、挤出、中空吹塑等常规的成形加工方法及设备进行成形加工。

氯化聚醚与金属有良好的黏接力,因而可用溶液、悬浮液、流化床和粉末静电喷涂等方法对金属材料表面进行涂层,还可利用氯化聚醚的优异防腐性制造耐腐蚀设备。

3.氯化聚醚的应用

氯化聚醚具有优异的耐腐蚀性,良好的电绝缘性及耐磨性,较好的物理力学性能,被广泛应用于化工、石油、矿山、冶金和电镀等领域作防腐材料,例如防腐蚀泵、阀门、管道、反应器、轴承、密封件、绳索、衬里等。还可利用它在潮湿环境下的优良性能,作为湿态、盐雾环境中的电器绝缘材料。此外,由于耐腐蚀性优良、成形工艺性好、收缩率小、制品尺寸稳定、几乎无内应力等特点,可制作精密机械零件,如轴承、齿轮、齿条等。但是由于其原料合成困难、价格高、制品韧性低等原因,在一定程度上限制了氯化聚醚的广泛应用。

10.4 聚苯硫醚

聚苯硫醚(Polyphenylene Sulfide, PPS)是分子主链上含有苯硫基的热塑性工程塑料,其结构式为

$$\left[\text{—}\langle\bigcirc\rangle\text{—S—} \right]_n$$

聚苯硫醚因具有突出的耐热性和近似于聚四氟乙烯的化学稳定性而在工程塑料中占有重要的地位。聚苯硫醚还具有自阻燃性、刚性及突出的电绝缘性等一系列优异性能,而且在耐高温工程塑料中价格最低,比较容易加工,所以自 1968 年投入工业化生产后一直以较快的速度发展。另外,聚苯硫醚还具有与各种填料、增强材料及其他塑料兼容性好的特点,使其牌号、品种繁多。

聚苯硫醚产品分为两类,一类是支链型热塑性聚合物,黏度很高,采用类似于聚四氟乙烯的加工方法成形;通常使用的是另一类,即线型热固性树脂,这种树脂固化前具有线

型分子结构，固化以后，若充分加热仍能软化到一定程度。

10.4.1 聚苯硫醚的制备

实验室合成聚苯硫醚的方法有多种，工业生产聚苯硫醚主要有溶液聚合和自缩聚两种方法。

溶液聚合法是以对二氯苯和硫化钠为原料，在强极性溶剂中进行直接缩聚。强极性有机溶剂主要为酰胺类、内酰胺类和砜类化合物，如六甲基磷酰三胺(HPT)、N－甲基吡啶烷酮、己内酰胺等。反应副产物为氯化钠。

自缩聚法是以卤代苯硫酚金属盐（ X—⟨苯环⟩—SM ，X 为氟、氯、溴、碘；M 为铜、锂、钠、钾）为原料，在吡啶溶液中或氮气保护下自缩聚制备聚苯硫醚，反应副产物为金属卤化物。

通常合成出来的聚苯硫醚原粉是一种平均相对分子质量仅在 4 000～5 000 左右而结晶度高达 75%的白色结晶粉末，它的相对密度为 1.362，熔点 285℃，熔融指数高达 3 000～4 000 g/10 min，在 170℃以下不溶于现已知的任何溶剂中。这种低相对分子质量的聚合物力学性能很低，主要用作防腐涂层或作为热固性塑料使用。

而热塑性聚苯硫醚是由聚苯硫醚原粉在 285～300℃的空气中进行热处理后得到的。由于热和氧的作用，相邻线型分子链上的某些苯环变成了联苯或二苯醚的结构而使分子链增长、支化或交联。因此热塑性聚苯硫醚是相对分子质量较大、结晶度较低的树脂。

10.4.2 聚苯硫醚的结构与性能

1.聚苯硫醚结构与性能的关系

聚苯硫醚是以苯环和硫原子交替排列构成的线型或略带支链的高分子化合物，分子链规整性强，由刚性苯环与柔性硫醚键连接起来的大分子链具有刚柔兼备的特点，因此聚苯硫醚可以结晶，其原粉结晶度高达 75%。

由于分子链上的苯环与硫原子形成了共轭，且硫原子尚未饱和，经氧化后可使硫醚键变为亚砜基和砜基或者使相邻大分子形成氧桥支化或交联，但并不会使主链断裂，因此聚苯硫醚的热氧稳定性十分突出，最高连续使用温度可达 260℃，热分解温度可达 522℃。

由于硫原子的极性被苯环共扼并受到结晶束缚，整个聚合物呈现非极性或弱极性的特点，因此电绝缘性和介电性也很突出。聚苯硫醚具有较高的结晶性，故具有良好的耐化学介质性。聚苯硫醚具有共轭结构，因而耐候性、耐辐射性优良。

2.聚苯硫醚的性能

聚苯硫醚是一种结晶度较高的白色聚合物，相对密度为 1.34。

力学性能优良，拉伸强度 70 MPa，弯曲强度 67 MPa，具有极高的刚性和抗蠕变性，但其脆性较大，缺口冲击强度较低。

聚苯琉醚的耐热性十分优良，其玻璃化转变温度为 110℃，熔点为 286℃，负荷变形温度为 260℃，350℃以下空气中长期稳定，400℃空气中短期稳定，氮气中长期稳定。

聚苯硫醚分子结构对称，无极性，且吸水性低，故其电绝缘性十分优良，体积电阻率为 4.5×10^{16} Ω·cm，介电损耗很低，介电损耗角正切在较大频率范围内均保持很低的水平（$10^3\sim10^6$ Hz 时，仅为 3.8×10^{-4}），而且受温度、湿度影响不大，是优良的电绝缘材料，耐电弧时间也较长。

聚苯硫醚耐化学药品性极好，除了强氧化性酸（如浓硫酸、浓硝酸和王水）外，可耐无机酸、碱、脂肪烃、芳香烃、酮、醇、氯代烃等，不溶于低于175℃的任何溶剂，其化学稳定性接近于聚四氟乙烯。

耐候性及耐辐射性优良，对紫外线、钴60射线及γ射线均稳定。

聚苯硫醚本身具有阻燃作用，无须加入阻燃剂就可以达到UL94－V0级，它的极限氧指数可以达到44%～53%，是一种自熄性工程塑料。

10.4.3 聚苯硫醚的加工及应用

1.聚苯硫醚的加工

聚苯硫醚的吸水性小（0.02%），成形加工前不需对物料进行干燥，加工过程中不会因吸湿而影响产品质量。聚苯硫醚的成形收缩率低（0.12%），线胀系数也低（3×10^{-5}/K），故制品尺寸稳定、翘曲较小。

聚苯硫醚通常采用注射、挤出、压制、喷涂等方法进行成形加工。

(1)注射成形：用于注射成形的聚苯硫醚，其熔融指数一般为10～100 g/min，且多为加入增强纤维或填料填充改性的品级。聚苯硫醚流动性较好，可采用柱塞式或螺杆式注塑机成形，一般选用螺杆式注射机为好，喷嘴宜选用自锁式，以防止流涎现象。要求注塑机加热温度能达到350℃，注射压力能达到150 MPa，模具应能加热。

(2)模压成形：模压成形时先将树脂粉末于250℃预烘2 h，然后按比例与填料均匀混合，再加入到模具中，在370℃下恒温30～40 min。取出后置于冷压机上加压成形，压力为10 MPa左右，自然冷却至150℃后进行脱模。再将制品于200～250℃下后处理，后处理时间依制品厚度而定。

(3)喷涂成形：聚苯硫醚的喷涂以静电粉末喷涂为主，喷涂前需将金属工件进行除油、喷砂、化学处理，以提高工件与聚苯硫醚的黏附力。然后将工件在370～400℃下预热处理10～20 mim，用喷枪将PPS粉末喷涂到工件表面，每次喷涂不宜过厚，反复操作3～4次，待流平、固化后得到平整而有光泽的涂层，涂层总厚度应不超过0.5 mm。

(4)挤出成形：可用挤出成形法制备小直径导线外皮等聚苯硫醚制品，一般采用小型挤出机，螺杆直径12～51 mm，长径比40，挤出成形温度300～315℃。物料在料筒内停留时间不能过长，以免过度交联。

2.聚苯硫醚的应用

聚苯硫醚的应用是以其耐热性为中心，兼顾它的耐化学介质性、尺寸稳定性、阻燃性和电绝缘性。

在电子电器领域，主要选用玻璃纤维增强的聚苯硫醚制作H级绝缘材料和精密零件，如电动机及发电机上的起动器线圈、叶片、电刷、托架及转子绝缘部件，变压器骨架、高频线圈骨架、插头、插座、开关、接线架，电视机输出变压器，铝电解电容器差板、接触器转鼓鼓片等。在机械领域作为风机、叶轮、叶片、离合器、齿轮、偏心轮、过滤器、复印机卡爪、轴承及照相机光圈零件等。在化工领域用作合成、输送、储存化工原料的釜、槽、罐、管道的涂层，以及化工泵、燃烧泵、阀门等零件。

3.聚苯硫醚改性及新品种

聚苯硫醚本身是一种综合性能良好的耐高温工程塑料,但存在韧性差、熔融过程黏度不稳定及价格昂贵等缺点。可利用其与其他塑料兼容性好的特点,通过共混改善其不足。目前,聚苯硫醚共混改性研究较多的品种主要有:PPS/PA、PPS/PS、PPS/ABS、PPS/AS、PPS/PPO、PPS/PC、PPS/PSF、PPS/PPFK、PPS/PET等。

聚苯硫醚与聚酰胺6、聚酰胺66和聚酰胺12等共混后可显著提高冲击强度。

聚苯硫醚和聚苯乙烯均为脆性材料,但两者共混后可改善冲击强度。聚苯硫醚与ABS和AS共混,对聚苯硫醚的增韧效果更突出。此类共混物在增韧聚苯硫醚的同时还大大改善了聚苯硫醚的成形加工性,使其可在较低的温度、压力下成形,但该类共混物拉伸强度与负荷变形温度稍有下降。

聚苯硫醚与聚碳酸酯共混物具有优良的力学、电气及加工性能,可明显改善聚苯硫醚的冲击强度、拉伸强度等性能。

聚苯硫醚与聚四氟乙烯的共混物具有优良的耐磨性和低的摩擦因数。

聚苯硫醚与聚砜共混,可显著改善聚苯硫醚的韧性和冲击性能。

聚苯硫醚与线型聚酯共混物,具有耐热性优良、力学强度高等特点。

聚芳酯具有优良的耐热性、电气绝缘性和力学性能,但其流动温度太高,成形加工困难,且耐腐蚀性、阻燃性不理想,与聚苯硫醚共混可相互取长补短,共混物兼具两者的优点。

高相对分子质量聚苯硫醚是以碱金属羧酸盐为聚合反应的调节剂,添加少量三氯芳香烃化合物制得的聚苯硫醚新品种。这种新型聚苯硫醚性能优异,特别适于制造薄膜、板材和纤维。

10.5 聚醚醚酮

以醚键和酮键连接的苯环构成大分子链的聚合物,统称为聚芳醚酮(PAEK),又称聚醚酮类塑料,目前工业化的有聚醚醚酮(PEEK)、聚醚酮(PEK)、聚醚酮酮(PEKK)、酚酞型聚醚酮等品种。

聚醚醚酮(Polyetherether Ketone,PEEK)是聚醚酮类塑料的代表品种,分子结构式为

$$\left[O-C_6H_4-O-C_6H_4-\overset{O}{\overset{\|}{C}}-C_6H_4 \right]_n$$

聚醚醚酮最突出的性能是耐热性,最高连续使用温度可达240℃以上,用玻璃纤维增强后可达到300℃以上,同时还具有优异的力学性能、电绝缘性、耐化学腐蚀性、耐水性、耐辐射性和耐燃性。

10.5.1 聚醚醚酮的制备

聚醚醚酮是以4,4-二氟二苯甲酮、对苯二酚和碳酸钠为原料,以二苯砜为溶剂,在氮

气保护下，逐渐升温至接近聚合物熔点的温度(320℃)时合成的。

合成过程为：先将对苯二酚和4,4－二氟二苯甲酮与二苯砜一起搅拌，加热至180℃后在氮气保护下加入等摩尔比的无水碳酸钠，使温度上升至200℃保温1 h，再上升至250℃保温15 min，最后升温至320℃保温2.5 h。然后冷却反应物，经粉碎、过筛、洗涤、干燥后，得到聚醚醚酮。

10.5.2 聚醚醚酮的结构与性能

聚醚醚酮是由苯环、醚键和酮基相互连接组成的线型高分子化合物，分子链上含有大量的苯环，由二个苯环与酮基形成的二苯酮以及苯环构成了大分子链的刚性结构，而醚键又提供了大分子的柔性，因此它的分子链呈现出刚柔兼备的特点，与聚苯醚相比，聚醚醚酮中与醚键相连的苯环上无取代基，因而它的大分子链的柔顺性较聚苯醚好，玻璃化温度(143℃)低于聚苯醚(210℃)。由于它的分子链规整且有一定的柔顺性，因而可以结晶，最大结晶度达48%，一般结晶度也可达到35%。它的分子链中碳基的极性大，分子间作用力高于聚苯醚，又可以结晶，因而内聚强度高，导致力学性能高于聚苯醚，升温至玻璃化温度以上，力学性能会有明显下降，但由于结晶的影响，即使在200℃以上力学性能还能保持较高值。

聚醚醚酮具有较高的力学强度，在室温下的拉伸强度为103 MPa，伸长率为150%，弯曲强度为170 MPa，无缺口试样冲不断，缺口冲击强度为41 J/m，这些数值均高于一般塑料，但当温度超过玻璃化温度后会有较大的下降。用玻璃纤维或碳纤维增强后拉伸强度、冲击强度、弯曲强度和模量增加幅度很大，伸长率降低也很大。此外，聚醚醚酮还具有十分优良的抗蠕变能力，无缺口试样的抗疲劳性也很突出，能经受住交变载荷的反复作用。

聚醚醚酮具有十分优异的耐热性能，它的玻璃化温度为143℃，熔点为334℃，未增强时热变形温度为135～160℃，最高连续使用温度可达240℃。用20%玻璃纤维增强后热变形温度达286℃。

聚醚醚酮具有优良的电绝缘性，体积电阻率及表面电阻率均在10^{15}以上，在高频电场下仍保持较小的介电常数、介电损耗，故可用于高频电场领域。

另外，聚醚醚酮还具有优良的耐燃性(极限氧指数35)、耐辐射性及良好的化学稳定性。

10.5.3 聚醚醚酮的加工及应用

聚醚醚酮为线型热塑性塑料，具有热塑性塑料典型的成形加工性能，可用注塑、挤出、压塑、静电涂覆等方法成形，且对成形加工设备没有特殊要求，只是成形加工温度较高(370～380℃)，熔体黏度较大，但在熔点以上熔体流动性和热稳定性均较理想。

聚醚醚酮综合性能优良，广泛应用于船舶、核电、油井、电子、机械、航空航天等各个领域。如电子电器领域中的耐热线缆包覆、高温接线柱、接线板、电机绝缘材料，机械仪表中的轴承保持器、传感器、柴油机活塞环，以及船舶、飞机、汽车上的电缆、结构材料及其零配件等。

10.6 聚醚腈

聚醚腈是分子主链上含有醚键、芳环和带氰基芳环的高聚物,由间苯二酚与2,6-二卤下基腈缩聚而成,分子结构式为

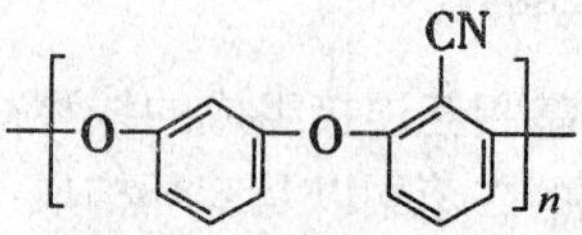

$$\left[-O-C_6H_4-O-C_6H_3(CN)- \right]_n$$

聚醚腈是一种全新的结构,是耐高温、高强度的热塑性结晶型工程塑料。分子主链上含有大量苯环,其中半数带有极性很强的氰基,所以聚醚腈的分子链刚硬,分子间作用力强。另外,聚醚腈分子主链上还含有大量的醚键使其具有一定的柔韧性,便于成形加工。

聚醚腈的拉伸强度135 MPa,弯曲强度190 MPa,压缩强度210 MPa。玻璃纤维增强的聚醚腈拉伸强度可高达200 MPa以上,比玻璃纤维增强的聚醚醚酮、聚苯硫醚、聚酰胺和聚对苯二甲酸酯等增强塑料均高。

聚醚腈的玻璃化转变温度为145℃,熔点340℃,负荷变形温度为165℃,在结晶型热塑性塑料中是耐热性最高的。玻璃纤维增强聚醚腈负荷变形温度可达330℃,连续使用温度可达230℃。

聚醚腈具有良好的电绝缘件、耐燃性(极限氧指数为42)。聚醚腈的化学稳定性优良,除浓硫酸外,可耐其他酸、碱、盐水溶液,对有机溶剂和润滑油等稳定。

聚醚腈为线型结晶热塑性塑料,温度高于熔点时熔体黏度明显下降,且热稳定性好,易于成形加工。聚醚腈可用注塑、挤出、压塑等常规热塑性塑料加工方法成形加工,对设备没有特殊要求,只是成形加工温度要求较高。

聚醚腈综合性能优良,已在许多领域得到应用,如在电子电器工业中可用作高频加热器、复印机部件、电绝缘薄膜等,在汽车工业中可用作轴承、密封环、推进器制动垫圈及涡轮机部件等,还可制成高级复合材料应用于航空航天领域,如制作发动机零部件、仪表盘、管道、天线罩及雷达罩等。

思考题

1.写出常用聚醚类聚合物的化学结构式,了解它们的突出特性。
2.均聚甲醛和共聚甲醛的主要区别是什么?哪种比较常用?
3.聚甲醛使用性能方面的主要优、缺点是什么?
4.高润滑性聚甲醛主要有哪几种?
5.聚甲醛的加工性如何?常用什么方法成形加工?加工时应注意什么?
6.改性聚苯醚主要改善了聚苯醚哪方面的性能?
7.聚苯醚分子结构规整对称,却难结晶,为什么?
8.为什么氯化聚醚会有突出的化学稳定性?
9.氯化聚醚的加工性如何?常用什么方法加工?

10.氯化聚醚主要用于什么场合？限制氯化聚醚广泛应用的主要原因是什么？
11.为什么聚苯硫醚的热氧稳定性和耐蚀性十分突出？
12.为什么聚苯硫醚需要改性？如何改性？
13.聚醚酮类塑料有何特点？主要有哪几个品种？
14.按阻燃性给聚醚类塑料排序。

第 11 章　聚砜类塑料

聚砜是分子主链上含有硫酰基的聚合物的总称,化学结构通式为

$$\left[R - \overset{\overset{O}{\|}}{\underset{\underset{O}{\|}}{S}} - R' \right]_n$$

其中,R 和 R′可为脂肪基和芳香基。

脂肪基聚砜耐碱耐热性差,很少作为塑料使用。目前使用的聚砜均为分子主链上含有二苯砜结构的高聚物,按其化学结构不同聚砜主要分为双酚 A 型聚砜(Polysulfone,PSF)、聚芳砜(Polyarylsulfone,PAS)和聚醚砜(Polyethersulfone,PES)。聚砜类塑料具有优异的耐热性、突出的抗蠕变性和尺寸稳定性,以及优良的电绝缘性。同时三种聚砜又各有特点(见表 11.1),是一类综合性能很好的工程塑料,在塑料品种中占有重要地位。

表 11.1　聚砜类塑料的性能

性　能		聚　砜	聚芳砜	聚醚砜
密度/($g \cdot cm^{-3}$)		1.24	1.36	1.37
吸水率/%		0.22	1.4	0.43
成形收缩率/%		0.7	0.8	0.6
洛氏硬度		M69	M110	M88
拉伸强度/MPa		75	91	85
断裂伸长率/%		50~100	13	80
弯曲强度/MPa		108	121	85
压缩强度/MPa		97.7	126	110
冲击强度/($J \cdot m^{-2}$)	有缺口	14.2	8.7	12.1
	无缺口	310	243	296
玻璃化温度/℃		196	288	225
热变形温度/℃	1.81 MPa	164	275	203
	0.46 MPa	181	——	——
长期使用温度/℃		-100~150	-240~260	-100~180
介电常数(10^6 Hz)		3.03		3.5
介电损耗(10^6 Hz)		0.003 4	0.010(10^{10} Hz)	0.006 0
体积电阻率/($\Omega \cdot cm$)		5×10^{16}	3.2×10^{16}	5×10^{16}
介电强度/($kV \cdot mm^{-1}$)		14.6	13.8	17

11.1 双酚 A 型聚砜(PSF)

双酚 A 型聚砜是最早工业化的聚砜类塑料,俗称普通聚砜,简称聚砜(PSF)。

11.1.1 聚砜的制备

合成双酚 A 型聚砜的单体是双酚 A(4,4′-二羟基二苯基丙烷)和 4,4′-二氯二苯砜。聚砜的制备过程分为两步,首先将双酚 A 与强碱(NaOH 或 KOH)水溶液反应制成双酚 A 盐,然后再与 4,4′-二氯二苯砜在二甲基亚砜中进行溶液缩聚制备聚砜。成盐反应中利用二甲苯与水形成共沸物以便将副产物水除去,避免水在缩聚阶段使聚合物降解。缩聚反应的副产物 NaCl 或 KCl 对制品性能尤其是电性能的影响很大,必须严格洗涤除去。

11.1.2 聚砜的结构与性能

双酚 A 型聚砜的结构式为

$$\left[-C_6H_4-C(CH_3)_2-C_6H_4-O-C_6H_4-SO_2-C_6H_4-O- \right]_n$$

1.聚砜结构与性能的关系

双酚 A 型聚砜是一种线型杂链大分子,由苯撑基、异丙撑基、醚键和二苯砜基构成。苯撑基和二苯砜基均为高度共轭的芳环体系,这种共轭体系本身不能内旋,使大分子主链上可以内旋转的单键比例相对减少,因而大分子主链的刚性大大增强。高度共轭体系的化合键键能较高,可以吸收较大的能量而不致断链,二苯砜基中的硫原子处于最高氧化状态,稳定性高。醚基可使分子链段易绕其两端单键进行内旋,增大分子链的柔性,使链段运动能力相对提高。异丙撑基上的取代基结构对称,无极性,可减小大分子间的作用力,赋予聚合物一定的韧性及加工流动性。以上各基团综合作用的结果是:聚砜大分子结构对称,但其大分子主链的刚性成分占主导地位,使其不易结晶,为无定形高聚物。由于聚砜大分子主链刚硬、内旋转困难,链段运动需在较高的温度下才能实现。因此,聚砜的玻璃化转变温度较高,刚性及力学强度也较高,同时熔体的流动性较差、黏度大,流动温度也较高,成形加工困难。但由于大分子主链中的醚基以及异丙撑基等柔性成分的存在,使聚砜的大分子主链又具有一定的柔性,使聚合物分子链刚柔相济,赋予聚砜一定的韧性和低温性能,同时其加工性也得到一定的改善。

2.聚砜的性能

聚砜是透明或微带琥珀色的非晶态线型高聚物,无气味,透光率 90% 以上,光的折射率为 1.663。

(1)力学性能: 聚砜力学性能的突出特点是抗蠕变能力很强,尺寸稳定性很高,随温度升高力学性能的下降幅度很小。如 20℃,21 MPa 载荷下经 1 000 h 后的蠕变量仅为

0.1%，当温度升至100℃时蠕变值仅为1.5%，当时间增至1年时蠕变值也仅为2%。在相同条件下聚砜的蠕变值只有PC、ABS、POM等通用工程塑料的一半甚至更小。聚砜的拉伸弹性模量在室温时为2.48 GPa，在100℃时为2.46 GPa，在190℃时仍可保持1.4 GPa。聚砜在室温下的力学性能如表11.1所示。

聚砜力学性能的缺点是抗疲劳性差，疲劳强度和寿命不如POM和PA，相对疲劳强度低于POM和PA，分别是POM的1/4.5和PA的1/3，不适宜应用在承受频繁重复载荷或周期性载荷的环境中。此外，它还易出现应力开裂现象。

(2)热性能：聚砜的耐热性高，玻璃化温度为196℃，热变形温度为175℃，维卡软化温度为188℃，马丁耐热156℃。脆化温度为-101℃，分解温度为426℃，可在-100~150℃范围内长期使用。聚砜的耐热性优于POM、PC、PPO、PA等工程塑料。聚砜的热稳定性很好，在空气中直到420℃以上才开始出现热降解。有资料表明，在150℃经2年的热老化后，聚砜的拉伸屈服强度和热变形温度不仅没有降低，反而有所上升(这与出现少量交联有关)，而冲击强度保持率仍有55%。

(3)电性能：聚砜电性能优良，而且受环境影响小。在-100~190℃，60~10^6 Hz及潮湿环境中均具有优良的电绝缘性和介电性，这比PC、PPO、POM等塑料都要好。

(4)化学性能：聚砜的化学稳定性较好，对无机酸、碱、盐的溶液很稳定，对洗涤剂和烃类也很稳定，但会受某些极性溶剂如酮类、卤代烃类的作用而溶胀、溶解或开裂，这是它性能不足之处。聚讽不发生水解作用，但在高温及负荷作用下，水能促进其应力开裂。

(5)耐辐射性：由于聚砜分子链中含有大量高度共轭的苯环和二苯砜基，使其可吸收大量辐射能而不致被破坏，因此耐辐射性好。如经200 h，0.26×10^5 C/kg的钴60射线照射后，外观、刚性和电性能均无变化，当射线强度增至1.3×10^5 C/kg后，虽然外观变红、发脆、易折断，但电性能变化仍很小。

11.1.3 聚砜的加工及应用

1.聚砜的加工性能

聚砜的熔体特性接近于牛顿流体，流变特性类似于PC，即熔体黏度温度敏感性高于压力敏感性。实验表明在310~420℃内，温度每升高30℃，熔体黏度即可降低一半。由于熔体流动性与剪切速率关系不大，因此成形时不宜加过大的成形压力，以减少分子取向，降低内应力。对挤出和吹塑工艺，降低压力可减少出模膨胀率，便于控制产品形状和尺寸。

聚砜熔体的热稳定性较好，熔体在料筒中停留1 h以下时，对其流动性并无严重影响。

聚砜分子链的刚性大，玻璃化温度高，制品由于强迫取向造成的内应力难以自行消除。

聚砜吸水率(0.22%)虽然小于PC(0.58%)，而且不会水解，但在高温及载荷作用下，水能促进应力开裂。此外，物料吸水后会造成气泡、表面银丝等制品缺陷，因此加工前应干燥，使水的质量分数降到0.05%以下。

聚砜为无定形聚合物，当熔体冷却固化时不会产生结晶，故成形收缩率小(0.7%)，而且产品透明。

聚砜熔体黏度大，流动性较一般塑料差，加工时应在高温下进行(300~400℃)，此外由于熔体冷却快、模塑周期短，因而设计模具时应尽量减少流道阻力，模具应有控温装置。

2.聚砜的成形加工

聚砜的成形加工方法同一般热塑性塑料，可以注射、挤出、吹塑、热成形及二次加工。

注射成形用于加工各种工业零部件，宜在螺杆式注射机上进行，应选用等距、低压缩比的渐变螺杆，以及孔径稍大的直通式喷嘴。壁厚为 1.9～2.5 mm 的简单制品，模温控制在 93℃左右，薄壁、长流程或形状复杂的制品模温应提高到 149～160℃。为减少制品内应力，可对制品进行热处理。

聚砜挤出成形用于成形管材、棒材、板材、片材、薄膜及电线电缆包覆物。挤出螺杆长径比一般为 20:1，压缩比(2.5～3.5):1，机头温度控制在 310～340℃，牵引温度 150～200℃，螺杆转速 15～30 r/min。

聚砜可用挤出吹塑工艺成形中空制品，挤出模具流道应呈流线型，口模温度 300～360℃；吹塑模温度 70～100℃，吹塑压力 2.8～4.9 MPa。

3.聚砜的应用

聚砜具有优良的力学性能、电性能、化学稳定性和耐热性，适宜制造各种高强度、低蠕变、高尺寸稳定性、耐蒸煮、能在高温下使用的制品，广泛应用于电子电器、机械设备、医疗器械、家用器具、交通运输等领域。

在电子电器领域中，用作印刷电路板、集成电路载体及衬板、线圈骨架、接触器、家用音像设备组件、电容薄膜、高性能电池外壳、电钻外壳、线缆包覆等。

在精密机械领城中，大量代替铜、铝、锌、铅等金屑材料以降低部件质量，起到经济、美观、耐用的目的。

在交通运输领城中，适合制造汽车防护罩、离合器盖、仪表盘、蓄电池盖、电子点火装置组件、传感器等。

在医疗器械领域中，用作外科手术工具盘、喷雾器、湿润器、流体控制器、仪表外壳、心脏起搏器、防毒面罩、流体容器、牙托、仪器外壳、消毒器皿等。

在家用器具中，适合作咖啡杯、加湿器、发型干燥器、衣物蒸干器、饮料及食品分配器等。

在食品工业及卫生器材中，适合做卫生设备管道、水加热器、制奶工业机械零部件及管道、食品包装及食品容器等。

11.2 聚芳砜(PAS)

11.2.1 聚芳砜的制备

聚芳砜是以联苯和苯磺酰氯类单体为原料，采用熔融缩聚或溶液缩聚两种方法制备的。

熔融缩聚是将单体 4,4′－二苯醚二磺酰氯和联苯在氮气保护下先加热熔融，然后在无水 $FeCl_3$ 催化下进行 Friedel－Crafts 缩聚反应，反应温度为 280℃，时间为 40 min。反应产物冷却后即为 PAS。

溶液缩聚是将 4,4′–二苯醚二磺酰氯、联苯和 4–联苯单磺酰氯三种单体在溶剂硝基苯中加热溶解后,再加入催化剂无水 $FeCl_3$,在 130℃缩聚反应 1 h 后,加入稀释剂二甲基甲酰胺沉淀析出聚合物,最后经回流、洗涤、过滤、干燥等工序制出 PAS 成品。

11.2.2 聚芳砜的结构与性能

聚芳砜的结构式为

$$\left[O - C_6H_4 - SO_2 - C_6H_4 - C_6H_4 - SO_2 - C_6H_4 \right]_n$$

1.聚芳砜结构与性能的关系

聚芳砜的分子主链可以看作是由一个醚键和通过联苯键相连的两个高度共扼的二苯砜基组成。由于硫原子处于最高氧化状态,芳香环又难以氧化,因此聚芳砜的耐热氧化能力很高。与 PSF 相比,分子链不含脂肪族异丙撑基,却含有大量联苯基,因而耐热性十分突出。分子链中的醚键仍能提供一定的柔性,可使 PAS 在 –240℃的低温下使用。但是,PAS 的链刚性大大超过了 PSF,其熔融加工很困难,在 371℃时熔体黏度高达 3×10^6 Pa·s,为 PSF 的 50 倍。

2.聚芳砜的性能

聚芳砜是一种带有琥珀色的坚硬透明固体,无气味,相对密度(1.36)较 FSF(1.24)大,光的折射率为 1.652,吸水率为 1.4%,收缩率为 0.8%。

聚芳砜的力学性能好,与聚酰亚胺相当,冲击强度甚至超过了聚酰亚胺。它的力学性能受温度影响较小,如从室温至 240℃压缩模量几乎不变,至 260℃时仍能保持 73%,弯曲模量保持 63%,在高温下仍能保持很高的韧性。

聚芳砜的耐热性十分突出,它的玻璃化温度高达 288℃,热变形温度高达 275℃,可在 260℃以下长期使用,在 310℃下短期使用,在 –240 ~ 260℃范围内均能保持结构强度。它的热分解温度高达 460℃。

聚芳砜可在 –240 ~ 260℃范围内保持电性能基本不变,适合作 C 级绝缘材料,而且湿度和频率的变化对其介电性能的影响也很小。

聚芳砜与聚砜的耐化学介质性相似,但一些强极性溶剂如二甲基甲酰胺、丁内酯、N–甲基吡咯烷酮、二甲基亚砜等可使其溶胀或溶解。

11.2.3 聚芳砜的加工及应用

1.聚芳砜的加工性能

聚芳砜虽然具有热塑性,但其分子链刚硬,熔体黏度很大,以致于熔体流动性非常差,熔融加工十分困难。需要用特殊的注射机或挤出机才能加工,设备的加热温度达到 400℃以上,注射压力达到 140 ~ 280 MPa,模具温度达到 230 ~ 280℃。加工前要求对物料充分干燥,干燥条件为 150℃时 10 ~ 16 h 或 200℃时 6 h。

2.聚芳砜的成形加工

聚芳砜可采用的成形方法有注射、挤出、压制及溶液流涎等。

注射、挤出产品种类与聚砜类似,溶液流涎主要生产薄膜,工艺为:先将聚芳砜溶于硝基苯中配成质量分数为40%的浓溶液,再用二甲基甲酰胺或N-甲基吡咯烷酮稀释至20%,再在流涎机上成膜温度为200~250℃。

3.聚芳砜的应用

聚芳砜主要作为C级绝缘材料,应用于电子电器行业的线圈骨架、线圈胎型、开关、配线板、插接件、电容器、印刷线路板及线缆包覆层等,还可与PTFE粉末或石墨粉共混后压制成形的轴承在高温和高负荷下使用。

11.3 聚醚砜(PES)

11.3.1 聚醚砜的制备

聚醚砜的合成路线很多,通常工业化的有两种,即脱盐法和脱氯化氢法,这两种方法均为溶液缩聚。

脱盐法是通过4,4′-二羟基二苯砜(双酚S)钠盐与4,4′-二氯二苯砜的溶液缩聚,或用4-氯-4′-羟基二苯砜钠盐的自缩聚脱盐反应制备聚醚砜。

脱氯化氢法是通过4,4′-双磺酰氯二苯醚与二苯醚缩聚,或用4-磺酰氯二苯醚自缩聚脱氯化氢反应制备聚醚砜,反应以无水$FeCl_3$为催化剂,在硝基苯溶液中进行。

上述两种方法相比,脱氯化氢法具有单体制备较简单、反应较平稳、成本低、工序少等优点。但聚合物支化程度较高,加工性较差,而且该法对设备腐蚀很严重。而脱盐法只要严格控制双酚S中异构体(2,4-二羟基二苯砜)的含量,就可以得到分子链结构规整的全对位产物,使聚合物的流动性和冲击强度提高。脱盐法的缺点是工序繁多、产品的提纯较为困难。

11.3.2 聚醚砜的结构与性能

聚醚砜的结构式为

$$\left[-O-C_6H_4-\overset{O}{\underset{O}{\overset{\|}{\underset{\|}{S}}}}-C_6H_4- \right]_n$$

1.聚醚砜结构与性能的关系

聚醚砜的分子链与聚砜相比,不含有对耐热性和热氧稳定性有不利影响的异丙撑基,与聚芳砜相比,又不含有使分子链过分刚硬的联苯基,而是只保留了使聚合物具有高的耐热性、热氧稳定性、力学性能和电绝缘性的二苯砜基和能赋予聚合物良好加工性的醚键。因此,PES兼备了PSF和PAS的优点,综合性能比PSF和PAS都要好。它的耐热性和热氧稳定性高于PSF,而加工性又比PAS好,可用通常的挤出、注射等热塑性塑料加工方法成形加工,是一种综合了高热变形温度、高冲击强度和最优良成形工艺性的工程塑料。

2.聚醚砜的性能

聚醚砜是一种带有浅琥珀色的透明固体,无气味,光的折射率为1.65,相对密度为1.37,吸水率为0.43%,收缩率为0.6%。

聚醚砜也具有较高的力学性能,特别是在高温下也能保持高的力学性能,如在200℃使用5年后的拉伸强度可保持50%。它的抗蠕变性很好,因而尺寸稳定性突出,无缺口时的悬臂梁冲击强度可达到93 kJ/m,与PC相当,但冲击强度受缺口半径的影响较大,随缺口半径减小,冲击强度会迅速下降。

聚醚砜具有较高的耐热性,它的玻璃化温度为218~225℃,热变形温度为203℃,热分解温度大于426℃,最高连续使用温度达180℃。在-150℃低温下制品不会脆裂。聚醚砜受热后自由体积减小,整个分子结构更为紧密,因而拉伸强度略有增加。

聚醚砜的介电常数在20℃,60~10^6 Hz范围内均保持在3.5左右,介质损耗在60 Hz,30~150℃范围内保持在0.001,表面电阻率为3×10^{16}Ω,体积电阻率为5×10^{16}Ω·cm,介电强度为17 kV/mm,即使在200℃高温下体积电阻率仍可达到10^{13}Ω·cm。

聚醚砜能耐多种化学介质,如酸、碱、油、润滑脂、脂肪烃和醇等,但不耐极性有机溶剂,如酮、卤代烃、二甲基亚砜等。聚醚砜在水中不会发生水解,但会因微量吸水产生轻微的增塑作用而使力学性能略有改变。

11.3.3 聚醚砜的加工及应用

1.聚醚砜的加工性能

聚醚砜熔体为假塑性非牛顿流体,熔体表观黏度随剪切速率的增加呈下降趋势,但下降幅度并不大。但是当聚醚砜在正常加工温度范围内(310~335℃)长时间或多次加工时,会出现熔体增稠现象,可能是剪应力导致分子链断裂形成了自由基,自由基使分子链产生支化或轻度交联所致。因此加工聚醚砜时应控制熔体在设备中不要停留过长时间,一般不应超过40 min。

聚醚砜在加工前也应干燥,使水的质量分数降至0.12%以下,干燥条件为120~140℃时10 h或160℃时3 h以上。

聚醚砜的熔融温度范围较窄,大约为315~335℃,熔体冷却速率较快,因此应采用较高的注射速率将熔体送入模具,以避免熔料充模流动性变差而使制品欠料。

聚醚砜在成形时一般均形成无定形结构,因此挤出时的出模膨胀率较小,注射时的收缩率也较小,但当加入少量的成核剂时可以形成晶体结构。

2.聚醚砜的成形加工

聚醚砜可用一般热塑性塑料的方法进行成形加工,无需特殊设备,可采用的方法有注塑、挤出、模压、流延、吹塑、真空成形、发泡成形和涂覆成形等,但以注射和挤出成型为主。

注射成形用于加工各种工业零部件,一般选用螺杆式注射机,以等距渐变螺杆为主,均化段螺槽应比一般螺杆深,以避免熔体受到过高的剪切摩擦热,喷嘴宜用直通式。

挤出成形用于聚醚砜粉料造粒、着色,以及管、棒、片、薄膜等制品的成形。

成形工艺条件与聚砜相似。

3.聚醚砜的应用

聚醚砜在宽广的温度范围内(-100~200℃)具有高的力学性能、高的耐热变形及良好的耐老化性能,制品耐候性好,阻燃,烟密度低,电性能优良,透明性好。因而被广泛应用于电子电器、机械、医疗、食品及航空航天等领域。

具体产品种类也与聚砜类似。

11.4 聚砜类塑料的改性

聚砜类塑料具有优良的耐热性,突出的抗蠕变性、抗冲击性及良好的电绝缘性等一系列优点;但也存在成形加工温度高、熔体黏度大、易应力开裂及耐磨性差等缺点。针对聚砜类塑料的缺点与不足,可以采用增强、填充、共混等方法对其进行改性。

通过共混制备聚砜类塑料合金主要是为了提高聚砜的加工性、抗冲击性、耐应力开裂性、耐溶剂性及降低成本。目前已开发的聚砜共混改性品种主要有:聚砜/ABS、聚砜/PMMA、聚砜/氟塑料、聚砜/PC、聚砜/聚醚亚胺、聚砜/聚酰亚胺、聚砜/聚醚醚酮等。

聚砜类塑料增强改性主要采用玻璃纤维填充增强的方法。玻璃纤维增强聚砜,可明显提高聚砜的强度、刚性、尺寸稳定性、耐热性、阻燃性和耐应力开裂性等,玻璃纤维增强聚砜的玻璃纤维含量对成形收缩率、线胀系数、弯曲模量、拉伸屈服强度、耐疲劳性、耐蠕变性等均有不同程度的影响。

思考题

1.写出PSF、PAS、PES化学结构式,说明其结构对性能的影响。
2.PSF、PAS、PES三种聚砜的主要性能特点是什么?
3.PSF、PAS、PES的加工性有何异同?可用哪些方法对它们进行加工?
4.聚砜类塑料在使用性能方面的主要优缺点是什么?
5.对聚砜类塑料进行共混改性的目的是什么?
6.为什么聚砜类塑料会有突出的耐热性?哪种聚砜耐热性最好?

第12章 氟塑料

氟塑料为含有氟原子的各种塑料的总称,它们是以含氟聚合物为基体构成的塑料。含氟聚合物是指碳链上的氢原子全部或部分被氟原子所取代的一类聚合物。这类聚合物的共同特点是热稳定性和化学稳定性好,并具有优良的电性能。随取代度不同,性能亦有所差异。全部氢原子被氟原子取代的含氟聚合物,由于氟碳键的键能高,加之氟原子对碳碳键的屏蔽作用,具有最佳的耐热性和耐化学性;因分子结构无极性,具有极佳的电性能;整个碳链被氟原子所包围,使大分子之间的作用力小,表面能低,从而具有独特的不粘性和润滑性。部分氢原子被氟原子取代的含氟聚合物,由于碳氢键或碳氯键的键能低于氟碳键,故其耐热性、耐化学性逊于全氟代聚合物;由于分子的极化度提高,电性能降低;同时因分子间作用力增大,其强度、硬度比全氟代树脂都有提高。总体来看,以此类聚合物制得氟塑料是耐化学腐蚀性、耐热性、电性能、摩擦性能皆非常优异的工程塑料。

含氟聚合物有十几个品种,上百个品级,既有用作塑料的氟树脂,又有用作橡胶的含氟弹性体。本章主要介绍比较常用的氟树脂及其塑料,如聚四氟乙烯、聚三氟氯乙烯、聚全氟乙丙烯等。

12.1 聚四氟乙烯

聚四氟乙烯(Polytetrafluoroethyene,PTFE),简称F4,是最主要的氟塑料品种,在氟塑料中产量最大(约占氟塑料总产量的60%~80%),应用最广,重要性居于首位。

12.1.1 聚四氟乙烯的制备

制备聚四氟乙烯的单体是四氟乙烯($CF_2{=}CF_2$),该单体是以氟石(CaF_2)、三氯甲烷($CHCl_3$)等为原料先合成二氟氯甲烷($CHClF_2$),然后高温裂解制成的。四氟乙烯常压下是气体,易自聚,纯四氟乙烯在低于室温的温度下就可以猛烈地聚合。由于聚合反应会剧烈放热,一般不宜采用本体聚合,工业上采用悬浮聚合和分散聚合两种方法制备聚四氟乙烯。

(1)悬浮聚合:悬浮聚合是以水为反应介质,以无机过氧化物(过硫酸铵、过硫酸钠等)为引发剂,以盐酸为活化剂,在30~50℃,0.5~0.7 MPa压力下进行聚合。制得的聚四氟乙烯为白色粉状或纤维状颗粒树脂,粒度为30~500 μm。

(2)分散聚合:分散聚合是以水为反应介质,以全氟辛酸钠为分散剂,以石蜡为稳定剂,以无机过氧化物为引发剂,在80~90℃,2.7 MPa压力下进行聚合。产物为聚四氟乙烯粉或浓缩分散液。

12.1.2 聚四氟乙烯的结构与性能

1.聚四氟乙烯结构与性能的关系

聚四氟乙烯为线型碳链高聚物,侧基全部为氟原子,分子结构式为

$$\left[CF_2 - CF_2 \right]_n$$

聚四氟乙烯的分子链全部由氟亚甲基($-CF_2-$)连接而成,分子组成相当于直链聚乙烯分子链上所有的氢原子全部被氟原子所取代。氟为电负性很强的卤原子,体积也比氢原子大得多,所以聚四氟乙烯的分子结构与聚乙烯的分子结构有很大区别。由于氟原子体积大,而且互相排斥,F—C键键长又短,使得聚四氟乙烯分子骨架(C链)不能像聚乙烯那样在空间呈平面锯齿形排列,而只能以拉长的螺旋形(扭曲的锯齿形)排列,较大的氟原子紧密地堆砌在碳链骨架周围,将其严密包裹起来。因此,聚四氟乙烯分子结构就像一个细长的小圆筒,C—C链在筒内像弹簧一样绕在轴线上,通过C—F键与之相连的氟原子在其外部形成致密的筒壁。

聚四氟乙烯分子的这种特殊结构,导致这种聚合物具有一系列的特殊性能。

(1)氟原子与骨架碳原子的连接和紧密堆砌,使分子链产生很大刚性,分子链结构的高度规整又使聚合物产生高度结晶,因此聚四氟乙烯具有高耐热性和高熔点。

(2)与每个碳原子连接的两个氟原子完全对称,使聚合物成为完全非极性的聚合物,赋予材料极优异的介电性和电绝缘性能。

(3)外层致密的氟原子对骨架碳原子有屏蔽作用,加之F—C键具有较高键能,特别是当一个碳原子上连接有两个氟原子时,键长进一步缩短,键能更大,因此其具有高度热稳定性,而且不燃烧。加之聚合物的非极性和结晶结构,又使其具有极优异的化学稳定性、耐候性和耐溶剂性。

(4)分子表面被惰性氟原子所覆盖,表面自由能低,而且整个分子又是非极性、无支链的高刚性链,分子间基本不缠结,因此聚四氟乙烯分子间力很小,聚合物与其他物质的黏附力也很小。表现为良好的不粘性和自润滑性,使得材料强度、刚度、耐蠕变性、耐磨性等宏观力学性能不佳,并容易出现冷流现象。

(5)分子链的高刚性及分子链的异常巨大(平均相对分子质量极高),使得聚四氟乙烯的熔融黏度极高,很难流动,虽为热塑性塑料但很难用热塑性塑料的常规成形方法成形加工。

(6)氟原子的原子质量比氢原子的原子质量大得多,而高度结晶结构又使聚四氟乙烯的分子链紧密堆砌,因此聚合物密度较大。

2.聚四氟乙烯的性能

聚四氟乙烯是较柔软的白色结晶型聚合物,表面手感滑腻,密度为2.14~2.30 g/cm^3,是现有塑料聚合物中密度最大的品种。

(1)化学稳定性:聚四氟乙烯的化学稳定性是塑料中最好的,被称为“塑料王”。即使在高温下也不与浓酸、浓碱或强氧化剂发生作用,在浓硫酸、硝酸、盐酸甚至在“王水”中煮沸,其质量及性能均无变化。它耐任何浓度沸腾的氢氟酸,与大多数有机溶剂如卤代碳氢

化合物、酮类、醚类、醇类等都无作用，不会产生质量变化及溶胀现象。聚四氟乙烯只有在高温下与熔融碱金属、三氟化氯等才有明显的作用。

聚四氟乙烯不受氧或紫外线作用，因而耐候性优良，据报道0.1 mm厚的聚四氟乙烯膜，经户外曝露6年多，其外观和力学性能无显著变化。但聚四氟乙烯耐辐射性能差，经高能射线辐照后，分解放出CF_4气体，平均相对分子质量降低，性能变劣。

(2)热性能：聚四氟乙烯具有优良的耐热性和耐寒性，长期使用温度范围很宽(-195~250℃)，在250℃高温下经240 h老化后，其力学性能基本不变。

聚四氟乙烯的玻璃化温度约为115℃，结晶熔点为327℃，加热到熔点以上仍无粘流态转变，温度上升到390℃时开始分解。聚四氟乙烯的导热系数为0.20~0.25 W/m·K。线膨胀系数在$(10\sim15)\times10^{-5}$ m/(m·K)之间，比多数塑料大，是钢材的10~20倍，并随着温度的增加而增大。

(3)电性能：聚四氟乙烯大分子无极性，不吸湿并具有耐热性，因此具有极优异的介电性和绝缘性，是优良的电绝缘材料，可作为C级绝缘材料使用。其体积电阻率大于$10^{17}\Omega\cdot$cm，表面电阻率大于$10^{16}\Omega$。电性能在很宽的温度范围内保持不变，并且不受频率和湿度的影响，即使在潮湿条件下也能保持良好的电绝缘性。聚四氟乙烯具有良好的耐电弧性(大于360 s)。但它的耐电晕放电性不佳，在有电晕生成的条件下长期工作，其介电性能会下降。

(4)力学性能：聚四氟乙烯的力学强度、刚度、硬度等较其他工程塑料差。拉伸强度一般为15~30 MPa，断裂伸长率为50%~400%，弹性模量为400 MPa，回弹性差，弯曲和压缩强度较低。虽具有韧性和延展性，但冲击强度低，23℃时的悬臂梁缺口冲击强度为1.33 kJ/m，邵氏D硬度约为55~70。

聚四氟乙烯的摩擦系数是塑料中最低的(对钢的摩擦系数约为0.04)，且动摩擦系数与静摩擦系数接近，因此聚四氟乙烯是一种良好的减磨、自润滑材料，但由于聚合物分子间力小，聚四氟乙烯易磨损，磨损量随着PV值(负荷压力和滑动速度之积)的增大而增加，当超过一定PV值时，其磨损就会变得很大，此缺点可通过加入二硫化钼、二氧化硅等得到改进。

聚四氟乙烯抗蠕变性差，其制品在长时间连续载荷作用下，会发生变形，变形量的大小取决于载荷的大小、作用时间的长短和温度的高低等因素。当载荷大、作用时间长、温度高时，蠕变量增大。聚四氟乙烯易蠕变的特性通常被称为“冷流动性”，冷流动性使聚四氟乙烯成为良好的密封材料，但冷流动性会影响材料的承载能力，所以聚四氟乙烯不宜作为结构件使用。

(5)阻燃性：聚四氟乙烯不能燃烧，它的有限氧指数高达95，这是由于分子组成中有大量氟原子存在。

12.1.3 聚四氟乙烯的加工及应用

1.聚四氟乙烯的加工特性

(1)难流动性：聚四氟乙烯的分子链结构属于热塑性聚合物，但由于分子链刚性大和平均相对分子质量极高，即使温度超过结晶熔点(327℃)，也只能形成非晶的凝胶态，而不会出现熔融流动态。因熔融黏度极高(温度升至380℃,黏度仍高达10^{10}Pa·s,比聚乙烯、聚苯乙烯等高6~7个数量级),聚四氟乙烯实际上不能流动,因此不能用一般的热塑性塑料熔融加工方法加工,而只能采用类似于粉末冶金的方法加工——预压烧结成形。

(2)可预压性:聚四氟乙烯为纤维状微细粉末,冷压可结块成形,因而具有可预压性,能够在室温下压制成各种形状的密实的型坯,压制的型坯具有一定的强度,经高温烧结后冷却可成为坚实的制品。这为聚四氟乙烯的预压烧结成形提供了可能。

(3)结晶性:聚四氟乙烯是结晶型聚合物,结晶度大小对制品性能影响很大。结晶度与聚合物平均相对分子质量及制品烧结成形过程有关。平均相对分子质量小有利于提高制品的结晶度。当平均相对分子质量一定时,高温烧结、缓慢冷却制品的结晶度较高,相反低温烧结、快速冷却制品的结晶度也就较低。

(4)导热性:聚四氟乙烯的预压烧结成形过程是完全通过外加热使预压成形件熔化后再结晶的过程,因此材料的导热性对烧结过程影响很大。聚四氟乙烯热导率小,传热慢,烧结必须严格控制升温速率,升温过快容易造成部分材料过热分解。特别是厚壁大制件更应缓慢升温,使烧结尽量均匀,防止局部过热。另外,烧结温度也不能过高。

(5)尺寸波动:聚四氟乙烯线胀系数大,烧结温度高,坯料加热至烧结温度以及烧结后的制品冷至室温,使尺寸的变化都较大,这是与一般塑料加工所不同的,加工时需特别注意。

(6)机加工性:聚四氟乙烯具有良好的切削性,预压成形的坯料及烧结后制品均可通过机械加工切削成要求的形状和尺寸。

2.聚四氟乙烯的成形加工

聚四氟乙烯的成形加工基本都是基于预压烧结成形原理,经预压成形(制坯)-烧结-冷却等工艺过程进行的。具体方法根据制品要求不同而异,批量模塑制品常用模压烧结、液压烧结等方法加工成形,少量或单个零件可用板、棒、锭等已烧结成形的型材机加工制造;管、棒等连续型材可采用挤压烧结、推压烧结等方法加工成形;FTPE薄膜通常以烧结成形的型材为原料经切削、压延制成,

(1)模压烧结成形:模压烧结法主要用于批量生产中小型制件,成形过程分三步完成。

①型坯制造。将悬浮聚合的聚四氟乙烯粉末过筛后按制品所需要的质量均匀地加入到模具型腔内,然后将模具放入压机,缓慢升压。当施加的压力达到规定值后,保压一段时间,然后缓慢卸压、取出制品(预压型坯)。

②烧结。通常在热风循环回转式烧结炉内进行,将预压好的型坯放入烧结炉中,使其从室温缓慢加热到树脂熔点以上,并在该温度下保温一段时间,以便树脂颗粒熔融扩张、黏接熔合成为密实的整体。烧结的过程为相变过程,当烧结温度超过熔点时,聚合物晶体逐渐转变为无定形结构,型坯外观由白色不透明体转变为凝胶状透明体,待这一转变过程充分完成后,方可进行冷却。烧结时的升温速度视型坯大小、厚薄而定,保温时间长短主要取决于烧结温度、树脂的热稳定性以及制品的厚度。

③冷却。将已烧结好的成形物从烧结温度冷却到室温的过程。冷却也是聚合物从非晶相转变为晶相的过程。冷却有"淬火"和"不淬火"两种方法,"不淬火"指缓慢冷却,是将处于烧结温度下的成形物缓慢冷却至室温,由于降温缓慢,有利聚合物结晶,故制品的结

晶度大。“淬火”指快速冷却,是将处于烧结温度下的成形物以最快的冷却速度越过最大结晶速度的温度范围,故制品的结晶度小。

上述方法在烧结过程中对型坯不加任何约束力,故称自由烧结法。除此之外,还可以采用模内热压烧结法,它与自由烧结法的区别在于,将烧结后的型坯尚未冷却到熔点时尽快放入二次加压模具(或预压的型坯不脱模,连同模具一起放入烧结炉中烧结)再次加压,边加压、边冷却。该方法制得的制品尺寸精度较高,因冷却速度快制品结晶度小,残存内应力大。用这种方法制得的制品一般要进行热处理。

(2)液压烧结成形:液压烧结法主要用于批量生产大型制件及比较复杂的异型制件。成形过程与模压烧结成形相似,只是型坯制造方法不同。液压法又称橡皮袋法,是将松散的聚四氟乙烯粉末均匀地置于橡皮袋与模壁之间,然后在橡皮袋中施加液压(常用水为传压介质)使橡皮袋压向模壁,迫使橡皮袋与模壁之间的树脂均匀受力而成形为所需形状的预压型坯,保压一定时间后,消除液压,取出型坯,经自由烧结、冷却后即成制品。此法适合制造杯形及中空制件、大型板材等制品。

(3)挤出烧结成形:悬浮聚合的聚四氟乙烯粉可采用柱塞式挤出机或螺杆式挤出机进行挤出烧结成形,方法是:利用挤出机柱塞或螺杆的推力,将料筒内的物料推向机头,并在机头内压缩、烧结、冷却而成为连续的挤出物,如棒材、管材等。

挤出烧结成形需注意两点:①机头成形段必须要有足够的压缩比,以便物料受到压缩,使制品密实。②料筒不加热,烧结和冷却都在机头内进行,机头的温度控制要分烧结区和冷却区,必须合理选择两个区的长度、严格控制两个区的温度。

柱塞式挤出机挤出成形具有加料方便,挤出压力大等优点,可直接使用聚四氟乙烯粉料。螺杆式挤出机挤出成形采用等距、等深无压缩比的螺杆,最好采用预烧结后再粉碎的树脂。

(4)推压烧结成形:推压烧结成形与挤出烧结成形类似,所不同的是推压烧结成形使用的是分散聚合的聚四氟乙烯粉末,而且不直接使用粉料,需要预压成坯料。具体方法是:先将分散聚合的聚四氟乙烯粉末与一定量的液态润滑剂(石油醚、白油等)在以一定速度旋转的容器内混合制成糊状物,然后将糊状物在 2~4 MPa 的压力下压制成坯料,接着把坯料放入推压机中通过柱塞施以一定的压力,将物料从推压室推入具有一定压缩比的机头内形成管、棒、电缆包覆物等,接着用加热干燥或其他方法将润滑剂除去,再经烧结、冷却得到制品。

推压成形是一种间歇式的成形方法,推出物长度受推压机加料室容积限制。该工艺主要适用于制造薄壁管、线缆包覆,以及用于辊轧成形生料带的小直径棒材等小型制品。

(5)二次加工:聚四氟乙烯二次加工主要用于制备薄膜。

模压或挤压烧结成形制得的型材,通过切削机床切削成一定厚度,即制得非取向薄膜。非取向薄膜由等速的双辊压延机压延,使之取向,即制得取向薄膜。

对于生料带等窄幅薄膜制品可使用小直径棒材直接压延成形。

聚四氟乙烯除用上述方法成形加工外,还可采用粉末流化床涂层法、水分散体喷涂法、玻璃布浸渍层压法、机械加工等方法生产相应制品。

3.聚四氟乙烯的应用

聚四氟乙烯具有优异的耐热性和热稳定性、宽广的使用温度范围、优异的电性能、极优异的耐化学腐蚀性和耐溶剂性、突出的阻燃性、良好的摩擦性和防粘性等一系列特性，使它在许多应用领域占有重要地位。

(1)防腐：各种化工设备、化工机械广泛采用聚四氟乙烯零部件用于防腐。如阀门、阀座、泵、管道系统、隔膜、伸缩接头、设备衬里、搅拌器等，多孔的聚四氟乙烯板材在反应器、蒸馏塔中用作腐蚀性介质的过滤材料等。

(2)电绝缘：聚四氟乙烯是重要的C级绝缘材料，主要的应用形式之一是电线电缆包覆外层，广泛用于无线电通信、广播的电子装置，也用在电子设备的连接线路中，以及高频、超高频电场作用下的电绝缘材料。另一种重要应用形式是在印刷线路板中，以覆铜层压板的形式应用。绝缘薄膜也是聚四氟乙烯重要的应用形式，主要用于各种电机电器的包绕、电容器绝缘介质和绝缘衬垫等。

(3)密封：常用于各种机械设备的密封圈、密封垫、填料涵，以及建筑工程中的上下水、供热、燃气等管线接头的密封，特别是各种防腐和耐热装置密封件的首选材料。

(4)摩擦磨损：聚四氟乙烯可用于制备各种活塞环、轴承(常需填充改性)、支承滑块、导向环等。

(5)防粘：用于塑料加工及食品工业、家用炊具(如防粘锅)的防粘层。

此外，聚四氟乙烯还可用作医疗用高温消毒用品、外科手术的代用血管、消毒保护用品、贵重药品包装、耐高温蒸汽软管等。

12.2 聚三氟氯乙烯

聚三氟氯乙烯(Polychlorotrifluoroethyene，PCTFE)，简称F3，也是氟塑料家族中的重要成员。

12.2.1 聚三氟氯乙烯的制备

聚三氟氯乙烯是由三氟三氯乙烷脱氯生成的三氟氯乙烯单体聚合制成的。

聚三氟氯乙烯可以采用本体法、悬浮法、溶液法、乳液法等多种方法聚合，其中悬浮聚合、溶液聚合和乳液聚合应用较多。

(1)悬浮聚合：悬浮聚合是以过硫酸铵为引发剂，全氟辛酸钠为分散剂，焦亚硫酸钠为还原剂，并加入缓冲剂，在20～35℃，0.5 MPa条件下进行聚合。反应物经离心分离、水洗、研磨、干燥制得聚三氟氯乙烯树脂。

(2)溶液聚合：溶液聚合是以四氯化碳或三氯甲烷为溶剂，以过氧化二苯甲酰为引发剂，在40～70℃的温度下进行聚合，反应物经沉淀、分离得粉末状聚三氟氯乙烯树脂。

(3)乳液聚合：乳液聚合是以水为分散介质，过氟辛酸为乳化剂，过硫酸盐为引发剂，在25～35℃下进行聚合，产物为聚三氟氯乙烯分散液或粉状树脂。

12.2.2 聚三氟氯乙烯的结构与性能

1.聚三氟氯乙烯结构与性能的关系

聚三氟氯乙烯也是线型碳链高聚物，其分子结构式为

$$-\!\!\left[\, CF_2 - \overset{\displaystyle Cl}{\overset{|}{C}}F \,\right]_n\!\!-$$

可以看出,聚三氟氯乙烯分子相当于聚四氟乙烯分子中每个重复结构单元的相同位置有一个氟原子被氯原子所取代。由于氯原子的引入,使聚三氟氯乙烯与聚四氟乙烯的结构性能有所不同。

(1)氯原子体积比氟原子大,破坏了原聚四氟乙烯中分子结构的几何对称性,使分子链紧密堆砌程度有所减小,但分子链结构仍比较规整,仍然可以结晶,但结晶程度会有所减小,结晶熔点降低。当加热到其熔点(215℃)以上时,晶体熔化,呈粘流态,可采用一般热塑性塑料的加工方法进行加工。

(2)由于分子链堆砌程度的减小,使分子链刚性减小,加之Cl—C键键能比F—C键低,所以聚合物的熔点比聚四氟乙烯有所下降,耐热性也略有降低。

(3)氯原子的引入使分子链产生一定极性,使材料的电性能比聚四氟乙烯有所下降。极性的产生也使分子间力增大,宏观上导致材料力学性能,例如拉伸强度、弹性模量等均有所提高。

(4)氯原子、氟原子的体积都大于氢原子,对骨架碳原子均有良好的屏蔽作用,使材料仍具有良好的耐化学腐蚀性。但耐腐蚀性不如聚四氟乙烯,在高温下能够溶解于某些高度卤化的溶剂中。

2.聚三氟氯乙烯的性能

聚三氟氯乙烯是乳白色半透明固体,密度约为2.07~2.18 g/cm^3,薄膜状态时透明,吸水率极小(几乎为零)。

(1)化学稳定性:聚三氟氯乙烯的化学稳定性仅次于聚四氟乙烯,优于绝大多数塑料品种。能耐高温下各种浓度的无机酸、碱、盐类溶液以及较低温度下的强氧化剂,在室温下能耐大多数有机溶剂的腐蚀,但乙醚、乙酸、乙酯等能使其溶胀。氯磺酸、熔融的苛性碱和熔融碱金属、氯、高温高压下的氨和氯气、氢氟酸、高浓度的发烟硫酸、浓硝酸等能将其腐蚀。在高温高压下,能溶于四氯化碳、苯、甲苯、对二甲苯、环已烷、环已酮等溶剂。该材料对紫外线的吸收率很低,因此在户外使用具有良好的耐候性,比聚四氟乙烯等大多数氟塑料耐辐射性好。

(2)热性能:聚三氟氯乙烯的玻璃化温度为42~58℃,结晶熔点为215℃,在0.46 MPa和1.81 MPa负荷下的热变形温度分别为130℃和75℃,在190℃下还具有一定的力学强度。其制品耐寒性优异,可在-195℃的液氧、液氮等低温介质中工作。连续使用温度为-200~200℃。聚三氟氯乙烯线胀系数较低,尺寸稳定性好。在120℃以下,其结晶速率很小,长期在120℃以下工作的零件不会变脆,超过120℃,结晶速率增加,会对材料韧性产生一定影响。

(3)电性能:聚三氟氯乙烯由于分子链上同一个碳原子连接有不同的氟原子和氯原子而略显极性,但其电性能仍属优异,介电常数约为2.2~2.7,介电损耗角正切值为0.009~0.017,体积电阻率比较高,即使在高温下也接近10^{15} Ω·cm,介电强度为20~24 kV/mm,耐电弧性大于360 s。但由于聚合物呈弱极性,介电常数和介电损耗角正切随电场频率对增大而增大,因而限制了其在高频下的应用。聚三氟氯乙烯不吸湿,电性能不随环境湿度的变化而发生变化,但体积电阻率随温度的增高而有所降低。

(4)力学性能：聚三氟氯乙烯力学性能比聚四氟乙烯有所提高。

聚三氟氯乙烯的力学性能与结晶度关系密切。随着结晶度的提高,其密度、硬度、拉伸强度、弯曲强度、弹性模量等都有较大幅度的提高,而冲击强度、断裂伸长率等则降低。聚三氟氯乙烯的冷流性比聚四氟乙烯明显减小,耐蠕变性略有提高。

(5)其他性能：聚三氟氯乙烯也具有极优异的阻燃性,有限氧指数高达95。

聚三氟氯乙烯的渗透性很小,对空气和许多有机溶剂、无机化合物溶液都具有良好的阻透性,对湿气的透过性也很低,故其产品能用作阻气薄膜、盐水和工业气体的保护包装等。聚三氟氯乙烯是所有塑料中透气性较低的品种之一,阻气性比陶瓷优越,因此可在高真空系统中作密封材料。

结晶度较低的聚三氟氯乙烯制品具有较好的透明性,随着结晶度不同,其折射率在1.429~1.435范围内变化。4~7 μm的薄膜对红外线的透过率达80%,因而能应用在导弹的红外窗上。

12.2.3 聚三氟氯乙烯的加工及应用

1.聚三氟氯乙烯的加工特性

高相对分子质量的聚三氟氯乙烯在熔融状态下属非牛顿型流体,随着剪切速率的增加,其表观黏度下降,能用一般热塑性塑料的成形方法进行加工。但成形加工时熔体黏度高,制品易产生内应力。

聚三氟氯乙烯加热到熔点以上时虽可呈现粘流态,但熔体黏度较高(230℃时达(0.5~5)×10^6 Pa·s),所以必须在更高的温度下才能达到足够的流动性。获得加工适宜黏度的温度范围为250~300℃,其开始分解温度亦为300℃左右,加工温度与分解温度比较接近,成形温度范围狭窄,加工困难,故必须严格控制成形温度和受热时间,防止分解(260℃以上长时间受热也会分解)。

聚三氟氯乙烯属结晶聚合物,熔点为215℃,最大结晶速率温度为195℃,在120℃以下结晶速率很小,超过120℃结晶速率增加。缓慢冷却,结晶度可达85%~90%,在淬火的条件下,结晶度只有35%~40%左右,结晶度不同对其制品的力学性能影响较大。成形收缩率大约为1%~2.5%。

聚三氟氯乙烯的热导率小,传热慢,故成形加工时要注意升温和冷却速度。

2.聚三氟氯乙烯的成形加工

聚三氟氯乙烯可以采用注塑、挤出、压塑、涂覆等一般热塑性塑料的成形加工方法。

(1)注塑成形：一般采用螺杆式注塑机。料筒温度:后段200~210℃、中段285~290℃、前段275~280℃,喷嘴温度265~270℃,模具温度110~130℃,注塑压力80~130 MPa,注塑周期50~130 s。

(2)挤出成形：一般采用螺杆式注塑机。料筒温度:后段120~150℃、中段为240~260℃、前段270~280℃,机头温度280~310℃,螺杆转速一般控制在30 r/min。挤出制品的冷却方式根据制品的壁厚确定,薄壁制品可用水急冷,厚壁制品通常需要缓慢冷却。

(3)压塑成形：将聚三氟氯乙烯粒料加入模具中,压机以50 mm/min的速度使模具缓慢合模，压机热板温度为276℃左右，预热一定时间，待物料熔化后缓慢加压，一般压力控制在4～10 MPa，保持压力至制品冷却脱模。压塑时间根据制品的厚薄确定。

(4)涂覆成形：先将聚三氟氯乙烯树脂或分散液与悬浮剂（乙醇）、填料（悬浮液中通常添加2%～3%的石墨粉或氧化铬，目的是为了提高涂层对金属表面的附着力）等配成树脂浓度为30%～40%的悬浮液。然后根据工件的形状和结构不同，选用不同的涂覆方法，如喷涂、浸涂、浇涂、刷涂等，将悬浮液涂覆到工件表面。涂覆后，涂层先经干燥处理，使乙醇挥发。经过干燥的工件放入300℃的恒温箱中进行熔融塑化。当涂层充分塑化后（当涂层由白色变为透明时，表明塑化完成），立即急冷（小工件可投入水中，大型工件可迅速喷水冷却）至100℃以下，以获得较低的结晶度，提高涂层韧性。

聚三氟氯乙烯悬浮液适用于涂覆钢、铝、镍等金属，也适用于石英、陶瓷、石墨等能耐300℃高温且经得起急速冷却、表面无气孔的非金属材料。

3.聚三氟氯乙烯的应用

聚三氟氯乙烯具有较高的力学强度和抗蠕变性，同时具有优良的耐蚀性、耐溶剂性、耐热性和电绝缘性，优异的阻燃性、阻隔性，以及较好的不粘性、加工性等一系列优良特性，使其在许多领域得到广泛应用。

在化工领域应用最多，可用于制造耐腐蚀的高压密封件、高压阀的阀瓣、泵及管道零件、隔膜、设备衬里、计量仪器、视镜等。

利用聚三氟氯乙烯涂覆工艺，可对各种化工设备以及其他仪器、设备、材料等进行防腐、防粘处理。以金属垫圈浸涂聚三氟氯乙烯制成的防腐密封垫圈能耐高压、高真空，并且不粘黏，拆修时不会损坏，可长期使用。用聚三氟氯乙烯涂覆制成的防水电线，可用于潜水泵电机和防腐蚀电机的电线。

聚三氟氯乙烯具有优良的电性能，且可制成比聚四氟乙烯形状更复杂的制品，如高频真空管底座、插座及其他电器零部件。

聚三氟氯乙烯薄膜具有良好的透明性、化学稳定性和力学强度，可用化工设备视镜、腐蚀介质隔离膜、导弹红外窗等。

聚三氟氯乙烯阻气性优越，可用于制作在高真空系统中的密封件。

12.3 聚全氟乙丙烯

四氟乙烯、六氟丙烯共聚物（Fluorinated ethylene - propylene copolymer FEP），俗称聚全氟乙丙烯，简称FEP。

12.3.1 聚全氟乙丙烯的制备

聚全氟乙丙烯是以四氟乙烯单体和六氟丙烯单体在一定条件下聚合制得的共聚物。四氟乙烯单体由氟石和三氯甲烷合成的二氟氯甲烷经高温裂解制得；六氟丙烯单体可由六氟二氯丙烷或六氟二溴丙烷脱氯或脱溴制得，工业化生产则用四氟乙烯或三氟甲烷高温裂解制得。

四氟乙烯与六氟丙烯两种单体的聚合一般采用本体共聚和悬浮共聚的方法。

(1)本体共聚：本体共聚是采用三氯乙酰过氧化物为引发剂,在低于0℃的温度下,使四氟乙烯和六氟丙烯单体进行低温共聚,得到的产物为白色粉状聚合物。

(2)悬浮共聚：悬浮共聚是以过硫酸铵、焦磷酸钠等为引发剂,在55~64℃的情况下,使四氟乙烯和六氟丙烯单体悬浮共聚,可得到浓度为10%~15%的悬浮液,凝聚后亦得到白色粉状聚合物。

12.3.2 聚全氟乙丙烯的结构与性能

1.聚全氟乙丙烯结构与性能的关系

聚全氟乙丙烯也是线型结构的高聚物,其分子式为

$$\left[\left(CF_2-CF_2\right)_x\left(\underset{}{\overset{CF_3}{\overset{|}{C}F}}-CF_2\right)_y\right]_n$$

聚全氟乙丙烯可以看成聚四氟乙烯主链的部分碳原子上连接的一个氟原子被三氟甲基取代的结果。这种结构破坏了分子的对称性和规整性,使分子链刚性减弱、柔性增加,同时影响了分子的有序排列,使结晶速率变慢,结晶度下降,结果使聚合物熔点降低,流动性增加,加工性得到改善,耐热性也有所下降。

聚全氟乙丙烯大分子中三氟甲基的含量不同,聚合物性能随之变化。通常,随着三氟甲基的增多,分子链刚性减小,熔点、玻璃化温度下降,而柔性增加使分子链段运动相对容易,大分子相互缠结,材料综合力学性能变好。一般在聚全氟乙丙烯中四氟乙烯质量分数为82%~83%,六氟丙烯质量分数为17%~18%。由于分子链上侧基很少,聚合物仍不显极性。

四氟乙烯和六氟丙烯两种单体的反应活性差别很大,在共聚过程中六氟丙烯几乎没有均聚的可能,故聚合得到的聚全氟乙丙烯被认为是无规共聚物。

2.聚全氟乙丙烯的性能

聚全氟乙丙烯是乳白色半透明至透明固体,密度为2.14~2.17 g/cm^3,仅次于聚四氟乙烯,表面光洁如蜡,吸水率不超过0.01%。

(1)力学性能：聚全氟乙丙烯的常规力学性能与聚四氟乙烯相似,但韧性和室温下的抗蠕变性优于聚四氟乙烯。冲击强度高,即使带缺口的试样,室温下也冲不断。聚全氟乙丙烯室温下的抗蠕变性能比聚四氟乙烯好,高温下的抗蠕变性则不及聚四氖乙烯。力学性能受温度影响颇大,但即使在200℃时仍能承受一定载荷。

聚全氟乙丙烯摩擦系数小,仅次于聚四氟乙烯,且随载荷增大而降低,又有静摩擦系数小于动摩擦系数的特性。

(2)热性能：聚全氟乙丙烯玻璃化温度约为30℃左右,熔融温度在265~270℃,脆化温度为-90℃。负荷变形温度在0.46 MPa下为72℃,在1.9 MPa下为54℃。可在-85~205℃的范围内长时间工作,在-200~260℃的范围内性能也不致严重劣化。分解温度高于400℃,是一种优良的耐高低温聚合物。其耐热性低于聚四氟乙烯而优于聚三氟氯乙

烯。

聚全氟乙丙烯的热导率为 1.926×10^{7} W/(m·K),在塑料中属中等或中等偏低水平,室温附近线胀系数约为 0.000 1/K,随温度升高而变大。

(3)电性能：聚全氟乙丙烯具有接近于聚四氟乙烯的优异介电性及电绝缘性能,由于无极性和吸湿率极小,电性能也基本上不受电场频率及环境湿度变化的影响,电性能在很宽的温度范围内保持稳定,是一种很优异的电绝缘材料。在 $60\sim10^{6}$ Hz 的频率内,其介电常数均为 2.1,介质损耗角正切值小于 0.000 7,体积电阻率大于 10^{18} Ω·cm。

(4)化学稳定性：聚全氟乙丙烯具有极高的化学稳定性,能耐无机酸、碱,醇、酮、芳烃、卤烃、去污剂、油脂等。只有在高温条件下的碱金属、三氟化氯等能与其起作用。如在200℃,1.8 MPa 压力浸入四氯化碳中的聚全氟乙丙烯,虽然会增重 1% ~ 3%,浸入全氟化合物溶剂中会增重 10%,但当这些被吸收的溶剂除去后,即恢复到原来的性能。

与聚四氟乙烯一样,聚全氟乙丙烯不能燃烧,有限氧指数高达 95。

12.3.3 聚全氟乙丙烯的加工及应用

1.聚全氟乙丙烯的加工特性

与聚三氟氯乙烯一样,聚全氟乙丙烯熔体属于非牛顿型流体,随着剪切速率的增加,熔体的表观黏度降低。聚全氟乙丙烯的熔体黏度为 $10^{3}\sim10^{5}$ Pa·s,而且熔体强度大,同时具有很好的热稳定性,能够用一般热塑件塑料的成形方法,在 290 ~ 380℃内正常加工。聚全氟乙丙烯的熔体黏度比一般热塑性塑料高 10 ~ 100 倍,黏度大,加工温度高。

聚全氟乙丙烯几乎不吸水,成形前不需要干燥。若长期存放在潮湿环境中,表面凝结了水分,则可在 120℃干燥 2 h,以免在制品中产生气泡。

聚全氟乙丙烯的热导率小,传热慢,加之其加工温度高,加工时应注意升温和冷却速度。

聚全氟乙丙烯成形收缩率较大,一般为 3% ~ 6%。

聚全氟乙丙烯的静电吸着性很强,制品表面容易吸尘污染而影响其性能,因此加工时要注意保持清洁,必要时需加入抗静电剂。

2.聚全氟乙丙烯的成形加工

聚全氟乙丙烯可采用注塑、挤出、压塑、涂覆等一般的热塑性塑料成形加工工艺。

(1)模压成形：模压成形可选用熔体黏度较高的颗粒树脂,模具应是耐腐蚀的镍基合金钢,模腔压缩比为 2.5。由于物料压缩比大,应先在冷压机上预压成形,然后移入热压机,压机加热温度控制在 290 ~ 300℃。先将模具中的物料加热熔融,然后加压至规定的压力(2.5 ~ 24.5 MPa),并保持一定的时间,然后冷却。厚壁制品应缓慢冷却,薄壁制品可快速冷却,待制品冷却至 150℃左右或室温时,即可脱模。

(2)注塑成形：聚全氟乙丙烯的注塑通常选用螺杆注塑机,螺杆以突变型为佳。注塑工艺条件为:料筒温度控制在 315 ~ 370℃,喷嘴温度控制在 370℃左右,模具温度控制在 200 ~ 230℃,注塑压力控制在 35 ~ 140 MPa。注射速度应慢,注塑周期较长,注塑制品的收缩率为 3% ~ 6%,注塑制品应在 120℃退火 4 ~ 6 h。

(3)挤出成形：聚全氟乙丙烯挤出成形宜采用挤出螺杆挤出机，螺杆以突变型为佳，挤出成形的温度通常控制在315～370℃的范围内。通常主要采用直径15～25 mm、长径比15以上，压缩比3左右的小型螺杆挤出机，成形小直径的硬管、软管、电线包覆物等制品。

利用挤出工艺也可生产聚全氟乙丙烯吹塑薄膜和中空吹塑容器。

(4)涂覆成形：聚全氟乙丙烯涂覆成形与聚三氟氯乙烯类似，先将树脂与分散剂配制成悬浮液，使用喷涂、刷涂、浸涂、火焰喷涂、静电喷涂、流态化喷涂等方法，将悬浮液涂覆在被加工的工件表面，然后再进行加热塑化、冷却，形成所要求的涂层。一次涂层厚度为0.3 mm，若要求涂层较厚，可多次反复喷涂，每次喷涂的烧结温度为300～340℃，最后一次为340～380℃。

(5)二次加工：聚全氟乙丙烯具有弹性记忆性，可制造热收缩管材、薄膜、套管等。FEP热收缩管的制备方法是将管材加热到80～110℃，以0.3～0.6 MPa的压力吹胀，吹胀率可达40%～100%，制品收缩率为42%，收缩温度为140～180℃。

利用热成形可将FEP管材衬于钢管内，用于腐蚀性介质的输送。

3.聚全氟乙丙烯的应用

聚全氟乙丙烯可代替聚四氟乙烯用于石油、化工、电子、电气、机械及各种高科技技术装备的零部件或涂层。在电子电器工业中，主要用于高级耐热电线、电缆绝缘材料。由于其防腐性能优越，在化学工业中用作防腐衬里、管道、管件等。在纺织工业中，作为防粘材料用于浆纱机、印染装置等。利用聚全氟乙丙烯热收缩特性，将管、膜，套缩在需防粘、防腐的辊筒或其他设备上，使用非常方便。

12.4 可熔性聚四氟乙烯

聚四氟乙烯具有多方面的优异特性，应用领域非常广泛，但其难加工性使其应用受到很大限制。为拓宽FTPE的应用范围，杜邦公司在FTPE商品化不久，就着手研制能熔融加工且性能类似的新品种氟树脂。20世纪70年代，该公司以商品名，Teflon PFA，推出了少量全氟丙基乙烯基醚参与四氟乙烯聚合反应而得的共聚物(Perfluoroalkoxy polymer PFA)，俗称可熔性聚四氟乙烯。这种产品几乎具有聚四氟乙烯的所有优异性能，而且结晶度和熔体黏度得以降低，从而能够熔融加工。

12.4.1 可熔性聚四氟乙烯的制备

可熔性聚四氟乙烯是全氟丙基乙烯基醚单体($C_3F_7—O—CF═CF_2$)与四氟乙烯的共聚物。全氟丙基乙烯基醚单体以全氟(2-丙氧基)丙酰氟为原料，高温裂解得到。

可熔性聚四氟乙烯的工业制备目前采用乳液共聚法，将四氟乙烯与适量的全氟丙基乙烯基醚两种单体混合加入聚合釜中，以水为介质，全氟辛酸铵为乳化剂，过硫酸铵为引发剂，在70℃左右，1.5MPa压力下共聚。反应完成后将含聚合物的乳液经凝聚、洗涤、干燥、挤出造粒等工序制得PFA树脂，也可以浓缩分散液或粉料的形式供应市场。

12.4.2 可熔性聚四氟乙烯的结构与性能

1.可熔性聚四氟乙烯结构与性能的关系

可熔性聚四氟乙烯是全氟丙基全氟乙烯基醚与四氟乙烯的嵌段共聚物，分子式为

$$\left[\left(CF_2 - CF_2 \right)_x \left(\underset{\displaystyle |}{\overset{O-C_3F_7}{CF}} - CF_2 \right)_y \right]_n$$

可熔性聚四氟乙烯可以看作是聚四氟乙烯分子链骨架上有少数碳原子所连接的氟原子被全氟丙氧基($-OC_3F_7$)所取代的结果。这一取代使聚合物结构发生了以下变化。

(1)破坏了原聚四氟乙烯分子链的规整性和相对称性。

(2)产生了空间位阻效应(全氟丙氧基的体积远大于氟原子)，增大了分子链间距离。

(3)全氟丙氧基与氟原子连接在同一个碳原子上，对聚合物极性并未产生明显影响。

以上变化导致的综合结果是使聚合物分子链刚性下降，可以出现熔融态，使聚合物的结晶能力下降，结晶度减少。

可熔性聚四氟乙烯的可熔性使其获得了自身及与其他材料的熔融黏结性，可用于包括聚四氟乙烯在内的氟塑料的焊接，使其可用常规热塑性塑料成形工艺进行熔融加工。

由于可熔性聚四氟乙烯中全氟丙氧基质量分数很低(约为4%)，聚合物仍可保持聚四氖乙烯的各种优异性能。共聚物的力学强度等物理机械性能、电性能、耐化学性能与聚四氟乙烯相比毫不逊色，而熔体黏度下降，抗冷流性、耐折性也大为改善，气体的渗透性下降。另外，少量全氟丙基乙烯基醚共聚单体的加入，使得树脂颗粒由形状复杂的纤维状粒子变成了球状粒子，粒子的流动性和稳定性大为提高。得到的聚合物能直接用柱塞式或双螺杆挤出机挤出，而无需进行预烧结或造粒等繁琐的预处理。

2.可熔性聚四氟乙烯的性能

可熔性聚四氟乙烯是乳白色半透明固体，密度为2.1~2.17 g/cm³，由于侧基主链与侧基之间存在醚键，使吸水率略大于聚四氟乙烯，约为0.03%。

(1)力学性能：可熔性聚四氟乙烯拉伸强度接近或略高于聚四氟乙烯，约为28~30 MPa，高温下的强度保持率高于聚四氟乙烯。例如在285℃经2 000 h后，拉伸强度、伸长率基本不变，耐弯折寿命长，可反复弯折数十万次，远优于聚四氟乙烯，也具有如同聚四氟乙烯的良好的自润滑性。

(2)热性能：可熔性聚四氟乙烯的熔点是302~315℃，低于聚四氟乙烯，但高于聚三氟氯乙烯和聚全氟乙丙烯，最高连续使用温度为260℃，与聚四氟乙烯相同。PFA的热变形温度很低，在1.81 MPa载荷下仅为48℃，在0.45 MPa载荷下为75℃。

(3)电性能：可熔性聚四氟乙烯具有与聚四氟乙烯相似的极优异的电性能，其电性能基本上不受电场频率的影响，且在很宽的温度范围内保持不变。在60~10^9 Hz电场内，介电常数保持不超过2.1；在60~10^6 Hz电场内，介电损耗保持在10^{-5}数量级；10^9 Hz电场内，介电损耗增大到10^{-3}数量级。体积电阻率电场约10^{16} Ω·cm，介电强度和耐电弧性低于聚四氟乙烯，分别为20~24 kV/mm和180 s。

(4)化学稳定性：与聚四氟乙烯一样，化学性质极为稳定，除了高温元素氟和熔融碱

金属可以使它分解外,其他一切试剂对它几乎不起作用。

除上述品质外,可熔性聚四氟乙烯还具有如同聚四氟乙烯一样的不粘性、不燃性、耐老化性等优良特性。

12.4.3 可熔性聚四氟乙烯的加工及应用

1.可熔性聚四氟乙烯的加工特性

可熔性聚四氟乙烯树脂的主链结构赋予该材料与聚四氟乙烯十分接近的理化特性,而全氟烷氧侧基的引入增加了链的柔性,降低了聚合物的熔体黏度。PFA树脂是很稳定的聚合物,加工温度可高达425℃,在超过425℃短期加热或低于425℃长期加热,聚合物的熔体黏度会增大,但在加工时熔体流动速率的变化在20%以内时,物理性能不会明显下降,高温加工时有时会有变色现象,但并不影响其性能。

可熔性聚四氟乙烯的加工温度高,熔体对金属有腐蚀作用,要求模具及设备耐高温、耐腐蚀。

2.可熔性聚四氟乙烯的成形加工

可熔性聚四氟乙烯可以采用注塑、挤出、模压、喷涂等方法成形,但该聚合物临界剪切速率较低,注塑和挤出时只宜采用较低的出料速率和成形压力。

(1)注塑成形:注塑成形可在柱塞式或螺杆式注塑机上进行,料筒后、中、前部分的温度分别为200℃、300℃、405℃,注塑压力为40~50 MPa,模具温度约为200℃。冷却时间和注射周期由制品壁厚而定。

(2)挤出成形:柱塞式、单螺杆式及双螺杆式挤出机均可使用,使用单螺杆挤出机成形时一般采用长径比为20~24,压缩比为3的突变型螺杆,料筒前、中、后三段温度分别为295~310℃、400~410℃、420~430℃,机头温度约400~420℃。

(3)模压成形:模压成形温度为330~380℃,压力为5~14 MPa,在成形温度下保持20~30 min,然后在压力下缓慢冷却至200~240℃,方可脱模。

(4)传递模塑:传递模塑主要用于制造阀门、管件、泵的内衬,先将工件加热至350~370℃,然后,把熔融的物料注入这些工件中并施压、冷却、成形温度为370~390℃。

(5)喷涂:可熔性聚四氟乙烯分散液和粉料均可用于喷涂,分散液可用喷枪喷涂,干粉可用静电粉末涂覆,喷涂后分别在360~380℃和380~400℃烧结、冷却。若要求涂层较厚,可反复若干次,最后一次应淬火处理。

3.可熔性聚四氟乙烯的应用

可熔性聚四氟乙烯的应用领域与聚四氟乙烯相同,但可以比聚四氟乙烯成形出形状更复杂的制品。

思考题

1.试述聚四氟乙烯的结构特点,了解其分子链结构与独特性能的关系。

2.聚四氟乙烯与一般热塑性塑料加工有何不同?为什么?

3.试述聚三氟氯乙烯与聚四氟乙烯结构及性能上的异同。

4.试述聚全氟乙丙烯与聚四氟乙烯结构及性能上的异同。

5.试述可熔性聚四氟乙烯与聚四氟乙烯结构及性能上的异同。

6.概述本章所介绍的几个氟塑料品种的共同突出特性。

参考文献

[1] 中蓝晨光化工研究院《塑料工业》编辑部.2004~2005年国外塑料工业进展[J].塑料工业,2006,34(3):1.

[2] 尹德荟,李炳海.超高分子量聚乙烯的开发和应用[J].塑料,1999,28(4):16~23.

[3] 魏文杰,任照玉.聚合填充型超高分子质量聚乙烯复合材料的结构与性能[J].中国塑料,1998,12(5):20~25.

[4] 钟玉荣,卢鑫华.直接加热在超高分子量聚乙烯压制工艺中应用的研究[J].塑料,1991,20(3):30~33.

[5] 刘妍,李旭慧,刘照辉.双峰聚乙烯的生产[J].综述专论化工科技,2003,11(3):53~57.

[6] 潘建兴,杨敬一,徐心茹.聚乙烯技术新进展[J].现代化工,2005,25(8):20~22.

[7] 张留成,瞿雄伟,丁会利.高分子材料基础[M].北京:化学工业出版社,2002.

[8] 高俊刚,李元勋.高分子材料[M].北京:化学工业出版社,2002.

[9] 张海,赵素合.橡胶及塑料加工工艺[M].北京:化学工业出版社,2004.

[10] 陈彦,杨小震.分子动力学方法模拟单链聚乙烯的结晶过程[J].计算机与应用化学,1999,16(2):81~88.

[11] 汪多仁.现代高分子材料生产及应用手册[M].北京:中国石化出版社,2004.

[12] 龚云表,石安富.合成树脂与塑料手册[M].上海:上海科学技术出版社,1993.

[13] BART JAN C J. Additives in Polymers Industrial Analysis and Applications[M]. John Wiley & Sons, Ltd, 2005.

[14] DUFTON Dr P W. Functional Additives for Plastics Industry[M]. Rapra Technology Limited, 1998.

[15] HORROCKS A R and PRICE D. Fire Retardant Materials[M]. CRC Press Boca Raton Boston New York Washington, DC, Woodhead Pubilishing Limited, Cambride England, 2001.

[16] MARCILLA A, GARCIA-QUESADA J C, HERNANDEZ J, RUIZ-FEMENIA R, PEREZ J M. Study of polyethylene crosslinking with polybutadiene as coagent[J]. Polymer Testing, 2005, 24(7), 925~931.

[17] KIM K J, OK Y S, KIM B K. Crosslinking of polyethylene with peroxide and multifunctional monomers during extrusion[J]. European Polymer Journal, 1992, 28(12), 1487~1491.

[18] 李忠明,张雁.硅烷接枝热水交联聚乙烯共混物的研究[J].塑料工业,1999,27(6):1~3.

[19] SCOTT PARENT J, STACEY CIRTWILL, ANCA PPENCIU, RRALPH A WHITNEY, PETER. Jackson 2,3 – Dimethyl – 2,3 – diphenylbutane mediated grafting of vinyltriethoxysilane to polyethylene: a novel radical initiation system[J]. Polymer, 2003, 44(4), 953~961.

[20] 董丽华,胡永琪.氯化聚乙烯的生产工艺及其应用前景[J].河北化工,2004,3:21~23.

[21] 管延彬.氯化聚乙烯合成技术进展[J].塑料助剂,2005,4,6~12.

[22] 姜玉起,于殿名. 树脂型氯化聚乙烯国内外市场研究[J]. 化工技术经济,2005(8):25~28.
[23] 黄发荣,陈涛,沈学宇.高分子材料的循环利用[M].北京:化学工业出版社,2000.
[24] 许健南.塑料材料[M].北京:中国轻工业出版社,1999.
[25] 凌绳,王秀芬,吴友平.聚合物材料[M].北京:中国轻工业出版社,2000.
[26] 赵敏,高俊刚,邓奎林.改性聚丙烯新材料[M].北京:化学工业出版社,2002.
[27] 洪定一.塑料工业手册(聚烯烃)[M].北京:化学工业出版社,1999.
[28] 张克惠.塑料材料学[M].西安:西北工业大学出版社,2000.
[29] 陈杰.我国合成树脂工业发展概况及前景[J].现代塑料加工应用,2005,17(2):1~5.
[30] 郑宁来.我国 PVC 市场现状和开发前景[J].江苏化工,2004,32(4):5~8.
[31] 张小文.氯化聚氯乙烯(CPVC)塑料[J].国外塑料,2005,23(4):37~41.
[32] 马红霞,李耀仓.聚氯乙烯改性体系中交联剂的研究进展[J].塑料工业,2005,33(2):34~39.
[33] 张家杰.氯化聚氯乙烯产需现状及发展趋势[J].聚氯乙烯,2005,10:13~16.
[34] BASSIOUNI M E, EL-SHAMY F. Radiation dose effects in chlorinated polyvinyl chloride[J]. Polymer, 1999, 40(7), 1903~1909.
[35] UTSCHICK H, RITZ M, MALLON H J, AARNOLD M, LUDWIG W, KETTRUP A, MATTUSCHEK G, CYRYS J. Investigations on the thermal degradation of post-chlorinated polyvinyl chloride[J]. Thermochimica Acta, 1994,234, 139~151.
[36] CARTY P, WHITE S. Flammability studies on plasticised chlorinated poly (vinyl chloride) [J]. Polymer Degradation and Stability, 1999,63(3), 455~463.
[37] 金国珍.工程塑料[M]. 北京:化学工业出版社,2001.
[38] 陈乐怡,张从容,雷燕湘,等.常用合成树脂的性能和应用手册[M].北京:化学工业出版社,2002.
[39] 孙绍灿.塑料实用手册[M].杭州:浙江科学技术出版社,1999.
[40] 北京化工学院化工史编.化工工业简史[M].北京:技术文献出版社,1985.
[41] 福本修(日).聚酰胺手册[M].施祖培等,译.北京:中国石化出版社,1994.
[42] NELSON W E. Nylon Plastics Technology[M]. NEWNES BUTTERWORTHS, 1976.
[43] KOHAN M I. Handbook of Nylon Plastics[M]. Munich: Handser Publishers, 1995.
[44] MBS. World Congress of PA2000[M]. Zurich: Mar , 2000, 16.
[45] KOHAN M I. Handbook of Nylon Plastics[M]. Munich: Handser Publishers, 1995, 3.
[46] GIJSMAN P, Tummers D, Janssen K. Differences and similarities in the thermooxidative degradation of polyamide 46 and 66[J]. Polymer Degradation and Stability, 1995,49(1):121~125.
[47] ADRIAENSENS P, POLLARIS A, CARLEER R, VANDERZANDE D, GELAN J, LITVIONOV V M, TIJSEEN J. Quantitative magnetic resonance imaging study of water uptake by polyamide 4,6[J]. Polymer, 2001,42(19):7943~7952.
[48] REINICKE R, HAUPERT F, FRIEDRICH K. On the tribological behaviour of selected, injec-

tion moulded thermoplastic composites[J]. Composites Part A: Applied Science and Manufacturing (Incorporating Composites and Composites Manufacturing), 1998, 29(7): 763 ~ 771.
[49] 王群,邵正中,于同隐.聚酰胺-46的合成和结构研究(Ⅱ)——产物的基本表征和结构研究[J].高等学校化学学报,1997,18(4):628~632.
[50] ALBERTO B, DOMENNICO G, MARIO G, PIETRO M, GIORGIO M. Thermal decomposition processes in aliphatic-aromatic polyamides investigated by mass spectrometry[J]. Macromolecules, 1986, 19(9):2693~2699.
[51] INOUE J. Polymer news[J]. Journal of Applied Polymer Science, 1961, 5(18):753~754.
[52] POWELL C S, KALIKA D S. The semicrystalline morphology of aliphatic-aromatic polyamide blends[J]. Polymer, 2000, 41(12): 4651~4659.
[53] SICILIANO A, SEVERGNINI D, SEVES A, PEDRELLI T, VICINI L. Thermal and mechanical behavior of polyamide 6/polyamide 6I/6T blends[J]. Journal of Applied Polymer Science, 1996, 60(10): 1757~1764.
[54] KUDO K, SUGUIE T, HIRAMI M. Melt-polymerized aliphatic-aromatic copolyamides. I. Melting points of nylon 66 copolymerized with aromatic diamines and terephthalic acid[J]. Journal of Applied Polymer Science, 1992, 44(9): 1625~1629.
[55] ELLIS T S. Moisture-induced plasticization of amorphous polyamides and their blends[J]. Journal of Applied Polymer Science, 1988, 36(3):451~466.
[56] 刘德山,傅清红,周其痒.芳-脂族共聚酰胺热致液晶的合成与表征[J].清华大学学报(自然科学版),1990,30(3):47~53.
[57] 单国荣,潘智存,贺玉斌,王晓工,刘德山,周其痒.合成方法对芳香共聚酰胺性能的影响(Ⅰ)共聚酰胺的对数比浓黏度[J].高分子材料科学与工程,1997,13(6):56~59.
[58] 谷立广,刘德山,王晓工,杨翠荣,周其痒.芳香-脂肪族共聚酰胺的序列结构和容致液晶性能[J].高分子学报,1994,(1):65~69.
[59] 赵育.新型耐热聚酰胺PA9T[J].四川化工与腐蚀控制,1999,2(5):16~22.
[60] 杨贵生,卢凤才.催化剂用量对MC尼龙合成、形态与性能的影响[J].高分子学报,1992,(1):15~22.
[61] 翟羽伸.从新型聚酰胺树脂PA9T的开发看树脂品种牌号的创新[J].化工新型材料,1999,27(1):14~16.
[62] 黄如注.PPA树脂的生产与应用[J].化工新型材料,1994,22(6):14~17.
[63] 黄发荣,焦扬声,郑安呐.不饱和聚酯树脂[J].北京:化学工业出版社,2001.

第2篇　橡　胶

第1章　绪　论

作为三大高分子材料之一的橡胶,在室温上下很宽的温度范围内具有优越的弹性,因此也叫弹性体。除此之外,橡胶还具有耐疲劳、耐磨、电绝缘、不透气不透水、耐腐蚀和耐溶剂等优异的性能,在交通运输、建筑、航空航天、工农业生产、医药卫生、电子信息产业和日常生活等各个领域都得到了广泛的应用,是国民经济和科技领域中不可缺少的材料之一。

1.1　橡胶材料的基本特征

美国材料试验协会(ASTM)D1566标准中定义:橡胶是一种材料,它在大的形变下能迅速而有力地恢复其形变,能够改性。改性的橡胶实质上不溶于(但溶胀于)沸腾的苯、甲乙酮、乙醇-甲苯混合物等溶剂中。改性的橡胶在室温下(18~29℃)被拉伸到原长度的两倍并保持一分钟后除掉外力,它能在一分钟内恢复到原长的1.5倍以下。

定义中的改性指的是硫化,而未硫化的橡胶叫生胶。生胶是由线型大分子或者带支链的线型大分子构成,随着温度的变化有三态,即玻璃态、高弹态及粘流态。但是,生胶在低温下变硬,高温下变软,力学性能低,基本没有使用价值。

生胶是相对分子质量为10万~100万以上的粘弹性物质。生胶在室温和自然状态下有极大的弹性,而在50~100℃之间开始软化,此时进行机械加工能产生很大的塑性变形,易于将配合剂均匀地混入塑炼胶中并制成各种胶料和半成品。这种配合的混炼胶在140~180℃下,经过一定时间(通常为2~40 min)的硫化,橡胶分子之间产生化学反应,由线型结构转化为体型结构,从而丧失塑性,成为既有韧性又很柔软的有实用价值的弹性体。人们习惯把生胶和硫化胶通称为橡胶。

橡胶的弹性模量非常小,仅为2~4 MPa,约为钢铁的1/30 000,而伸长率则高达钢铁的300倍;同塑料相比,伸长率虽然接近,但弹性模量只有其1/30。橡胶的拉伸强度约为5~40 MPa,破坏时伸长率可达100%~800%。在350%的范围内伸缩,回弹率能达到85%以上,即永久变形在15%以内。橡胶最宝贵的性能是在-50~130℃的广泛温度范围内均能保持正常的弹性。

橡胶能与多种材料并用、共混、复合,由此进行改性,以得到良好的综合性能。橡胶用炭黑等填料进行补强时,能使耐磨性能提高 5~10 倍,对非结晶性的合成橡胶(如丁苯橡胶、硅橡胶)能使力学强度提高 10~50 倍。不同橡胶品种之间的互相并用,以及橡胶同多种塑料的共混,可使橡胶的性能得到进一步的改进与提高。橡胶与纤维、金属材料的复合,更能最大限度地发挥橡胶的特性,形成各式各样的复合材料和制品。这是橡胶的生命力所在。

橡胶的这些基本特性,使它成为工业上极好的减震、密封、屈挠、耐磨、防腐、绝缘以及黏接等材料。由此而扩展的各类橡胶复合制品迄今已达五六万种之多。橡胶的消耗量每年达到 2 000 万吨以上,其中有 80%左右是橡胶工业使用,其余 20%用于非橡胶工业。橡胶工业还使用大量的纤维、金属以及部分塑料共同构成复合的橡胶制品,代表性的制品为轮胎。轮胎的橡胶用量占全部橡胶消费量的 50%~70%。另外,胶带、胶管、胶鞋、胶辊、胶布及乳胶制品等用量也非常大。值得一提的是乳胶制品,我国在世界上占第一位。

1.2 橡胶的分类

目前,橡胶(包括塑料改性的弹性体)的种类已 100 种之多,如果按牌号估算,实际上已超过 1 000 种。其分类方法很多,常用的如下。

(1)按来源分类:分为天然橡胶与合成橡胶,其中天然橡胶的消耗量占 1/3,合成橡胶的消耗量占 2/3。

(2)按性能和用途分类:合成橡胶分为通用合成橡胶和特种合成橡胶,用以代替天然橡胶来制造轮胎及其他常用橡胶制品的合成橡胶称为通用合成橡胶,如丁苯橡胶、顺丁橡胶、异戊橡胶、氯丁橡胶等。近年来,出现了一种新型的集成橡胶,它主要用于轮胎的胎面。凡具有特殊性能,专门用于各种耐寒、耐热、耐油、耐臭氧等特种橡胶制品的橡胶,称为特种合成橡胶,如丁腈橡胶、硅橡胶、氟橡胶、丙烯酸酯橡胶、聚氨酯橡胶等。

(3)按化学结构分类:根据橡胶分子链上有无双键存在,分为不饱和橡胶和饱和橡胶两大类。前者有二烯类及非二烯类的硫化型橡胶,后者有非硫化型橡胶及其他弹性体之分。饱和橡胶进而又分为主链含亚甲基的橡胶(乙丙橡胶、氯化聚乙烯、氯磺化聚乙烯、丙烯酸酯橡胶以及氟橡胶等),主链含硫的橡胶(聚硫橡胶),主链含氧的橡胶(氯醚橡胶),主链含硅的橡胶(硅橡胶)及主链含碳、氧、氮的橡胶(聚氨酯橡胶)等。

(4)按橡胶的外观特征分类:分为固态橡胶(又称干胶)、乳状橡胶(简称胶乳)、液体橡胶和粉末橡胶四大类,其中固态橡胶的产量约占 85%~90%。

另外,还有按橡胶的软硬程度划分为一般橡胶、硬橡胶、半硬质橡胶、硬质胶、微孔胶、海绵胶、泡沫橡胶等;按橡胶中填充材料的种类分为充油橡胶、充炭黑橡胶以及充油充炭黑橡胶;按单体组分为均聚物、共聚物以及带有第三组分的共聚物(亦称三聚物);按聚合方法分为本体聚合、悬浮聚合、乳液聚合及溶液聚合;合成橡胶还有按稳定剂的种类分为非污染型(NST)、污染型(ST)和无污染型(NIL);根据橡胶最终交联的性质,还可分为硫黄硫化、无硫(有机硫化物)硫化、过氧化物交联、醌肟交联、金属氧化物交联以及树脂交联等。

1.3 橡胶原材料

橡胶制品的主要原材料有生胶、再生胶、硫化胶粉以及各种配合剂,有的制品还要有纤维和金属材料作为骨架材料。

1.3.1 生胶、再生胶和硫化胶粉

生胶包括天然橡胶和合成橡胶,为橡胶的母体材料或称为基体材料(在后面着重介绍)。

再生胶是废旧橡胶制品经粉碎、再生和机械加工等物理化学作用,使其由弹性状态变成具有塑性及粘性状态,并且能够再硫化的材料。橡胶的再生过程主要是“脱硫”,即利用机械能、热能和化学能(氧的作用和加入脱硫活化剂)使废橡胶中的交联点及交联点间的分子链发生断裂,从而破坏了橡胶的网络结构。部分成为更小的交联碎片,这部分不能溶解;部分成为链状或带支链的分子链,这一部分可以溶解,被氯仿抽出。再生胶可部分代替生胶使用,降低成本,也可改善胶料的工艺性能,提高产品的耐油、耐老化性能。传统的再生胶的生产工艺有油法、水油法等,存在生产效率低、环境污染严重、能耗大等缺点,在逐渐被淘汰。

硫化胶粉是将废旧橡胶制品直接粉碎后制成的粉末状橡胶材料。根据制法不同,可以分冷冻胶粉、常温胶粉及超微细胶粉。胶粉越细,性能越好。与再生胶相比,胶粉生产工艺简单,节约能源,减少环境污染,成本低,力学性能也比再生胶好。可以进行表面活化,进一步提高应用性能。

1.3.2 橡胶配合剂

橡胶材料具有高弹性等许多优良性能,但还存在机械强度低、不耐老化等缺点。不加配合剂的橡胶遇热变软,遇冷变硬,不能使用。因此为了制得符合使用性能的橡胶,改善橡胶的加工工艺性能以及降低成本等,必须加入多种配合剂。根据其在橡胶中起的作用,主要有以下几种。

(1)硫化剂:在一定条件下能使橡胶发生交联的物质统称为硫化剂。由于天然橡胶最早采用硫磺交联,所以橡胶的交联过程叫做硫化。随着合成橡胶的发展,硫化剂的品种也在增加。目前有在硫化温度下能分解出活性硫与橡胶分子发生反应的含硫化合物,如二硫化四甲基秋兰姆(TMTD);金属氧化物,如氧化锌、氧化镁;过氧化物,如过氧化二异丙苯、过氧化苯甲酰;醌类衍生物,如对苯醌二肟;胺类化合物,如马来酰亚胺;树脂,如酚醛树脂、环氧树脂等。

(2)硫化促进剂:凡能加快硫化速度,缩短硫化时间,降低硫化反应温度,减少硫化剂用量并能提高或改善硫化胶的物理机械性能的物质称为硫化促进剂,简称促进剂。促进

剂又分为无机促进剂和有机促进剂。无机促进剂有钙、镁、铝等金属氧化物,它们的促进效果和硫化胶质量不好。在20世纪20年代有机促进剂发展后,大多使用有机促进剂,有机促进剂按化学结构分类有:噻唑类、次磺酰胺类、秋兰姆类、胍类、二硫代氨基甲酸盐类、黄原酸盐类、醛胺类和硫脲类。最常用的有促进剂M(硫醇基苯并噻唑)、促进剂DM(二硫化二苯并噻唑)、促进剂CZ(N-环已基-2-苯并噻唑次磺酰胺)、促进剂TMTD(二硫化四甲基秋兰姆)等。根据促进效果分类,国际上是以促进剂M为标准,凡硫化速度快于M的为超速或超超速促进剂,与促进剂M相当的为准超速级,低于M的为中速级或慢速级。

(3)硫化活性剂:硫化活性剂简称活性剂,又叫助促进剂。其作用是提高促进剂的活性,提高硫化速度和硫化效率(即增加交联键的数量,降低交联键中的平均硫原子数),改善硫化胶性能。常用的活性剂为氧化锌和硬脂酸配合体系。

(4)防焦剂:防焦剂又称硫化延迟剂或稳定剂。其作用是防止或延迟胶料在硫化前的加工和贮存过程中发生早期硫化(焦烧)现象。胶料和半成品在硫化前的各个操作过程中由于机械作用产生热量和高温环境作用,使胶料产生塑性降低,这种现象称为早期硫化现象,即焦烧。一般通过调整硫化体系和改善设备操作工艺来防止焦烧,如果解决不了,可以采用防焦剂。常用防焦剂有防焦剂TCP(N-环已基硫代邻苯二甲酰亚胺)、防焦剂NA(N-亚硝基二苯胺)、邻苯二甲酸酐等。

(5)防老剂:橡胶在长期贮存和使用过程中,受热、氧、光、臭氧、高能辐射及应力作用,出现逐渐发粘、变硬、弹性降低的现象称为老化。凡能防止和延缓橡胶老化的物质称为防老剂。

防老剂品种很多,根据其作用可分为抗氧化剂、抗臭氧剂、有害金属离子作用抑制剂、抗疲劳老化剂、抗紫外线辐射抑制剂等。按作用机理,防老剂可分为物理防老剂和化学防老剂。物理防老剂如石蜡等,是在橡胶表面形成一层薄膜而起到屏障作用。化学防老剂可破坏橡胶氧化初期生成的过氧化物,从而延缓氧化过程。常用防老剂有胺类和酚类防老剂。胺类防老剂防护效果好,但是污染、变色性大,不适合白色、浅色和透明制品。常用品种有防老剂4010(N-苯基-N′-环已基对苯二胺或防老剂CPPD)、防老剂4010NA(N-苯基-N′-异丙基对苯二胺)、防老剂AW(6-乙氧基-2,3,4-三甲基-1,2-二氢化喹啉)、防老剂RD(2,2,4-三甲基-1,2-二氢化喹啉聚合体)、防老剂A(N-苯基-α-苯胺)、防老剂D(N-苯基-β-苯胺)等。酚类防老剂有防老剂246、防老剂2246等。

(6)填充剂和补强剂:凡能改善橡胶力学性能的填料称为补强剂,凡在胶料中主要起增加容积作用的填料为填充剂,又称增容剂。橡胶工业中常用的补强剂为炭黑,其用量为橡胶的50%左右。白炭黑(水合二氧化硅)其作用仅次于炭黑,故称白炭黑。广泛用于浅色橡胶制品。橡胶制品中常用的填充剂有碳酸钙、陶土、碳酸镁等。

(7)软化增塑剂:凡能增加胶料的塑性,有利于配合剂在胶料中分散,便于加工,并能适当改善橡胶制品的耐寒性的物质,叫做软化剂。常用软化剂有两种,一种来源于天然物质,用于非极性橡胶,如石油类(操作油、机械油、凡士林等)、煤加工产品(煤焦油、古马隆树脂和煤沥青等)、植物油类(松焦油、松香等);另一种合成酯类软化剂主要用于极性橡胶(如丁腈橡胶)的增塑,所以又叫橡胶增塑剂。

(8)其他配合剂:除了以上配合剂以外,为了其他目的加入的一些配合剂,如发泡剂、隔离剂、着色剂、溶剂等,根据橡胶制品的特殊要求进行选用,也可以查阅有关助剂手册。

1.3.3 骨架材料

橡胶的弹性大,强度低,因此很多橡胶制品必须用纤维材料或金属材料作为骨架材料,以提高制品的力学强度,减少变形。

骨架材料由纺织纤维(包括天然纤维和合成纤维)、钢丝、玻璃纤维等经加工而成,主要有帘布、帆布、线绳以及针织品等各种类型。根据制品性能要求不同,而选用不同的骨架材料品种和用量。

1.4 橡胶的加工工艺

一般橡胶的加工工艺主要包括:塑炼、混炼、压延、压出、成形、硫化等工序,其工艺流程可用图 1.1 表示。

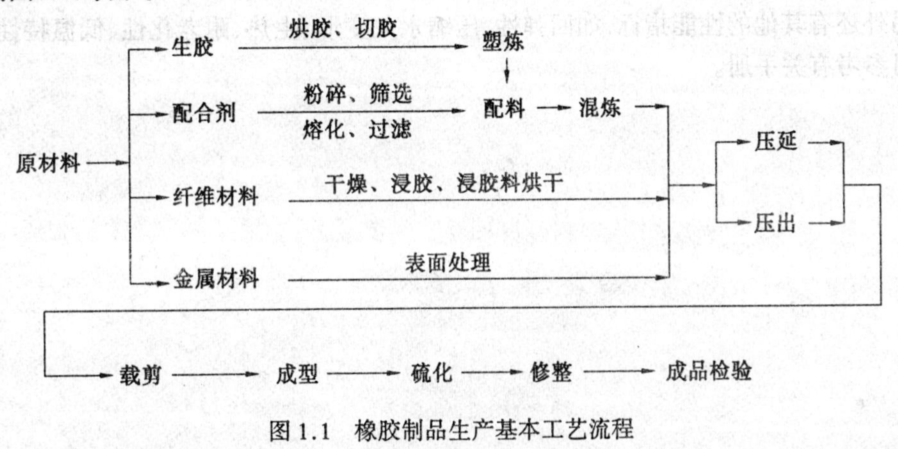

图 1.1 橡胶制品生产基本工艺流程

1.5 橡胶的性能指标

橡胶材料的性能包括加工性能和使用性能,其指标通常如下。

(1)威氏可塑度:试样在外力作用下产生压缩形变的大小和除去外力后保持形变的能力。

(2)门尼黏度:指生胶或胶料在 100℃以下对黏度计转子转动所产生的剪切阻力。通常用 $ML_{1+4}100$(M 为门尼黏度,L 为转动 4 min 后的读数,1 指预热 1 min)。采用测试设备为门尼黏度计,也叫转动黏度计,所以也叫转动黏度。

(3)门尼焦烧:是根据混炼胶料转动黏度的变化,测定一定温度下开始出现硫化现象的时间,一般为从黏度最低值开始直到上升 5 个转动黏度值所需的时间,即为门尼焦烧时间。

(4)拉伸强度：试样在拉伸破坏时，原横截面上单位面积上所受的力，单位 MPa。虽然橡胶很少在纯拉伸情况下使用，但是橡胶的很多其他性能(如耐磨性、弹性、应力松弛、蠕变、耐疲劳性等)与其有关。

(5)扯断伸长率：试样在拉伸破坏时，伸长部分的长度与原长度的比值，通常以百分率(%)表示。

(6)撕裂强度：表征橡胶耐撕裂性的好坏，试样在单位厚度上所承受的负荷，单位 kN/m。

(7)定伸应力：试样在一定伸长(通常 300%)时，原横截面上单位面积所受的力，单位 MPa。

(8)硬度：是衡量橡胶抵抗变形能力的指标之一，用硬度计来测试，最常用的是邵氏硬度计，其值为 1～100。其值越大，橡胶越硬。

(9)阿克隆磨耗：在阿克隆磨耗机上，使试样与砂轮成 15 度倾斜角，并受到 2.72 kg 压力的情况下橡胶试样与砂轮磨耗 1.61 km 时，用被磨损掉的体积来表示橡胶的耐磨性，单位 cm^3/1.61 km。

另外还有其他的性能指标，如回弹性、压缩永久变形、生热、耐老化性、低温特性、生热性等可参考有关手册。

第2章 天然橡胶

天然橡胶(Natural rubber 缩写为 NR)是从天然植物中获取的以橡胶烃(聚异戊二烯)为主要成分的天然高分子化合物。人类大约在11世纪就开始利用天然橡胶了,20世纪30年代有了合成橡胶,目前已有几十种,但是还没有一种合成橡胶具有天然橡胶的优良综合性能,因此,天然橡胶的用量仍占橡胶总量的40%。

2.1 天然橡胶的来源、制备及分类

2.1.1 天然橡胶的来源

自然界中含有橡胶成分的植物不下两千种。但含胶量多、产量大、质量好、采集容易的要首推巴西橡胶树。目前全世界天然橡胶总产量的98%以上都来自巴西橡胶树。

通常,橡胶成乳液状态(胶乳)贮存于橡胶树的根、茎、叶、花、果以及种子等器官的乳管中,其中树干下半部及根部的皮层中分布的乳管最多,所以割胶就从树干上割,在距离地面50 cm的树干上用锋利的小刀按一定的倾斜角度割破皮层,断其乳管,靠管内膨胀压使胶乳从中流出,流入接胶杯中。排胶1~2 h后,内膨胀压下降,胶乳流出量减少,并逐渐滞留在割口上,因水分挥发及凝固酶的作用,胶乳割口自动凝固。割胶一般在日出时分,每隔一天或两天割一次。收集起来的胶乳经过加工才能使用。

天然橡胶除来源于巴西橡胶树外,还有银叶橡胶菊和杜仲树。银叶橡胶菊主要分布在墨西哥的荒漠地区,是一种多年生干旱性的产胶植物。野生的银叶橡胶菊是矮小的灌木,经培育的植株可高达5~6 m,可从其根茎中提取橡胶。第二次世界大战期间,美国在加利福尼亚州大规模栽培了银叶橡胶菊。1951年他们从银叶橡胶菊中提取橡胶,并制成轮胎,经苛刻的道路试验,与巴西橡胶制成的轮胎同样坚固。20世纪70年代,他们试用2-(3,4-二氯苯氧基)三乙胺刺激银叶橡胶菊,促使其增产橡胶1~2倍,甚至5倍。这一成果为进一步促进第二种天然橡胶资源的崛起开辟了新的途径。近年来,中国也开始引种银叶橡胶菊,这对开发和利用中国干旱荒漠的广大地区无疑有着重要的经济意义。

杜仲树则主要生长于中国的长江流域和马来半岛,是一种灌木,可从其枝叶和根茎中提取橡胶。但这种橡胶与巴西橡胶和银菊胶为同分异构体,是反式1,4-聚异戊二烯,在室温下为坚硬而具有韧性的结晶橡胶。中国称其为杜仲胶或古塔波胶(Gutta percha)。利用杜仲胶结构较紧、耐水性和电绝缘性好的特点,可制造海底电缆、电工材料、耐酸碱制品等。

2.1.2 天然橡胶的制备及分类

从树上采集的胶乳，仅含有35%左右的橡胶烃成分，其余大部分为水和其他一些非橡胶成分，天然橡胶的组成如表2.1所示。

表2.1 天然胶乳的主要组成

成　分	质量分数/%	成　分	质量分数/%
橡胶烃	27～40	丙酮抽出物(树脂)	1.0～1.7
水　分	52～70	糖　类	0.5～1.5
蛋白质	1.5～1.8	无机盐类	0.2～0.9

从表2.1的数据可知，胶乳中除橡胶烃和水之外，大约有10%左右的非橡胶成分，这些物质对胶乳及固体橡胶的性能均有很重要的影响。

天然胶乳是一种黏稠的乳白色液体，橡胶粒子在空气中由于氧和微生物的作用，胶乳酸度增加，2～12 h即能自然凝固，为防止凝固，需加入一定量的氨溶液作为保存剂。

新鲜胶乳经过浓缩处理可得浓缩胶乳，含固体物为60%以上，用于乳胶制品的生产。新鲜胶乳经过加水稀释、除杂质、加酸凝固、除水分、干燥、分级、包装，可以得到干胶，根据制造方法和所用原料质量不同，可分为不同的品种。根据外观质量和理化性能指标又可分为不同级别。

1.通用固体天然橡胶

(1)烟片胶(简称RSS)：是用烟熏方式进行干燥处理而得到的表面带有菱形花纹的棕黄色片状橡胶，是天然生胶中有代表性的品种，产量和消耗量较大，因生产设备比较简单，适用于小胶园生产。

由于烟片胶是以新鲜胶乳为原料，并且在烟熏干燥时，烟气中含有的一些有机酸和酚类物质，对橡胶具有防腐和防老化的作用，因此使烟片胶的胶片干、综合性能好、保存期较长，是天然橡胶中物理力学性能最好的品种，可用来制造轮胎及其他橡胶制品。但由于制造时耗用大量木材，生产周期长，因此成本较高。

国际上按照生胶制造方法及外观质量或按照理化性能指标将烟片胶分为NO.1X、NO.1、NO.2.NO.3、NO.4、NO.5及等外七个等级，其质量按顺序依次降低。我国烟片胶根据外观质量、化学成分和物理力学性能，分为一、二、三、四、五级及等外六个等级，其质量依次降低。

(2)绉片胶：其制造方法与烟片胶基本相同，只是干燥时用热空气而不用烟熏。由于制造时使用原料和加工方法的不同，而分为胶乳绉片胶和杂胶绉片胶两类。

胶乳绉片胶是以胶乳为原料制成的，有白绉片胶和浅色绉片胶，还有一种低级的乳黄绉片胶。白绉片胶和乳黄绉片胶是用分级凝固法制得的两个品级，浅色绉片胶是用全乳凝固法制得的。白绉片胶颜色洁白，浅色绉片胶颜色浅黄。与烟片胶相比，两者含杂质均少，但物理力学性能稍低，成本更高(尤其是白绉片胶)，适用于制造色泽鲜艳的浅色及透明制品。乳黄绉片胶是在用分级凝固法制白绉片胶时所得到的低级绉片胶，因橡胶烃含量低，通常来作杂胶绉片胶的原料。

杂胶绉片胶共分为胶园褐绉片胶、混合绉片胶、薄褐绉片胶(再炼胶)、厚毡绉片胶(琥珀绉片胶)、平树皮绉片胶和纯烟绉片胶六个品种。杂胶绉片胶的各个品种之间质量相差很大。其中胶园褐绉片胶是使用胶园中新鲜胶杯凝胶和其他高级胶园杂胶制成,因此质量较好。而混合绉片胶、薄褐绉片胶、厚毡绉片胶等,因制造原料中掺有烟片胶裁下的边角料、湿胶或皮屑胶,因此质量依次降低。平树皮绉片胶是用包括泥胶在内的低级杂胶制成,因此杂质最多,质量最差。总之,杂胶绉片胶一般色深,杂质多,性能低,但价格便宜,可用于制造深色的一般或较低级的制品。

绉片胶共分为十个等级,其中包括薄白绉片胶 NO.1X、NO.1;浅色绉片胶(薄、厚)分为两类,各有 NO.1X、NO.1、NO.2、NO.3 之分,号数越大,颜色(黄色)越深。

以杂胶为原料生产的胶园褐绉片胶(薄、厚)分为两类,各有 NO.1X、NO.2X、NO.3X 等六个等级,号数越大,颜色(褐色)越深,质量越差。

(3)颗粒胶(标准橡胶):是天然生胶中的一个新品种。它是由马来西亚于 20 世纪 60 年代首先生产的,所以被命名为"标准马来西亚橡胶",并以 SMR 作为代号。标准马来西亚橡胶的生产是以提高天然橡胶与合成橡胶的竞争能力为目的,打破了传统的烟片胶和绉片胶的制造方法和分级方法,具有生产周期短,成本较低,有利于大型化、连续化生产,分级方法较少、质量均匀等一系列优点。为此,颗粒胶生产发展极快,目前其产量已超过传统产品烟片胶、风干片胶和绉片胶的总和。中国从 1970 年推广生产颗粒胶以来,目前产量占天然生胶总产量的 80%以上。

颗粒胶的原料有两种,一种是以鲜胶乳为原料,制成高质量的产品;另一种是以胶杯凝胶等杂胶为原料,生产中档和低档质量的产品。

颗粒胶的用途与烟片胶相同。比起烟片胶,颗粒胶胶质较软,更易加工,但耐老化性能稍差。

颗粒胶分级方法是以天然生胶的理化性能为分级依据,能较好地反映生胶的内在质量和使用性能,现已被采用为国际标准天然橡胶分级法。其中以机械杂质含量和塑性保持率(PRI)为分级的重要指标。塑性保持率是表示生胶的氧化性能和耐高温操作性能的一项指标,其数值等于生胶经过 140℃、30 min 热处理后的平均塑性值与原塑性值的百分比,所以又称为抗氧指数。PRI 值大的生胶抗氧性能较好,但在塑炼时可塑度增加速度较慢,反之亦然。

标准马来西亚橡胶的主要品种规格及分级指标如表 2.2 所示。

表 2.2 标准马来西亚橡胶的主要品种规格及分级指标

项目 级别	SMR－EQ	SMR－5L	SMR－5	SMR－10	SMR－20	SMR－50
机械杂质/% ≤	0.02	0.05	1.05	0.10	0.20	0.50
灰分/% ≤	0.50	0.60	0.60	0.75	1.00	1.50
氮的质量分数/% ≤	0.65	0.65	1.65	0.65	0.65	0.65
挥发物/% ≤	1.00	1.00	1.00	1.00	1.00	1.00
塑性保持率/% ≥	60	60	60	50	40	30
华氏可塑度初值(P_0)≥	30	30	30	30	30	30
颜色限度	3.5	6.0	—	—	—	

2.特制固体天然橡胶

(1)恒粘橡胶：恒粘橡胶是一种黏度恒定的天然生胶。它是在胶乳凝固前先加入了占干胶质量的0.4%的中性盐酸羟胺、中性硫酸羟胺或氨基脲等羟胺类化学药剂,使之与橡胶分子链上的醛基作用,使醛基钝化,从而抑制生胶在贮存中的硬化作用,保持生胶的黏度在一个稳定的范围。恒粘橡胶的主要特点是生胶门尼黏度低而且稳定。因此,制品厂加工时不必塑炼就可以直接加入配合剂进行混炼,不但可以减少炼胶过程中橡胶分子的断链,而且能缩短炼胶时间,可节省能量35%,但其硫化速度会降低。恒粘橡胶的价格比通用橡胶高2%~3%。

(2)低粘橡胶：是在恒粘橡胶制造的基础上加入占干胶量4%的环烷油,从而使生胶的门尼黏度进一步降低为50±5。这也是一种贮存稳定的天然橡胶。

(3)充油天然橡胶：一般充环烷油或芳烃油,充油质量分25%、30%、40%三种。充油橡胶操作性能好,抗滑性好,可减少花纹崩花。

(4)易操作橡胶：是用部分硫化胶乳与新鲜胶乳混合后再凝固制造的,压出、压延性能好。

(5)纯化橡胶：是将天然胶乳经过离心浓缩后制成的固体橡胶,橡胶中的非橡胶烃组分少,纯度高,适用于制造电绝缘制品及高级医疗制品。

(6)轮胎橡胶：使用胶乳、未熏烟片、胶园杂胶各占30%,加入10%的芳烃油或环烷油制成的固体橡胶,成本低。

(7)胶清橡胶：是离心浓缩胶乳时分离出来的胶清,经凝固、压片或造粒、干燥而成。它的非橡胶成分约占20%,含蛋白质多,铜、锰含量也较多。这种胶易硫化、易焦烧、耐老化性能差,是一种质量较低的橡胶。

(8)难结晶橡胶：在胶乳中加入硫代苯甲酸,使天然橡胶大分子产生少部分反式结构,结晶性下降,改善了低温脆性,更适宜于在寒冷地区使用。

(9)碳黑共沉橡胶：是由新鲜胶乳与定量的碳黑/水分散体充分混合,再凝固、除水分、干燥而成。该胶性能除了定伸强度稍低以外,其他各项物理机械性能均较好,混炼时无碳黑飞扬、节省电力,但这种胶表观密度小,包装体积大,运输费用高。

(10)粘土共沉胶：粘土的水分散体与胶乳共沉而成。该胶的压缩生热与滞后损失比碳黑胶料明显降低,其他性能基本相同。

2.2 天然橡胶的组成、结构及性能

天然橡胶是由胶乳制造的,胶乳中除了橡胶烃外还有一些非橡胶成分,一般固体天然橡胶中橡胶烃成分占92%~95%,非橡胶成分占5%~8%。它们都会对天然橡胶的性能产生重要影响。

2.2.1 天然橡胶中的橡胶烃

现代科学研究结果已经证明,普通天然橡胶中的橡胶烃,至少有97%以上是异戊二烯

的顺式1,4-加成结构,少量为异戊二烯的3,4-加成结构。其分子结构式为

$$\left[\!-CH_2-\overset{\displaystyle CH_3}{\overset{|}{C}}=\overset{\displaystyle H}{\overset{|}{C}}-CH_2-\right]_n$$

天然橡胶平均相对分子质量在70万左右,相当于平均聚合度1万左右。平均相对分子质量分布范围是较宽的,其绝大多数为3万~1 000万,相对分子质量分布指数为2.8~10。天然橡胶的平均相对分子质量呈双峰分布,如图2.1所示。因此天然橡胶具有良好的物理力学性能和加工性能。

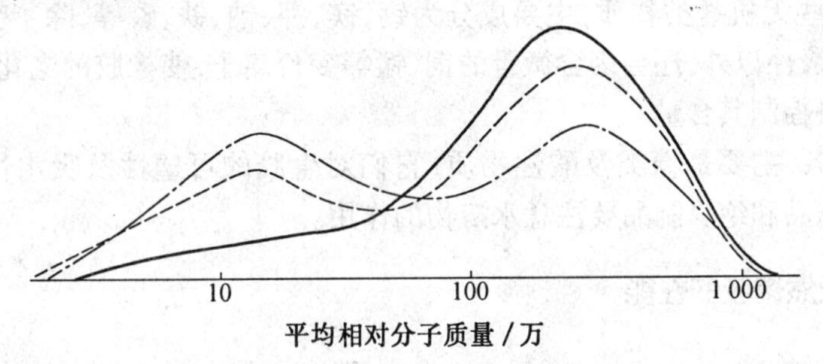

图2.1 天然橡胶平均相对分子质量分布曲线类型

2.2.2 天然橡胶中的非橡胶成分

天然胶乳中除了橡胶烃外还有一些量不大但对橡胶性能有着重要影响的非橡胶成分。正是它们恰如其分的作用使得天然橡胶具有比合成橡胶更优良的综合性能。

原料(胶乳)不同、制法不同所得胶品非橡胶烃含量不同,常用天然橡胶的橡胶烃及非橡胶成分如表2.3所示。

表2.3 天然橡胶的成分

组分/%	烟片胶	风干片胶	颗粒胶	组分/%	烟片胶	风干片胶	颗粒胶
橡胶烃	92.8	92.4	94	灰分	0.2	0.5	0.2
蛋白质	3.0	3.3	3.1	水溶物	0.2	0.2	0.2
丙酮抽出物	3.5	3.2	2.2	水分	0.3	0.4	0.3

主要非橡胶成分及其对固体天然橡胶的性能影响如下。

(1)蛋白质:天然橡胶中的含氮化合物都属于蛋白质类。新鲜胶乳中含有两种蛋白质,一种是α球蛋白,它是由17种氨基酸组成,不溶于水,含硫和磷量极低;另一种是橡胶蛋白,由14种氨基酸组成,溶于水,含硫量较高。这些蛋白质的一部分会留在固体生胶中。它们的分解产物促进橡胶硫化,延缓老化。蛋白质有防老化的作用,如除去蛋白质,则生胶老化过程会加快。蛋白质中的碱性氮化物及醇溶性蛋白质有促进硫化的作用。但是,蛋白质在橡胶中易腐败变质而产生臭味,且由于蛋白质的吸水性而使制品的电绝缘性下降。蛋白质含量较高时,会导致硫化胶硬度较高,生热加大。

(2)丙酮抽出物:它是一些树脂状物质,主要是一些高级脂肪酸和固醇类物质,如脂肪、蜡类、甾醇、甾醇酯和磷酯。这类物质均不溶于水,除磷酯外均溶于丙酮。甾醇是一类

以环戊氢化菲为碳架的化合物,通常在10、13和17位置上有取代基,它在橡胶中有防老化的作用。高级脂肪酸和蜡类物质混炼时起分散剂作用,脂肪酸在硫化时起硫化活性剂作用,可促进硫化,并能增加胶料的塑性。

(3)水分:生胶水分过多,贮存过程中容易发霉,而且还影响橡胶的加工性能,例如混炼时配合剂结团不易分散,压延、压出、硫化过程中易产生气泡,并降低电绝缘性(在橡胶加工过程中可除去1%以内的水分)。

(4)灰分:在胶乳凝固过程中,大部分灰分留在乳清中而被除去,仅少部分转入干胶中。灰分是一些无机盐类物质,主要成分为钙、镁、钾、钠、铁、磷等,除了吸水性较大会降低制品的电绝缘性以外,还会因含微量的铜、锰等变价离子,使橡胶的老化速度大大加快。因此,必须严格控制其含量。

(5)水溶物:主要是糖类及酸性物质,它们对生胶的可塑性及吸水性影响较大。因此,对于耐水制品和绝缘制品要注意水溶物的作用。

2.2.3 天然橡胶的性能

1.物理力学性能

天然橡胶具有一系列优良的物理机械性能,是综合性能最好的橡胶。天然橡胶的某些物理机械性能如表2.4所示。

表2.4 天然橡胶的物理机械性能

项 目	生 胶	纯胶硫化胶
密度/($g\cdot cm^{-3}$)	0.906~0.916	0.902~1.000
体积膨胀系数/K^{-1}	670×10^{-6}	660×10^{-6}
导热系数/($W\cdot m^{-1}\cdot K^{-1}$)	0.134	0.153
玻璃化温度/K	201	210
熔融温度/K	301	
燃烧热/($kJ\cdot kg^{-1}$)	-45	-44.4
折射率(n_D)	1.519 1	1.526 4
介电常数(1 kHz)	2.37~2.45	2.5~3.0
电导率(60 s)/($S\cdot m^{-1}$)	2~57	2~100
体积弹性模量/MPa	1.94	1.95
抗张强度/MPa		17~25
断裂伸长率/%	75~77	750~850

天然橡胶生胶和交联密度不高的硫化胶在常温下具有很好的弹性,其弹性模量为2~4 MPa,约为钢铁的三万分之一,而伸长率为钢铁的300倍,最大可达1 000%。在0~100℃范围内,天然橡胶的回弹率可达到50%~85%以上,弹性仅次于顺丁橡胶。其弹性好的原因是天然橡胶大分子本身有较高的柔性,它的主链是不饱和的,双键本身不能旋转,但与

它相邻的σ键内旋转更容易，例如，在聚丁二烯结构中的双键两侧σ键内旋转位垒值仅为2.07 kJ/mol，在室温下近似地可以自由旋转；第二个原因是天然橡胶分子链上的侧甲基体积不大，而且每四个主链碳原子上有一个，不密集，因此对主链碳－碳旋转没有大的影响；再一个原因是天然橡胶为非极性物质，大分子间相互作用力较小，内聚能密度仅为266.2 MJ/m^3，所以分子间作用力对大分子链内旋转约束与阻碍不大，因此天然橡胶弹性很好。

在弹性材料中，天然橡胶的生胶、混炼胶和硫化胶的强度都比较高。未硫化橡胶的拉伸强度称为格林强度，适当的格林强度对橡胶加工是有利的。例如轮胎成形中，上胎面胶毛坯必须受到较大的拉伸，若胎面胶格林强度低则易于拉断，无法顺利成形。一般天然橡胶的格林强度可达1.4～2.5 MPa，纯天然硫化胶的拉伸强度为17～25 MPa，经炭黑补强后可达25～35 MPa。并且随着温度的升高而降低，在高温(93℃)下强度损失为35%左右。天然橡胶的撕裂强度也较高，可达98 kN/m，300%定伸应力可以达到6～10 MPa，500%定伸应力为12 MPa以上，其耐磨耗性也较好。其强度高的原因在于，天然橡胶分子结构规整性好，外力作用下可以发生结晶，为结晶橡胶，具有自补强性。当拉伸时会使大分子链沿着应力方向形成结晶，晶粒分散在无定形大分子中起到补强作用。例如拉伸到650%时可能产生35%的结晶。未硫化胶的格林强度高的原因除上述主要因素外，天然橡胶中微小的粒子紧密凝胶也有一定作用。

天然橡胶还具有很好的耐屈挠疲劳性能，纯胶硫化胶屈挠20万次以上才出现裂口。原因是滞后损失小，多次变形生热低。

2.化学活性

天然橡胶是二烯类橡胶，是不饱和碳链结构，每一个链节都含有一个双键，能够进行加成反应。此外，因双键和甲基取代基的影响，使双键附近的α－亚甲基上的氢原子变得活泼，易发生取代反应。由于天然橡胶上述的结构特点，所以容易与硫化剂发生硫化反应(结构化反应)，与氧、臭氧发生氧化、裂解反应，与卤素发生氯化、溴化反应，在催化剂和酸作用下发生环化反应等。

但由于天然橡胶是高分子化合物，所以具有烯类有机化合物的反应特性，如反应速度慢，反应不完全、不均匀，同时具有多种化学反应并存的现象，如氧化裂解反应和结构化反应等。在天然橡胶的各类化学反应中，最重要的是氧化裂解反应和结构化反应。前者是生胶进行塑炼加工的理论基础，也是橡胶老化的原因所在；后者则是生胶进行硫化加工制得硫化胶的理论依据。而天然橡胶的氯化、环化、氢化等反应，则可应用于天然橡胶的改性方面。

3.热性能

天然橡胶常温为高弹性体，玻璃化温度为－72℃，受热后缓慢软化，在130～140℃开始流动，200℃左右开始分解，270℃剧烈分解。当天然橡胶硫化使线型大分子变成立体网状大分子时，其玻璃化温度上升，也不再发生粘流。

4.耐介质性

天然橡胶为非极性物质，易溶于非极性溶剂和非极性油，因此天然橡胶不耐环己烷、汽油、苯等介质，不溶于极性的丙酮、乙醇等，不溶于水，耐质量分数分别为10%的氢氟酸、20%的盐酸、30%的硫酸、50%的氢氧化钠等，不耐浓强酸和氧化性强的高锰酸钾、重铬酸钾等。

5.电性能

天然橡胶是非极性物质，是一种较好的绝缘材料。天然橡胶生胶一般体积电阻率为 $10^{15}\Omega\cdot cm$，而纯化天然橡胶体积电阻率为 $10^{17}\Omega\cdot cm$。天然橡胶硫化后，因引入极性因素，如硫黄、促进剂等，绝缘性略有下降。

6.加工性能

天然橡胶由于平均相对分子质量高、平均相对分子质量分布宽，分子中 α-甲基活性大，分子链易于断裂，再加上生胶中存在一定数量的凝胶成分，因此很容易进行塑炼、混炼、压延、压出等成形，并且硫化时流动性好，容易充模。

7.其他性能

除此之外，天然橡胶还具有耐磨性、耐寒性，具有良好的气密性、防水性等特性。

天然橡胶的缺点是耐油性差，耐臭氧老化性和耐热老化性差。在空气中易与氧进行自动催化氧化的连锁反应，使分子断链或过渡交联，橡胶发粘或出现龟裂；与臭氧接触几秒钟内发生裂口。加入防老剂可以改善耐老化性能。

2.3 天然橡胶的改性

天然橡胶经化学处理，可改变原来的化学结构和物理状态，获得不同于普通天然橡胶操作性能和用途的改性品种。天然橡胶的改性主要有下列几种。

(1)接枝天然橡胶：它是天然橡胶与烯烃类单体接枝聚合物，目前主要是天然橡胶和甲基丙烯酸甲酯接枝共聚物，简称天甲橡胶。接枝天然橡胶具有很高的定伸应力和拉伸强度，主要用来制造要求具有良好冲击性能的坚硬制品，无内胎轮胎中的气密层，合成纤维与橡胶黏合的强力黏合剂等。

(2)热塑性天然橡胶：它是天然橡胶中加入刚性聚合物，如等规聚丙烯，在超过等规聚丙烯熔点的温度和少量交联剂存在下，以高剪切力使之掺混而成。热塑性天然橡胶在加工过程中受热时具有热塑性塑料的特性，但在常温下，则具有正常硫化胶的物理性能。热塑性天然橡胶具有高刚性和高冲击强度以及低密度的特点。可用作汽车的安全板、车体嵌板和仪表板等。

(3)环化天然橡胶：天然橡胶胶乳经过稳定剂处理后，加入浓度为70%以上的硫酸，在100℃下保持2 h即可环化。环化使不饱和度下降，密度增加，软化点提高，折射率增大。环化天然橡胶一般用于制造鞋底、坚硬的模制品和机械衬里等，与金属、木材、PE和PP有较好的黏合强度。

(4)环氧化天然橡胶(epoxidzed nature rudder，缩写ENR)：它是天然橡胶胶乳在一定条件下与过氧乙酸反应得到的产物。目前已商品化生产的有环氧化程度分别为10%、25%、50%和75%(摩尔分数)的ENR10、ENR25、ENR50和ENR75四种产品。这类橡胶的特点是抓着力强，特别是在混凝土路面上的防滑性好，可作为胎面胶使用，以增加在高速路上的防滑性能；当环化程度达75%时，气密性能与丁基橡胶相同，可用于内胎或无内胎轮胎；耐油性能好，在非极性溶剂中的溶胀度显著降低，可用于耐油橡胶制品。

(5)液体天然橡胶：它是天然橡胶的降解产物，也称解聚橡胶。其相对分子质量为1万～2万，系黏稠液体，可浇注成形，现场硫化。已广泛用于火箭固体燃料、航空器密封、建筑物的粘结、防护涂层，还逐步发展用于其他橡胶制品，包括试制汽车轮胎。

(6)氯化橡胶：它是将塑炼过的天然橡胶溶于遇氯气不起反应的溶剂中(如四氯化碳或二氯乙烷)，加热至溶剂沸点的温度下，通入氯气进行氯化，制得乳化液，然后用水加热脱去溶剂而得半成品，经洗涤、干燥即得成品。氯化橡胶可与大量的增塑剂和树脂并用，用氯化橡胶制得的胶粘剂可用作橡胶与铁、钢、铝合金、镁、锌以及其他金属的黏合，也可用于服装、织物、木材、各种塑性物质、硬纸板以及其他物质的黏合，还可用于制作耐老化，耐酸、碱和海水等的制品。

(7)氢氯化橡胶：它是天然橡胶与氯化氢作用，进行加成反应得到饱和化合物，当氯的质量分数为达到33.3%时，性质变脆，不能应用，因此生产中必须控制氯的质量分数为29%～30.5%，以保证制品具有良好的屈挠性。氢氯化橡胶具有耐燃性，能与氯化橡胶和树脂混合，但不能与天然橡胶混合。用氢氯化橡胶配制的胶粘剂可用来使橡胶与钢、紫铜、黄铜、铝以及其他材料黏合，并具有较大的附着力。

2.4 杜仲橡胶和古塔波橡胶

杜仲橡胶和古塔波橡胶都是天然橡胶的同分异构体，即反式聚异戊二烯天然聚合物，仅因产地不同而称谓各异。其物理形态和性能与天然橡胶迥然不同，杜仲橡胶常温下具有较高的结晶度，表现为硬质塑料，而并非弹性体。这种反式结构分为α型和β型两种，如图2.2所示。其结晶熔融温度分别为56℃和65℃。

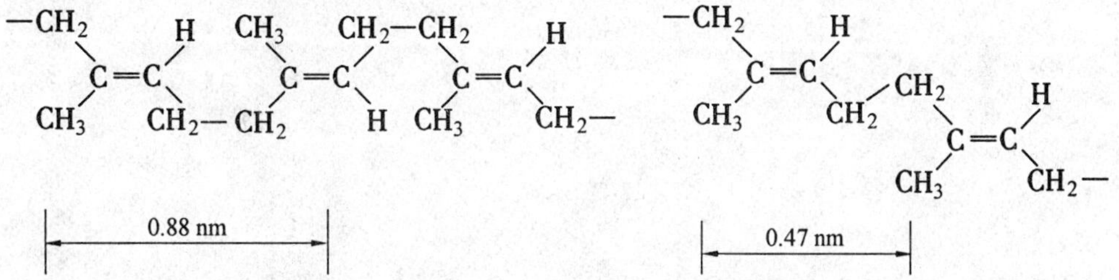

0.88 nm　　　　0.47 nm

反式-1,4-加成结构α型(α-型古塔波橡胶)　　反式-1,4-加成结构β型(β-型古塔波橡胶)

图2.2　古塔波橡胶的分子结构

杜仲橡胶的硫化理论与天然橡胶不同，天然橡胶本身是弹性体，硫化的目的是通过分子间交联使线型大分子变成网状高分子，从而获得足够的力学性能。而杜仲橡胶在室温下是结晶性高分子，它硫化的目的在于破坏结晶性，使大分子恢复弹性。硫化的杜仲橡胶根据交联度的不同可呈三种性能的材料：未交联的杜仲橡胶是线型热塑性结晶高分子；低交联度的杜仲橡胶为网状热弹性结晶高分子；当达到某一临界交联度后，杜仲橡胶便成为无定形网状弹性橡胶。目前高分子材料中只有杜仲橡胶在常温下可呈现不同的分子链结构，同时表现为三种性能不同的材料。

杜仲橡胶具有优异的加工性能，既易与塑料共混又可与橡胶共混，所含的双键可硫化又可不硫化，共混时它能以双重身份出现，从而得到性能不同、用途各异的材料。不仅作为轮胎一类的工程材料，而且可作为高性能材料，如医用材料和形状记忆材料。

2.5 天然橡胶的应用

天然橡胶具有最好的综合力学性能和加工工艺性能，可以单独用来制造各种橡胶制品，也可以与其他橡胶并用，以改善其他橡胶的性能。主要应用于轮胎、胶带、胶管、电线电缆和多数橡胶制品，是应用最广的橡胶。

思考题

1.天然橡胶中的非橡胶成分对天然橡胶的性能有什么影响？

2.天然橡胶有哪些优异的性能？说明原因？

3.天然橡胶有哪些缺点？如何克服？

第3章　合成橡胶

20世纪初开始天然橡胶需求量不断增加,促使价格不断上涨,因此促进了合成橡胶的工业化,又由于二次世界大战,刺激了合成橡胶工业的发展,其世界总产量远远超过天然橡胶。据统计世界上有30多个国家生产合成橡胶,年产能力已超过1亿吨。目前合成橡胶品种达数十种之多,按性能和用途分为通用合成橡胶和特种合成橡胶,但是它们之间的界线越来越模糊,有的通用合成橡胶经过物理或化学改性,可以作为特殊应用。

3.1　通用合成橡胶

3.1.1　异戊橡胶

异戊橡胶(Isoprene rubber 缩写 IR)是顺式－1,4聚异戊二烯橡胶的简称,它是异戊二烯单体定向、溶液聚合而成,因为其结构与天然橡胶相似,因此又称为“合成天然橡胶”。1955年合成了异戊橡胶。早期,由于异戊二烯单体的成本较丁二烯单体高,故发展较缓慢。但随着石油化学工业的发展,乙烯的生产规模增加迅速,其副产品C5馏分中含有15%～20%的异戊二烯,以及异戊烯和间戊二烯等,因此促进了异戊橡胶的发展,如今异戊橡胶已成为四大通用合成橡胶之一。可以大量地使用于轮胎、医疗、食品、日用橡胶制品和运动器材等。

1.异戊橡胶的制备及结构

异戊橡胶的聚合催化体系在工业生产中主要采用锂系和钛系催化剂,我国采用稀土作为催化剂,不同催化剂制备的异戊橡胶结构有所差异,不同催化体系对异戊橡胶结构的影响如表3.1所示。

表3.1　异戊橡胶与天然橡胶的结构比较

品　种	微观结构		宏观结构				
	顺式1,4结构比例/%	3,4结构比例/%	相对分子质量/万		相对分子质量分布指数	支化	凝胶质量分数/%
			重　均	数均			
天然橡胶	98	2	100～1 000		0.89～2.54	支化	15～30
钛系 IR	96～97	2～3	71～135	19～41	0.4～3.9	支化	7～30
锂系 IR	93	7	122	62	0	线型	0
稀土 IR	94～95	5～6	250	110	＜2.8	支化	0～2

从表 3.1 看出，异戊橡胶与天然橡胶相比，杂质少，凝胶含量低，质地均匀，相对分子质量分布窄，结构的规整性低于天然橡胶。异戊橡胶的结构式与天然橡胶相同，但是顺式-1,4 结构含量少，并且锂系少于钛系和稀土系，所以锂系贮存时具有冷流倾向。钛系催化剂制备的异戊橡胶顺式含量高，支化多，凝胶含量高，冷流倾向小。而天然橡胶顺式比例高达 98%以上，分子链规整度高，结晶能力高于低顺式和中顺式异戊橡胶。

2.异戊橡胶的性能

异戊橡胶为白色或乳白色半透明弹性体，相对密度为 0.91，玻璃化温度为-70℃，易溶于苯、甲苯等有机溶剂。与天然橡胶相比其物理机械性能和加工性能具有如下差别。

(1)异戊橡胶因结构规整性低于天然橡胶，又缺少天然硫化助剂蛋白质、脂肪等非橡胶烃成分，在配方相同时，不仅硫化速度慢，而且异戊橡胶屈服强度、拉伸强度、撕裂强度和硬度等均比天然橡胶低。天然橡胶与异戊橡胶混炼胶的应力-应变曲线如图 3.1 所示。

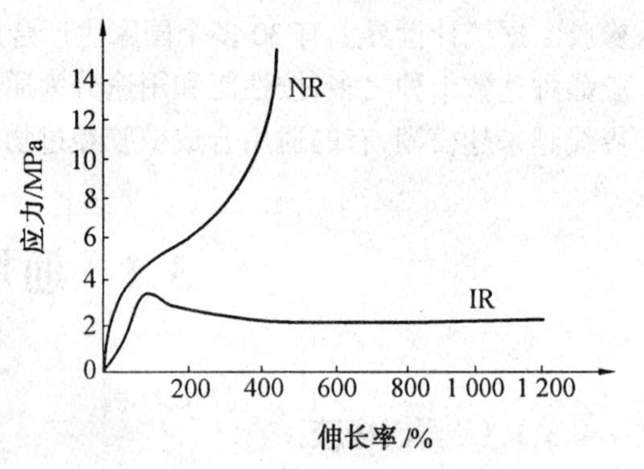

图 3.1 天然橡胶与异戊橡胶混炼胶的应力-应变曲线

(2)由于异戊橡胶中非橡胶成分少，所以耐水性、电绝缘性及耐老化性比天然橡胶好。

(3)因凝胶含量低，所以易塑炼，但是由于相对分子质量分布窄，缺少低相对分子质量级分的增塑作用，所以对填料的分散性以及粘着性比天然橡胶差。

此外，当异戊橡胶的平均相对分子质量较低时，生胶强度低，挺性差，半成品存放过程中容易变形，造成装模困难，给加工带来一定的困难。由于结构规整性低于天然橡胶，所以结晶倾向小，流动性好，在注压或传递模压成形过程中，异戊橡胶的流动性优于天然橡胶，特别是锂胶表现出良好的流动性。

3.异戊橡胶的应用

一切用天然橡胶的场合，几乎都能用异戊橡胶代替，用于轮胎、胶带、胶管、胶鞋和其他工业制品。尤适于制造食品用制品、医药卫生制品及橡胶丝、橡胶筋等日用制品。

3.1.2 反式-1,4 聚异戊二烯

反式-1,4 聚异戊二烯(简称 TPI)也可称合成古塔波橡胶或杜仲橡胶。1955 年出现第一个合成专利，工业化生产主要是钒系或钒钛混合体系催化剂，因催化效率低，生产成本较高，影响其推广应用。TPI 的特征温度(T_g 和 T_m)处于典型橡胶(NR)和典型塑料(PE)之间，如表 3.2 所示。

表 3.2 几种高聚物的 T_g 值和 T_m 值

性　能	硅橡胶	顺丁橡胶	天然橡胶	TPI	聚乙烯	反式聚丁二烯	聚丙烯
T_g/℃	-123	-85	-73	-53	-20	-14	+5
T_m/℃	-85	-4	+25	+64	+120	+145	180

TPI 常温下易结晶,因而只能作为塑料使用。但是当 TPI 交联密度达到某一临界值时,其室温结晶受阻,而成为弹性体,与普通硫化橡胶无差别,可以通过控制交联或与其他橡胶共混共交联成为弹性体。这种橡胶具有耐疲劳性好、滚动阻力小、内耗低等独特性能,在高性能轮胎中应用前景良好,是一种新型的异戊橡胶。利用其低的熔融温度和室温下的结晶性能,可以作为医用高分子材料和形状记忆功能材料。

3.1.3 丁苯橡胶

丁苯橡胶(Styrene-butadiene rubber 缩写 SBR)是最早工业化的合成橡胶。目前,丁苯橡胶(包括胶乳)的产量约占整个合成橡胶生产量的 55%,约占天然橡胶和合成橡胶总产量的 34%,是产量和消耗量最大的合成橡胶胶种。

1.丁苯橡胶的制备及品种

丁苯橡胶是由丁二烯和苯乙烯共聚得到的,聚合方法有溶液聚合和乳液聚合两种,根据聚合条件不同可得到不同品种,其主要品种如图 3.2 所示。

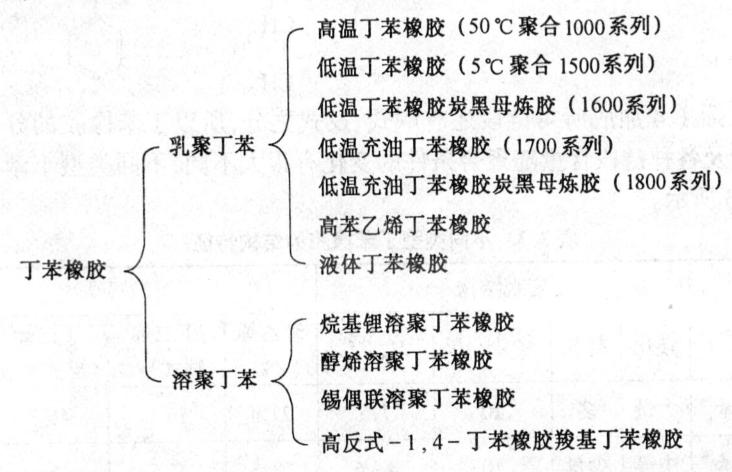

图 3.2　丁苯橡胶的主要品种

乳聚丁苯橡胶是通过自由基聚合得到的,在 20 世纪 50 年代以前都是高温丁苯橡胶,50 年代初才出现了低温丁苯橡胶。由于在低温下,分子链不容易歧化,因此结构更规整,性能更优异。目前大量生产的低温乳聚丁苯橡胶采用氧化还原引发体系,还原剂是硫酸亚铁和甲醛次硫酸氢钠,氧化剂是烷基过氧化氢,聚合温度约 5~8℃,单体转化率约 60%。凝聚前,填充油或炭黑所制得的橡胶,分别称充油丁苯橡胶、丁苯橡胶炭黑母炼胶(湿法者又称丁苯橡胶炭黑共沉胶)和充油丁苯橡胶炭黑母炼胶。

为了提高丁苯橡胶的生胶强度,以适应子午线轮胎工艺的需要,通过改性,研制了生胶强度高的丁苯橡胶。20 世纪 60 年代中期,随着阴离子聚合技术的发展,溶液聚合丁苯橡胶问世。它是采用阴离子型(丁基锂)催化剂,使丁二烯与苯乙烯进行溶液聚合的共聚物。根据聚合条件不同,可以分为无规型、嵌段型和并存型三大类。无规型为通用型溶聚丁苯橡胶,可用于轮胎、鞋类和工业橡胶制品;嵌段型属热塑性弹性体;无规与嵌段并存型是新型溶聚丁苯橡胶,乙烯基含量高,其特点是滚动阻力小,且抗湿滑性小。此外,还有充油、充炭黑溶聚丁苯橡胶,以及反式 1,4-丁苯橡胶和锡偶联溶聚丁苯橡胶等特殊品种。

无规型溶聚丁苯橡胶与低温乳聚丁苯橡胶相比，其橡胶烃含量较高，支链少，相对分子质量分布较窄，而且在微观结构上丁二烯的顺式1,4－结构、1,2－结构含量比例增多，反式1,4－结构比例减少。因此这种无规型的溶聚丁苯橡胶，适于填充大量的炭黑，硫化胶的耐磨性好，弹性、耐寒性、永久变形等都介于高低温乳聚丁苯橡胶之间，故适用于轮胎生产。随着汽车工业的发展，溶聚丁苯橡胶正日益受到重视，产量处在稳步增长阶段。

另外，随着结合苯乙烯含量不同，可以分不同品种，如丁苯－10、丁苯－20、丁苯－30、丁苯－50等，其中数字为苯乙烯聚合时的质量，最常用的是丁苯－30(实际占单体总质量的23.5%)。

2.丁苯橡胶的结构

丁苯橡胶由丁二烯和苯乙烯两种单体共聚而成。由于丁二烯聚合时即可进行1,4加成也可能进行1,2加成，所以丁苯橡胶分子链实际上由三种结构单元嵌段组成，分子结构式为

$$\left[(CH_2-CH=CH-CH_2)_x-(CH_2-\underset{\substack{| \\ CH \\ \| \\ CH_2}}{CH})_y-(CH_2-\underset{\substack{| \\ C_6H_5}}{CH})_z \right]_n$$

其中，丁二烯1、4加成所得链段还有顺式、反式之分，所以丁苯橡胶的分子结构不规整，其分子结构及各种链段含量随聚合条件的变化有很大不同，不同类型丁苯橡胶结构特征对比如表3.3所示。

表3.3 不同类型丁苯橡胶的结构特征

SBR类型	宏观结构				微观结构			
	歧化	凝胶	$\bar{M}_n/\times10^4$	$\bar{M}_w/\bar{M}_n$	苯乙烯/%	丁二烯(顺式)/%	丁二烯(反式)/%	乙烯基/%
乳聚高温丁苯	大量	多	10	7.5	23.4	16.6	46.3	13.7
乳聚低温丁苯	中等	少量	10	4～6	23.5	9.5	55	12
溶聚丁苯	较少	—	15	1.5～2	25	24	31	20

从表3.3可以看出，低温乳聚丁苯橡胶的主体结构为反式－1.4加成结构，结构类型相对比较集中，因此其性能优于高温乳聚丁苯橡胶，所以得到大量应用。

低温乳聚丁苯橡胶有如下结构特点：

(1)因分子结构不规整，在拉伸和冷冻条件下不能结晶，为非结晶性橡胶。

(2)与天然橡胶一样也为不饱和碳链橡胶。但与天然橡胶相比，双键数目较少，且不存在甲基侧基及其推电子作用，双键的活性也较低。

(3)分子主链上引入了庞大苯基侧基，并存在丁二烯1,2－结构形成的乙烯侧基，因此空间位阻大，分子链的柔性较差。

(4)平均相对分子质量较低，相对分子质量分布较窄。

(5)随着苯乙烯含量的增加，玻璃化温度升高。大多数乳聚丁苯橡胶的苯乙烯质量分数在23.5%左右，性能最好。苯乙烯单体摩尔分数在50%～80%的共聚物称为高苯乙烯丁苯橡胶，可作为鞋底材料。

3.丁苯橡胶的性能

(1)物理性质：低温乳聚丁苯橡胶为浅褐色或白色(非污染型)弹性体，微有苯乙烯气味，杂质少，质量较稳定。其密度因生胶中苯乙烯含量不同而异，如丁苯－10的密度为0.919 g/cm^3，丁苯－30的密度为0.944 g/cm^3。

(2)力学性能：由于分子结构较紧，特别是庞大苯基侧基的引入，使分子运动阻力加大，所以其硫化胶比天然橡胶有更好的耐磨性、耐透气性，但也导致弹性、耐寒性、耐撕裂性(尤其是耐热撕裂性)差，多次变形下生热大，滞后损失大，耐屈挠龟裂性差(指屈挠龟裂发生后的裂口增长速度快)。

由于是非结晶橡胶，因此无自补强性，纯胶硫化胶的拉伸强度很低，只有2～5 MPa。必须经高活性补强剂补强后才有使用价值，其炭黑补强硫化胶的拉伸强度可达25～28 MPa。

(3)耐介质性及其他性能：由于丁苯橡胶是碳链二烯类橡胶，取代基属非极性基团范畴，因此是非极性橡胶，耐油性和耐非极性溶剂性差，能溶于汽油、苯、甲苯、氯仿等有机溶剂中。但由于结构较紧密，所以耐油性和耐非极性溶剂性、耐化学腐蚀性、耐水性均比天然橡胶好。又因含杂质少，所以电绝缘性也比天然橡胶稍好。

(4)加工工艺性能：由于是不饱和橡胶，因此可用硫黄硫化，丁苯橡胶与天然橡胶、顺丁橡胶等通用橡胶的并用性能好。但因不饱和程度比天然橡胶低，因此硫化速度较慢，而加工安全性提高，表现为不易焦烧、不易过硫、硫化平坦性好。由于聚合时控制了相对分子质量在较低范围，大部分低温乳聚丁苯橡胶的初始门尼黏度值较低，在50～60左右，因此可不经塑炼，直接混炼。但由于分子链柔性较差，相对分子质量分布较窄，缺少低分子级分的增塑作用，因此加工性能较差。表现在混炼时，对配合剂的湿润能力差，升温高，设备负荷大；压出操作较困难，半成品收缩率或膨胀率大；成形黏合时自粘性差等。

4.丁苯橡胶的发展

为了节省能源，人们正努力开发既能降低滚动阻力，减少生热，又能提高抗湿滑阻力及耐磨性和行驶安全的新型丁苯橡胶，满足新型“绿色环保”轮胎的需要。

(1)无规星型溶聚丁苯橡胶：这种橡胶是以溶聚丁苯橡胶为基础，通过分子设计方法进行化学改性制得的改性丁苯橡胶(S－SBR)。改性方法是采用无规星型聚合使相对分子质量可调，并对分子链末端以锡化合物偶联或用EAB作链终止剂进行改性。改性S－SBR可使轮胎的滚动阻力降低25%，抗湿滑性提高5%，耐磨耗性提高10%。

(2)苯乙烯－异戊二烯－丁二烯橡胶(SIBR)：SIBR是由苯乙烯/异戊二烯/丁二烯三元共聚而成的高性能橡胶。它集中了SBR、BR、NR三种橡胶的特点，是一种集成橡胶。它的序列结构可以是完全无规型和嵌段－无规型两种，可以通过控制聚合过程中的投料顺序获得。其序列结构可以为两段排列和三段排列，如：PB－(SIB无规共聚)、PI－(SB无规共聚)、PB1,4－PB1,2－(BI无规共聚)等。各种结构在各嵌段中的含量影响着产物的性能。为使均聚嵌段PB或PI能提供良好的低温性能，要求其中的1,2－结构和3,4－结构含量低，一般不超过15%；为使无规共聚段提供优异的抓着性能，要求1,2－结构和3,4－结构比较高，一般在70%～90%。

当偶联剂用量较少时，产物分子链结构主要为线型结构，门尼黏度值为40～90，相对分子质量分布为2～2.4，偶联剂用量较大时，产物主要为星型结构，门尼黏度值为55～65，相对分子质量分布为2～3.6。

集成橡胶 SIBR 既有顺丁橡胶(或天然橡胶)的链段,又有丁苯橡胶链段(或丁二烯、苯乙烯、异戊二烯三元共聚链段),与各种其他通用橡胶比较,玻璃化温度与顺丁橡胶相近(-100℃左右),因而低温性能优异,即使在严寒地带的冬季仍可正常使用;其 0~30℃的 $\tan\delta$ 值与丁苯橡胶相近,说明轮胎可以在湿路面行驶,具有较好的抗湿滑性;其 60℃的 $\tan\delta$ 值低于各种通用胶,制得的轮胎滚动摩擦阻力小,能量损耗少。集成橡胶综合了各种橡胶的优点而弥补了各种橡胶的缺点,同时满足了轮胎胎面胶低温性能、抗湿滑性及安全性的要求。1990 年美国 Goodyear 橡胶轮胎公司开始研究集成橡胶 SIBR,并将其作为生产轮胎的新型橡胶,翌年,投入生产。

5.丁苯橡胶的应用

丁苯橡胶是合成橡胶的老产品,品种齐全,加工技术比较成熟,成本较低,其性能不足之处可以通过与天然橡胶并用或调整配方和工艺得到改善,因此至今仍是用量最大的合成橡胶,可部分或全部代替天然橡胶使用。大部分丁苯橡胶用于轮胎工业,其他产品有汽车零件、工业制品、电线和电缆包皮、胶管、胶带和鞋类等。

3.1.4 顺丁橡胶

顺丁橡胶(Butadiene rubber 缩写 BR)是顺式 1,4-聚丁二烯橡胶的简称,它是由 1,3-丁二烯单体聚合制得的通用合成橡胶。1956 年美国首先合成了高顺式丁二烯橡胶,在世界合成橡胶中,BR 的产量和消耗量仅次于丁苯橡胶,居第二位。

1.顺丁橡胶的制备及类型

顺丁橡胶的聚合方法有乳液聚合和溶液聚合两种,以溶液聚合为主。

溶聚丁二烯橡胶是丁二烯单体在有机溶剂(如庚烷、加氢汽油、苯、甲苯等)中,利用齐格勒-纳塔催化剂、碱金属或其有机化合物催化聚合的产物。聚合反应中可能生成顺式-1,4、反式-1,4 以及 1,2-乙烯基等三种结构。这三种结构的比例会因催化剂类型和反应条件的不同而有所区别。

表 3.4 概括了不同催化剂类型制得的典型聚丁二烯橡胶的结构。

表 3.4 聚丁二烯橡胶的结构

类型	催化体系	宏观结构			微观结构		
		$\bar{M}_w/\times 10^4$	相对分子质量分布	歧化	顺式-1,4 /%	反式-1,4 /%	1,2-乙烯基 /%
钴型	一氯烷基铝 二氯化钴	37	较窄	较少	98	1	1
镍型	三烷基钴 环烷酸镍 三氟化硼	38	较窄	较少	97	1	2
钛型	三烷基铝 四碘化钛 碘-氯化钛	39	窄	少	94	3	3
锂型	丁基锂	28~35 18.5	很窄 很窄	很少 —	35 20	57.5 31	7.5 49

从表 3.4 可知，采用钴型、镍型和钛系催化体系时所得的聚合物顺式 1,4－结构含量在 90%以上，称为有规立构橡胶，有较优异的性能。

聚丁二烯橡胶按照顺式 1,4－结构含量的不同，可分为高顺式（顺式含量 96%～98%）、中顺式（顺式含量 90%～95%）和低顺式（顺式含量 40%以下）三种类型。高顺式聚丁二烯橡胶的物理力学性能接近于天然橡胶，某些性能还超过了天然橡胶。因此，目前各国都以生产高顺式聚丁二烯橡胶为主。低顺式聚丁二烯橡胶中，含有较多的乙烯基（即 1,2－结构），它具有较好的综合平衡性能，并克服了高顺式丁二烯橡胶的抗湿滑性差的缺点，最适宜制造轮胎，目前正在发展中。中顺式聚丁二烯橡胶，由于物理力学性能和加工性能都不及高顺式聚丁二烯橡胶，故趋于淘汰。

2.顺丁橡胶的结构特点

顺丁橡胶有着与天然橡胶非常相似的分子构型，只是在丁二烯链节中双键一端的碳原子上少了甲基取代基。其分子链含有三种不同构型的丁二烯结构单元：

顺式－1,4－结构 ＼CH_2／$CH{=}CH$＼CH_2／；反式－1,4－结构 ＼CH_2／$CH{=}CH$／CH_2＼；

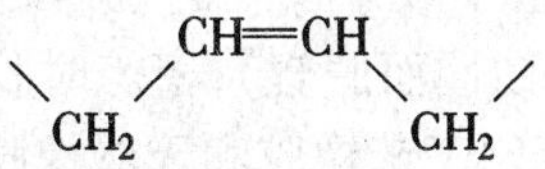

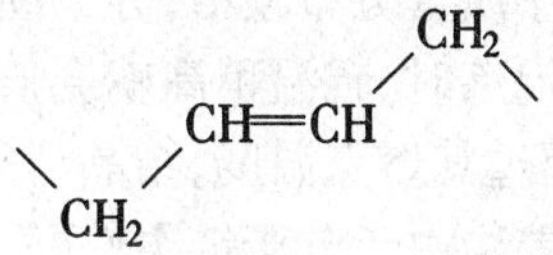

1,2－结构 $—CH_2—CH—$（CH 上连 CH_2 ‖ CH_2）

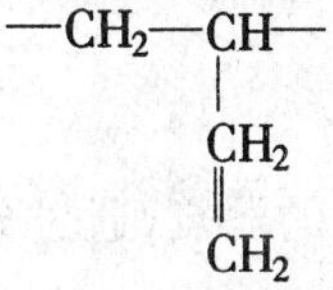

顺丁橡胶具有以下结构特点：

(1)结构比较规整，主链上无侧基，分子间作用力较小，分子中有大量的可旋转的 C—C 键，分子链柔顺性好，可以结晶，无极性。

(2)每个结构单元上存在一个双键，属不饱和橡胶，但是因为双键一端没有甲基的推电子性而使得双键活性没有天然橡胶的大。

(3)平均相对分子质量比较低，相对分子质量分布也比较窄。

3.顺丁橡胶的性能

(1)顺丁橡胶的物理机械性能：由于分子链非常柔顺，相对分子质量分布较窄，因此顺丁橡胶具有比天然橡胶还要高的回弹性，其弹性是目前橡胶中最好的；滞后损失小，动态生热低。此外，还具有极好的耐寒性（玻璃化温度为－105℃），是通用橡胶中耐低温性能最好的。

由于结构规整性好、无侧基、摩擦系数小，所以耐磨性特别好，非常适用于耐磨的橡胶制品，但是抗湿滑性差。由于分子链非常柔顺，且化学活性较天然橡胶低，因而耐屈挠性能优异，表现为制品的耐动态裂口生成性能好。

由于分子间作用力小，分子链非常柔顺，分子链段的运动性强，所以顺丁橡胶虽属结晶性橡胶，但在室温下仅稍有结晶性，只有拉伸到 300%～400%的状态下或冷却到－30℃以下，结晶才显著增加。因此，在通常的使用条件下，顺丁橡胶无自补强性。其纯胶硫化胶的拉伸强度低，仅有 1～10 MPa。通常需经炭黑补强后才有使用价值（炭黑补强硫化胶的拉伸强度可达 17～25 MPa）。此外，顺丁橡胶的撕裂强度也较低，特别在使用过程中，胶料会因老化而变硬变脆，弹性和伸长率下降，导致其出现裂口后的抗裂口展开性特别差。

(2)顺丁橡胶的化学及其他性能：由于是不饱和橡胶，易使用硫黄硫化，也易发生老化。但因所含双键的化学活性比天然橡胶稍低，故硫化反应速度较慢，介于天然橡胶和丁苯橡胶之间，而耐热氧老化性能比天然橡胶稍好。

由于是非极性橡胶，分子间作用力又较小，分子链因柔性好使分子间空隙较多。因此，顺丁橡胶的耐油、耐溶剂性差。

顺丁橡胶的吸水性低于天然橡胶和丁苯橡胶，可用于电线电缆等需要耐水的橡胶制品。

(3)顺丁橡胶的加工工艺性：由于顺丁橡胶的平均相对分子质量较低，相对分子质量分布较窄，分子链间的物理缠结点少。因此，胶料贮存时具有冷流性，在生胶或未硫化胶贮存时应注意保护，但硫化时的流动性好，特别适于注射成形。

由于分子链非常柔顺，在机械力作用下胶料的内应力易于重新分配，以柔克刚，且相对分子质量分布较窄，分子间力较小，因此加工工艺性能较差。表现在塑性不易获得；开炼机混炼时，辊温稍高就会产生脱辊现象(这是由于顺丁橡胶的拉伸结晶熔点为65℃左右，超过其熔点温度，结晶消失，片胶会因缺乏强韧性而脱辊)；密炼时胶料的自粘性和成团性差。由于分子链柔性好，湿润能力强，因此可比丁苯橡胶和天然橡胶填充更多的补强填料和操作油，从而有利于降低胶料成本。

4.顺丁橡胶的发展

随着汽车行驶里程和速度的提高，近年来针对顺丁橡胶存在的弱点，通过分子设计对其结构进行改性，出现了一些聚丁二烯新品种。

(1)超高顺式聚丁二烯：超高顺式聚丁二烯是指顺式-1,4结构含量超过98%以上的顺丁橡胶。这种橡胶由于分子链规整性好，支化度低，拉伸时结晶速度快，相对分子质量分布较宽，因此拉伸强度、弹性、生热性、磨耗与疲劳性以及加工性能等均较高顺式聚丁二烯好。目前超高顺式聚丁二烯的工业化品种有两种，一种是采用铀系催化体系生产的超高顺式聚丁二烯，简称为U胶；另一种是采用稀土钕系催化剂生产的，简称Nd-BR。

超高顺式聚丁二烯由于抗湿滑性不太理想，可用作轮胎胎侧和胎体胶，在胎面胶不易单用，可与NR或SBR并用。

(2)高乙烯基聚丁二烯橡胶(HVBR)：在一定条件下，由钴、钛、钒、钼和钨等催化体系均可合成出高乙烯基聚丁二烯。目前工业化生产的HVBR，乙烯基含量在70%左右。由于乙烯基含量高，主链中不饱和键少，橡胶的耐热氧化性能好，氧化诱导期长，但是耐低温性、回弹性、疲劳性和耐磨性都会有所下降。研究发现，乙烯基含量的提高，HVBR的生热少、抗湿滑性好，而且高温回弹性降低很少。这种橡胶的物理力学性能，特别是抗湿滑性和低滚动阻力方面显示出良好的应用前景。

(3)中反式-1,4-聚丁二烯橡胶：反式-1,4-聚丁二烯弹性差，具有塑料性质。但反式-1,4-结构含量30%～50%的中反式-1,4-聚丁二烯是一种易结晶、较高强度、耐磨性较好的弹性体。据报道，如果反式-1,4-结构能以嵌段共聚方式存在，性能是比较好的。此外加工性和冷流性都有所改善。

5.顺丁橡胶的应用

顺丁橡胶具有优异的弹性、耐磨性、耐寒性以及生热低等特性，但加工性能差，通常与天然橡胶、丁苯橡胶并用制造轮胎胎面,其中顺丁橡胶的用量为25%~35%,超过50%时,混炼和加工会发生困难。所制得的轮胎胎面在苛刻的行驶条件下,如高速、路面差、气温很低时,可以显著地改善耐磨耗性能,提高轮胎使用寿命。顺丁橡胶还可以用来制造其他耐磨制品,如胶鞋、胶管、胶带、胶辊等,以及各种耐寒性要求较高的制品。

3.1.5 乙丙橡胶

乙丙橡胶是在齐格勒-纳塔催化体系开发后发展起来的合成橡胶,其用途广泛,增长速度在合成橡胶中最快。市场需要旺盛,特别是汽车部件、聚烯烃热塑性弹性体及塑料改性、单层防水材料等的需求。其产量仅次于丁苯橡胶、顺丁橡胶和异戊橡胶,居第4位,为七大合成橡胶品种之一,占全部合成橡胶的8.2%左右。

1.乙丙橡胶的制备及分类

乙丙橡胶是以乙烯、丙烯为主要单体共聚而成的聚合物,依分子链中单体单元组成不同,有二元乙丙橡胶(Ethylene-propylene coplymer,缩写EPM)和三元乙丙橡胶(Ethylene-propylene-diene copolymer,缩写EPDM)之分,但统称为乙丙橡胶。前者为乙烯和丙烯的共聚物,后者为乙烯、丙烯和少量非共轭二烯烃(第三单体)的共聚物。

生产和使用较多的是三元乙丙橡胶。生产三元乙丙橡胶使用的第三单体主要有1,4-己二烯(HD)、双环戊二烯(DCPD)、降冰片烯(ENB),三元乙丙橡胶中第三单体的摩尔分数仅占2%~5%。其聚合方式为溶液聚合或悬浮聚合,催化体系通常由烷基铝化合物(如$Al(C_2H_5)_2Cl$)与可溶于烃类溶剂的钒化合物(如$VoCl_3$)组成。得到的乙丙橡胶为无规共聚弹性体,相对分子质量分布较窄。依据第三单体种类的不同,三元乙丙橡胶又分为H型、D型和E型。此外,二元乙丙橡胶和三元乙丙橡胶的各个类别又按乙烯、丙烯的组成比、门尼黏度及第三单体引入量和是否充油等而分成若干牌号。

近年来又出现了一些改性乙丙橡胶品种,如充油乙丙橡胶、氯化乙丙橡胶、溴化乙丙橡胶、氯磺化乙丙橡胶、丙烯腈改性乙丙橡胶和热塑性乙丙橡胶等。

2.乙丙橡胶的结构

乙丙橡胶可看做是在聚乙烯的主链上,引入了丙烯及第三单体的结构单元,典型乙丙橡胶的分子式如下。

(1)二元乙丙橡胶(EPM)

乙烯/丙烯共聚物

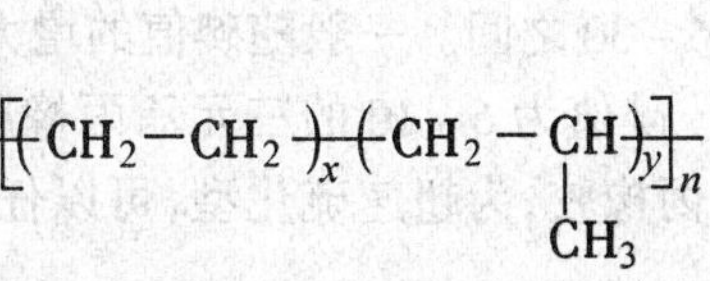

$$\left[\left(CH_2 - CH_2 \right)_x \left(CH_2 - \underset{\displaystyle CH_3}{\underset{|}{CH}} \right)_y \right]_n$$

(2)D型三元乙丙橡胶(DCPD-EPDM)

乙烯/丙烯/双环戊二烯共聚物

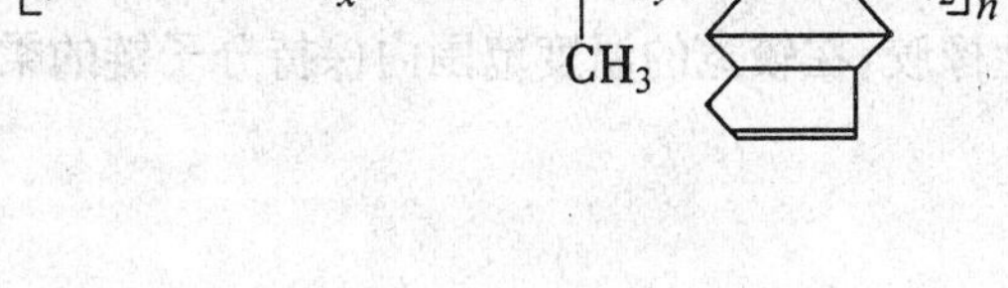

$$\left[\left(CH_2 - CH_2 \right)_x \left(CH_2 - \underset{\displaystyle CH_3}{\underset{|}{CH}} \right)_y \left(CH - CH \right)_z \right]_n$$

(3)E 型三元乙丙橡胶(ENB－EPDM)

乙烯/丙烯/降冰片烯共聚物

$$\left[\left(CH_2-CH_2\right)_x\left(CH_2-\underset{\underset{\displaystyle CH_3}{|}}{CH}\right)_y\left(CH-CH\right)_z\right]_n$$

（第三单元 CH－CH 位于降冰片烯环上，环上连有 =CH－CH_3 亚乙基侧基）

(4)H 型三元乙丙橡胶(HD－EPDM)

乙烯/丙烯/1,4 己二烯共聚物

$$\left[\left(CH_2-CH_2\right)_x\left(CH_2-\underset{\underset{\displaystyle CH_3}{|}}{CH}\right)_y\left(CH_2-\underset{\underset{\underset{\underset{\underset{\underset{\displaystyle CH_3}{|}}{CH}}{\|}}{CH}}{|}}{\underset{\underset{\displaystyle CH_2}{|}}{CH}}\right)_z\right]_n$$

由于丙烯单体及第三单体的引入,引入量一般为 25%～50%(摩尔分数)不等,从而破坏了原聚乙烯的结晶性,使之具有橡胶性能。因此,乙丙橡胶的性能直接受乙烯、丙烯组成配比的影响。一般规律是随乙烯含量的增高,生胶和硫化胶的力学强度提高,软化剂和填料的填充量增加,胶料可塑性高,压出性能好,半成品挺性和形状保持性好。但当乙烯摩尔分数超过 70%时,由于乙烯链段出现结晶,使耐寒性下降。因此,一般认为乙烯摩尔分数在 60%左右时,乙丙橡胶的加工性能和硫化胶的物理力学性能均较好。

二元乙丙橡胶分子链中不含有双键,所以不能用硫黄硫化,而必须采用过氧化物硫化。而三元乙丙橡胶则是在乙烯、丙烯共聚时,再引入一种非共轭双烯类物质作第三单体,使之在主链上引入含双键的侧基,以便能采用传统的硫黄硫化方法,因此是目前的主要开发对象。

以上三种类型的三元乙丙橡胶中 D 型价格较便宜。当用硫黄硫化时,E 型硫化速度快,硫化效率高,D 型硫化速度慢;当用过氧化物硫化时,D 型硫化速度最快,E 型硫化速度慢。

三元乙丙橡胶第三单体的引入量通常以碘值(I_2g/EPDM 100 g)来表示。不同牌号的三元乙丙橡胶,其碘值一般在 6～30 之间。一般随碘值的增大,硫化速度提高,硫化胶的力学强度提高,耐热性稍有下降。碘值为 6～10 的三元乙丙橡胶硫化速度慢,可与丁基橡胶并用;碘值为 25～30 的三元乙丙橡胶,为超速硫化型,可以任意比例与高不饱和的二烯类橡胶并用。

乙丙橡胶分子主链上乙烯和丙烯单体单元呈无规排列,为非结晶型橡胶。分子主链上无双键,三元乙丙橡胶虽然引入了少量双键,但却位于侧基上,活性较小,对主链性质没有多大影响,因此属饱和橡胶。乙丙橡胶的侧甲基空间阻碍小,且无极性,主链又呈饱和态,因此是典型的非极性橡胶,在较宽的温度范围内保持分子链的柔性和弹性。

3. 乙丙橡胶的性能

(1)乙丙橡胶的物理性质：乙丙橡胶为白色或浅黄色半透明弹性体，密度为 0.86～0.87 g/cm^3，是所用橡胶中最低的。

(2)乙丙橡胶的耐老化性：在现有通用型橡胶中乙丙橡胶的耐老化性是最好的。乙丙橡胶的抗臭氧性能特别好，当臭氧浓度为 100×10^{-6}时，乙丙橡胶 2 430 h 仍不龟裂，而丁基橡胶 534 h、氯丁橡胶 46 h 即产生大裂口。在耐臭氧性方面，以 DCPD－EPDM 最好。乙丙橡胶的耐天候老化性能也非常好，能长期在阳光、潮湿、寒冷的自然环境中使用。含炭黑的乙丙橡胶硫化胶在阳光下暴晒 3 年后未发生龟裂，物理力学性能变化也很小。在耐候性方面，EPM 优于 DCPD－EPDM，更优于 ENB－EPDM，比天然橡胶、丁苯橡胶等通用橡胶都好。

(3)乙丙橡胶的热性能：乙丙橡胶在 150℃下可长期使用，间歇使用可耐 200℃高温。在耐热性方面，ENB－EPDM 优于 DCPD－EPDM。具有较好的耐热水和水蒸气性能。耐低温性也很好，由于非结晶性，使其在低温下仍保持较好的弹性，冷冻到－57℃才变硬，到－77℃变脆。

(4)其他性能：乙丙橡胶绝缘性能和耐电晕性能超过丁基橡胶。又因吸水性小，所以浸水后的电性能也很好。对各种极性化学药品和酸碱(浓强酸除外)的抗耐性好，长时间接触后性能变化不大。具有良好的弹性和抗压缩变形性。易容纳补强剂、软化剂，可进行高填充配合，并且由于密度小，可降低制品成本。但纯胶强度低，必须通过补强才有使用价值；不耐油；硫化速度慢，比一般合成橡胶约慢 3～4 倍；与不饱和橡胶不能并用，共硫化性能差；自粘和互粘性都很差，给加工工艺带来困难。

4. 乙丙橡胶的发展

(1)丁丙交替共聚橡胶：丁二烯/丙烯橡胶是一种新型的交替共聚橡胶。1969 年古川淳二等以钒－铝、钛－铝等为催化剂研究了乙烯、丙烯、丁烯等烯烃与丁二烯等共扼双烯的共聚，得到了交替共聚物。丁丙橡胶的生胶强度处于异戊橡胶和丁苯橡胶之间，加工性能与天然橡胶相近，并易于与其他橡胶并用，而且密度小、耐热、耐候性好，是一种可用于轮胎的胶种。由于丙烯来源广，价格低廉，丁丙橡胶又具有良好的综合性能，将成为一种较好的通用橡胶。

(2)改性乙丙橡胶：为了满足橡胶制品特殊性能需要，已经生产出了高乙烯含量的乙丙橡胶、高不饱和度的三元乙丙橡胶、热塑性乙丙橡胶以及改性乙丙橡胶等。

改性乙丙橡胶是将乙丙橡胶进行溴化、氯化、氯磺化、接枝丙烯腈或丙烯酸酯而得。通过引入不同的极性基团，达到提高乙丙橡胶的粘着性、强度、耐溶剂性能以及提高硫化速度等目的。

5. 乙丙橡胶的应用

根据乙丙橡胶的性能特点，主要应用于要求耐老化、耐水、耐腐蚀、电气绝缘几个领域，如用于耐热运输带、电缆、电线、防腐衬里、密封垫圈、门窗密封条、家用电器配件、塑料改性等；也极适用于码头缓冲器、桥梁减震垫、各种建筑用防水材料，道枕垫及各类橡胶板、保护套等；也是制造电线、电缆包皮胶的良好材料，特别适用于制造高压、中压电缆绝缘层；它还可以制造各种汽车零件，如垫片、玻璃密封条、散热器胶管等。由于它具有高动态性能和良好的耐温、耐天候、耐腐蚀及耐磨性,也可用于轮胎胎侧、水胎等的制造,但需解决好黏合问题。

3.1.6 氯丁橡胶

氯丁橡胶(Chloroprene rubber,缩写 CR)是 2-氯-1,3-丁二烯经过乳液聚合而得的均聚物,称为聚氯丁二烯橡胶,简称氯丁橡胶。氯丁橡胶是合成胶中最早研究开发的胶种之一,首先由美国于 1931 年开发成功。氯丁橡胶由于分子链中氯原子的存在而具有耐油性、耐候、阻燃、耐老化等优异性能,应用比较广泛。

1.氯丁橡胶的制备及分类

氯丁橡胶的合成一般采用乳液法,以过硫酸钾为自由基引发剂,水为介质,松香酸皂为乳化剂,聚合温度为 40~42℃,聚合时间为 2~2.5 h,聚合转化率为 89%~90%。氯丁二烯聚合反应中易生成支链和交联结构,所以必须在反应时加入调节剂,控制平均相对分子质量和结构,通常调节剂分为硫调节剂和非硫调节剂,所形成的氯丁橡胶分为硫调型(G型)和非硫调型(W 型)。因此根据合成条件和用途将氯丁橡胶分为以下几种。

(1)硫黄调节型(G 型):这类氯丁橡胶是以硫黄作相对分子质量调节剂,秋兰姆作稳定剂,平均相对分子质量约为 10 万,相对分子质量分布较宽。由于结构比较规整,可供一般橡胶制品使用,故属于通用型。商品牌号有 GN、GNA 等,国产氯丁橡胶 CR1212 型与 GNA 型相当。此类橡胶的分子主链上含有多硫键(80~110 个),由于多硫键的键能远低于 C—C 键键能,在一定条件下(如光、热、氧的作用)容易断裂,生成新的活性基团,导致发生歧化、交联而失去弹性,所以贮存稳定性差。但此类橡胶塑炼时,易在多硫键处断裂,形成硫醇基(-SH)化合物,使平均相对分子质量降低,故有一定的塑炼效果。此类橡胶物理力学性能良好,尤其是回弹性、撕裂强度和耐屈挠龟裂性均比 W 型好,硫化速度快,用金属氧化物即可硫化,加工中弹性复原性较低,成形黏合性较好,但易焦烧,并有粘辊现象。

(2)非硫调节型(W 型):氯丁橡胶在聚合时,用十二硫醇作平均相对分子质量调节剂,故又称硫醇调节型氯丁橡胶。此类橡胶平均相对分子质量为 20 万左右,相对分子质量分布较窄,分子结构比 G 型更规整,1,2-结构含量较少。商品牌号有 W、WD、WRT、WHV 等,国产氯丁橡胶 CR2322 型则属于此类,相当于 W 型。由于该类分子主链中不含多硫链,故贮存稳定性较好。与 G 型相比,该类橡胶的优点是加工过程中不易焦烧,不易粘辊,操作条件容易掌握,硫化胶有良好的耐热性和较低的压缩变形性。但结晶性较大,成形时粘性较差,硫化速度慢。

(3)黏接型氯丁橡胶:广泛地用作胶粘剂。此类与其他类型的主要区别是聚合温度低(5~7℃),因而提高了反式 1,4-结构的含量,使分子结构更加规整,结晶性大,内聚力高,所以有很高的黏接强度。

(4)其他特殊用途型氯丁橡胶:是指专用于耐油、耐寒或其他特殊场合的氯丁橡胶。如氯苯橡胶,是 2-氯-1,3-丁二烯和苯乙烯的共聚物,引入苯乙烯是为了使聚合物获得优异的抗结晶性,以改善耐寒性(但并不改善玻璃化温度),用于耐寒制品。又如氯丙橡胶,是 2-氯-1,3-丁二烯和丙烯腈的非硫调型共聚物,丙烯腈掺聚量有 5%、10%、20%、30%不等,引入丙烯腈以增加聚合物的极性,从而提高耐油性。

2.氯丁橡胶的结构

氯丁橡胶相当于异戊二烯橡胶分子中的侧甲基被氯原子取代,其结构式为

$$-\!\!\left[CH_2-\underset{\displaystyle Cl}{\underset{|}{C}}=CH-CH_2\right]_n\!\!-$$

氯丁橡胶的分子链中大部分是反式1,4-加成结构,占88%~92%。除此之外,顺式1,4-加成结构占7%~12%,1,2-加成结构占1%~5%,3,4-加成结构占1%左右。氯丁橡胶分子中,反式1,4-加成结构的生成量与聚合温度有关。聚合温度越低,反式1,4-加成结构含量越高,聚合物分子链排列越规则,力学强度越高。而1,2-加成结构和3,4-加成结构使聚合物带有侧基,且侧基上还有双键,这些侧基能阻碍分子链的运动,对聚合物的弹性、强度、耐老化性等都有不利影响,并易引起歧化和生成凝胶。不过由于1,2-加成结构的化学活性较高,因此它是CR的交联中心。

氯丁橡胶的主链虽然由碳链所组成,但由于分子中含有电负性较大的氯原子,而使其成为极性橡胶,从而增加了分子间力,使分子结构较紧,分子链柔性较差。又由于氯丁橡胶结构规整性较强,因而比天然橡胶更易结晶,结晶温度范围-35~50℃。

由于氯丁橡胶分子链上97.5%的氯原子直接连接在双键的碳原子上,Cl原子中未偶的p电子与键形成p-共扼,再加之Cl原子的电负性在σ键上有诱导效应,使双键和氯原子的活性大大降低,不饱和程度大幅度下降,从而提高了氯丁橡胶的结构稳定性。通常已不把氯丁橡胶列入不饱和橡胶的范畴内。

3.氯丁橡胶的性能

氯丁橡胶的结构特点,决定了其在具有良好的综合物理力学性能的前提下,还具有耐热,耐臭氧、耐天候老化,耐燃,耐油,黏合性好等特性,所以它被称为多功能橡胶。

(1)氯丁橡胶的物理力学性能:氯丁橡胶为浅黄色乃至褐色的弹性体,密度较大,为1.23g/cm^3。

由于氯丁橡胶有较强的结晶性,自补强性大,分子间作用力大,在外力作用下分子间不易产生滑脱,因此氯丁橡胶有与天然橡胶相近的物理力学性能。其纯胶硫化胶的拉伸强度、扯断伸长率甚至还高于天然橡胶,炭黑补强硫化胶的拉伸强度、扯断伸长率则接近于天然橡胶。其他物理力学性能也很好,如回弹性、抗撕裂性仅次于天然橡胶,而优于一般合成橡胶,并有接近于天然橡胶的耐磨性。

(2)氯丁橡胶的化学性能:由于氯丁橡胶的结构稳定性强,使其反应活性低于天然橡胶、丁苯橡胶等二烯类橡胶。因此有很好的耐热、耐臭氧、耐天候老化性能。其耐热性与丁腈橡胶相当,能在150℃下短期使用,在90~110℃下能使用四个月之久。耐臭氧、耐天候老化性仅次于乙丙橡胶和丁基橡胶,而大大优于通用型橡胶。此外,氯丁橡胶的耐化学腐蚀性、耐水性优于天然橡胶和丁苯橡胶,但对氧化性物质的抗耐性差。而且不能用硫黄硫化体系硫化,一般用氧化锌和氧化镁配合体系进行硫化,对于非硫调型的还要用促进剂,常用的促进剂为NA-22。

(3)氯丁橡胶的耐介质性能:由于氯丁橡胶具有较强的极性,因此氯丁橡胶的耐油、耐非极性溶剂性好,仅次于丁腈橡胶,而优于其他通用橡胶。除芳香烃和卤代烃油类外,

在其他非极性溶剂中都很稳定,其硫化胶只有微小溶胀。能溶于甲苯、氯代烃、丁酮等溶剂中,在某些酯类(如乙酸乙酯)中可溶,但溶解度较小,不溶于脂肪烃、乙醇和丙酮。

(4)氯丁橡胶的阻燃性:由于氯丁橡胶在燃烧时放出氯化氢,起阻燃作用,因此遇火时虽可燃烧,但切断火源即自行熄灭。氯丁橡胶的耐延燃性在通用橡胶中是最好的。

(5)氯丁橡胶的气密性:由于氯丁橡胶的结构紧密,因此气密性好,在通用橡胶中仅次于丁基橡胶,比天然橡胶的气密性好。

(6)氯丁橡胶的黏合性:氯丁橡胶的黏接性好,因而被广泛用作胶粘剂。氯丁橡胶系胶粘剂占合成橡胶类胶粘剂的 80%。其特点是黏接强度高,适用范围广,耐老化、耐油、耐化学腐蚀,具有弹性,使用简便。

(7)氯丁橡胶的耐寒性:由于氯丁橡胶分子结构的规整性和极性,内聚力较大,限制分子的热运动,特别在低温下热运动更困难,因低温结晶而使橡胶拉伸变形后难于恢复原状而失去弹性,甚至发生脆折现象,因此,耐寒性不好。氯丁橡胶的玻璃化温度为 -40℃,使用温度一般不低于 -30℃。

(8)氯丁橡胶的电绝缘性:氯丁橡胶因分子中含有极性氯原子,所以绝缘性差,体积电阻率为 $10^{10} \sim 10^{12}\ \Omega \cdot cm$,仅适于 600 V 以内的较低压使用。

(9)氯丁橡胶的加工工艺性能:由于极性氯原子的存在,使氯丁橡胶在加工时对温度的敏感性强,当塑炼、混炼温度超出高弹态温度范围(高弹态温度 G 型为常温至 71℃,W 型为常温至 79℃,而天然橡胶则为常温至 100℃),会产生粘辊现象,造成操作困难,G 型氯丁橡胶尤甚。

(10)氯丁橡胶的贮存稳定性:氯丁橡胶贮存变质是一个独特的问题,由于氯丁橡胶在室温下也具有从线型 α 型聚合体向交联的 μ 型聚合体转化的性质,生胶存放时间久后,就会自行交联。在 30℃的自然条件下,硫黄调节型氯丁橡胶可存放 10 个月,非硫调节型可存放 40 个月。随存放时间增长,生胶变硬、塑性下降、焦烧时间缩短、加工粘性下降、流动性下降、压出表面不光滑,逐渐失去了加工性。严重时,导致胶料报废。其防止的办法是精制氯丁二烯并在惰性气体中贮存及聚合,严格控制聚合转化率,加入防老剂,生胶贮存温度低一些,尽量减少热历史。

4.氯丁橡胶的改性

(1)易加工型氯丁橡胶:易加工型氯丁橡胶是由凝胶型氯丁橡胶与溶胶型氯丁橡胶乳液共聚而成。凝胶型氯丁橡胶是制造氯丁橡胶胶乳时加入一定量的交联剂,使氯丁橡胶产生交联,形成预凝胶体。易加工型氯丁橡胶具有胶料混炼快,生热小,不粘辊,挤出和压延速度快,挤出口模膨胀率低,挤出产品表面光滑,硫化时模内流动性好等优点。

(2)耐寒氯丁橡胶:耐寒氯丁橡胶是氯丁二烯与二氯丁二烯的共聚物。由于在聚氯丁二烯分子链上引入 2,3 - 二氯丁二烯、1,3 - 二氯丁二烯单元,破坏了聚氯丁二烯的规整性,显示优良的抗结晶性能,提高了耐寒性。

5.氯丁橡胶的应用

由于氯丁橡胶不仅具有耐热、耐老化、耐油、耐腐蚀等特殊性能,并且综合物理力学性能良好,所以它是一种能满足高性能要求、用途极为广泛的橡胶材料。

氯丁橡胶可与其他橡胶并用。氯丁橡胶与天然橡胶并用可改进加工性能、提高黏接强度以及改善耐屈挠和耐撕裂性能;氯丁橡胶与丁苯橡胶并用可以降低成本,提高耐低温性能,但是耐臭氧性能、耐油性、耐候性随之降低,因此需要加入抗臭氧剂,硫化体系采用无硫和硫黄硫化体系;氯丁橡胶与丁腈橡胶并用,可以提高耐油性,改进粘辊性,便于压延和压出成形;氯丁橡胶与顺丁橡胶并用,可以改进氯丁橡胶的粘辊性能,提高压延、压出的工艺性能,同时弹性、耐磨性和压缩生热可以得到改善,但耐油性、抗臭氧性和强度降低;氯丁橡胶与乙丙橡胶并用,可以进一步的提高氯丁橡胶的抗臭氧性能,同时可以改善耐热性能。

氯丁橡胶可用来制造轮胎胎侧、耐热运输带、耐油及耐化学腐蚀的胶管、容器衬里、垫圈、胶辊、胶板,汽车和拖拉机配件,电线、电缆包皮胶,门窗密封胶条,橡胶水坝,公路填缝材料、建筑密封胶条,建筑防水片材、某些阻燃橡胶制品及胶粘剂。

3.1.7 丁腈橡胶

丁腈橡胶(Acrylonitrile-butadiene rubber 缩写 NBR)是由丁二烯和丙烯腈两种单体经乳液或溶液聚合而制得的一种高分子弹性体。1937 年由德国工业化生产。丁腈橡胶具有优良的耐油性和耐化学药品性应用范围不断扩大,为了进一步提高其性能,研究了一些改性品种,主要应用于耐油场合。

1.丁腈橡胶的制备及分类

工业上所使用的丁腈橡胶大都是由乳液法制得的,自由基引发聚合,聚合过程中采用氧化还原体系引发剂(如过氧化氢和二价铁盐组成的催化体系),以硫醇作为调节剂(链转移剂)控制平均相对分子质量。聚合温度为 5~30℃,一般转化率为 70%~80%时,使聚合终止,转化率过高会产生支化结构。

乳聚丁腈橡胶种类繁多,通常依据丙烯腈含量、门尼黏度、聚合温度等分为几十个品种。而根据用途不同又可分为通用型和特种型。特种型中又包括羧基丁腈橡胶、部分交联型丁腈橡胶、丁腈和聚氯乙烯共沉胶、液体丁腈橡胶以及氢化丁腈橡胶等。通常,丁腈橡胶依据丙烯腈含量可分成极高丙烯腈丁腈橡胶(丙烯腈质量分数为 43%以上);高丙烯腈丁腈橡胶(丙烯腈质量分数为 36%~42%);中高丙烯腈丁腈橡胶(丙烯腈质量分数为 31%~35%);中丙烯腈丁腈橡胶(丙烯腈质量分数为 25%~30%);低丙烯腈丁腈橡胶(丙烯腈质量分数为 24%以下)。

国产丁腈橡胶的丙烯腈含量大致有三个等级,即相当于上述的高、中、低丙烯腈含量等级。对每个等级的丁腈橡胶,一般可根据门尼黏度值的高低分成若干牌号。门尼黏度值低的(45 左右),加工性能良好,可不经塑炼直接混炼,但物理力学性能,如强度、回弹性、压缩永久变形等则比同等级黏度值高的稍差;而门尼黏度值高的,则必须先塑炼,方可混炼。

按聚合温度可将丁腈橡胶分为热聚丁腈橡胶(聚合温度 25~50℃)和冷聚丁腈橡胶(聚合温度 5~20℃)。热聚丁腈橡胶的加工性能较差,表现为可塑性获得较难,吃粉也较慢,而冷聚丁腈橡胶,由于聚合温度的降低,提高了反式 1,4-结构的含量,凝胶含量和歧化程度得到降低,从而使加工性能得到改善,表现为加工时动力消耗较低,吃粉较快,压延、压出半成品表面光滑、尺寸较稳定,在溶剂中的溶解性能较好,并且还提高了物理力学性能。

国产丁腈橡胶的牌号通常以四位数字表示。前两位数字表示丙烯腈含量，第三位数表示聚合条件和污染性，第四位数字表示门尼黏度。如 NBR－2626，表示丙烯腈质量分数为 26%～30%，是软丁腈橡胶，门尼黏度为 65～80；NBR3606，表示丙烯腈质量分数为 36%～40%，是硬丁腈橡胶，有污染性，门尼黏度为 65～79。

2. 丁腈橡胶的结构

丁腈橡胶的分子结构中两种单体单元的键接是无规的，化学结构式为

$$\left[\left(CH_2-CH=CH-CH_2\right)_x\left(CH_2-\underset{\underset{CN}{|}}{CH}\right)_y\right]_n$$

其中，丁二烯有三种加成方式，以反式 1,4－结构加成为主，例如在 28℃下聚合制得的含 28%丙烯腈的丁腈橡胶，反式 1,4－键合结构含量为 77.6%，顺式－1,4－结构含量为 12.4%，1,2－结构含量占 10.5%。不同加成方式对橡胶的性能也有一定的影响，顺式－1,4结构增加有利于提高橡胶的弹性，降低玻璃化温度；反式－1,4 结构增加，拉伸强度提高，热塑性好，但弹性低；1,2－加成结构增加，导致支化度和交联度提高，凝胶含量较高，使加工性能不好，低温性能变差，并降低力学性能和弹性。

丁腈橡胶是不饱和的碳链橡胶，分子结构不规整，是非结晶性橡胶。由于分子链上引入了强极性的氰基(—CN)，而成为极性橡胶。丙烯腈含量越高，极性越强，分子间力越大，分子链柔性也越差。双键数目随丙烯腈含量的提高而减少，即不饱和程度随丙烯腈含量的提高而下降。

丁腈橡胶的平均相对分子质量可由几千到几万，前者为液体丁腈橡胶，后者为固体丁腈橡胶。工业生产中常用门尼黏度来表示相对分子质量的大小，通用丁腈橡胶门尼黏度(ML_{1+4}100℃)一般为 30～130。

3. 丁腈橡胶的性能

丁腈橡胶为浅黄至棕褐色、略带腋臭味的弹性体，密度随丙烯腈含量的增加而由 0.945～0.999 g/cm^3 不等，能溶于苯、甲苯、酯类、氯仿等芳香烃和极性溶剂。

(1)丁腈橡胶性能与丙烯腈含量的关系：丙烯腈含量对丁腈橡胶的性能产生极大影响，如表 3.5 所示。

表 3.5　丙烯腈含量与丁腈橡胶性能的关系

基本性能	丙烯腈低含量→高含量	基本性能	丙烯腈低含量→高含量
拉伸性	低→高	耐热性	差→好
耐磨性	小→大	弹　性	大→小
耐油性(非极性)	低→高	耐寒性	好→差
耐化学介质性	低→高	加工性能	差→好
透气性	好→差	硫化速度	慢→快

(2)丁腈橡胶的耐油性：在通用橡胶中，丁腈橡胶的耐油性最好。仅次于聚硫橡胶和氟橡胶等特种橡胶。由于氰基有较高的极性，因此丁腈橡胶对非极性和弱极性油类基本

不溶胀，但对芳香烃、氯代烃、极性油类、以及极性溶剂(如乙醇)的抵抗能力差。

(3)丁腈橡胶的一般性能：丁腈橡胶因含有丙烯腈结构，不仅降低了分子的不饱和程度，而且由于氰基的较强吸电子能力，使烯丙基位置上的氢比较稳定，故耐热性和耐老化性优于天然、丁苯等通用橡胶，且随丙烯腈含量的提高而提高。可在120℃以下长期使用，在热油中短时使用温度可达150℃高温。

丁腈橡胶的极性增大了分子间力，从而使耐磨性提高，其耐磨性比天然橡胶高30%~45%。

丁腈橡胶的极性以及反式1,4-结构，使其结构紧密，透气率较低，它和丁基橡胶同属于气密性良好的橡胶。

丁腈橡胶因丙烯腈的引入而提高了结构的稳定性，因此耐化学腐蚀性优于天然橡胶，对碱和弱酸具有较好的抗耐性，但对强氧化性酸的抵抗能力较差。

丁腈橡胶是非结晶性橡胶，无自补强性，纯胶硫化胶的拉伸强度只有3.0~4.5 MPa。因此，必须经补强后才有使用价值，炭黑补强硫化胶的拉伸强度可达25~30 MPa，优于丁苯橡胶。

丁腈橡胶由于分子链柔性差和非结晶性所致，使硫化胶的弹性、耐寒性、耐屈挠性、抗撕裂性差，变形生热大。丁腈橡胶的耐寒性比一般通用橡胶都差，脆性温度为-10~-20℃。

丁腈橡胶的极性导致其成为半导橡胶，不宜作电绝缘材料使用，其体积电阻率只有$10^8 \sim 10^9$ Ω·cm，介电系数为7~12，为电绝缘性最差的橡胶。

丁腈橡胶因具不饱和性而易受到臭氧的破坏，加之分子链柔性差，使臭氧龟裂扩展速度较快。尤其制品在使用中与油接触时，配合时加入的抗臭氧剂易被油抽出，造成防护臭氧破坏的能力下降。

(4)丁腈橡胶的加工性能：丁腈橡胶因相对分子质量分布较窄，极性大，分子链柔性差，以及本身特定的化学结构，使之加工性能较差。表现为塑炼效率低，混炼操作较困难，塑混炼加工中生热高，压延、压出的收缩率和膨胀率大，成形时自粘性较差，硫化速度较慢等。

4.丁腈橡胶的发展

随着石油和汽车工业的发展，对丁腈橡胶的性能提出了更加苛刻的要求，一些高性能的丁腈橡胶新品种相继出现。

(1)氢化丁腈橡胶(HNBR)：氢化丁腈橡胶也称饱和丁腈橡胶。是将乳聚丁腈橡胶粉碎溶于适当溶剂，在贵重金属催化剂如钯存在下，高压氢化还原而得。氢化丁腈橡胶由于主链呈近饱和状态，因此除保持其优异耐油性外，其弹性、耐热性、耐老化性均有很大提高。少量 C═C 键的存在，使其仍可用硫黄硫化。丁腈橡胶为非结晶橡胶，但氢化后为拉伸结晶性橡胶。

氢化丁腈橡胶主要用于油气井、汽车工业、航空航天等领域。近年来，油气井深度越来越深，井下环境和温度条件日益苛刻。在高温和高压下，丁腈橡胶和氟橡胶受硫化氢、二氧化碳、甲烷、柴油、蒸汽和酸等的作用很快破坏，而氢化丁腈橡胶在上述介质中的综合性能优于丁腈橡胶和氟橡胶。

(2)羧基丁腈橡胶：羧基丁腈橡胶由含羧基单体(丙烯酸或甲基丙烯酸)与丁二烯、丙烯腈三元共聚而成。丙烯腈单体结构单元摩尔分数一般为 31% ~ 40%,羧基摩尔分数为 2% ~ 3%。在分子链中约 100 ~ 200 个碳原子中含有一个羧基。

$$-\!\!\left(CH_2-\underset{\displaystyle CN}{\underset{|}{CH}}\right)_{m}\!\!\left(CH_2-CH=CH-CH_2\right)_{n}\!\!-CH_2-\underset{\displaystyle COOH}{\underset{|}{CH}}-$$

羧基的引入,增加了丁腈橡胶的极性,进一步提高了耐油性和强度,改善了粘着性和耐老化性,特别是热强度比 NBR 有较大提高。由于羧基活性较高,故交联速度较快,易焦烧。

(3)丁腈交替共聚胶：它是单体丙烯腈和丁二烯在 AlR_3-VoCl_3 催化体系下,于 0℃下经聚合而成。分子链由丁二烯和丙烯腈单体单元交替排列而成。丙烯腈单体结构摩尔分数为 48% ~ 49%,丙烯腈和丁二烯单体的交替度达 96% ~ 98%,几乎全部丁二烯单体结构单元(97% ~ 100%)呈反式 - 1,4 结构键合,是一种有规立构高聚物。由于分子链序列结构规整,丙烯腈单体结构单元均匀分布在分子链内,减弱了分子链间的相互作用力,提高了分子链的柔性,其玻璃化温度为 - 15℃。与相同丙烯腈含量的无规丁腈橡胶比具有较大的拉伸强度、伸长率和回弹性,抗裂口增长性接近天然橡胶,是一种耐油性优良、物理力学性能好的合成橡胶。

5.丁腈橡胶的应用

由于丁腈橡胶既有良好的耐油性,又保持有较好的橡胶特性,因此广泛用于各种耐油制品。高丙烯腈含量的丁腈橡胶一般用于直接与油类接触、耐油性要求比较高的制品,如油封、输油胶管、化工容器衬里、垫圈等。中丙烯腈含量的丁腈橡胶一般用于普通耐油制品,如耐油胶管、油箱、印刷胶辊、耐油手套等。低丙烯腈含量的丁腈橡胶用于耐油性要求较低的制品,如低温耐油制品和耐油减震制品等。

其次,由于丁腈橡胶具有半导性,因此可用于需要导出静电,以免引起火灾的地方,如纺织皮辊、皮圈、阻燃运输带等。

丁腈橡胶还可与其他橡胶或塑料并用以改善各方面的性能,最广泛的是与聚氯乙烯并用,以进一步提高它的耐油、耐臭氧老化性能。

3.1.8 丁基橡胶

丁基橡胶(Isobutylene-isoprene rubber 缩写 IIR)于 1941 年开始工业化生产,是由异丁烯单体与少量异戊二烯共聚合而成。目前丁基橡胶的生产在世界各国发展较快。丁基橡胶的最大的特点是气密性好,耐热、耐臭氧性好于天然橡胶和丁苯橡胶等通用橡胶。

1.丁基橡胶的制备及分类

丁基橡胶是一种线型无凝胶的共聚物,是异丁烯和少量的异戊二烯(1.5 ~ 4.5 mol)单体通过阴离子聚合反应制备的,由于异丁烯分子中有两个供电子的甲基,使其端基($=CH_2$)的亲核性增加,在刘易斯酸(如 $AlCl_3$ 或 BF_3)为主催化剂,以水或醇等为助催化剂的条件下,聚合反应速度极快,可在 1 min 左右完成放热反应,因此反应温度必须在 - 100℃左右,且快速搅拌下进行。

丁基橡胶通常按不饱和程度的大小分为五级,其不饱和度分别为 0.6% ~ 1.0%、

1.1%～1.5%、1.6%～2.0%、2.1%～2.5%、2.6%～3.3%。而每级中又可依据门尼黏度的高低和所用防老剂有无污染性分为若干牌号。

2.丁基橡胶的结构

丁基橡胶的化学结构式为

$$-\!\!\!\left(\begin{array}{c}CH_3\\|\\C\\|\\CH_3\end{array}\!-CH_2\right)_x\!\!-CH_2-\begin{array}{c}CH_3\\|\\C\end{array}\!=CH-CH_2-\left(\begin{array}{c}CH_3\\|\\C\\|\\CH_3\end{array}\!-CH_2\right)_y$$

不饱和度对丁基橡胶的性能有着直接影响，随着橡胶不饱和程度的增加，硫化速度加快，硫化度增加，耐热性提高，耐臭氧性、耐化学药品侵蚀性下降，电绝缘性下降，粘着性和兼容性好转，拉伸强度和扯断伸长率逐渐下降，定伸应力和硬度提高。

相对分子质量影响生胶门尼黏度值的高低，进而影响胶料可塑性及硫化胶的强度。弹性门尼黏度值增大，相对分子质量亦大，硫化胶的拉伸强度提高，压缩变形减小，低温复原性更好，但工艺性能恶化，使压延、压出困难。

丁基橡胶中异戊二烯的单体单元分布是无规的，一般单个存在。试验表明，异戊二烯单体单元在分子链中以反式-1,4-结构键合，大约主链上平均每100个碳原子才有一个双键，而天然橡胶主链每四个碳原子有一个双键，所以丁基橡胶的不饱和度很低，通用丁基橡胶品级约有1.5%(mol)的不饱和度。因此基本属饱和橡胶，结构稳定性很强，并且是较典型的非极性橡胶。是首尾结合的线型分子，结构规整，为结晶性橡胶。

在分子主链上，每隔一个次甲基就有两个甲基侧基围绕着主链呈螺旋形式排列，等同周期为1.86 nm，空间阻碍大，分子链柔性差，结构紧密。因此，丁基橡胶具有优良的耐候性、耐热性、耐碱性，特别是具有气密性好、阻尼大、易吸收能量等性能。

3.丁基橡胶的性能

丁基橡胶为白色或灰白色半透明弹性体，密度为0.91～0.92 g/cm^3。

(1)丁基橡胶的气密性：丁基橡胶的气密性为橡胶之首(见图3.3)。气密性取决于气体在橡胶中的溶解度和扩散速度。丁基橡胶的气体溶解度与其他烃类橡胶相近，但它的气体扩散速度比其他橡胶低的多。这与丁基橡胶的分子链的螺旋形构象使分子链柔顺性下降有关。在常温下丁基橡胶的透气系数约为天然橡胶的1/20、顺丁橡胶的1/45、丁苯橡胶的1/8、乙丙橡胶的1/13、丁腈橡胶的1/2。

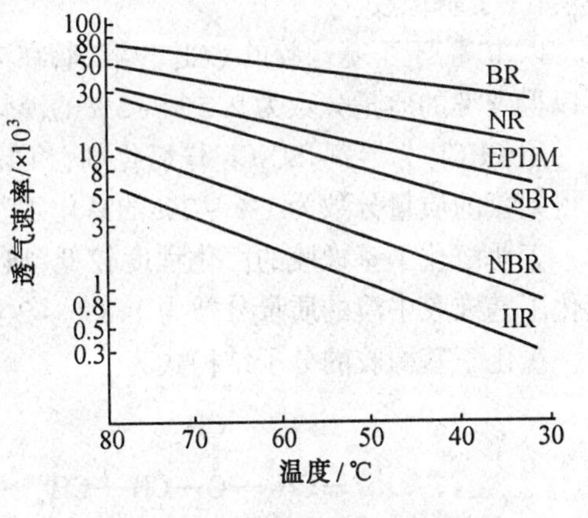

图3.3　各种橡胶在不同温度下的气密性

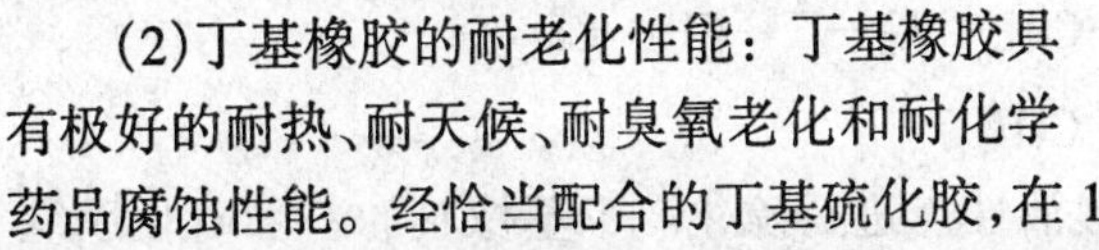

(2)丁基橡胶的耐老化性能：丁基橡胶具有极好的耐热、耐天候、耐臭氧老化和耐化学药品腐蚀性能。经恰当配合的丁基硫化胶，在150～170℃下能较长时间使用，耐热极限可达200℃。丁基橡胶制品长时间暴露在日光和空气中，其性能变化很小，特别是抗臭氧老化性能比天然橡胶要好10～20倍以上。丁基橡胶对除了强氧化性浓酸以外的酸、碱及氧

化－还原溶液均有极好的抗耐性，在醇、酮及酯类等极性溶剂中溶胀很小。以上特性是由丁基橡胶的不饱和程度极低、结构稳定性强和非极性所决定的，但不耐非极性油类溶剂。

(3)丁基橡胶的电绝缘性：由于丁基橡胶典型的非极性和吸水性小(在常温下的吸水速率比其他橡胶低10～15倍)的特点，使其电绝缘性和耐电晕性均比一般合成橡胶好，其介电常数只有2.1，而体积电阻率可达10^{16} Ω·cm以上，比一般橡胶高10～100倍。

(4)丁基橡胶的热性能和阻尼性能：丁基橡胶分子链的柔性虽差，但由于等同周期长，低温下难以结晶，所以仍保持良好的耐寒性，其玻璃化温度仅高于顺丁、乙丙、异戊和天然橡胶，于－50℃低温下仍能保持柔软性。

丁基橡胶在交变应力下，因分子链内阻大，使振幅衰减较快，所以吸收冲击或震动的效果良好，它在－30～150℃温度范围内能保持良好的减震性。

(5)丁基橡胶的机械性能：丁基橡胶纯胶硫化胶有较高的拉伸强度和扯断伸长率，这是由于丁基橡胶在拉伸状态下具有结晶性所决定的。这意味着不加炭黑补强的丁基硫化胶已具有较好的强度，故可用来制造浅色制品。但常温下弹性低，永久变形大，滞后损失大，生热较高。

(6)丁基橡胶的加工性能：丁基橡胶加工性能较差，硫化速度很慢，需要采用超速促进剂和高温、长时间才能硫化；自粘和互粘性极差，常需借助胶粘剂或中间层才能保证相互间的黏合，但结合强力也不高；与炭黑等补强剂的湿润性及相互作用差，故不易获得良好的补强效果，最好对炭黑混炼胶进行热处理，以进一步改善对炭黑的湿润性及补强性能；与天然橡胶和其他合成橡胶(三元乙丙橡胶除外)的兼容性差，其共硫化性差，难与其他不饱和橡胶并用。

4.丁基橡胶的改性

丁基橡胶具有突出的特性但存在硫化速度慢、粘着性差、与其他橡胶难于并用的缺点，可以在丁基橡胶分子结构中引入卤素原子来进行改性，这样便得到卤化(通常为氯化或溴化)丁基橡胶。

以10倍于丁基橡胶的CCl_4为溶剂，在25℃加入质量分数为5%～10%的溴，作用2 h，可以得到溴的质量分数为2.5%～3%的溴化丁基橡胶。

用$CHCl_3$为溶剂，SO_2Cl_2作氯化剂，相当于用质量分数为2%～6%的氯，作用16 h，可以得到氯的质量分数为1%～2%的氯化丁基橡胶。

工业卤化丁基橡胶的卤化程度较低，典型的氯化丁基橡胶中氯的质量分数为1.1%，溴化丁基橡胶中溴的质量分数为1.8%～2.4%。

氯化丁基橡胶的分子结构式为

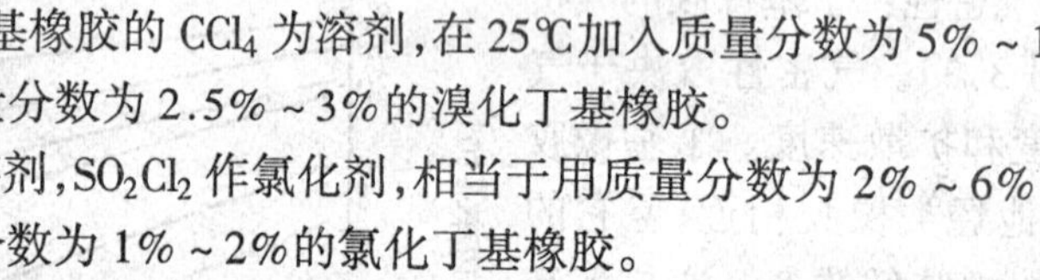

$$-CH_2-\underset{\displaystyle}{\overset{\displaystyle CH_2 \atop \|}{C}}-\underset{\displaystyle | \atop Cl}{CH}-\left(CH_2-\underset{\displaystyle | \atop CH_3}{\overset{\displaystyle CH_3 \atop |}{C}}\right)_n-CH_2-\overset{\displaystyle CH_2 \atop \|}{C}-\underset{\displaystyle | \atop Cl}{CH}-CH_2-$$

卤化丁基橡胶主要利用烯丙基氯及双键活性点进行硫化。丁基橡胶的各种硫化系统均适于卤化丁基橡胶，但卤化丁基橡胶的硫化速度较快。此外，卤化丁基橡胶还可用硫化氯丁橡胶的金属氧化物，如氧化锌3～5份硫化，但硫化较慢。卤化丁基橡胶与各种橡胶的兼容性均较好。

5.丁基橡胶的应用

因丁基橡胶具有突出的气密性和耐热性,所以其最大用途是制造充气轮胎的内胎和无内胎轮胎的气密层,其耗量约占丁基橡胶总耗量的70%以上。由于丁基橡胶的化学稳定性高,还用于制造水胎、风胎和胶囊。用丁基橡胶制造轮胎外胎时,吸收震动好、行车平稳、无噪声,对路面抓着力大,牵引与制动性能好。

丁基橡胶可用于制造耐酸碱腐蚀制品及化工耐腐蚀容器衬里,并极适宜制作各种电绝缘材料,高、中、低压电缆的绝缘层及包皮胶。此外还用于制造各种耐热、耐水的密封垫片、蒸汽软管和防震缓冲器材及用于防水建材、道路填缝、蜡添加剂和聚烯烃改性剂等。

3.2 特种合成橡胶

3.2.1 硅橡胶

硅橡胶(简称SiR)分子主链由硅原子和氧原子组成,是一种兼具有无机和有机性质的高分子弹性体。1940年工业化生产。硅橡胶以其独特的性能已成为国防尖端科学、交通运输、电子电器以及医疗卫生等领域不可缺少的材料。

1.硅橡胶的分类及品种

硅橡胶的分类一般可按硫化方式和化学结构来划分。

通常是按硫化温度和使用特征分为高温硫化或热硫化(HTV)和室温硫化(RTV)两大类。前者是高相对分子质量的固体胶,成形硫化的加工工艺和普通橡胶相似。后者是相对分子质量较低的有活性端基或侧基的液体胶,在常温下即可硫化成形,也可分为双组分RTV硅橡胶(简称RTV-2)和单组分RTV硅橡胶(简称RTV-1)。

目前,常用热硫化型硅橡胶主要品种有甲基乙烯基硅橡胶(MVQ)、甲基乙烯基苯基硅橡胶(MPVQ)、氟硅橡胶(MFQ)、腈硅橡胶。

2.硅橡胶的结构、性能及应用

硅橡胶又称聚有机硅氧烷(聚硅酮),是由各种二氯硅烷经过水解、缩聚而得,其分子结构通式为

$$\left[\begin{array}{c} R \\ | \\ Si - O \\ | \\ R \end{array} \right]_n$$

式中的R可以是相同或不同的烷基、苯基、乙烯基、氰基和含氟基等。

由于Si—O键能(370 kJ/mol)比C—C键能(240 kJ/mol)大得多,具有很高的热稳定性。柔顺性也很好,因而具有耐高低温性,工作温度范围-100~350℃。

硅橡胶和其他高分子材料相比,具有优异的耐臭氧性和耐候性,优良的电绝缘性,极为优越的透气性,室温下对氮气、氧气和空气的透过量比天然橡胶高30~40倍,它还具有对气体渗透的选择性能,即对不同气体(例如氧气,氮气和二氧化碳等)的透过性差别较

大，如对氧气的透过性是氮气的一倍左右，对二氧化碳透过率为氧气的5倍左右。

硅橡胶的表面能比大多数有机材料低，因此，它具有低吸湿性，长期浸于水中其吸水率仅1%左右，物理力学性能不下降，防霉性能良好；此外，它对许多材料不粘，可起隔离作用。硅橡胶无味、无毒，对人体无不良影响，具有优良生理惰性和生理老化性。

但是由于硅橡胶分子链过于柔顺，在室温和拉伸条件下不能结晶，分子间作用力较小，纯胶硫化胶的强度极低，需用白炭黑进行补强，且强度不高，难硫化，需使用过氧化物作交联剂，硫化过程分两段进行。

硅橡胶具有独特的综合性能，使它能成功地用于其他橡胶用之无效的场合，解决了许多技术问题，满足现代工业和日常生活的各种需要。硅橡胶可以用于汽车配件、电子配件、宇航密封制品、建筑工业的黏接缝、家用电器密封圈、医用人造器官、导尿管等。

在纺织高温设备以及在碱、次氯酸钠和双氧水浓度较高的设备上作密封材料也取得良好的效益。可以预见，在以能源、电子、新材料和生命科学为技术革新先导和核心的21世纪，硅橡胶将以其可贵特性展示重要前景，造福于人类。

3.2.2 氟橡胶

氟橡胶(FPM)是指主链或侧链的碳原子上含有氟原子的一种合成高分子弹性体。这种橡胶具有耐高温、耐油、耐高真空以及耐多种化学药品侵蚀的特性，是现代航空、导弹、火箭、宇宙航行等尖端科学技术及其他工业方面不可缺少的材料。1948年出现第一种氟橡胶，即聚-2-氟代-1,3-丁二烯，以后陆续开发出品种繁多性能各异的氟橡胶。

1.氟橡胶的种类品种

目前氟橡胶主要品种可分为三大类：含氟烯烃类、亚硝基类及其他类。用量最大的是含氟烯烃类氟橡胶，主要有以下几种。

(1)26型氟橡胶：这是目前最常用的氟橡胶品种，系偏氟乙烯与六氟丙烯的乳液共聚物，其共聚比为4:1(国产牌号为26-41氟橡胶)。

(2)246型氟橡胶：246型氟橡胶是偏氟乙烯、四氟乙烯与六氟丙烯的共聚物，三种单体的比例(摩尔比)为：偏氟乙烯65%~70%，四氟乙烯14%~20%，六氟丙烯15%~16%。国产牌号246G型氟橡胶与美国Vi-tonB型氟橡胶相当。

(3)23型氟橡胶：23型氟橡胶是由偏氟乙烯与三氟氯乙烯在常温及3.2MPa左右压力下，用悬浮法聚合制得的一种橡胶状共聚物，为较早开始工业生产的氟橡胶品种。但由于加工困难，价格昂贵，发展受到限制。国外牌号为Kel-F型氟橡胶。

(4)四丙氟橡胶：是偏氟乙烯和丙烯的共聚物，由于丙烯单体价格低廉，所以这种氟橡胶除具有氟橡胶的性能外，加工性好、密度小、价格低。国外牌号为Aflas型氟橡胶。

另外有一种GH型氟橡胶，是在26型或264型的基础上，在主链上再引入少量可提供活性点的另一种含氟单体，是一种能够采用有机过氧化物体系硫化的氟橡胶。

2.氟橡胶的结构、性能及应用

氟橡胶是碳链饱和极性橡胶。由于大多数氟橡胶(氟化磷腈橡胶除外)主链没有不饱和的 C═C 键结构，减少了由于氧化和热解作用在主链上产生降解断链的可能。耐热氧化性优异,26 型氟橡胶可在 200～250℃下工作;具有极优越的耐腐蚀性能;优异耐候性、耐臭氧老化性;由于存在高含量的卤族元素,耐燃性好,属于自熄型橡胶;具有耐高真空性能。

氟橡胶由于含有大量的 C—F 键使分子间作用力增强,一般具有较高的拉伸强度和硬度,但弹性较差。随着氟含量的增加,耐腐蚀性提高,弹性下降,电绝缘性较差,耐热水性和过热水性能较差。26 型氟橡胶的耐寒性能较差,它能保持橡胶弹性的极限温度为 -15～-20℃。温度降低会使它的收缩加剧,变形增大,所以当用作密封件时,往往会出现低温密封渗漏问题。但是氟橡胶硫化胶的拉伸强度却随温度降低而增大,即它在低温下是强韧的。

由于氟橡胶的特殊性能,所以应用于超高真空场合,是宇宙飞行器中的重要橡胶材料。

氟橡胶可以与丁腈橡胶、丙烯酸酯橡胶、乙丙橡胶、硅橡胶、氟硅橡胶等进行并用,以降低成本,改善物理力学性能和工艺性能。并且开发的亚硝基类氟橡胶、全氟醚橡胶和磷腈氟橡胶等改善了含氟烯烃类氟橡胶的耐低温性、电绝缘性、弹性等缺点,扩大了氟橡胶的应用范围。

由于氟橡胶具有耐高温、耐油、耐高真空及耐酸碱、耐多种化学药品的特点,使它在现代航空、导弹、火箭,宇宙航行、舰艇、原子能等尖端技术及汽车、造船、化学,石油、电信、仪表、机械等领域获得应用。

3.2.3 聚氨酯橡胶

聚氨酯橡胶(PUR)是聚合物主链上含有较多的氨基甲酸酯基团的系列弹性体,是聚氨基甲酸酯橡胶的简称。聚合物链除含有氨基甲酸酯基团外,还含有酯基、醚基、脲基、芳基和脂肪链等。通常是由低聚物多元醇、多异氰酸酯和扩链剂反应而成。聚氨酯橡胶随使用原料和配比、反应方式和条件等的不同,形成不同的结构和品种类型。

1.聚氨酯橡胶的分类

聚氨酯橡胶传统的分类是按加工方法来划分的,分为浇注型(CPU)、混炼型(MPU)和热塑型(TPU)。由于使用的原料、合成和加工方法以及应用目的等不同,又出现了反应注射型聚氨酯橡胶(RIMPU)和溶液分散型聚氨酯橡胶。按形成的形态则分为固体体系和液体体系。

聚氨酯可以制成橡胶、塑料、纤维及涂料等,它们的差别主要取决于链的刚性、结晶度、交联度及支化度等。混炼型橡胶的刚性和交联度都是较低的,浇注型橡胶的交联度比混炼型橡胶要高,但刚性和结晶度等都远比其他聚氨酯材料低,因而它们有橡胶的宝贵弹性。通过改变原料的组成和相对分子质量以及原料配比来调节橡胶的弹性、耐寒性以及模量、硬度和力学强度等性能。聚氨酯橡胶和其他通用橡胶相比,其结晶度和刚性远高于其他橡胶。

2.聚氨酯橡胶的结构、性能及应用

聚氨酯橡胶种类很多,具有不同的化学结构,其结构通式为

$$HO-R\left(O-\overset{\overset{O}{\|}}{C}-NH-A-NH-\overset{\overset{O}{\|}}{C}-O\right)_n R-OH$$

$$OCN\left(A-NH-\overset{\overset{O}{\|}}{C}-O-R-O-\overset{\overset{O}{\|}}{C}-NH-A\right)_n NCO$$

式中,R 为聚醚或聚酯链段;A 为芳香烃或脂肪烃;n 为正整数。

聚氨酯橡胶可以看做是柔性链段和刚性链段组成的嵌段聚合物,其中聚酯、聚醚或聚烯烃部分是柔性链段,而苯核、萘核、氨基甲酸酯基以及扩链后形成的脲基等是刚性链段。

其次,聚氨酯橡胶的交联结构与一般橡胶不同,它不仅含有由交联剂而构成的一级交联结构(化学交联),而且由于结构中存在着许多内聚能较大的基团(如氨基甲酸酯基、脲基等),它们可通过氢键、偶极的相互作用,在聚氨酯橡胶线型分子之间形成晶区的二级交联(物理交联)作用,即一级交联和二级交联并存。

聚氨酯橡胶的结构特性决定了它具有宝贵的综合物理力学性能,具有很高的拉伸强度(一般为 28 ~ 42 MPa,甚至可高达 70 MPa 以上)和撕裂强度;弹性好,即使硬度高时,也富有较高的弹性;扯断伸长率大,一般可达 400% ~ 600%,最大可达 1 000%;硬度范围宽,最低为 10(邵氏 A),大多数制品具有 45 ~ 95(邵氏 A)的硬度,当硬度高于 70(邵氏 A)时,拉伸强度及定伸应力都高于天然橡胶,当硬度达 80 ~ 90(邵氏 A)时,拉伸强度、撕裂强度和定伸应力都相当高;耐油性良好,常温下耐多数油和溶剂的性能优于丁腈橡胶;耐磨性极好,其耐磨性比天然橡胶高 9 倍,比丁苯橡胶高 3 倍;气密性好,当硬度高时,气密性可接近于丁基橡胶;耐氧、臭氧及紫外线辐射作用性能佳;耐寒性能较好。

但是,由于聚氨酯橡胶的二级交联作用在高温下被破坏,所以其拉伸强度、撕裂强度、耐油性等都随温度的升高而明显下降。聚氨酯橡胶长时间连续使用的温度界限一般只为 80 ~ 90℃,短时间使用的温度可达 120℃。其次,聚氨酯橡胶虽然富于弹性,但滞后损失较大,多次变形下生热量高。聚氨酯橡胶的耐水性差,也不耐酸碱,长时间与水作用会发生水解,聚醚型的耐水性优于聚酯型。

与其他橡胶相比,聚氨酯橡胶的物理力学性能是很优越的,所以一般都用于一些性能需求高的制品,如耐磨制品,高强度耐油制品和高硬度、高模量制品等。实心轮胎、胶辊、胶带、各种模制品、鞋底、后跟、耐油及缓冲作用密封垫圈、联轴节等都可用聚氨酯橡胶来制造。

此外,利用聚氨酯橡胶中的异氰酸酯基与水作用放出二氧化碳的特点,可制得比水轻 30 多倍的泡沫橡胶,具有良好的力学性能,绝缘、隔热、隔音、防震效果良好。

3.2.4 丙烯酸酯橡胶

丙烯酸类橡胶(AR)是指以丙烯酸酯($CH_2=CHCOOR$)通常是烷基酯为主要单体,与少量具有交联活性基团单体共聚而成的一类弹性体。丙烯酸酯多采用丙烯酸乙酯和丙烯酸丁酯,聚合物主链是饱和型,且含有极性的酯基,从而赋予聚丙烯酸酯橡胶以耐氧化性和耐臭氧性,并具有突出的耐烃类油溶胀性。耐温性比丁腈橡胶高,是介于丁腈橡胶和氟橡胶之间的特种橡胶。

1.丙烯酸酯橡胶的品种

丙烯酸酯橡胶商品牌号很多,根据采用的丙烯酸酯种类和交联单体的种类不同可以有不同性能牌号的丙烯酸酯橡胶,加工时硫化体系亦不相同,由此可将丙烯酸酯橡胶划分为含氯多胺交联型、不含氯多胺交联型、自交联型、羧酸铵盐交联型、皂交联型五类,此外,还有特种丙烯酸酯橡胶,如表3.6所示。

表3.6　丙烯酸酯橡胶品种及特性

类　型	交联单体	主要特性
含氯多胺交联型	2-氯乙基乙烯基醚	耐高温老化、耐热油性最好,加工性及耐寒性能差
不含氯多胺交联型	丙烯腈	耐寒、耐水性好,耐热、耐油及工艺性能差
自交联型	酰胺类化合物	加工性能好、腐蚀性小
羧酸铵盐交联型	烯烃环氧化物	强度高、工艺性能好、硫化速度快,耐热性较含氯多胺交联型差
皂交联型	含活性氯原子的化合物	交联速度快、加工性能好、耐热性能差
特种丙烯酸酯橡胶		
含氟型		耐热、耐油、耐溶剂性良好
含锡聚合物		耐耐热、耐化学药品性能良好
丙烯酸乙酯-乙烯共聚物		耐热性、耐寒性能良好

2.丙烯酸酯橡胶的结构、性能及应用

丙烯酸酯橡胶结构的饱和性以及带有极性酯基侧链决定了它的主要性能。丙烯酸酯橡胶主链由饱和烃组成,且有羧基,比主链上带有双键的二烯烃橡胶稳定,特别是耐热氧老化性能好,比丁腈橡胶使用温度可高出30~60℃,最高使用温度为180℃,断续或短时间使用可达200℃左右,在150℃热空气中老化数年无明显变化。

丙烯酸酯橡胶的极性酯基侧链,使其溶解度参数与多种油,特别是矿物油相差甚远,因而表现出良好的耐油性,这是丙烯酸酯橡胶的重要特性。室温下其耐油性能大体上与中高丙烯腈含量的丁腈橡胶相近,优于氯丁橡胶、氯磺化聚乙烯、硅橡胶。但在热油中,其性能远优于丁腈橡胶,丙烯酸酯橡胶长期浸渍在热油中,因臭氧、氧被遮蔽,因而性能比在热空气中更为稳定。在更高温度的油中,仅次于氟橡胶;此外,耐动植物油、合成润滑油、硅酸酯类液压油性能良好。

近年来,极压型润滑油应用范围不断扩大,即在润滑油中添加5%~20%以氯、硫、磷化合物为主的极压剂,以便在苛刻工作条件下在金属件表面形成润滑膜,以防止油因受热等而引起烧结。随各类机械设备性能的不断提高及轻型化,极压剂也利用到液压传动器油、蜗轮油及液压油中。带有双键的丁腈橡胶在含极压剂的油中,当温度超过110℃时,即发生显著的硬化与变脆,此外,硫、氯、磷化合物还会引起橡胶解聚。丙烯酸酯橡胶对含极压剂的各种油十分稳定,使用温度可达150℃,间断使用温度可更高些,这是丙烯酸酯橡胶最重要的特征。

应当指出,丙烯酸酯橡胶耐芳烃油性较差,也不适于在与磷酸酯型液压油、非石油基制动油接触的场合使用。

丙烯酸酯橡胶的酯基侧链损害了低温性能,耐寒性差;由于酯基易于水解,使丙烯酸酯橡胶在水中的膨胀大,耐热水、耐水蒸气性能差;它在芳香族溶剂、醇、酮、酯以及有机氯等极性较强的溶剂和无机盐类水溶液中膨胀显著,在酸碱中不稳定。

丙烯酸酯橡胶具有非结晶性,自身强度低,经补强后拉伸强度最高可达 12.8 ~ 17.3 MPa,低于一般通用橡胶,但高于硅橡胶等。

温度对丙烯酸酯橡胶的影响与一般合成橡胶相同,在高温下强度下降是不可避免的,但弹性显著上升,对于作密封圈及在其他动态条件下使用的配件非常有利。丙烯酸酯橡胶的稳定性还表现在对臭氧有很好的抵抗能力,抗紫外线变色性也很好,可着色范围宽广,适于作浅色涂覆材料,此外还有优良的耐气候老化、耐曲挠和割口增长、耐透气性,但电性能较差。

丙烯酸酯橡胶广泛用于耐高温、耐热油的制品中。由于硅橡胶耐油性差,丁腈橡胶耐热性低,在耐热和耐油综合性能方面,丙烯酸酯橡胶仅次于氟橡胶,在生胶品种中占第二位,在制造 180℃高温下使用的橡胶油封、O 形圈、垫片和胶管中特别适用。在使用条件不十分苛刻,而用氟橡胶又不经济的情况下,丙烯酸酯橡胶可被选用。

丙烯酸酯橡胶作为适于高温极压润滑油的材料应用迅速扩大,成为汽车工业上不可缺少的材料之一。国际上,以丙烯酸酯橡胶作汽车各类密封配件占绝对优势,因此被人们称为车用橡胶。在美国每辆汽车平均耗用 1 kg 丙烯酸酯橡胶,主要是作高温油封。除汽车工业外,丙烯酸酯橡胶所具有的耐臭氧、气密性、耐屈挠与耐日光老化等,使它具有很大的应用潜力,如用于海绵、耐油密封垫、隔膜、特种胶管及胶带、容器衬里、深井勘探用橡胶制品等。在电器工业中部分取代价昂的硅橡胶,用于高温条件下与油接触的电线、电缆的护套,电器用垫圈、套管等。由于丙烯酸酯橡胶的透明性及与织物的粘着性良好,因而在贴胶及涂覆材料方面的应用也逐渐增加。此外,还用作输送特种液体的钢管衬里、减震器缓冲垫等,在航空、火箭、导弹等尖端领域也有应用,如用于制备固体燃料的胶粘剂等,而且还适于制备耐油的石棉 - 橡胶制品。

3.2.5 氯醚橡胶

常用的氯醚橡胶主要有均聚醚橡胶(CO)和共聚醚橡胶(ECO)两种,其结构式分别为

$$-\!\!\left(CH_2-\underset{\displaystyle CH_2Cl}{\underset{|}{CH}}-O\right)_{\!n}\!\!- \qquad -\!\!\left[CH_2-\underset{\displaystyle CH_2Cl}{\underset{|}{CH}}-O-CH_2-CH_2-O\right]_{\!n}\!\!-$$

它们是由含环氧基的环醚化合物(环氧氯丙烷、环氧乙烷)经开环聚合而制得的聚氯醚弹性体。氯醚橡胶在结构上与二烯类或碳氢化合物系列聚合物不同,其主链呈醚型结构,无双键存在,它的侧链一般含有极性基团或不饱和键,或二者都有。

从结构式可见,氯醚橡胶饱和的主链使之具有良好的耐热老化性和耐臭氧性,极性侧链氯甲基使之具有优异的耐油性和耐透气性。醚键的存在赋予聚合物以低温屈挠性,氯甲基的内聚力却起着损害低温性能的作用。因此以两者等量组成的均聚物的低温性能并不理想,仅相当于高丙烯腈含量的丁腈橡胶。而共聚物由于是与环氧乙烷共聚,醚键的数

量约为氯甲基的两倍,因此具有较好的低温性能。

氯醚橡胶作为一种特种橡胶,由于其综合性能较好,故用途较广。可用作汽车、飞机及各种机械的配件,如垫圈、密封圈、O形圈、隔膜等,也可用作耐油胶管、印刷胶辊、胶板、衬里、充气房屋及其他充气制品等。

3.2.6 聚硫橡胶

聚硫橡胶是分子主链含有硫的一种橡胶,主链结构中含有 C—S 或 S—S 键,其结构为 $\left[R—S_x \right]_n$。式中,x 值称为结合硫数,取决于多硫化物的 x 值。聚硫橡胶一般由二氯化物和碱金属的多硫化物缩聚而制得,实际上 $2 \leqslant x \leqslant 4$。由于结构的特殊性使得它有良好的耐油性、耐溶剂性、耐老化性和低透气性,以及良好的低温屈挠性和对其他材料的黏接性。

聚硫橡胶是一种饱和橡胶,有固态橡胶、液态橡胶和胶乳三种类型。

固态聚硫橡胶拉伸强度一般为 5 ~ 10 MPa,伸长率为 300% ~ 500%,此类橡胶压缩变形性较差,JLG - 150、JLG - 111、ST 等型橡胶在制造时加入了一定量的化学交联剂,改善了抗压缩变形性能。

固态聚硫橡胶主要用于不干性密封腻子、大型汽油槽的衬里材料、耐油胶管及印刷油墨胶辊,又因其有低的水渗透率,也用作地下和水下电缆的包覆层,作各种耐油密封圈、模压制品、薄膜制品和热喷漆输送导管的内衬等。液态聚硫橡胶主要用于火箭推进剂燃料的弹性胶粘剂、密封材料、防腐蚀材料和涂层。

3.2.7 聚磷腈橡胶

聚磷腈橡胶是一类骨架含有 $\left[N = \overset{|}{\underset{|}{P}} \right]_n$ 的功能基高分子化合物,因主链属于无机基团,俗称"无机橡胶",侧链可以是不同的有机基团。其制备方法主要是六氯环三磷腈在一定条件下加热开环聚合,为阳离子聚合机理。多采用高温熔融本体聚合方式,生成高平均相对分子质量($M_W \approx 10^6$)的聚磷腈。其反应过程式如下

$$(NPCl_2)_3 \xrightarrow{250℃} \left[N = \overset{Cl}{\underset{Cl}{P}} \right]_n \longrightarrow \begin{cases} \xrightarrow{ROHa} \left[N = \overset{OR}{\underset{OR}{P}} \right]_n \\ \xrightarrow{RNH_2} \left[N = \overset{NHR}{\underset{NHR}{P}} \right]_n \\ \xrightarrow{RM} \left[N = \overset{R}{\underset{R}{P}} \right]_n \end{cases}$$

六氯环三磷腈　　聚二氯磷腈

(n 约为15 000;R 为烷、芳基)

聚二氯磷腈上的氯原子被无机或有机基团取代可生成各种特殊功能的聚磷腈,各种

聚磷腈的特性和用途如表 3.7 所示。

表 3.7　聚磷腈的特性和应用

聚磷腈	特性和用途
$[NP(OCH_3)_2]_n$	微晶高聚物,$T_g = -76$℃,低温弹性体
$[NP(OC_2H_5)_2]_n$	微晶高聚物,$T_g = -84$℃,低温弹性体
$[NP(OCH_2CF_3)_2]_n$	$T_g = -66$℃,阻燃,化学稳定性好,成膜物
$[NP(OCH_2CF_3)(OCH_2CF_2CF_2CF_3)]n$	耐油和化学品,抗疲劳,$T_g = -77$℃,良好低温弹性体
$[N(OCH_2CF_3)(OCH_2CF_2CF_2CF_2H)]_n$	化学稳定性好,$T_g = -68$℃,低温弹性体
$[NP(OC_6H_5)(OC_6H_4-P-C_2H_5)]_n$	非卤阻燃剂(LOI = 44%),低温弹性体,$T_g = -27$℃
$[NP(NHCH_3)(OCH_2CF_3)]_n$	生物膜材料

聚磷腈是一种很有发展前途的聚合物,可以制成特种橡胶,低温弹性体材料,耐高温和耐低温涂料和黏合剂,阻燃电子材料,液晶材料,离子交换材料,气体分离膜,高分子药物和生物医学材料等,在高新技术方面具有重要的应用前景。

思考题

1.异戊橡胶和天然橡胶既然化学结构完全相同,为什么性能上还有差异?

2.简要介绍丁苯橡胶的结构和性能之间的关系。

3.顺丁橡胶的主要优点和其结构之间有何关系?制作轮胎,顺丁橡胶的缺点是什么?如何克服?

4.常称氯丁橡胶为多能橡胶,说明多能之处并阐明结构原因?

5.氯丁橡胶的化学反应性如何?为什么?

6.G 型和 W 型氯丁橡胶,在贮存稳定性、加工性和耐老化性方面有何不同?为什么?

7.丁基橡胶的优点是什么?丁基橡胶能否采用过氧化物硫化?

8.二元和三元乙丙橡胶的区别在哪儿?它们共同的优点是什么?与结构有何关系?

9.丁腈橡胶的优缺点有哪些?为什么?

10.随丙烯腈含量的提高,丁腈橡胶的性能将发生哪些变化?为什么?

第4章 热塑性弹性体

热塑性弹性体(缩写 TPE)是一类具有类似于橡胶的力学性能及使用性能,又能按热塑性塑料进行加工和回收的材料。它在塑料和橡胶之间架起了一座桥梁。热塑性弹性体的硬度介于橡胶和塑料之间,如图 4.1 所示。

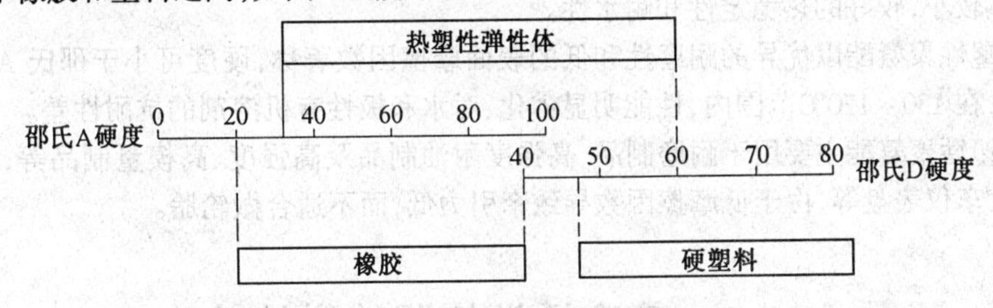

图 4.1 热塑性弹性体的硬度

热塑性弹性体是 20 世纪 50 年代出现的,在 1965 年以后才得到应用,70 年代到 90 年代呈迅速增长的趋势,在世界范围内,热塑性弹性体的用量以 8% ~ 9% 的年增长速度向上递增。目前热塑性弹性体已构成一个新的工业原料体系,被称为"第三代橡胶"。

热塑性弹性体有三大特点:①热塑性弹性体的交联结构是以"物理交联"为主,具有可逆性的特征,当温度升高到某熔融温度时,物理交联消失显示出热塑性塑料的性能,而当冷却到室温时,物理交联恢复,显示出硫化橡胶的性能;②具有热塑性塑料易加工的特点,如注射、吹塑等成形工艺,工艺操作较普通橡胶简单,生产周期短,生产效率高;③由于热力学不兼容的原因,热塑性弹性体的形态结构属于多相体系,至少有两相组成(硬的塑料相和软的橡胶相),各相的性能及它们之间的相互作用将决定热塑性弹性体的最终性能。

根据其化学组成,热塑性弹性体可分为六类:聚氨酯类、苯乙烯类、聚酯类、聚烯烃类、聚硅氧烷类和其他,发展较早、应用较多的是前四类。

4.1 聚氨酯类热塑性弹性体

热塑性聚氨酯(缩写 TPU)通常由二异氰酸酯和聚醚或聚酯多元醇以及低相对分子质量二元醇扩链剂反应而得。聚醚或聚酯链段为软段,而氨基甲酸酯链段为硬段。其结构式如下

$$\left[O - \underset{\underset{O}{\|}}{C} - NH - C_6H_4 - CH_2 - C_6H_4 - NH - \underset{\underset{O}{\|}}{C} - R \right]_n \left[O - R \right]_m$$

其中,$n = 30 \sim 120$, $m = 8 \sim 50$

$$R = -\!\!\left[CH_2CH_2CH_2CH_2 \right]\!\!-, \quad -\!\!\left[CH_2\underset{\substack{|\\ CH_3}}{CH} \right]\!\!- \quad 或 \quad -\!\!\left[CH_2CH_2O\underset{\substack{\| \\ O}}{C}CH_2CH_2CH_2CH_2\underset{\substack{\| \\ O}}{C} \right]\!\!-$$

热塑性聚氨酯的性能主要由所使用的单体,硬段与软段的比例,硬段和软段的长度分布,硬段的结晶性以及共聚物的形态等因素决定。

硬段部分可形成分子内或分子间氢键,提高了其结晶性,对弹性体的硬度、模量、撕裂强度等力学性能具有直接的影响;软段部分将决定弹性体的弹性和低温性能。聚酯型聚氨酯具有较高的撕裂强度、耐磨性以及耐非极性溶剂的能力;聚醚型聚氨酯具有较好的弹性,生热较小,较好的热稳定性和耐水性。

热塑性聚氨酯以优异的耐磨性和低的表面摩擦因数著称,硬度可小于邵氏 A60,但密度较大,在 130 ~ 170℃范围内,性能明显劣化,对水和极性有机溶剂的抗耐性差。

热塑性聚氨酯主要用于耐磨制品、高强度耐油制品及高强度、高模量制品等,如脚轮、鞋底、汽车仪表盘等,由于低摩擦因数导致牵引力低,而不适合做轮胎。

4.2 苯乙烯类热塑性弹性体

苯乙烯类热塑性弹性体通常为嵌段共聚物,其结构通式为 S - D - S,S 为聚苯乙烯或聚苯乙烯衍生物的硬段,D 为聚二烯烃或氢化聚二烯烃的软段。如常见的三种苯乙烯类热塑性弹性体结构式为

SBS:

$$-\!\!\left[CH_2-\underset{\substack{|\\ C_6H_5}}{CH} \right]_a\!\!-\!\!\left[CH_2-CH{=}CH-CH_2 \right]_b\!\!-\!\!\left[\underset{\substack{|\\ C_6H_5}}{CH}-CH_2 \right]_c\!\!-$$

SIS:

$$-\!\!\left[CH_2-\underset{\substack{|\\ C_6H_5}}{CH} \right]_a\!\!-\!\!\left[CH_2-\underset{\substack{|\\ CH_3}}{C}{=}CH-CH_2 \right]_b\!\!-\!\!\left[CH_2-\underset{\substack{|\\ C_6H_5}}{CH} \right]_c\!\!-$$

SEBS:

$$-\!\!\left[CH_2-\underset{\substack{|\\ C_6H_5}}{CH} \right]_a\!\!-\!\!\left[CH_2-CH_2-CH_2-CH_2-CH_2-\underset{\substack{|\\ CH_3-CH_2}}{CH} \right]_b\!\!-\!\!\left[CH_2-\underset{\substack{|\\ C_6H_5}}{CH} \right]_c\!\!-$$

其中,$a = 50 \sim 80$,$b = 20 \sim 100$,$c = 50 \sim 80$

苯乙烯类热塑性弹性体中,苯乙烯和二烯烃的分子排列规整,使其性能与无规共聚的 SBR 的性能有很大的差别。聚苯乙烯硬段与聚二烯烃软段呈微观相分离,并有各自的玻璃

化温度(塑料段 $T_g \approx 70 \sim 80℃$,橡胶段 $T_g \approx -100℃$)。由于这种串联的硬段和软段结构,当弹性体从熔融态过渡到常温的固态时,分子间作用力较大的硬段首先凝聚成不连续相形成交联区,物理交联区的大小、形状随硬段与软段的结构数量比的不同而异。这种由硬段和软段形成的交联网络结构与普通硫化橡胶的网络结构有相似之处(见图 4.2),所以常温下显示出硫化橡胶的特性,高温下发生塑性流动。

苯乙烯类热塑性弹性体的分子序列应以苯乙烯类的硬段封端才具有较好的性能,如果每一个聚丁二烯分子的两端均与聚苯乙烯硬段相连接,则材料的性能达到最佳。弹性体的模量与单位体积内聚二烯烃软段的数量以及长度有关,长度越长,模量越低。苯乙烯类热塑性弹性体具有较宽的使用温度范围(-70~100℃),耐水和其他极性溶剂,硬度在20 邵氏 A~60 邵氏 D,但不耐油和非极性溶剂。温度高于 70℃时,压缩永久变形明显增大。

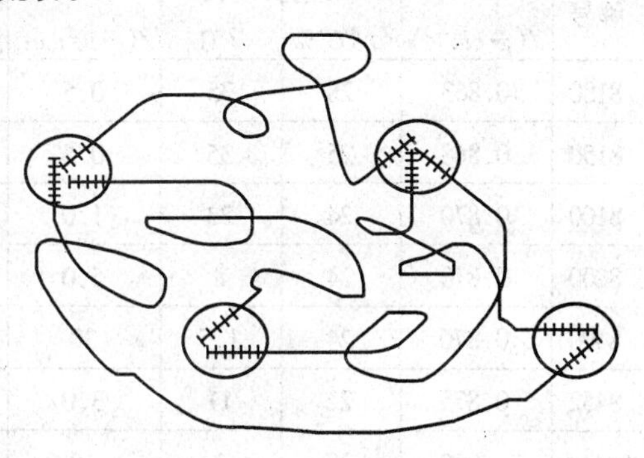
图 4.2 SBS 聚集态结构示意图

苯乙烯类热塑性弹性体是目前用量最大的一类热塑性弹性体,主要应用于使用温度低于 70℃、要求有较好的力学性能及非耐油的场合,如鞋底、体育用品等;还是一些黏合剂、密封剂、汽车部件的主要成分,是塑料的改性剂。

4.3 聚烯烃类热塑性弹性体

聚烯烃类热塑性弹性体根据制备方式的不同可分为 TPO、TPV、POE 三类。

(1)TPO 类热塑性弹性体:它是未交联的橡胶与聚烯烃塑料的共混物,如 EPDM/PP 共混、PE/EPDM 共混、NBR/PVC 共混等,这种热塑性弹性体两相间的相互作用很弱,一般以塑料相为连续相,或共为连续相。能用橡胶类似的方式进行配合和加工,使用温度低于70~80℃,耐臭氧老化,耐水和耐极性溶剂能力较强,耐烃类溶剂的能力较差,属于性能较差、价格便宜的一类热塑性弹性体,主要用于电绝缘制品和汽车配件等。

(2)TPV 类热塑性弹性体:其橡胶相高度交联并细分散于连续的塑料相中,通常以 PP 为塑料相,交联的 EPDM、NBR、NR、IIR 和 EVA 为分散相。TPV 是由上一类弹性体通过动态硫化的方式制成的商品化的热塑性弹性体,其力学性能和使用性能与传统的橡胶硫化胶最为接近。TPV 与 TPO 相比,具有较好的抗塑性变形能力,耐溶剂能力,低蠕变和应力松弛。其性能依赖于弹性体分散相相畴大小及其交联程度。分散相相畴减小,拉伸强度提高;交联程度提高,拉伸强度提高,永久变形降低。最典型的有 EPDM(交联)/PP 体系,还有再生胶/PE 体系。

(3)POE 类热塑性弹性体:它是近年来使用茂金属催化剂开发出来的一种新型的热塑性弹性体,是乙烯和辛烯的嵌段共聚物,其中辛烯单体的质量分数超过 20%。通过调整共聚物组分配比及其对相对分子质量的控制，可合成一系列具有不同相对密度、不同熔融温度、不同黏度、不同硬度的 POE。商品牌号为 Engage 的 POE 热塑性弹性体的主要性能如表 4.1 所示。

表 4.1　Engage POE 热塑性弹性体的性能

牌号	密度 $/(g\cdot cm^{-3})$	辛烯质量分数/%	$ML_{1+4}121$ /℃	MFR $/(g\cdot 10^{1}min)$	结晶熔融温度/℃##	硬度邵 A	拉伸强度 /MPa	伸长率 /%	建议应用
8180	0.863	28	35	0.5	49	66	10.1	>800	通用品
8150	0.868	25	35	0.5	55	75	15.4	750	通用品
8100	0.870	24	23	1.0	60	75	16.3	750	通用品
8200	0.870	24	8	5.0	60	75	9.3	>1 000	通用品
8400	0.870	24	1.5	30	60	72	4.1	>1 000	柔性模制品
8452	0.875	22	11	3.0	67	79	17.5	>1 000	通用品
8411#	0.880	20	3	18	78	76	10.6	1 000	柔性模制品

注：# 内含润滑剂，主要用于注塑制品；# # DSC 测试。

POE 中聚乙烯段结晶区起物理交联点的作用，一定量的辛烯引入消弱了聚乙烯的微晶区，形成了表现橡胶弹性的无定形区。POE 的相对分子质量分布很窄（<2），但由于茂金属催化剂在聚合过程中能在聚合物线型短链支化结构中引入长支化链，高度规整的乙烯短链和一定量的长辛烯侧链使 POE 既有优良的力学性能，又有良好的加工性能。

由于 POE 主链是饱和的，因而具有优异的耐大气老化和抗紫外线型能。POE 还具有良好的力学性能以及良好的绝缘性，耐化学介质稳定性，但耐热性较差，永久变形大。用过氧化物交联后的 POE 在耐热性和永久变形方面有一定程度的改善。用 POE 可制成性能价格比极佳的各种防水、防渗、绝缘、减震等材料，还可用作 PP 的抗冲改性剂。

4.4　聚酯型热塑性弹性体

聚酯型热塑性弹性体是二元羧酸及其衍生物、长链二醇及低相对分子质量二醇混合物通过熔融酯交换反应制备的线型嵌段共聚物。首先商品化的是美国杜邦公司制造的 Hytrel 牌号，它是由对苯二甲酸二甲酯与聚四亚甲基乙二醇醚和 1,4－丁二醇反应生成较长的无定形软段，由对苯二甲酸二甲酯与 1,4－丁二醇反应生成较短的结晶性硬段。其化学结构式如下

$$\left[O-(CH_2)_4-O-\underset{\underset{O}{\|}}{C}-C_6H_4-\underset{\underset{O}{\|}}{C}\right]_a\left[O-(CH_2-CH_2-CH_2-CH_2-O)_x-\underset{\underset{O}{\|}}{C}-C_6H_4-\underset{\underset{O}{\|}}{C}\right]_b$$

其中，a、b 约为 16～40；x 为 10～50

聚酯型热塑性弹性体的硬度通常在 40～63（邵氏 D）范围内，抗冲击性能和弹性较好，生热低，在低应变区，有较好的耐弯曲疲劳性，不易蠕变，使用温度为－40～150℃。具有较

好的耐极性有机溶剂及烃类溶剂的能力，但不耐酸、碱，易水解。

聚酯型热塑性弹性体价格较贵，主要用于要求硬度较高，弹性好的制品，如液压软管，传送带等。

4.5 聚酰胺类热塑性弹性体

聚酰胺类热塑性弹性体是最新发展起来的、性能最好的一类弹性体，硬段和软段之间以酰胺键连接，其典型的化学结构式如下

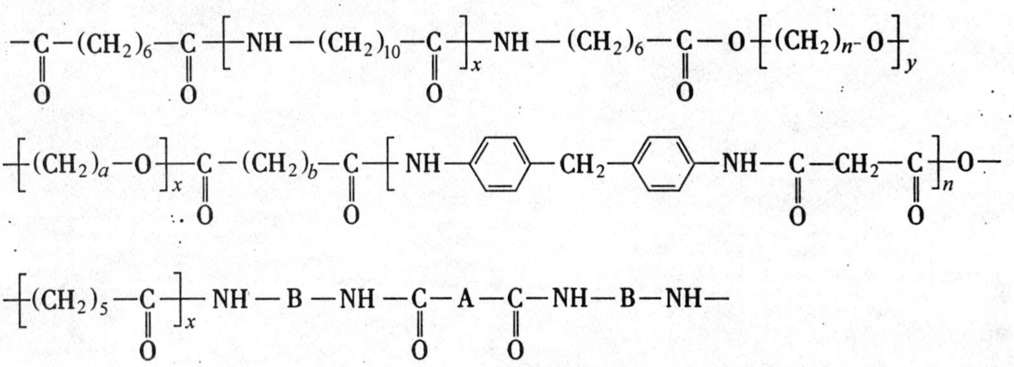

$$-\underset{\|}{\overset{}{C}}\!\!\underset{O}{}-(CH_2)_6-\underset{O}{\overset{\|}{C}}\!\!-\!\!\left[NH-(CH_2)_{10}-\underset{O}{\overset{\|}{C}}\right]_x NH-(CH_2)_6-\underset{O}{\overset{\|}{C}}-O\left[(CH_2)_n-O\right]_y$$

$$\left[(CH_2)_a-O\right]_x \underset{O}{\overset{\|}{C}}-(CH_2)_b-\underset{O}{\overset{\|}{C}}\left[NH-C_6H_4-CH_2-C_6H_4-NH-\underset{O}{\overset{\|}{C}}-CH_2-\underset{O}{\overset{\|}{C}}\right]_n O-$$

$$\left[(CH_2)_5-\underset{O}{\overset{\|}{C}}\right]_x NH-B-NH-\underset{O}{\overset{\|}{C}}-A-\underset{O}{\overset{\|}{C}}-NH-B-NH-$$

其中，$A = C_{12} \sim C_{19}$的二元酸碳链；$B = -(CH_2)_3-O\left[(CH_2)_4-O\right]_b(CH_2)_3-$

酰胺键比酯键和氨基酯键有更好的耐化学药品性能，因此，聚酰胺类热塑性弹性体比聚氨酯和聚酯型热塑性弹性体具有更好的热稳定性和耐化学药品腐蚀性，但价格较贵。

聚酰胺类热塑性弹性体的硬度范围为 60 邵氏 A ~ 65 邵氏 D，使用温度为 -40 ~ 170℃，有较好的耐油性，但其加工温度较高(220 ~ 290℃)，加工时须在 80 ~ 110℃下预干燥 4 ~ 6 h。当温度高于 135℃时，此类弹性体的力学性能和化学稳定性与硅橡胶和氟橡胶相当，主要用于耐热、耐化学品条件下的软管，密封圈及保护性材料。

思考题

1. 什么叫热塑性弹性体？与通用橡胶和硬质塑料相比硬度如何？
2. 热塑性弹性体有什么结构特点？
3. 苯乙烯、聚酰胺、聚烯烃、聚酯和聚氨酯等各类热塑性弹性体各有何特点？

参考文献

[1] 凌绳，王秀芬，吴友平. 聚合物材料[M]. 北京：中国轻工出版社，2000.
[2] 杨清芝. 现代橡胶工艺学[M]. 北京：中国石化出版社，1997.
[3] 聂恒凯. 橡胶材料与配方[M]. 北京：化学工业出版社，2004.
[4] 傅政. 橡胶材料性能与设计应用[M]. 北京：化学工业出版社，2003.

[5] 陈耀庭.橡胶加工工艺[M].北京:化学工业出版社,1995.
[6] 贾毅.橡胶加工实用技术[M].北京:化学工业出版社,2004.
[7] 张留成,瞿雄伟,丁会利.高分子材料基础[M].北京:化学工业出版社,2002.
[8] 张殿荣,辛振祥.现代橡胶配方设计(第二版)[M].北京:化学工业出版社,2001.
[9] 王文英.橡胶加工工艺[M].北京:化学工业出版社,1993.

第3篇 纤 维

第1章 绪 论

1.1 纤维的概念及分类

从形状上说，纤维是比较柔韧的细而长的物质，是一维线型材料。纤维最常用于纺织材料，一般适合于纺织用纤维的长径比(L/D)大于1 000/1。也正是因为纤维的形状决定了它的可编织、可纺织性，使纤维在复合材料中得到广泛应用。随着新材料的发展，形式多样的纤维增强复合材料，在现代复合材料开发应用的地位日益重要。

到目前为止，对纤维仍没有统一的分类方法。纤维的种类很多，最常见的纺织纤维(衣着用)可以分为两类：一类是天然纤维，如羊毛、蚕丝、麻、棉花等；另一类是化学纤维，这是一类用天然或合成高分子化合物经化学加工而制得的纤维。化学纤维又分为再生纤维(Regenerated fibers)和合成纤维(Synthetic fibers)。再生纤维是用天然高分子化合物为原料，经化学处理和机械加工而制得的纤维。最常见的是再生纤维素纤维和再生蛋白质纤维。合成纤维是用石油、天然气、煤及农副产品等为原料，由单体经一系列化学反应，合成高分子化合物，再经加工制得的纤维。根据高分子化学组成结构的不同，合成纤维可以分为杂链纤维和碳链纤维。杂链纤维的大分子主链上除碳原子以外，还含有其他元素(氮、氧、硫等)。碳链纤维的大分子主链上则完全以碳-碳键相连接。

随着现代复合材料的发展，非纺织用途的一些高性能纤维开始出现并得到广泛应用。这些非纺织纤维，主要用在复合材料中，被称作增强纤维。复合材料是指把两种或两种以上宏观不同的材料，合理地进行复合而制得的一种材料。明显具有两相或多相，在复合材料中构成连续相的单一材料称基体材料，而不构成连续相的单一材料称为增强材料。纤维是现代复合材料中最常见的增强材料。

纤维增强复合材料按照增强纤维的种类可以分为：①碳纤维复合材料；②玻璃纤维复合材料；③有机纤维(包括芳纶纤维、超高分子量聚乙烯纤维等)复合材料；④金属纤维(如钨丝、不锈钢丝等)复合材料；⑤陶瓷纤维(包括氧化铝、碳化硅、硼纤维、二氧化锆纤维等)复合材料；⑥用两种或两种以上的纤维增强同一基体的混杂纤维复合材料等。

从广义的概念上来说，任何一种纤维都可以作为增强纤维。以前，人们在建筑土坯房时，把一些稻草、麦秸等植物纤维掺到土里面，就具有增强作用。现在，在建设高速公路、河堤、大型广场、礼堂等大型建筑时，都用聚丙烯纤维增强，来提高抗裂性、防渗漏等。从狭义的概念上来讲，增强纤维是用于现代复合材料中的增强材料。这些纤维有的是有机高分子纤维，如芳纶纤维(芳香族聚酰胺纤维)、超高分子量聚乙烯纤维等；有的是无机纤维，如玻璃纤维、碳纤维、碳化硅纤维、硼纤维、三氧化二铝纤维等。而有些无机纤维则以有机高分子纤维为前驱体，如碳纤维、碳化硅无机纤维。除此之外，增强纤维还有金属纤维、陶瓷纤维、单晶晶须纤维等。蜘蛛丝也是现在纤维科技工作者的一个研究重点。

表1.1列出了纤维的主要品种，本书主要介绍高分子有机纤维。

表1.1　纤维的主要品种

分　类	中文名	英文名	英文缩写
天然纤维	棉花纤维	Cotton	CO
	蚕丝	Silk	SE
	羊毛	Wool	WO
	麻纤维	Hemp	HA
再生纤维	粘胶纤维	Viscose	CV
	醋酸酯纤维	Acetate	CA
	大豆蛋白纤维	Soybean	SPF
	聚乳酸纤维	Polylactic acid	PLA
合成纤维	聚酰胺纤维	Polyamide	PA
	聚对苯二甲酸乙二醇酯纤维	Polyester	PET
	聚氨酯纤维	Polyurethane	PU
	聚丙烯腈纤维	Polyacrylonitrile	PAN
	聚丙烯纤维	Polypropylene	PP
	聚乙烯醇纤维	Polyvinyl alcohol	PVA
	聚醋酸乙烯纤维	Polyvinyl acetate	PVAC
无机纤维	玻璃纤维	Glass fiber	GF
	陶瓷纤维	Ceramic	CEF
	碳纤维	Carbon	CF

1.2　成纤高聚物的基本特性

用于化学纤维生产的高分子化合物，常被称为成纤高聚物或成纤聚合物。成纤高聚物有两大类：一类为天然高分子化合物，用于生产再生纤维；另一类为合成高分子化合物，用于生产合成纤维。作为化学纤维生产的原料，成纤高聚物的性质不仅在一定程度上决定了纤维的性质，而且对纺丝、后加工工艺也有重大影响。

对成纤高聚物一般要求如下:①成纤高聚物大分子必须是线型的、能伸直的分子,支链尽可能少,没有庞大侧基;②高聚物分子之间有适当的相互作用力,或具有一定规律性的化学结构和空间结构;③高聚物应具有适当高的平均相对分子质量和较窄的相对分子质量分布;④高聚物应具有一定的热稳定性,其熔点或软化点应比允许使用温度高得多。

化学纤维的成形普遍采用高聚物的熔体或浓溶液进行纺丝,前者称为熔体纺丝,后者称为溶液纺丝。因此,成纤高聚物必须在熔融时不分解,或能在普通的溶剂中溶解而形成浓溶液,并具有充分的成纤能力和随后使纤维性能强化的能力,保证最终所得纤维具有一定的良好综合性能。

表1.2是几种主要成纤高聚物的热分解温度和溶点。可以发现,为什么有的纤维可以采用熔融纺丝,有的纤维要采用溶液纺丝?聚乙烯、等规聚丙烯、聚己内酰胺和聚对苯二甲酸乙二酯的熔点低于热分解温度,可以进行熔体纺丝。聚丙烯腈、聚氯乙烯和聚乙烯醇的熔点与热分解温度接近,甚至高于热分解温度,而纤维素及其衍生物,则观察不到熔点,像这类成纤高聚物只能采用溶液纺丝方法成形。

表1.2 几种主要成纤高聚物的热分解温度和熔点

高聚物	热分解温度/℃	熔点/℃
聚乙烯	350~400	138
等规聚丙烯	350~380	176
聚丙烯腈	200~250	320
聚氯乙烯	150~200	170~220
聚乙烯醇	200~220	225~230
聚己内酰胺	300~350	215
聚对苯二甲酸乙二酯	300~350	265
纤维素	180~220	—
醋酸纤维素酯	200~230	—

成纤高聚物的主链结构对成纤高聚物及最终纤维结构和性能有决定性影响。例如,当主链上引入双键时,由于诱导效应或共轭效应,会改变链中原子间的相互作用力。引入与主链原子不同价的原子、双键或环结构,则会改变链的柔性。高聚物的主链结构还会改变分子间相互作用力的大小、链的构型和晶格,以及分子间的距离。高聚物分子链侧基也会改变纤维的结构与性能。侧基通过改变分子中电子云排布、大分子链平衡构型,改变晶格及分子间作用力,进而影响纤维的相转变温度、机械性能、电性能、光学性能等。

高聚物的平均相对分子质量及相对分子质量分布、大分子的形状、链的刚性、支链、添加剂、填充物等决定了聚合物的流变等性能,对纤维的成形、性能有重要的影响。大多数成纤高聚物是半结晶型的,分子的组成和立构规整性(即立构规整度、共聚单体组分、支化等)、平均相对分子质量以及添加剂(如成核剂、抗氧剂、着色剂等)对其结晶(和烤融)温度、结晶度或结晶动力学有重要的影响。

1.3 纤维的主要生产方法

纤维的种类、品种繁多,原料及其生产方法各异,其生产过程可以概括为以下四个主要工序。

(1)原料准备：高分子化合物合成或天然高分子化合物的化学处理和机械加工。

(2)前纺工序：纺丝前的熔体或纺丝溶液(原液)的制备。

(3)纺丝工序：纤维的成形加工。

(4)后纺工序：初生纤维的水洗、牵伸、干燥等后加工。

1.3.1 原料准备

对合成纤维来说,原料制备过程是将有关单体通过一系列化学反应,聚合成具有一定官能团、一定平均相对分子质量和相对分子质量分布的线型高聚物。由于聚合方法和聚合物的性质不同,合成的高聚物可能是熔体状态或溶液状态。对于高聚物熔体可直接送去纺丝,称为直接纺丝法;也可将聚合得到的高聚物熔体经铸带、切粒等工序制成“切片”,再以切片为原料,加热熔融形成熔体进行纺丝,这种方法称为切片纺丝。直接纺丝和切片纺丝在工业生产中都有应用。对于高聚物溶液也有两种方法,将聚合后的高聚物溶液直接送去纺丝,这种方法称一步法;另一种方法是先将聚合得到的溶液分离制成颗粒状或粉末状的成纤高聚物,然后再溶解制成纺丝溶液,这种方法称二步法。

再生纤维的原料制备过程主要是将天然高分子化合物经一系列的化学处理和机械加工,除去杂质,并使其具有能满足再生纤维生产的物理和化学性能。例如,粘胶纤维的基本原料是浆粕(纤维素),它是将棉短绒或木材等富含纤维素的物质,经备料、蒸煮、精选、精漂、脱水和烘干等一系列工序制备而成的。

1.3.2 纺丝成形

将成纤高聚物的熔体或浓溶液,用计量泵连续、定量而均匀地从喷丝头(或喷丝板、喷丝帽)的毛细孔中挤出,而成为液态细流,再在空气、水或特定的凝固浴中固化成为初生纤维的过程称作“纤维成形”,或称“纺丝”,这是化学纤维生产过程中的核心工序。调节纺丝工艺条件,可以改变纤维的结构和物理机械性能。化学纤维的纺丝方法主要有熔体纺丝法和溶液纺丝法,其中溶液纺丝根据凝固方式的不同又分为湿法纺丝和干法纺丝。化学纤维生产中绝大部分采用上述三种纺丝方法。此外,还有一些特殊的纺丝方法,如乳液纺丝、悬浮纺丝、干湿法纺丝、冻胶纺丝、液晶纺丝、静电纺丝、相分离纺丝和反应挤出纺丝法等,但用这些方法生产的纤维数量很少。

1.熔体纺丝

熔体纺丝基本过程包括物料熔融、从喷丝板中挤出、熔体细流冷却固化成形。制成的长丝可以卷绕成筒或进行其他的加工。在熔体纺丝工艺中,聚合物喂入挤出机,经过挤压熔融向前送至计量泵;计量泵控制并确保聚合物熔体稳定流入纺丝组件,在组件中熔体被过滤并被压入多孔喷丝板中;挤出的细流在被垂直于丝条的横吹风快速冷却(骤冷)的同时,由于导丝辊的作用还产生预拉伸,使直径变细;初生纤维被卷绕成一定形状的卷装(对于长丝)或均匀落入盛丝桶中(对于短纤维)。

熔体纺丝的主要工艺参数有:①挤出温度;②聚合物通过喷丝板各孔的质量流速;③卷绕速度或落丝速度;④纺丝线的冷却条件;⑤喷丝孔形状、尺寸及间距;⑥纺程长度。

这些参数之间并非完全互不相干,例如,纺程长度常常受纺丝线上冷却效率的控制,高效的冷却可以缩短纺程。由于熔体细流在空气介质中冷却,传热和丝条固化速度快,而丝条运动所受阻力很小,因此熔体纺丝的纺丝速度要比湿法纺丝高得多,目前熔体纺丝一般纺速为 1 000 ~ 3 000 m/min,采用高速纺丝时,可达 3 000 ~ 6 000 m/min 或更高。为了加速冷却固化过程,一般是在熔体细流离开喷丝板后向丝条吹风冷却。近年来,一种用于纺制丙纶、涤纶短纤维的短程纺丝技术得到迅速发展。纺丝中熔体细流从喷丝孔挤出后,迅速用水冷却,冷却固化距离(纺程)只有 50 cm 左右,比通常熔体纺丝机上数米长的冷却区要短得多,因此纺丝机的结构比较简单,投资费用较少。

聚酯、聚酰胺、聚丙烯、聚乳酸纤维等一般采用熔体纺丝成形。

2.溶液纺丝

根据纺丝时采用的初生丝的凝固成形方式,溶液纺丝分为干法纺丝、湿法纺丝、干湿法纺丝(又称为干喷湿纺)。聚丙烯腈纤维可以用这三种方法纺丝,下面分别进行介绍。

对于干法纺丝,加热的聚合物溶液通过喷丝板喷出后,进入一个加热的甬道,与高温的循环气体(通常是氮气)进行热交换,把初生丝中的溶剂蒸发掉一大部分,成形的纤维再从甬道中出来,进入下一道工序,去水洗牵伸。

湿法纺丝则是喷丝头直接浸入一种凝固浴,所以初生丝也直接就喷入了凝固浴中,经过与凝固浴进行传质交换,初生丝凝固成形,然后从凝固浴出来,经导丝罗拉去水洗或牵伸。湿法纺丝所用的凝固浴在工业生产中,通常是溶解聚合物制备纺丝溶液的同一种溶剂,这是为了降低溶剂回收成本的缘故,其实该凝固浴同样可以用其他溶剂与凝固介质的混合溶液来实现。

干湿法纺丝是介于干法和湿法之间的一种纺丝方法,初生丝从喷丝孔出来经过一段空气层,然后再进入凝固浴成形,如图 1.1 所示。

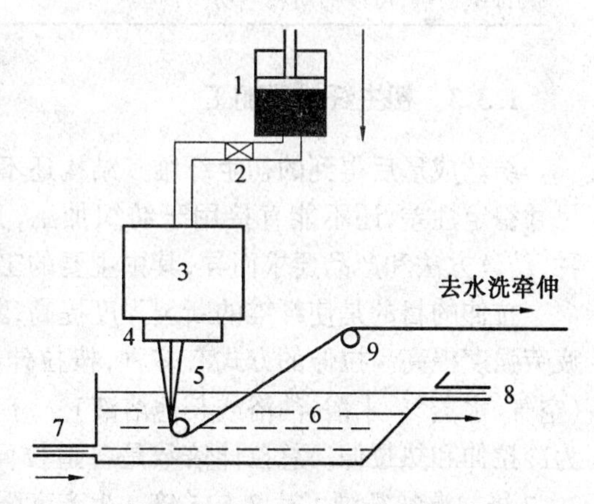

图 1.1　干湿法纺丝示意图

1—纺丝溶液槽;2—阀门;3—喷丝头组件;4—喷丝帽;5—初生丝;6—凝固浴槽;7—凝固浴循环进口;8—凝固浴循环出口;9—导丝罗拉

这三种纺丝方法的优缺点对比如表 1.3 所示。

表 1.3　干法、湿法和干湿法纺丝的优缺点对比

干法纺丝	湿法纺丝	干湿法纺丝
纺丝速度最高，一般为 200 ~ 300 m/min，最高可达 600 m/min	第一导辊线速度一般为 5 ~ 10 m/min，最高不超过 50 m/min	纺丝速度介于干法和湿法之间
喷丝头孔数为 200 ~ 3 000，工业生产多为 1 100 ~ 2 800	喷丝头孔数可达几十万，可采用组合式喷丝头	喷丝头孔数在几十到几百之间
适合于纺长丝，但也可纺短纤维	多用于纺短纤维，纺长丝效率低	一般仅仅用于纺长丝
成形过程和缓，纤维内部结构均匀，纤维物理机械性能及染色性能较好	成形比较剧烈，易造成孔洞或产生失透现象	介于干法和湿法之间
长丝外观手感似蚕丝，适合于做轻薄仿真丝绸织物	似羊毛，素有“人造羊毛“之称，适宜于做仿毛织物	适合于致密化的聚丙烯腈原丝，然后用于制备碳纤维
溶剂回收简单	溶剂回收复杂	溶剂回收复杂
纺丝设备比较复杂	纺丝设备比较简单	纺丝设备仅在喷丝头上比湿法复杂
设备密闭性要求高，溶剂挥发少，劳动条件较好	溶剂挥发比较多，劳动条件稍差	基本上与湿法相同
流程紧凑，占地面积少	占地面积较大	与湿法相同
多用二甲基甲酰胺	可选用多种溶剂	可选用多种溶剂，但浸润性强的不太好
纤维断面为犬骨形，或哑铃形	纤维断面容易实现圆形	纤维断面容易实现圆形
蓬松性最好，适合于毛毯、玩具、装饰织物等，可以棉纺和毛纺	可以用作毛纺、棉纺织物	多用于碳纤维原丝

1.3.3　初生纤维后加工

纺丝成形后得到的初生纤维其结构还不完善，物理机械性能较差，如伸长大、强度低、尺寸稳定性差，还不能直接用于纺织加工，必须经过一系列的后加工。后加工随化纤品种、纺丝方法和产品要求而异，其中主要的工序是拉伸和热定型。

拉伸的目的是使纤维的断裂强度提高，断裂伸长率降低，耐磨性和对各种不同形变的疲劳强度提高。拉伸的方式有多种，按拉伸次数分，有一道拉伸和多道拉伸；按拉伸介质(空气、水蒸气、水浴、油浴或其他溶液)分，有干拉伸、蒸气拉伸和湿拉伸；按拉伸温度可分为冷拉伸和热拉伸。总拉伸倍数是各道拉伸倍数的乘积，一般熔纺纤维的总拉伸倍数为 3 ~ 7 倍。湿纺纤维可达 8 ~ 15 倍。生产高强度纤维时，拉伸倍数更高，甚至达数十倍。

热定型的目的是消除纤维的内应力，提高纤维的尺寸稳定性，并且进一步改善其物理机械性能。热定型可以在张力下进行，也可在无张力下进行，前者称为张紧热定型，后者称为松弛热定型。热定型的方式和工艺条件不同，所得纤维的结构和性能也不同。

在化学纤维生产中，无论是纺丝还是后加工都需要进行上油。上油的目的是提高纤

维的平滑性、柔软性和抱和力，减小摩擦和静电的产生，改善化学纤维的纺织加工性能。上油形式有油槽或油辊上油及油嘴喷油。不同品种和规格的纤维需采用不同的专用油剂。

除上述工序外，在用溶液纺丝法生产纤维和用直接纺丝法生产锦纶的后处理过程中，都要有水洗工序，以除去附着在纤维上的凝固剂和溶剂，或混在纤维中的单体和齐聚物。在粘胶纤维的后处理工序中，还需设脱硫、漂白和酸洗工序。在生产短纤维时，需要进行卷曲和切断。在生产长丝时，需要进行加捻和络筒。加捻的目的是使复丝中各根单纤维紧密地抱合，避免在纺织加工时发生断头或紊乱现象，并使纤维的断裂强度提高。络筒是将丝筒或丝饼退绕至锥形纸管上，形成双斜面宝塔型筒装，以便运输和纺织加工。生产强力丝时，需进行变形加工。生产网络丝时，在长丝后加工设备上加装网络喷嘴，经喷射气流的作用，单丝互相缠结而呈周期性网络点。网络加工可改进合纤长丝的极光效应和蜡状感，又可提高其纺织加工性能，免去上浆、退浆，代替加捻或并捻。为了赋予纤维某些特殊性能，还可在后加工过程中进行某些特殊处理，如提高纤维的抗皱性、耐热水性、阻燃性等。随着合成纤维生产技术的发展，纺丝和后加工技术已从间歇式的多道工序发展为连续、高速一步法的联合工艺，如聚酯全拉伸丝(FDY)可在纺丝-牵伸联合机上生产，而利用超高速纺丝(纺速 5 500 m/min 以上)生产的全取向丝(FOY)，则不需进行后加工，便可直接用作纺织原料。

1.4 纤维的发展概况

人们最初所使用的纤维主要是天然纤维，如棉花、麻、羊毛、蚕丝等。人类历史上最早探索制造人造纤维的记录是在1664年，英国科学家 Robert Hooke 提出了生产一种人造纤维的方法，在某些方面胜于蚕丝。第一篇关于人造蚕丝的专利是1885年在英国申请的，瑞士科学家 Audemars 把纤维状桑树内皮溶解，经化学处理制得纤维素，并得到了纤维。此后，英国科学家 Joseph W. Swan 在 Audemars 工作的基础上，采用喷丝孔喷丝进入凝固浴的方法制得了纤维，并制成碳纤维应用到爱迪生发明的电灯灯丝中。

人造纤维最早获得商业生产是在法国 Count Hilaire de Chardonnet 工作的基础上实现的，1889年他生产的"人造丝绸"纤维织物在巴黎展览会上引起了人们的注意。两年以后，他建立了第一个生产粘胶纤维的工厂。1893年，醋酸纤维片胶开始出现，1924年美国 Celanese 公司实现了醋酸纤维素纤维的工业化生产。

随着高分子科学的发展，人们对有机高分子的认识越来越深刻。在20世纪20年代，H. Standinger 提出高分子学说后，人们开始试图以合成聚合物为原料，并试图制备更好性能的纤维。经过不断试验，美国杜邦公司于1939年实现了聚酰胺纤维(商品名为 Nylon，我国称为尼龙、锦纶)的商业化生产，这是纤维工业的一次革命。开始主要应用于尼龙丝袜的生产，在第二次世界大战中由于军用轮胎、帐篷、绳索等方面的应用，以致使尼龙丝袜的价格由战前1.25美元/双上升到40 000美元/双。随后，许多新型纤维开始由实验室走向商业生产。1941 年由德国 Schlack 发明的聚己内酰胺纤维实现工业化生产。1946 年，德国又实现了聚氯乙烯纤维的工业化生产。50 年代初期，聚丙烯腈纤维、聚乙烯醇缩甲醛纤维、聚酯纤维等相继实现了工业化生产。随着丙烯 Ziegler-Natta 催化聚合反应的研究成功，1960 年聚烯烃纤维中的主要产品——聚丙烯纤维，在意大利实现了工业化生产。60 年代石油化学工业的迅猛发展，极大地促进了合成纤维工业的进步。世界合成纤维的产量于 1962 年超过了羊毛的产量，1967 年又超过了再生纤维的产量，成为最主要的纺织原料。

随着社会的发展和科学技术的进步，人们对纤维的需求提出了更高的要求。特别是 20 世纪 70 年代以后，化学纤维产量急速增加，市场竞争加剧，常规化学纤维的经济效益不断下降，西方发达国家开始考虑把常规纤维的生产通过转让技术、转移生产地点的方式移向发展中国家。同时，国际著名化纤制造商全力注重差别化纤维的研究与开发，利用化学改性、物理改性、分子设计等手段，强化化学纤维某些性能，提高其附加值，制成了具有特定性能的化学纤维，即"差别化纤维"。原有化学纤维的染色、光热稳定、抗静电、导电、防污、阻燃、抗起球、蓬松、吸湿、手感等性能都有较大改进。各种新型仿毛、仿麻、仿丝、仿棉的改性产品不断问世。世界上差别化纤维的生产和应用不断扩大。

随着化学纤维应用领域的进一步扩展，一些具有高性能、多功能的纤维开始生产。1968 年美国杜邦公司采用液晶纺丝研制成功芳香族聚酰胺纤维，开始以 Aramid 为商品名称，1973 年定名为 Kevlar 纤维（我国称为芳纶），该纤维具有强度高、弹性模量高、韧性好等特点。1975 年荷兰 DSM(Dutch State Mines)公司采用冻胶纺丝——超拉伸技术制备出具有优异抗张性能的超高分子量聚乙烯纤维。1985 年美国 Allied Signal 公司购买了 DSM 公司的专利权，并通过改进生产出 Spectra 纤维，其纤维强度和模量都超过了杜邦公司的 Kevlar 纤维。我国东华大学、成都晨光化工研究院也进行了芳纶、超高分子量聚乙烯纤维的试制工作，并取得了批量产品生产。

通过在大分子中引入磺酸基、羧基、胺基等活性基团，或与功能物质共混，使纤维具有离子交换、吸附功能。

随着高新技术的发展和世界范围内人们物质文化生活水平的提高，资源过度消耗，结果导致资源和能源日趋枯竭、环境污染严重、生态日益恶化。人们由此而掀起了一场绿色革命，对绿色制造、绿色消费等越来越重视。绿色纤维就是这绿色浪潮中的一个重要组成部分，有人从纺织生态学的角度给绿色纤维的定义是：①纤维在生长或生产过程中未受污染、同时也不会对环境造成污染；②纤维制品在失去使用价值后，可回收再利用或可以在自然条件下降解消化，不会对生态环境造成危害；③纤维生产的原料采用可再生资源或可利用的废弃物，不会造成生态平衡的失调和掠夺性的资源开发；④纤维对人体具有某种保健功能。到目前为止，能够满足上述所有定义条件的真正意义上的绿色纤维还没有问世。但是，人们一直在努力，在开发能符合定义中一条或多条的绿色纤维方面取得了越来越多的成果，有些产品已经实现了工业化生产，如聚乳酸纤维、Lyocell 纤维、蛋白纤维、甲壳素纤维，等等。我国自主开发并在国际上率先实现了大豆蛋白纤维的工业化生产。

综合起来纤维的发展呈现以下趋势：功能化、高性能化、仿生化、绿色化、细旦化、多样化。

1.5 纤维常用的基本概念

1.线密度(纤度 Titre, Fineness)

在法定计量单位中,表示纤维粗细程度的量的名称为“线密度”,在我国化学纤维工业中,常称为“纤度”。线密度以每 1 000 m 长度的纤维质量(克数)表示,单位名称为特[克斯],单位符号为 tex,其 1/10 称分特[克斯],单位符号为 dtex。线密度越小,单纤维越细,手感也越柔软,光泽柔和且易变形加工。

在早期文献中,旦尼尔(简称旦, D)和公制支数(公支)也是表征纤维粗细程度的单位,为非法定计量单位,今后不再使用。

2.断裂强度(Tensile strength, Tenacity)

常用相对强度表示化学纤维的断裂强度,即纤维在连续增加负荷的作用下,直至断裂所能承受的最大负荷与纤维的线密度之比。单位为牛顿/特克斯(N/tex)、厘牛顿/特克斯(cN/tex)。断裂强度是反映纤维质量的一项重要指标。断裂强度高,纤维在加工过程中不易断头、绕辊,最终制成的纱线和织物的牢度也高;但断裂强度太高,纤维刚性增加,手感变硬。

纤维在干燥状态下测定的强度称干强度;纤维在润湿状态下测定的强度称湿强度。回潮率较高的纤维,湿强度比干强度低,如一般粘胶纤维湿强度要比干强度低 30% ~ 50%。大多数合成纤维回潮率很低,湿强度接近或等于干强度。

3.断裂伸长率(Elongation)

纤维的断裂伸长率一般用断裂时的相对伸长率,即纤维在伸长至断裂时的长度比原来长度增加的百分数表示,即

$$Y = \frac{L - L_0}{L_0} \times 100\%$$

式中 L_0——纤维的原长;

L——纤维伸长至断裂时的长度。

纤维的断裂伸长率是决定纤维加工条件及其制品使用性能的重要指标之一。断裂伸长率大的纤维手感比较柔软。

4.初始模量(Initial modulus)

纤维的初始模量,即弹性模量,是指纤维受拉伸而伸长变形当伸长率为原长的 1% 时所需的应力。

初始模量表征纤维对小形变的抵抗能力,在衣着上则反映纤维对小延伸或小弯曲时所表现的硬挺度。

5.长丝(Continuous Filament)

化学纤维制造过程中,纺丝流体(熔体或溶液)经纺丝成形和后加工工序后,得到的长度以千米计的纤维称为长丝。长丝包括单丝、复丝和帘线丝。

单丝(Monofilament):原指用单孔喷丝头纺制而成的一根连续单纤维,但在实际应用

中，往往也包括3～6孔喷丝头纺成的3～6根单纤维组成的少孔丝。较粗的合成纤维单丝(直径0.08～2 mm)称为鬃丝，用作绳索、毛刷、日用网袋、渔网或工业滤布；细的聚酰胺单丝用作透明女袜或其他高级针织品。

复丝(Multi-filament)：由数十根单纤维组成的丝条。化学纤维的复丝一般由百根以下单纤维组成。绝大多数的服用织物都是采用复丝织造，因为由多根单纤维组成的复丝比同样直径的单丝柔顺性好。

帘线丝：由一百多根到几百根单纤维组成，用于制造轮胎帘子布的丝条，俗称帘线丝。

6.短纤维(Staple fibers)

化学纤维的产品被切成几厘米至十几厘米的长度，这种长度的纤维称为短纤维。根据切断长度的不同，短纤维可分为棉型、毛型、中长型短纤维。

棉型短纤维：长度为25～38 mm，纤维较细(线密度为1.3～1.7 dtex)，类似棉花。主要用于与棉混纺，例如用棉型聚酯短纤维(涤纶)与棉混纺，得到的织物称"涤棉"织物。

毛型短纤维：长度为70～150 mm，纤维较粗(线密度为3.3～7.7 dtex)，类似羊毛。主要用于与羊毛混纺，例如涤纶毛型短纤维与羊毛混纺，得到的织物称为"毛涤"织物。

第2章　聚酯纤维

2.1　概　　述

聚酯纤维是由大分子主链中的含有酯基的成纤聚合物(聚酯)纺制的合成纤维。

聚酯纤维可由脂肪族聚酯、芳香族聚酯或脂肪族聚酯和芳香族聚酯的共聚物经熔融纺丝制成。聚酯纤维最常用的是由二元醇和芳香二羧酸缩聚而成的聚酯,主要包括聚对苯二甲酸乙二酯(PET)、聚对苯二甲酸丙二酯(PTT)、聚对苯二甲酸丁二酯(PBT)等。

聚酯纤维具有一系列优良性能,如断裂强度和弹性模量高、回弹性适中、热定型优异、耐热和耐旋光性好。还具有优秀的耐溶剂性,抗有机溶剂、肥皂、洗涤剂、漂白液、氧化剂等,以及较好的耐腐蚀性,对弱酸、碱等稳定,织物具有可洗可穿性,具有广泛的服用和产业用途。石油工业的飞速发展,也为聚酯纤维的生产提供了更加丰富而廉价的原料,加之近年化工、机械、电子自控等技术的发展,使其原料生产、纤维成形和加工等过程逐步实现短程化、连续化、自动化和高速化。

聚酯纤维作为一种最重要的合成纤维,发展前景光明,各主要合成纤维厂商仍在不断推出一些新型聚酯纤维,包括各种改性涤纶纤维。因此,聚酯纤维家族成员还在不断增多,特别是聚乳酸纤维、芳香族聚酯纤维的工业化生产,将进一步扩大聚酯纤维的应用领域,并促进纺织产品的更新换代。聚酯纤维在工业、农业、日常生活及高科技领域应用日益广泛。

2.2　PET纤维

PET纤维是最重要的聚酯纤维品种,我国商业上将PET质量分数大于85%以上的纤维简称为涤纶,国外的商品名称很多,如美国的"Dacron"、日本的"Tetoron"、英国的"Terlenka"等。PET纤维由英国Whinfield和Dickson等人发明,1953年开始工业化生产。

作为聚酯纤维的典型代表,PET纤维是目前发展速度最快、产量最高的合成纤维品种。尽管PET纤维性能优良,但它作为纺织材料使用也有缺点,主要是染色性差,可使用染料的种类少,吸湿性低,易在纤维上积聚静电荷,织物易起球。将其用作轮胎帘子线时,与橡胶的粘结性差。为了克服PET纤维的上述缺点,对PET纤维改性的研究工作获得重大进展,生产出具有良好舒适性和独特风格的聚酯差别化纤维。聚酯纤维的改性方法大致可分为两类:一类是化学改性,包括共聚和表面处理;另一类是物理改性,包括共混纺丝、变更纤维加工条件、改变纤维形态以及混纤、交织等。

2.2.1 PET的制备及性能

1.纤维用PET的制备

纤维用PET生产的主要原料和工艺原理与其他热塑性聚酯完全相同，具体生产工艺可分为间歇法缩聚和连续法缩聚。

间歇法缩聚反应的工艺通常在间歇酯交换生成的BHET(对苯二甲酸双羟烷基酯)中加入缩聚催化剂和热稳定剂，并经高温(230~240℃)常压蒸出乙二醇(EG)，再用氮气压送入缩聚釜进行缩聚反应。物料在缩聚釜内的反应分两个阶段控制，前段是低真空(余压约5.3 kPa)缩聚，后段是高真空(余压小于6.6 Pa)缩聚。两段反应的温度均需严格控制，通常前段在250~260℃，后段在270~280℃。当反应物料达到一定的表观黏度，即可打开缩聚釜出料，熔体经铸带头铸条、冷却后由切粒机切成一定规格的粒子(聚酯切片)供纺丝用。

连续法缩聚实际是将上述的各个步骤连接起来，物料在连续流动过程中完成缩聚反应，具体生产工艺流程因设备选型以及缩聚分段方法和相互衔接方式等不同差异很大。

无论连续缩聚还是间歇缩聚都需要严格控制反应工艺参数，如反应温度、真空度、反应时间、催化剂及稳定剂的种类和数量等。

缩聚反应温度：缩聚是放热反应，升高温度使反应平衡常数略降，对提高PET的平均聚合度不利，但在一定温度范围内升高温度能降低物料的表观黏度，易于排除体系中的乙二醇，故有利于提高平均聚合度。温度过高，虽使链增长的反应速度加快，但大分子链热降解的反应速度随温度升高而加快的速度更大，所得PET的平均聚合度最大值反而变小。另外，温度过高，还可使生成环状低聚物以及端羧基、端醛基、乙二醇醚等反应加快，使最终产物的熔点降低，色泽变黄，可纺性变差。

缩聚反应真空度：缩聚反应真空度直接影响生成物的相对分子质量和质量。BHET缩聚反应的平衡体系中，必须抽真空将缩聚体系中生成的EG不断排除。真空度越高，残存的EG越少，PET的平均聚合度越高。若缩聚过程真空度不高，则使缩聚时间过长，PET熔体黏度低，色泽泛黄。但在缩聚反应初期，物料黏度低，EG排出量亦多，这时真空度不宜过高；反应后期，EG排出量减少，且物料黏度激增，所以要求反应体系真空度高。

缩聚反应的催化剂及稳定剂：BHET缩聚通常采用金属催化剂，其催化活性和金属离子与BHET羰基氧的配位能力有关。目前，使用较多的是Sb_2O_3。为提高PET的热稳定性，减少热降解、改善制品的色泽，在缩聚过程中还常常加入热稳定剂亚磷酸三苯酯。

缩聚时间：缩聚反应的时间与真空度、温度和催化剂有关，当这些因素不变时，主要取决于聚合物相对分子质量的大小。在缩聚过程中，聚合物熔点、熔体黏度随反应时间增加而不断升高，搅拌电动机功率也逐渐增加，但达到一定时间后黏度不再增加，此时搅拌功率达到极大值，即为缩聚终点，应及时出料，否则黏度会因热降解而下降。一般缩聚反应时间为4~6 h。出料时间应尽可能缩短，以免釜内高聚物熔体受热时间过长而使相对分子质量下降。

连续法缩聚与间歇法缩聚相比在产品质量和成本方面均有优越之处。

间歇法生产聚酯因熔体停留时间不一致，聚合度不均匀，再熔融后纺丝易发生热降解。而连续法可避免聚合物热降解，因为连续缩聚是物料在连续流动过程中完成缩聚反应，而且物料的性质和状态随反应进行的程度而连续变化，所以连续缩聚易获得高相对分子质量的聚酯，可用于生产轮胎帘子线及其他工业用纤维。连续法的生产效率较高，产品成本低，且产品质量均匀、稳定，有利于生产过程的自动控制。但因需用反馈控制装置等，连续法设备投资较高，因此连续法适于大规模生产，不宜更换品种。

2.PET 的结构与性能

(1)PET 结构与成纤性的关系

①PET 是具有对称性芳环结构的线型大分子，没有大的支链，易于沿着纤维拉伸方向取向而平行排列。

②PET 分子链中 $-C_6H_4-\overset{O}{\overset{\|}{C}}-O-$ 的基团刚性较大，PET 的熔点较高。熔点是聚酯切片的一项重要指标。如果切片熔点波动较大，则需对熔融纺丝温度作适当调整。

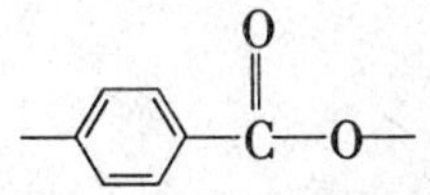

③PET 分子链的结构具有高度的立体规整性，所有的芳香环几乎处在一个平面上，这样使得相邻大分子上的凹凸部分便于彼此镶嵌，从而具有紧密敛集能力与结晶倾向。由于分子内 C—C 链的内旋转，分子存在顺、反两种空间构象。无定形 PET 为顺式构象，结晶 PET 为反式构象。

④PET 分子间没有特别强大的定向作用力，相邻分子的原子间距均是正常的范德华距离，其单元晶格属三斜晶系，大分子几乎呈平面构型。

⑤PET 的大分子链通过酯基相互连接，其许多重要性质均与酯键的存在有关。例如，在高温和水分子的存在下，PET 大分子内的酯键容易发生水解，使聚合度降低，所以纺丝时必须对切片含水量严加控制。

⑥缩聚反应过程中的副反应，如热氧化裂解、热裂解和水解作用等都可以产生羧基，还可能存在醚键，以致破坏 PET 结构的规整性，减弱分子间力，使熔点降低。

(2)相对分子质量及其分布对其加工性能和纤维质量的影响

高聚物平均相对分子质量的大小直接影响其加工性能和纤维质量，其耐热、光、化学稳定等性质及纤维的强度均与平均相对分子质量有关。缩聚反应制得的 PET 树脂具有不同的平均相对分子质量，PET 平均相对分子质量小于 1 万时，就不能正常加工为高强力纤维。

聚酯相对分子质量分布对纤维结构的均匀性有很大影响。在相同的纺丝和后加工条件下所制得的纤维，用电子显微镜观察纤维表面可见相对分子质量分布宽的纤维，其表面有大的裂痕，在初生纤维和拉伸丝内，裂痕的排列是紊乱的；而分布窄的纤维，无论未拉伸丝或拉伸丝，其表面基本是均一的，裂痕极微。因此，相对分子质量分布宽会使纤维加工性能变坏，拉伸断头率急剧增加，并影响成品纤维的性能。

(3)熔体流变性与纺丝成形的关系

熔点是聚酯切片的一项重要指标，但熔点对成形过程的影响不如特性黏数(平均相对分子质量)的影响大。熔体纺丝时，聚合物熔体在一定压力下被挤出喷丝孔，成为熔体细流并冷却成形。因此，熔体流变性，与纺丝成形密切相关。熔体黏度是熔体流变性能的表征，影响熔体黏度的因素是温度、压力、聚合度和剪切速率等。随着温度的升高，熔体黏度依指数函数关系降低。PET树脂的物理性质如表2.1所示。

表2.1　PET树脂的物理性质

熔点*/℃	255~264	熔融热/$(J\cdot g^{-1})$	130~134
纤维级PET的相对分子质量	15 000~22 000	导热系数/$[W\cdot(cm\cdot K)^{-1}]$	1.407×10^{-3}
玻璃化温度/℃		折光指数/(25℃)	1.574
无定形	67	体积膨胀系数	
晶　态	81	(−30~60℃)	1.6×10^{-4}
取向态结晶	125	(90~190℃)	3.7×10^{-4}
熔体密度/$(g\cdot cm^{-3})$	1.220(270℃) 1.117(295℃)	体积电阻率/$(\Omega\cdot cm)$ (250℃,RH=65%)	1.2×10^{19}

注:纯PET的熔点为267℃

2.2.2　PET纤维的生产

聚对苯二甲酸乙二酯属于结晶型高聚物,其熔点温度T_m低于热分解温度T_d,因此最理想的是采用熔体纺丝法。

熔体纺丝的基本过程包括:熔体的制备、熔体自喷丝孔挤出、熔体细流的拉长变细(同时冷却固化)以及纺出丝条的上油和卷绕。从聚合物到成丝是一个随着传热过程而产生的物态变化,即固态高聚物在高温下熔融转变为流动的黏流体,并在压力下挤出喷丝孔,在冷却气流作用下凝固为固态丝条的过程。在纺丝过程中,熔体细流的运动速度连续增加,丝条不断变细,温度逐渐下降,聚合物大分子在拉伸张力作用下不断改变其聚集状态,形成具有一定结构和性质的固态纤维,再卷绕到筒管上或贮放于盛丝桶内。常规纺丝方法获得低取向度的初生纤维,须再经拉伸、热定型等后处理,才能成为具有实用价值的成品纤维。现代的纺丝技术可将后加工过程并入纺丝工序,成为纺丝—拉伸—卷绕联合的纺丝方法,而获得具有高取向和结晶结构的成品纤维。

聚酯纤维的成形和加工采用的设备是纺丝机。纺丝机的种类及型号虽多种多样,但其基本结构相似,主要有以下部分构成:①高聚物熔融装置,即螺杆挤出机;②熔体输送、分配、纺丝及保温装置,包括弯管、熔体分配管、计量泵、纺丝头组件及纺丝箱体部件;③丝条冷却装置,包括纺丝窗及冷却套筒;④丝条收集装置,即卷绕机或受丝机构。为制取高质量的卷绕丝,纺丝机的各部分结构仍在不断改进。纺丝机中的关键组件纺丝头是由喷丝板、熔体分配板、熔体过滤材料及组装套组成的组件。其基本结构包括两部分:一部分是喷丝板、熔体分配板和熔体过滤材料等功能零件;另一部分是容纳和固定上述零件的组装套。纺丝头组件是纺丝熔体最后通过的一组构件,除确保熔体过滤、分配和纺丝成形的要求外,还应满足高度密封、拆装方便和固定可靠的要求。纺丝头组件的作用一是将溶体过滤,去除熔体中可能夹带的机械杂质与凝胶粒子,防止堵塞喷丝孔眼,延长喷丝板的使用周期;二是使熔体能充分混合,防止熔体产生黏度的差异;三是把熔体均匀地分配到喷丝板的每一小孔,形成熔体细流。

在聚酯纤维生产中,广泛采用螺杆挤出纺丝机进行纺丝。采用螺杆挤出机熔融高聚物具有以下突出优点:①由于螺杆不断旋转,推前物料,使传热面不断更新,大大提高了传热系数，使切片熔融过程强化，生产效率较高。②螺杆挤出机能将各种黏度较高的熔体强制输送。③螺杆旋转输送熔体，熔体被塑化搅拌均匀，在机内停留时间较短，大大减小了热分解的可能性。

2.3 PTT纤维

PTT纤维是一种重要的聚酯纤维，它具有与PET纤维相似的化学性能，但由于其形态优异而拥有不同的物理性能。PTT纤维综合了聚酰胺纤维和聚酯纤维的优异性能，提供了独特的舒适性和弹性。PTT纤维被认为是极具吸引力的纤维，人们的感观(如触觉、视觉等)都被该纤维的外形和结构所吸引。最早关于PTT纤维的专利是在1941年，但直到20世纪90年代壳牌化学公司开发了用低成本生产高质量PTT初始原料PDO(1,3-丙二醇)的方法后，这种纤维才投放市场。壳牌化学公司推出了"Corterra"芳香族聚酯聚合物，而杜邦公司则推出了"Sorona"。PTT纤维可纺制成短纤和长丝，在地毯、纺织品和服装、工程塑料、非织造布、薄膜和单丝领域中得到广泛的应用。

2.3.1 PTT聚合物的制备

PTT可由对苯二甲酸二甲酯(DMT)或对苯二甲酸(TPA)与1,3-丙二醇(PDO)缩聚而成，有两种工艺路线：一是DMT与PDO进行酯交换反应；二是TPA与PDO进行酯化。这些与PET的合成大致相似，但工艺温度和使用的催化剂有所不同。

在聚合物合成的第一阶段，借助于四丁基钛催化剂，将TPA或DMT与PDO进行混合进而生产出带有1~6个重复单元的低聚物。在第二阶段，将这种低聚物继续缩聚成具有60~100个重复单元的聚合物。在这两个阶段都会产生一些无用却有毒的副产品，如丙烯醛($CH_2{=}CH{-}CHO$)或烯丙醇($CH_2{=}CH{-}CH_2{-}OH$)。在对设备的设计中应尽可能减少这些副产品。为此，可以采用两种方法：第一，降低工艺温度，来尽量缩短熔融相的处理时间，并与空气完全隔绝；第二，所选用的催化剂的量要求适当而有效，同时还要添加稳定剂，如磷化合物或阻碍酚。

原料单体，特别是PDO的制备对PTT生产来说是至关重要的，PDO的纯度对工艺的经济性和聚合物的质量起决定性作用。现行的PDO制备工艺主要是美国壳牌公司开发的用钴催化剂通过环氧乙烷的加氢甲醛化来合成PDO的丙烯醛工艺。最近，杜邦公司又开发出了一种玉米生物发酵工艺制备PDO的替代方法。

2.3.2 PTT纤维的纺丝

像PET一样，PTT对水也很敏感，这就意味着在螺杆挤出之前须经过干燥工序，这时温度必须在150℃以下，否则就会遭氧化破坏。

目前PTT纤维采用与PET类似的熔体纺丝工艺。考虑到PTT和PET的区别，成形时有三点需要注意：熔融温度、玻璃化温度和内在的弹性。

PTT的熔融温度较低(大约降低30℃)意味着生产线上长丝在冷却之前的时间段被缩

短了,因此对冷却风的调整和冷却区域的尺寸有别于 PET 纺丝工艺。

PTT 的玻璃化温度较低,这就导致了其低温结晶速度加快许多,这在固化和冷却过程中对纤维形态的形成产生重要的影响。

PTT 的重复弹性回复率大约为 10% ~ 12%,这与其他已知的线型聚酯族聚合物不同。

表 2.2 为 PTT 和 PET 聚合物的特性和纤维成形条件。

表 2.2　PTT 和 PET 聚合物的特性和纤维成形条件

聚合物特性	PTT	PET	成形条件	PTT	PET
特性黏数/(dL·g^{-1})	0.80 ~ 1.20	0.55 ~ 0.65	干燥温度/℃	125	160
T_g/℃	50 ~ 60	70 ~ 80	露点/℃	-40	-25
结晶温度/℃	80 ~ 120	130 ~ 150	挤出区温度/℃	240 ~ 270	280 ~ 300
熔点/℃	226 ~ 229	254 ~ 258			

2.3.3　PTT 纤维的特性

与 PET 和 PBT 相比,PTT 具有独特的性能。PTT 的模量介于 PET 和 PBT 之间,因此 PTT 纤维拥有柔软手感的同时还展现了良好的弹性回复。由于 PTT 分子链结构呈锯齿型,因此其物理性能与 PET、PBT、PA6 和 PA66 都存在着极大的不同。PTT 晶体内的螺旋形分子结构赋予其良好的弹性,PTT 拉伸性更大且更加柔软。当对分子施加应力时,其晶体低模量区域会出现相应形变;当释放应力时,晶体结构就会收紧,使其完全回复到原先状态。

PTT 纤维的突出特点可归纳为:

(1)在低负载的情况下具有非常好的伸长和回复,即低滞后,因此穿着舒适。纤维在拉紧至 120%时可恢复到 100%。对变形丝来说,纤维在拉伸至 145%还可灰复到 100%。

(2)可低温染色。与 PET 不同,该材料在不使用染色载体的情况下可在常压下进行染色。

(3)柔软的手感、良好的干爽性和新颖的悬垂性(低杨氏模量)。

(4)更好的耐磨和尺寸稳定性。

(5)能够保持热定型时产生的褶裥和折皱。该纤维的热定型温度比 PET 低,因此为与 Spandex 纤维混纺制作具有更佳弹性的服装提供了新的选择。

(6)易洗和抗皱性。

(7)其大多数的机械性能如强力及弯曲强力与 PET 相似。

(8)良好的耐气候性。

PTT 短纤维和长丝独树一帜地结合了拉伸与回复、柔软、膨松和易染等性能。用 PTT 短纤维和长丝生产的织物,其抗污性突出,染色性也极其优异。PTT 结合尼龙和聚酯的优异性能,可用于地毯、服装、家庭装饰或车用织物。PTT 织物不仅保管方便、有弹性而且具有内在的抗污性、长时间的耐久性、良好的柔软性、显著的悬垂性和丰富亮丽的色彩等特性。PTT 纤维同其他纤维的性能比较,如表 2.3 所示。

表 2.3 PTT 纤维与其他纤维的性能比较

性　能	PTT	PET	PA6	PA66
断裂强度/($cN\cdot dtex^{-1}$)	2.78	2.47 ~ 5.29	4.06 ~ 7.76	4.06 ~ 7.76
圈结强度/($cN\cdot dtex^{-1}$)		1.76 ~ 4.41	5.29 ~ 7.06	5.29 ~ 7.06
吸水/%(14 h)	0.15	0.49	9.5	8.9
5%伸长时弹性回复率/%	99 ~ 100	75 ~ 80	99 ~ 100	99 ~ 100
密度/($g\cdot mL^{-1}$)	1.34	1.40	1.13	1.14
易燃性	低	低	低	低

2.4 聚乳酸纤维

聚乳酸(PLA)属于合成脂肪族聚酯,是一种用途非常广泛的完全可生物降解的聚合物。一般低相对分子质量的聚乳酸用于药物缓释材料,高相对分子质量的聚乳酸可用作塑料、纤维等高分子材料。随着价格的降低,可望替代传统塑料。

聚乳酸纤维是采用淀粉原料经发酵转化成乳酸,然后经聚合、纺丝而制成。聚乳酸纤维具有完全生物降解性,制品废弃后在土壤或水中,会在微生物的作用下分解成二氧化碳和水,随后在太阳光合作用下,又会成为聚乳酸的起始原料——淀粉。聚乳酸的熔点达170 ℃以上,聚乳酸纤维物理性能与涤纶类似,外观透明。在众多的生物降解型纤维材料中,其透明度、强度、弹性和耐热性等诸方面均高出一筹,是目前使用天然动植物原料开发的可自然生物降解纤维中最好的。

聚乳酸纤维有长丝、短丝、复丝和单丝以及无纺布等不同规格和品种,广泛用于内衣、运动衣、医疗卫生用品、农膜等材料,以及农林、水产、造纸、卫生、土建等行业。聚乳酸纤维制成的面料,触之有肌肤般的手感,观之有真丝般的光泽。

由于聚乳酸的产业化有巨大发展前景,近 10 年来对它们的研究和产业化受到世界各国政府、企业界和研究机构的普遍关注。聚乳酸作为原材料的生产在欧美日等国家已初步形成产业,目前年生产能力超过 2.6 万吨。我国发布的 2000 ~ 2005 年国家《纺织行业科技发展项目指南》中,“聚乳酸纤维的开发及其应用”项目是一个非常重要的方向。聚乳酸作为粮食深加工中的一项重要技术创新,它的发展将为后石油时代带来蓬勃生机。

2.4.1 聚乳酸的合成

合成聚乳酸的单体是乳酸,乳酸最早由瑞典化学家 Scheele 从发酵的奶中分离出来,1881 年实现商业化生产。目前,乳酸的制备通常有两种方法,一是石油原料的合成法,二是微生物发酵法。发酵法采用含淀粉的农产品,如麦类、玉米、土豆、甜菜等生产聚乳酸,原料来源丰富、成本低廉、具有“绿色”内涵,所以被各国工业生产时广泛采用。

聚乳酸最早是在 1932 年由美国杜邦公司成功合成,但是因为平均相对分子质量太低,主要应用于医疗用手术缝线、移植物和药物可控释放等。目前,一个由美国 Cargill Dow 公司与 Dow 化学公司合资的公司是世界上聚乳酸生产能力最大的企业,年产已达 15 万吨的生产能力。

目前合成聚乳酸的方法主要有开环聚合、直接缩聚合、扩链反应等。不同的合成工艺路线,综合起来如图 2.1 所示。

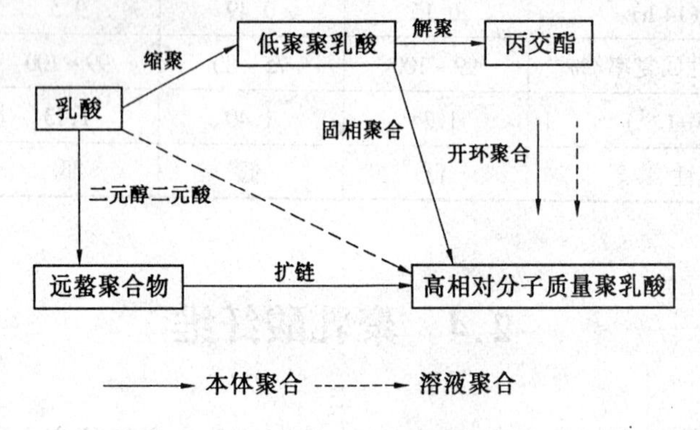

图 2.1　聚乳酸的不同合成路线示意图

1.开环聚合

20 世纪 50 年代,美国杜邦公司首先把乳酸制得丙交酯,然后进行开环聚合,这是合成聚乳酸最传统的方法,也是目前工业化生产聚乳酸最主要的工艺路线。

丙交酯的开环聚合可用阴离子聚合、阳离子聚合及配位聚合。用于阳离子聚合的引发剂主要包括质子酸、刘易斯酸及烷基化试剂,如三氟甲磺酸、甲基三氟甲磺酸等。阳离子开环聚合烷氧键断开在手性碳上增长,外消旋不可避免,难以得到高相对分子质量的聚乳酸。阴离子开环聚合的引发剂有仲或叔丁基锂,碱金属烷氧化合物,如苯甲酸钾、苯酚钾、硬脂酸锌、18－冠－6 醚配合物等。引发机理是负离子亲核进攻丙交酯羰基、使酰氧键断裂,仍导致部分外消旋化。配位开环聚合的引发剂主要是过渡金属的有机化合物或氧化物,如烷氧基铝。这种由乳酸制备丙交酯,再合成聚乳酸的方法可以得到高相对分子质量的聚乳酸及其系列衍生物,但这种方法工艺过程冗长、制造成本非常高,因此限制了聚乳酸的生产应用和发展。

2.扩链聚合

为了降低聚乳酸的制造成本,扩大其应用范围,人们一直在寻找更简单的合成路线。其中,采用扩链剂是提高聚乳酸平均相对分子质量的一种有效方法。Wei Zhong 采用亚甲基二苯基二异氰酸酯扩链剂与聚乳酸低聚物在 175℃共聚 45 min。聚乳酸的重均相对分子质量由 9 800 提高到 5.7 万,玻璃化温度由 48.6℃提高到 67.9℃,聚合物的耐热性明显提高。可用的扩链剂还有乙烯基碳酸盐、杂环化合物、二异氰酸酯、环已二异氰酸酯、聚乙二醇等。Jukka 等用 2,2′－二－2－唑啉作偶联剂,使羧基终止的聚乳酸齐聚物在 200℃反应 10 min 后,平均相对分子质量达到 30 万。采用低相对分子质量的聚乳酸不仅可以与二元酸进行共聚,也可以与二元醇进行共聚,制备相应的羧基封端聚合物或羟基封端聚合物。制备羟基封端的聚合物可以用 2－丁烯－1,4－二醇、丙三醇、1,4－丁二醇、丁基缩水甘油醚,制备羧基封端的聚合物可以用马来酸、丁二酸、脂肪酸、衣康酸、或一些酸酐等。

3.直接缩聚

把乳酸单体进行直接缩合已经成为制备聚乳酸的重要方法,直接缩聚合成聚乳酸的反应过程如下

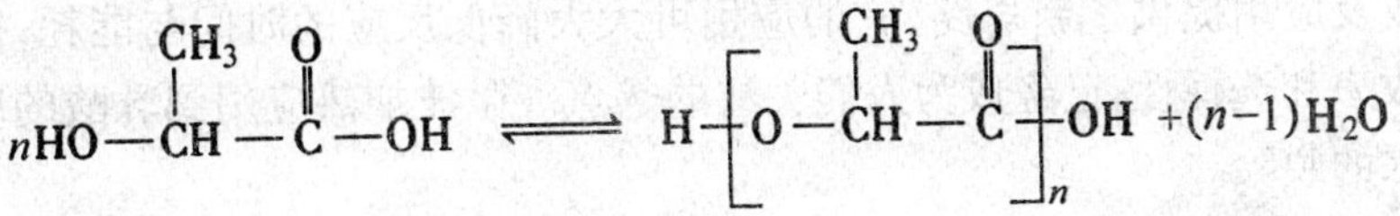

$$n\mathrm{HO-\underset{}{\overset{CH_3}{\overset{|}{C}H}}-\overset{O}{\overset{\|}{C}}-OH} \rightleftharpoons \mathrm{H\!\left[O-\overset{CH_3}{\overset{|}{C}H}-\overset{O}{\overset{\|}{C}}\right]_{n}\!OH} + (n-1)\mathrm{H_2O}$$

直接缩聚反应是一个可逆反应,反应的化学平衡式如图 2.2 所示。

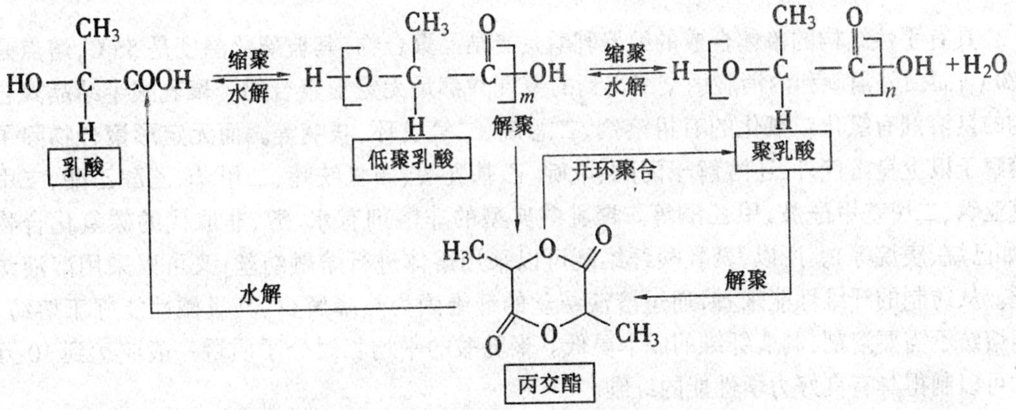

$$\mathrm{HO-\underset{H}{\underset{|}{\overset{CH_3}{\overset{|}{C}}}}-COOH} \underset{水解}{\overset{缩聚}{\rightleftharpoons}} \mathrm{H\!\left[O-\underset{H}{\underset{|}{\overset{CH_3}{\overset{|}{C}}}}-\overset{O}{\overset{\|}{C}}\right]_{m}\!OH} \underset{水解}{\overset{缩聚}{\rightleftharpoons}} \mathrm{H\!\left[O-\underset{H}{\underset{|}{\overset{CH_3}{\overset{|}{C}}}}-\overset{O}{\overset{\|}{C}}\right]_{n}\!OH} + \mathrm{H_2O}$$

乳酸
低聚乳酸
聚乳酸
解聚
开环聚合
解聚
水解
丙交酯

图 2.2 聚乳酸的合成反应化学平衡式关系图

开始人们认为,直接缩合法不能合成高相对分子质量的聚乳酸,只能得到相对分子质量较低的低聚物。如今直接缩合法合成高相对分子质量聚乳酸的关键技术,在反应过程中及时去除产生的小分子水,已有所突破。

(1)溶液缩聚

为了提高聚乳酸的平均相对分子质量,Ajioka 等采用在二苯醚溶剂中连续共沸除水的方法合成了平均相对分子质量高达 30 万的聚乳酸,日本三菱化学公司采用直接缩合溶液聚合方法实现了聚乳酸的工业化生产,并能把聚乳酸加工成纤维。Fukushima T. 等利用 L-乳酸为原料,以二苯基醚为添加溶剂,以二氯化锡为催化剂,以对甲苯磺酸为阻色剂,先聚合成聚乳酸低聚物后,再经固相后缩聚聚合制得了重均相对分子质量为 26.6 万的高相对分子质量聚乳酸。

(2)熔融固相缩聚

最近,日本 Kyoto 工学院在聚乳酸的直接缩聚/固相聚合合成高相对分子质量聚乳酸方面取得了突破性进展。钱刚等研究了密闭体系中乳酸的固相缩聚反应,以氧化钙为脱水剂,脱水剂对聚合物相对分子质量的提高有极大的促进作用。影响固相缩聚反应的因素繁多,除预聚物的相对分子质量和分布外,反应温度、催化剂浓度、预聚物的粒度和反应时间都对聚乳酸平均相对分子质量有重要的影响。研究表明,在密闭环境中脱水剂的存在可以得到平均相对分子质量为 25 万的聚乳酸。

(3)微波辅助聚合

与传统加热方式完全不同,在微波加热过程中,热从材料内部产生而不是从外部因温度梯度的差异而吸收热量。微波技术是一种不同于常规加热方式的新型高效的加热方式,它为高分子合成及应用提供了新思路,它的应用可大大降低反应的时间与能耗,提高各种反应的速率、收率和选择性,已经成为人们关注的热点。微波加热应用到乳酸的缩聚反应,利于小分子水的脱除。

2.4.2 聚乳酸纤维的成形

具有手性结构的单体合成的纯聚乳酸是半结晶聚合物,其玻璃化温度是55℃,熔点是180℃,而由外消旋和内消旋丙交酯得到的聚乳酸都是无定形聚合物。聚乳酸半结晶聚合物的良溶剂有氯化或氟化的有机溶剂、二恶烷、二氧戊环、呋喃等。而无定形聚合物除了溶解于以上良溶剂外,还溶解于丙酮、吡啶、乙基乳酸、四氢呋喃、二甲苯、乙酸乙酯、二甲基亚砜、二甲基甲酰胺、甲乙酮等。聚乳酸典型的非溶剂有水、醇、非取代的碳氢化合物(如己烷、庚烷等)。所以,聚乳酸纤维既可以采用熔体进行熔融纺丝,又可以采用溶液纺丝。从纺制的纤维性能来看,通过溶液纺丝的纤维因为热降解少、其机械性能好于熔纺,但熔纺不需要溶剂,制造纤维的成本更低。聚乳酸的平均相对分子质量一般应达到10万才可以制得具有良好力学性能的纤维。

纺制聚乳酸纤维最常用的方法是干法纺丝、熔融纺丝,也可以采用反应挤出纺丝成形。采用二氯甲烷、三氯甲烷、甲苯为溶剂,溶解聚乳酸树脂作为纺丝液进行干法纺丝制得的聚乳酸纤维因热降解少、纤维强度较高。但由于溶剂有毒、纺丝环境恶劣、溶剂回收困难,需要特殊处理,纤维生产成本高,限制了聚乳酸纤维的工业化生产,至今没有走出实验室中试阶段。

聚乳酸是热塑性树脂,从理论上讲,采用熔融纺丝是最理想的纤维成形方式。熔融纺丝工艺技术比较成熟、环境污染小、生产成本低,更有利于自动化、柔性化生产,是目前聚乳酸纤维的主要成形方法。但是熔融纺丝易造成聚乳酸的水解和热降解,因此纺丝前必须严格控制树脂的含水量,以保证纺丝的工艺稳定性和纤维最终的质量。

2.4.3 聚乳酸纤维性能和应用

聚乳酸具有高结晶性和较高的取向性,故具有高耐热性和高强度,可和聚酯相媲美,还具有比较理想的透明性。聚乳酸纤维是一种可持续发展的生态纤维,由它制得的纤维、织物、无纺布除了具有良好的生物特性外,还具有良好的吸湿保湿性,高的弹性回复率,无毒、燃烧时不会放出有毒气体,发烟量低,耐紫外光,良好的手感及悬垂性。例如,日本钟纺公司于1994年开发成功的聚乳酸纤维(商品名为"Lactron")具有丝绸般的光泽,良好的肌肤触感,经加捻或填塞箱法可制成加工丝,该纤维具有一般合成纤维的特征和特有的生物相容及降解性。

聚乳酸纤维与涤纶、尼龙(锦纶-6纤维)的物理机械性能对比,如表2.4所示。

聚乳酸过去主要用于医药、医疗领域,如今聚乳酸的应用领域已非常广泛,其应用领域如表 2.5 所示。

表 2.4 聚乳酸纤维的物理机械性能对比

项目	聚乳酸纤维	涤纶纤维	锦纶-6纤维
断裂强度/(cN/dtex)	4~4.5	3.5~5	3.5~5
断裂伸长率/%	约34	20~35	20~35
拉伸模量/(cN/dtex)	约65	90~120	20~40
密度/(g/cm^3)	1.27	1.38	1.14
结晶温度/℃	103	170	140
结晶度/%	83.5	78.6	42.0
折射率	1.45	1.58	1.53
熔点/℃	175~180	256	222
玻璃化温度/℃	55~58	69	50
沸水收缩率/%	8~15	8~15	6~15
回潮率/%	0.6	0.4	4.5

注:测试条件:温度 25℃,相对湿度 65%

表 2.5 聚乳酸纤维的应用领域

行业	用途
纺织业	外衣、内衣、运动衣、家庭日用及装饰物、窗帘、毯类
农林业	种植业用网、防杂草袋和网、养护薄膜、催熟膜、种子及农用物料袋
食品业	包装材料、过滤网
渔业	养殖网、渔网、渔线、绳、海岸网
造纸业	强化纸及特殊用纸、卫生纸
卫生医疗业	尿布及卫生用品、手术线、纱布、用即弃织物、缓释药物、植入材料
建筑业	地面覆盖增强材料、网、垫子、沙袋等

聚乳酸纤维制得的服装回潮性和芯吸效应好于涤纶,聚乳酸与羊毛或棉混纺的衣服舒适性更好。由于聚乳酸纤维的模量低,因而加工的衣物具有良好的悬垂性,织物挺阔、手感好,还具有自熄阻燃特性,更适合于装饰织物如窗帘、地毯等用。聚乳酸不仅可以加工成纤维,进而纺织成机织品、针织品以及无纺布等,还可用作塑料加工成薄膜、泡沫塑料、中空制品、模塑制品等,还可用作胶粘剂。

第3章　聚丙烯腈纤维

以丙烯腈(AN)为主要链结构单元的聚合物经过纺丝加工而制成的纤维称为聚丙烯腈(PAN)纤维。由丙烯腈(AN)质量分数为35%～85%的丙烯腈系共聚物制成的纤维有时也称为改性PAN纤维。在国内PAN纤维或改性PAN纤维的商品名为“腈纶”。其中改性PAN纤维主要是以乙烯基氯为共聚单体,主要用于阻燃的改性PAN纤维,又常称为“腈氯纶”。

PAN纤维是合成纤维(如涤纶、腈纶、丙纶、锦纶、氨纶等)中最主要品种之一,作为纺织工业的一种重要原料,它具有很多优良性能,如柔软性和保暖性好,具有高膨松性和回弹性,而且具有天然的美感,被誉为“合成羊毛”,在服装领域得到广泛应用。另外,它具有优异的耐光性、耐气候性、耐虫蛀性、耐辐射性、抗微生物降解性,以及较好的染色性。

3.1　聚丙烯腈的结构与性能

聚丙烯腈是由丙烯腈单体通过自由基或离子聚合而成的。工业生产用聚丙烯腈到目前还都是以自由基机理来合成的。聚丙烯腈大分子是碳链结构,单体单元主要以头尾相接的方式通过共价键相连,主链上每隔一个C原子连有一个腈基侧基,分子结构为

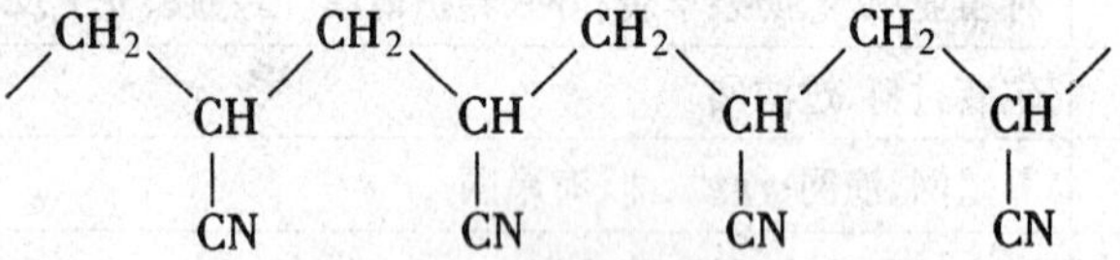

$$\cdots\diagup CH_2 \diagdown \underset{\underset{CN}{|}}{CH} \diagup CH_2 \diagdown \underset{\underset{CN}{|}}{CH} \diagup CH_2 \diagdown \underset{\underset{CN}{|}}{CH} \diagup CH_2 \diagdown \underset{\underset{CN}{|}}{CH} \diagup\cdots$$

这种聚丙烯腈均聚物,其化学结构比较单一,其大分子由于—CN的相互作用,使原子排列趋向于稳定在能量较低的状态,呈现螺旋状的空间立体构象,螺旋体的直径为0.6 nm,分子主链上碳原子间距为0.23 nm,小于平面锯齿形构象的聚乙烯分子链轴向重复的碳原子间距(等同周期)为0.254 nm。但是,由于用于生产聚丙烯腈纤维的聚丙烯腈多是丙烯腈单体与其他乙烯基单体的共聚物,共聚单体的引入使聚丙烯腈的分子结构变得复杂化,表现在不同的聚丙烯腈大分子间存在化学结构的差异。即使同样的一个聚丙烯腈大分子其分子主链上化学结构也是千差万别的,其结果就必然会使聚丙烯腈的超分子结构变得更加复杂。一般会降低聚丙烯腈的有序程度,分子间容易发生扭转变形,聚集态出现各种各样的缺陷。所以,在制备高性能碳纤维聚丙烯腈原丝时,很多人提出了用“可控聚合”来设计聚丙烯腈的分子结构,并提高其规整度,可是目前所用的聚合方法难以实现,至今还没有真正用于制备聚丙烯腈原丝的报道。

关于聚丙烯腈的聚集态结构有很多矛盾的说法,有人认为聚丙烯腈是类晶有序的单相结构,有人则认为聚丙烯腈是两相结构,包含有准晶的有序相和无定形相。但通过大量

的研究发现，人们不仅可以制备出完全无定形的聚丙烯腈，也可以在丙烯碳酸酯的稀溶液中制备出折叠链片状聚丙烯腈单晶。加上对聚丙烯腈玻璃化转变温度的研究，现在人们已经普遍接受了聚丙烯腈是两相结构，或半结晶聚合物的说法。

近期的研究更倾向于聚丙烯腈纤维的单元晶格为六方晶系。六方堆砌的刚性棒状链构象，仅存在侧向有序(Lateral order)，而 c 轴无序，也就是说，不存在真正的三维结晶体。从这个意义上讲，这种二维有序相当于向列相液晶的有序性，只是这种聚丙烯腈的序态是固态二维有序。这也可以从 X 射线衍射二维(2D)强度分布看出，仅存在赤道反射，而不存在子午线反射，如图 3.1 所示。牵伸使赤道反射增强，提高了聚丙烯腈的取向有序度和结晶度。

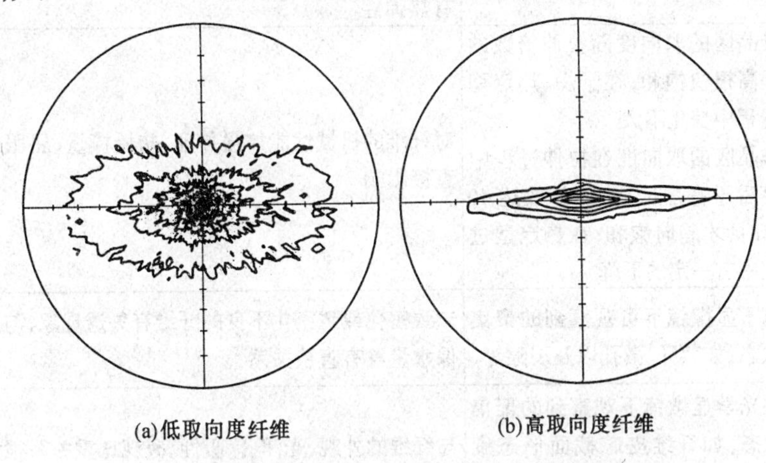

(a)低取向度纤维　　(b)高取向度纤维

图 3.1　聚丙烯腈纤维的小角 X 射线衍射二维强度分布

根据现有的认识，把聚丙烯腈纤维的分子结构、超分子结构以及形态结构对性能的影响列于表 3.1。

表 3.1　聚丙烯腈纤维的各级结构及其对性能的影响

级别		结构特征	影响
分子结构	链节	结构单元常包括二种或三种单体，其中以丙烯腈为主	影响纤维的化学性质、电性能、热性能、染色性、吸湿性等，是聚丙烯腈纤维超分子结构的基础
		主要官能团为 —CN	构成大分子内部和分子间的偶极子力，对大分子链的柔性、不规则的螺旋构象、准晶态结构影响极大，对纤维的耐光、耐霉耐菌、耐化学试剂性有很大影响
		$—COOCH_3$，$—SO_3Na$ 等	改善大分子柔性，降低共聚物的玻璃化温度，改善纤维的机械性能和热性能，改善纤维作为聚丙烯腈原丝的热稳定化特性，提高纤维的染色基团的可及性；对原液的溶解和凝固特性稍有影响；影响染色性、白度、吸湿性等，也影响纤维的形态结构
	大分子链	大分子中链节基本上是首尾联结，具有一定的平均相对分子质量及相对分子质量分布不规则的螺旋形大分子构象，使共聚物大分子链具有一定柔性	影响纤维的机械性能，与聚丙烯腈的准晶态结构有关，与高弹形变相联系的一切性质有关系，影响染料的扩散速率

续表 3.1

级别		结构特征	影响
超分子结构	序态	准晶态(近于六方晶格)	具有结晶态高聚物的部分特性,如 X 光衍射涂上有反射点或弧圈;准晶区是纤维中用以加强结构的结点;提高该区的尺寸和序态完整程度,有利于强化纤维的机械性能和致密性,也具有非晶态高聚物的特性,基本上是单相高聚物,X-光衍射图上无纬向反射点,仅是二维有序;力学性质基本上是属于非晶态类型,对热敏感,具有热弹性
	取向	准晶区的取向度随拉伸倍数的提高很快饱和,在干燥、热定型过程中变化不大 非晶区的取向度在拉伸过程中落后于高序区,拉伸倍数达 10 倍时,才趋向饱和;在热定型过程中有一定的下降	对纤维的机械性能如强伸度、初始模量、屈服应力等有直接影响
形态结构	微观	电子显微镜下可观察到的聚集状态,如微纤、微孔以及裂隙等	未致密化或致密化不良的纤维有失透现象,与原纤化和保水量等有直接关系
	宏观	在光学显微镜下观察到的聚集状态,如纤维皮芯截面形态疵点、空洞等	与纤维的外观、光泽、保暖性、表观比重关系很大

3.2 聚丙烯腈纺丝成形

3.2.1 生产工艺路线

关于聚丙烯腈纤维的生产工艺路线,根据不同的分类方法,分别定义了不同的工艺路线。主要按照以下几种分类方法来区别不同的生产工艺路线。

① 根据聚合和纺丝时所用的溶剂,定义该工艺为所用溶剂的生产工艺路线。虽然聚合和纺丝可以分别采用不同的溶剂,但是从减少投资,降低生产成本来考虑,工业生产都把聚合和纺丝采用同一种溶剂。所以,如果以硝酸水溶液为溶剂,就命名这种工艺为硝酸法;如果以硫氰酸钠水溶液为溶剂,就命名这种工艺为硫氰酸钠法;同样,就有了二甲基亚砜法,二甲基甲酰胺法等。

② 根据聚合出来的聚合物的后处理方式,定义为一步法和两步法。如果聚合时采用溶液聚合的方法,聚合出的聚合物溶液不需要烘干、再溶解,就用作纺丝,这种生产聚丙烯腈纤维的工艺称为一步法。例如,以二甲基亚砜作溶剂进行溶液聚合制备碳纤维用聚丙烯腈原丝的生产路线就是一步法。如果聚合时采用沉淀聚合,或乳液聚合,得到的聚合物

通常需要经过滤、烘干、再溶解，制备合适浓度的纺丝溶液，然后进行纺丝，这种生产聚丙烯腈纤维的工艺称为两步法。比如，1980年末，国内引进美国杜邦公司的以二甲基甲酰胺制备聚丙烯腈纤维的干法纺丝路线就是两步法。

③ 根据纺丝时采用的初生丝的凝固成形方式，把聚丙烯腈纤维的生产工艺分为干法纺丝，湿法纺丝，干湿法纺丝(又称为干喷湿纺)。

④ 根据纺丝时采用的聚合物的状态，把聚丙烯腈纤维的生产工艺分为溶液纺丝，熔融纺丝，凝胶纺丝。如果纺丝时采用的是聚合物在某种溶剂中的溶液，该纺丝方法就是溶液纺丝。上述干法纺丝、湿法纺丝和干湿法纺丝都属于溶液纺丝。因为聚丙烯腈的熔点高于其自身的热分解温度，难以直接采用熔融纺丝的方法来制备。后来在聚丙烯腈聚合物中加入增塑剂，如水；或把丙烯腈与其他单体共聚，同时提高共聚单体组分的含量，已经可以通过熔融纺丝来制备聚丙烯腈纤维。

3.2.2 干法纺丝

干法纺丝在聚丙烯腈纤维的生产中占有重要的地位。

虽然聚丙烯腈及其聚合物可以溶解于许多溶剂，但到目前为止，干法聚丙烯腈纤维的纺丝溶剂只使用二甲基甲酰胺。干法聚丙烯腈纤维的制备通常包括6个工序过程，聚合物制备、原液制备、纺丝、牵伸水洗、后处理以及单体和溶剂回收，基本的生产工艺流程如图3.2所示。

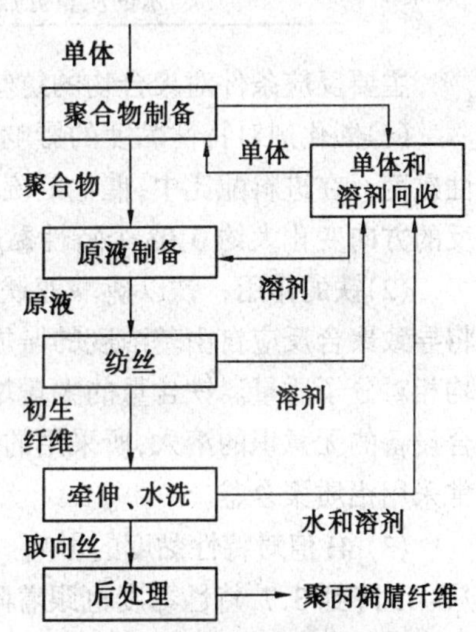

图3.2 干法聚丙烯腈纤维的生产工艺流程示意图

1. 聚合物的制备

干法纺丝制备聚丙烯腈纤维所用聚合物通常是丙烯腈(AN)、丙烯酸甲酯(MA)和苯乙烯磺酸钠(SSS)三元无规共聚物，典型的聚合反应物料配比如表3.2所示。聚合物结构可简单表示为

端基 – AN – AN – AN – MA – AN – AN – SSS – MA – AN – AN – AN – AN – 端基

表3.2 典型的聚合反应物料配比

物料名称	配比/%(质量分数)
单体浓度(单体与单体和水的总量比)	30.0
丙烯腈/丙烯酸甲酯/苯乙烯磺酸钠	93.5/6/0.5
过硫酸钾(基于单体量)	0.3
亚硫酸氢钠(基于单体量)	2.0
终止剂(基于单体量)	0.4
碳酸钠(基于单体量)	0.07

聚合反应以氧化还原 $K_2S_2O_8 - NaHSO_3$ 引发体系引发，属自由基聚合，引发反应所需的自由基由引发剂和催化剂之间的氧化还原生成。聚合反应所需要的催化剂是铁离子，通

常以硫酸亚铁铵的形式加入。与其他自由基聚合反应类似,丙烯腈聚合反应也包括链引发、链增长、链转移、链终止等步骤。

聚合物许多特性取决于聚合反应的条件,这些特性反映了聚合物的质量,通过测定这些特性指标,并据此控制反应条件,可以对聚合物的纺丝特性及最终纤维的质量进行更好的控制。干聚合物的质量指标如表 3.3 所示。

表 3.3　干聚合物的质量指标

项　目	目 标 值
特性黏度	1.40
端基滴定度(EGT)	179
游离酸度(FA)	1.5
水的质量分数/%	0.1~0.5

主要反应条件对聚合物的纺丝特性及最终纤维质量的影响如下。

(1)催化剂对特性黏度的影响:调节进入聚合釜的催化剂流率可以控制聚合物的特性黏度。在进料配比中,催化剂流率每增加或减少 0.01%,聚合物的特性黏度就会朝着相反的方向变化大约 0.03 个特性黏度单位。

(2)铁的作用:铁以硫酸亚铁铵的形式作为催化剂加入聚合反应中。铁含量的增加将导致聚合反应自由基浓度的增加,会导致更多的引发和链终止,结果降低了聚合物的平均相对分子质量。铁含量的大量增加还会增加聚合物的颜色变化,因此必须避免来自聚合设备的无意识的溶入,所采用的聚合釜必须是耐腐蚀的不锈钢或铝质结构,工业生产通常采用铝质聚合釜。

(3)pH 值对特性黏度的影响:聚合物特性黏度随着 pH 值的变化而变化。如果 pH 值从 4.5 降到 3.7,特性黏度也跟着降低。当 pH 值为 3.3~3.7 时,特性黏度基本上保持不变。当聚合反应的 pH 值为 2.8~3.5 时,pH 值每变化 0.1 个单位,特性黏度就变化 0.02 个单位。

(4)反应温度对特性黏度的影响:聚丙烯腈的聚合反应的链引发、链增长以及链终止过程都受温度的影响。温度增加会降低聚合物的特性黏度,也就是降低了聚合物的平均相对分子质量。温度对特性黏度的影响大约是每 1℃的变化会引起聚合物特性黏度 0.03 个单位的变化。

(5)端基滴定度(EGT)与聚合物染色性:端基滴定度的概念最初来源于端基分析的原始分析方法,该方法首先通过离子交换除去硫酸基与磺酸基中的钠离子和钾离子,然后用碱液滴定。只要没有稳定的端基加到聚合物链上进行链的终止反应,单体分子对这个大分子链的加成反应就会一直进行下去。而通过链的引发和终止反应,从催化剂和活化剂衍生出来的含硫端基被加到聚合物分子链上,如从过硫酸钾引发剂衍生出来的是硫酸根端基,从亚硫酸氢钠活化剂衍生出来的是磺酸根端基,还有一部分磺酸基是由第三单体苯乙烯磺酸钠引入的。所有这些硫酸根和磺酸根都是纤维的染色点,或与染料分子的结合点。通过测定 EGT 可以在工艺过程的早期就知道最终纤维的染色性。在工业生产中,可以通过改变第三单体苯乙烯磺酸钠的配比来控制 EGT。EGT 还随特性黏度的降低而增加,因为特性黏度越低，聚合物的平均链长就越短，所以含有的端基数就越多，EGT就增加。聚合反应pH值的任何变化都会改变链转移的程度，因而也会影响到EGT的变化。

(6)游离酸度：游离酸根来源于聚合物链上的含有一个可以取代的氢原子的硫酸根或磺酸根基团。游离酸根的数量必须严格控制，才能既得到色泽良好的聚合物又不带来腐蚀，并且得到均匀稳定的染色性。如果完全以酸的形式存在，每千克聚合物平均含有55毫克当量的游离酸根。这些游离酸根可以中和纺丝原液中二甲基甲酰胺的分解物(主要是二甲胺)，结果会改善原液的色泽。但是，这些游离酸根具有腐蚀性，腐蚀原液制备设备和纺丝设备，导致铁的析出，使原液色泽变差，降低纤维的干热稳定性。

干法纺丝制备聚丙烯腈纤维的聚合方法通常采用水相悬浮聚合的方式。因为干法纺丝可以采用比湿法纺丝固含量大得多的纺丝原液(干法纺丝溶液的浓度通常为32%~34%)，溶液聚合一般难以达到，尤其是使用二甲基甲酰胺作溶剂进行溶液聚合，由于溶剂的链转移常数高，更难以用一步法溶液聚合达到这么高的溶液浓度，所得聚合物的平均相对分子质量可以低到3万~5万。采用水相悬浮聚合生产效率高，而且容易实现。

干法纺丝制备聚丙烯腈纤维的水相悬浮沉淀聚合工艺流程，如图3.3所示。

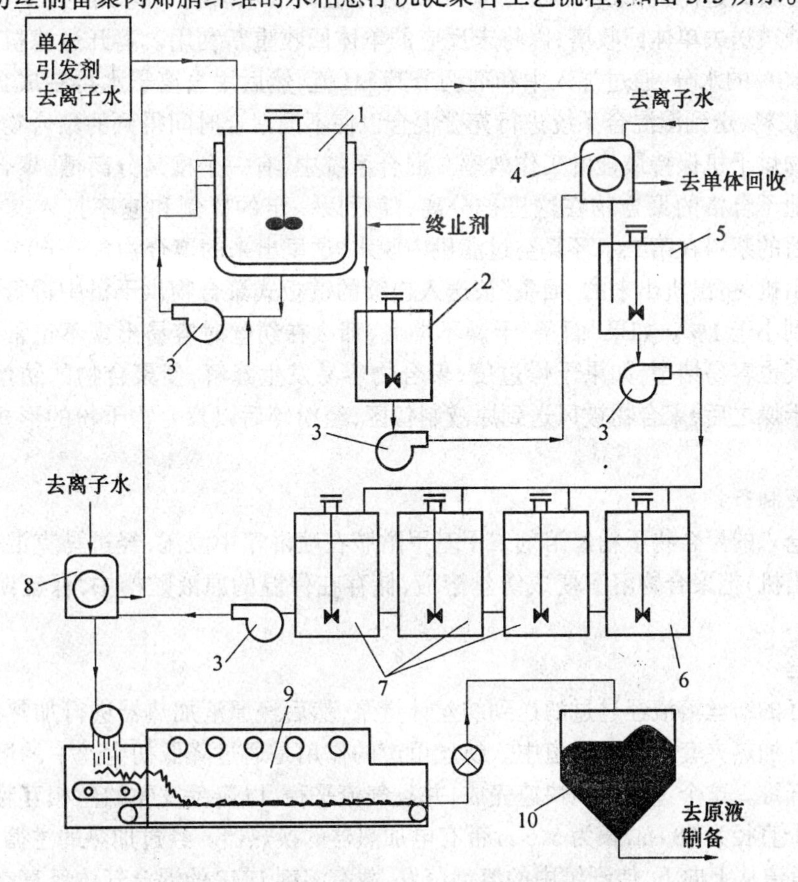

图3.3 聚合反应系统的工艺流程示意图

1—聚合釜；2—淤浆槽；3—泵；4—第一道水环真空过滤机；5—第二淤浆槽；6—分离槽；7—淤浆混合槽；8—第二道水环真空过滤机；9—聚合物烘干机；10—料仓

聚合釜带有搅拌器和夹套,搅拌器用铝包覆,上面有3组平板搅拌浆叶,每组4片,由电动机通过液力偶合器和齿轮减速箱驱动。聚合釜具有自动控温系统,开始聚合时,要提供热水加热聚合釜,正常聚合时聚合釜夹套中通有冷冻水,这是因为聚合反应过程中放出大量的热。各种组分通过计量连续地加入到聚合釜中,必须小心控制温度、pH值、各组分浓度等反应条件,以得到具有期望性能的聚合物。聚合反应的转化率在80%左右,生成的聚合物沉降出来在聚合釜中形成了浆料,为了得到最佳的反应速率、转化率、聚合物性能以及最终纤维的结构与性能,反应温度控制在50~60℃,pH值控制在2.5~3.0内进行。理想的pH值也可以通过调节进入聚合釜的SO_2流量来进行控制。反应物液面上面的气体中氧的质量分数必须控制在最低程度,才能确保聚合安全和聚合物的质量。因为在一定的含氧范围内氧气和丙烯腈单体蒸汽的混合物会发生爆炸,氧气对聚合反应速率和聚合物的颜色还有影响,可以用氧分析仪连续地监测和记录氧的质量分数。

聚合物浆料、水加上一些未完全反应的单体连续地溢流到带有搅拌器的淤浆槽中。随着浆料从反应器中的溢出,加入足够的终止剂以终止聚合反应。然后用泵把浆料送到第一道真空转鼓过滤机,聚合物被分离出来,并用去离子水彻底水洗以除去未反应的单体和盐。滤液被送去单体回收塔,以将未反应的单体回收重新利用。离开过滤机的聚合物,大约含有50%的水分,通过加入中和剂调节其pH值,然后用去离子水再制成含固量达约为25%的浆料,送到湿混合系统进行充分混合以使不同聚合时间得到的聚合物混合均匀,并使聚合物烘干机保持最佳的工作效率。混合系统中,有一个槽是分离槽,聚合开车时生产的及其他不合格的聚合物在这里被分离,随后以一定的比例和速率打入其他混合槽。充分混合后的浆料在第二水环真空过滤机中脱水,这里出来的聚合物含有60%的水分,直接喂入挤出机,挤出机出来的“面条”被送入连续的链板式聚合物烘干机中进行烘干,将含湿量降低到小于1%。如果“面条”干燥不彻底,那么在纺丝时容易出现不正常,而且聚合物风送系统也容易堵塞,如果干燥过度,聚合物容易发生降解,使聚合物的纺丝溶液的颜色加深。干燥之后,聚合物被风送到原液制备区,经粉碎后以聚合物干粉的形式储存在料仓中。

2.原液制备

从料仓来的聚合物干粉经溶剂二甲基甲酰胺在喷淋箱中浸湿,经过马克混合器(类似于螺杆挤出机)把聚合物溶解变成纺丝溶液,储存在保温的原液贮槽中,保证纺丝原液的连续供应。

3.纺丝

制备好的纺丝溶液经过过滤送到纺丝计量泵,然后经原液加热器进行加热,在经喷丝板喷入具有加热夹套的纺丝甬道中。纺丝甬道的作用是通过降低初生丝中的溶剂把纺丝原液变成纤维。这个过程必须快速完成,并且气流平稳,以避免发黏的丝相互粘并。纺丝甬道是一个直径为28 cm,长为5.5 m带有电加热器的换热器。经过加热的主循环氮气(约380℃)沿甬道从上向下,使纤维中的溶剂蒸发,载有溶剂DMF的混合气体经真空箱离开甬道,真空箱位于距甬道顶端约4.1 m处。较冷的次循环氮气从甬道底部自下而上将纤维冷却,但是次循环氮气又必须具有足够的热量,以防止DMF蒸气在甬道壁上冷凝下来。纤维从甬道底部出来后,用含有DMF的稀溶液喷淋冷却并使丝束抱合。

当原液在管或槽内停留时，可能会出现凝胶，凝胶同时间和温度有关。热凝胶产生的机理是由于聚合物分子链间的交联，聚合物中或者溶剂中夹带的杂质会加快凝胶的形成。低温下形成的冷凝胶分子链是不交联的，可以再溶解。但是，高温下形成的凝胶不能溶解，会导致原液输送管道中聚合物的累积。原液系统中能够造成原液累积的死角可通过采用合适尺寸的原液管线和合理的设计来避免。

干法纺丝工艺流程如图 3.4 所示。

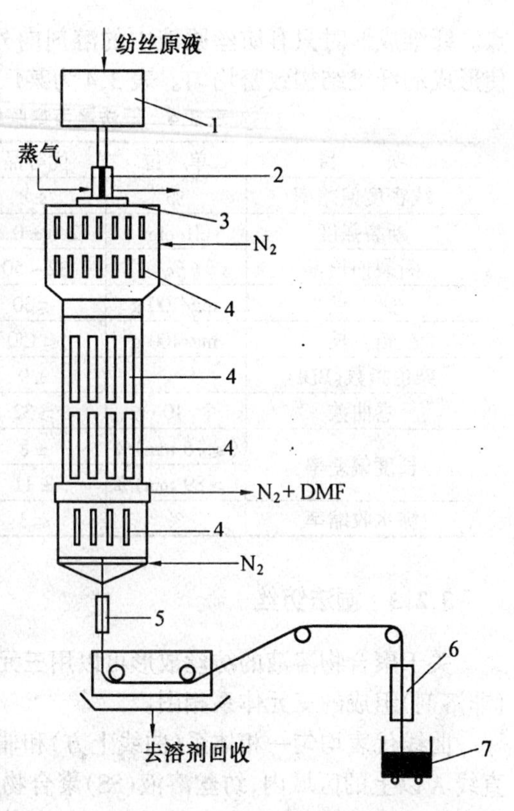

图 3.4　干法纺丝工艺流程示意图

1—计量泵；2—原液加热器；3—喷丝板组件；4—电加热器；5—喷淋盒；6—牵引机；7－落桶

4.水洗牵伸

从纺丝区来的盛有初纺丝束的盛丝桶被运送到牵伸机底下的一楼集束架区，来自好几个丝束桶的初纺丝束经集束架导丝系统向上喂入到二楼的水洗牵伸机，见图 3.5。水洗牵伸机主要有两个功能，洗出纺丝溶剂 DMF 和牵伸使纤维取向提高最终纤维的力学性能。另外，在水洗牵伸阶段还要对纤维进行上油、卷曲等，以改善纤维的抱合力。在牵伸机封闭槽内，丝束通过驱动辊的上方和惰轮的下方完成水洗牵伸功能，惰轮浸泡在水中。当纤维束沿牵伸机前进时，驱动辊的转速逐个增加，去离子水逆流完成对溶剂的萃取。在水洗牵伸完成后，用上油辊对丝束上油，油剂使丝束润滑并改善其抱合性，以适应后续加工。丝束经导丝叠丝、汽蒸进入卷曲机。从卷曲机出来的丝束被铺放到输送机上，送到盛丝桶，然后进行烘干、切断、打包或装箱。

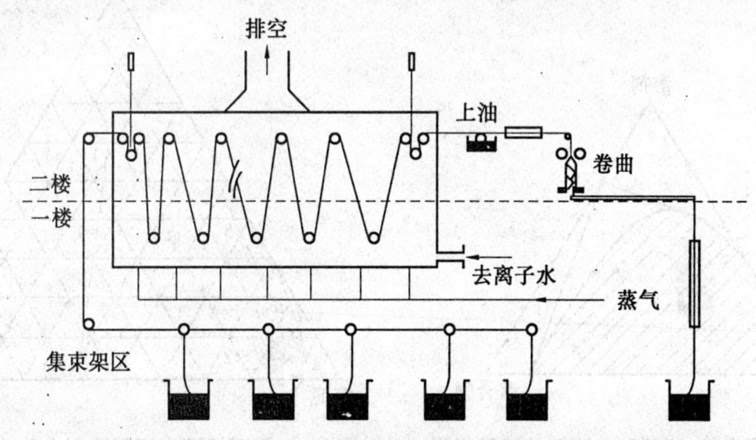

图 3.5　水洗牵伸机的示意图

干法聚丙烯腈纤维具有较高的弹性和蓬松性，具有独特的热缩性和优良的染色性。弹性模量较高，因而尺寸稳定性好，纤维表面光滑并具有优雅的光泽，断面呈犬骨形等特点。纤维成形时只有纺丝原液中的溶剂向外扩散,凝固条件缓和,高聚物逐渐析出固化,使形成的纤维结构致密均匀。表3.4为某厂干法聚丙烯腈纤维的质量控制企业标准。

表3.4 干法聚丙烯腈纤维的质量控制企业标准

项 目	单 位	优等品	一等品	合格品	测试方法
线密度偏差率	%	±8	±10	±14	
断裂强度	cN/dtex	2.6±0.5	2.6±0.6	2.6±0.8	GB/T14337-93
断裂伸长率	%	32~50	28~50	<28,>50	GB/T14337-93
疵 点	mg/100 g	≤30	≤60	≤200	GB/T14339-93
倍 长	mg/100 g	≤150	≤500	≤1 500	GB/T14336-93
染色指数(BDI)		±9	±12	±20	
卷曲数	个/10 cm	≥32	≥28	≥25	FJ508-82
长度偏差率	(≤76 mm)%	±8	±10	±16	
	(≥89 mm)%	±11	±13	±19	
沸水收缩率	%	≤3	≤3	≤4	

3.2.3 湿法纺丝

关于聚合物溶液的纺丝成形可以用三元相图来解释,图3.6为聚合物、溶剂和沉淀剂(非溶剂)组成的三元体系相图。

曲线代表均匀一相体系(曲线上方)和非均匀二相体系(曲线下方)之间的临界线。在直线A以上的区域内,纺丝溶液(SS)聚合物浓度下降,不会发生固化。在直线B的右侧,聚合物浓度增加,纺丝溶液通过凝胶的形成(或者在液致性聚合物的情况下通过取向结晶)而固化。在直线A和B之间的区域内,发生相分离,产生富聚合物相和贫聚合物相。在相分离的情况下,出现不均匀的二相体系作为纤维的初始结构。不同溶剂制备聚丙烯腈纺丝溶液有不同的相图。图3.7是AN/MA/IA(93/5.7/1.3)三元共聚物在不同溶剂中的溶解度曲线,可以发现对非质子性溶剂DMF、DMSO、DMAc等溶解度相近,而与在硫氰酸钠水溶液中的溶解曲线相差较大。

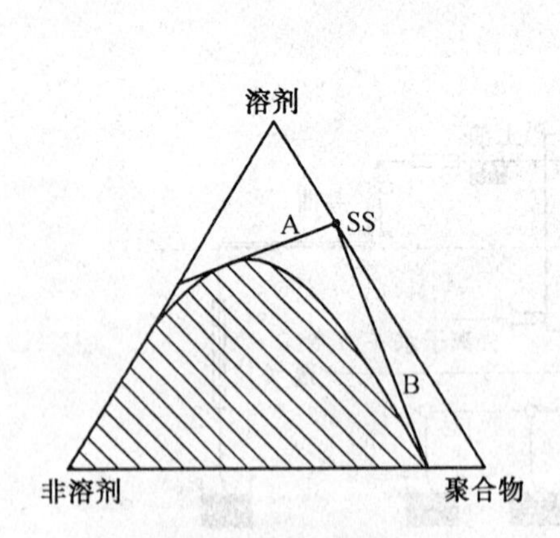

图3.6 聚合物、溶剂和非溶剂的三元相图

(SS=纺丝溶液)

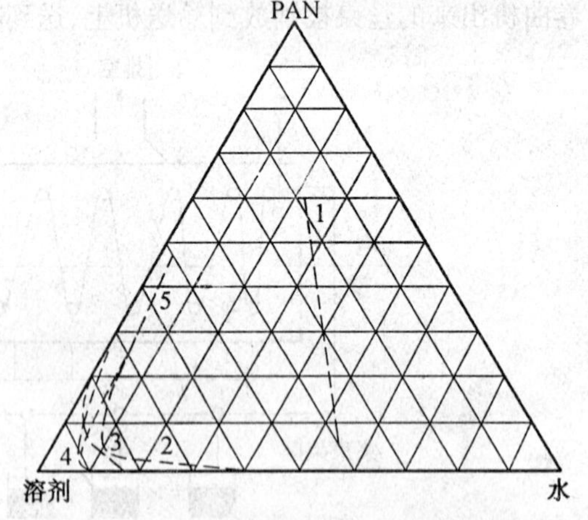

图3.7 聚丙烯腈在不同溶剂中的溶解度曲线

1—52.5%NaSCN水溶液;2—DMF;

3—DMAc+1.5%LiCl;4—DMAc;5—DMSO

研究还发现，聚丙烯腈分子在不同溶剂中有不同的缔合作用，其中在 DMF 中的缔合作用较小，而在 DMSO、DMAc 等溶剂中的缔合作用较大。由于这种缔合作用，影响了聚丙烯腈分子在稀溶液中的分子聚集线团的形状和大小。因此，常常会导致在不同溶剂的稀溶液中具有不同的平均相对分子质量，而且测试结果往往差异很大。如有人用光散射测定聚丙烯腈的重均相对分子质量，用 DMF 测得为 1.8 万，而用 DMAc 测得为 50 万，而用DMSO 测得为 120 万。

图 3.8 所示为凝固剂浓度与最大拉伸比之间的关系。最大拉伸比就是出凝固浴的纤维在第一传动辊的速度与纺丝溶液从喷丝孔挤出的速度之比。随着凝固剂浓度的增加，最初的最大拉伸比逐渐下降，然后，在达到最小值后急剧上升，这时的最小浓度称为临界浓度。通常把在临界浓度以下的条件下的纺丝称为"低浓度纺丝"，把在临界浓度以上的条件下的纺丝称为"高浓度纺丝"。

在低浓度区域进行纺丝时，首先在纺丝溶液的表面出现连续相(皮层)，然后通过此皮层，溶剂从纺丝溶液内部扩散出来，非溶剂从凝固浴渗透进去，纺丝溶液的体积发生变化，内部进行凝固。由于皮层是颇为刚性的，聚合物粒子的合并使内部体系收缩时，皮层不能按比例地发生变形，在纤维内部形成空隙，如图 3.9 所示。

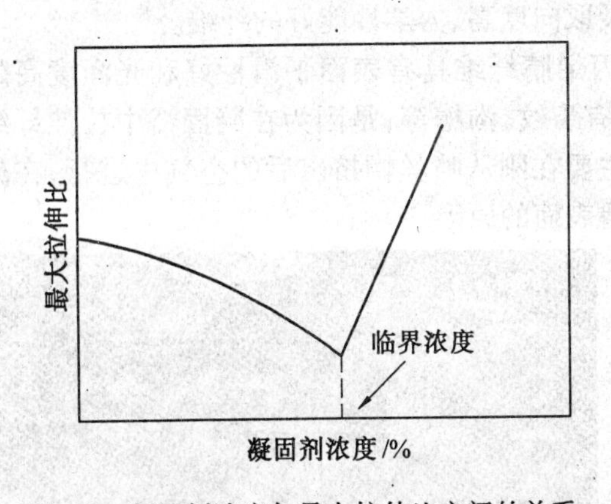

图 3.8 凝固剂浓度与最大拉伸比之间的关系

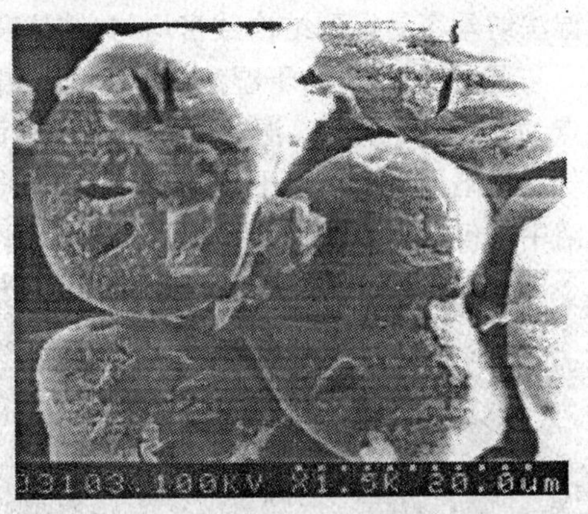

图 3.9 湿法纺丝纤维的断面扫描电镜照片

凝固剂浓度越低，纤维内部形成的空隙越多越大，这些空隙往往使纤维不透明。如果纤维在水洗后进行适当的拉伸和干燥致密化，则可以在一定的程度上消除这些缺陷。所以凝固条件对最终聚丙烯腈纤维的结构和性能有决定性作用，对其纺丝成形理论应有足够的认识和研究，但是聚丙烯腈纤维湿法纺丝成形的理论远没有像聚酯纤维的熔融纺丝理论那样成熟。有人为了改善聚丙烯腈纤维的凝固成形条件，在凝固浴中加入一些电解质改善凝固特性，这样还可以改善纤维的断面形态。对于纺制聚丙烯腈原丝，为了得到透明的初生丝以改进最终纤维的致密性还可以选择一些亲水性好的单体，如衣康酸氨、苯乙烯磺酸氨等来缓和凝固成形时的不足。

如果在高浓度区进行纺丝，凝聚的纤维并没有皮层结构，聚合物粒子的聚集均匀地形成纤维结构。因此，凝固的进行不如低浓度纺丝中那样迅速，但由于不存在皮层结构，纤维内部与凝固浴之间的溶剂和非溶剂的扩散移动会很流畅地进行，使纤维结构均匀。而且，由于溶胀消除速度慢，相分离的聚合物粒子含溶剂多，通过凝固液中或凝固后的牵伸，聚合物粒子容易被拉长和相互融合，其程度比在低浓度区域纺丝时要快。然而，高浓度纺丝存在一些缺点，如这类纤维在凝固浴中的拉伸强度非常低，很容易被拉断，同时聚合物向凝固浴中的溶出量会增加。湿法纺丝是聚丙烯腈纤维的主要制备方法，以 NaSCN 溶剂为代表的具体工艺概况详见本篇第 4 章。

3.2.4 干湿法纺丝

干湿法纺丝又称干喷湿纺，它综合了干法和湿法纺丝的优点。干湿法纺丝可以进行高倍的喷丝头拉伸，因而进入凝固浴的初生丝已有一定的取向度，脱溶剂化程度较高，在凝固浴中能快速固化，使纺丝成形速度大幅度提高。干湿法纺丝速度可以达到 200 ~ 400 m/min，也有高达 2 160 m/min 的报道。

但是，干湿法纺丝的技术还不完全成熟。纺丝时容易出现漫流、粘并丝等。单个纺丝帽的孔数还比较低，所以不利于工业化生产效率的提高。尽管如此，由于干湿法纺丝具有其独特的优点，特别是在聚丙烯腈原丝和聚丙烯腈中空纤维膜的研究中得到了不断的发展。干湿法纺丝适合于加工高黏度的纺丝原液，其纺丝原液的黏度可以达到 50 ~ 100 Pa·s。这为提高聚合物的平均相对分子质量以制备高强度聚丙烯腈纤维提供了条件。干湿法纺丝容易得到结构致密均匀、结晶度及取向度高、力学性能好的纤维。

与湿法纺丝相比，干湿法纺丝生产的聚丙烯腈纤维具有表面平滑性好和光泽度高的特点，如图 3.10 所示。湿法纺丝的纤维表面有裂纹、沟槽等，是因为在凝固浴中拉伸纤维使气孔凹陷形成的。而干湿法纺丝时，牵伸主要在刚从喷丝帽挤出后的空气中进行，在凝固浴中仅仅稍有牵伸，认为这是纤维具有平滑表面的原因。

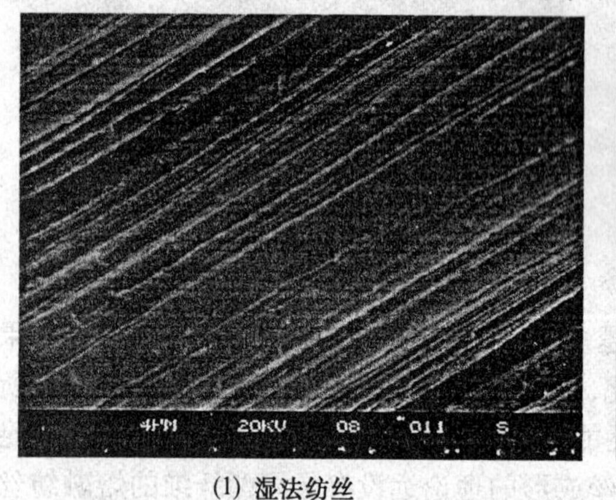

(1) 湿法纺丝

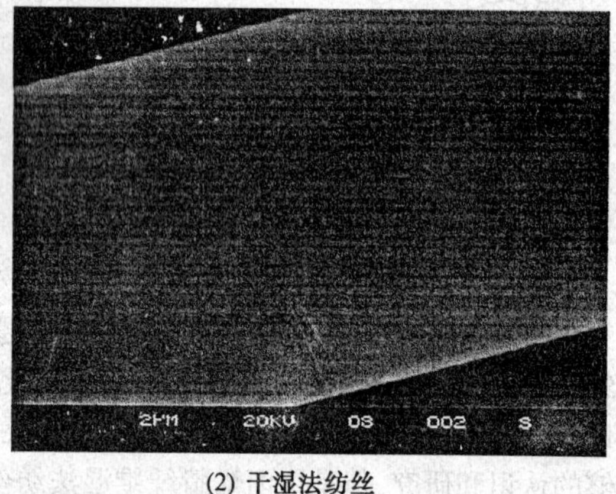

(2) 干湿法纺丝

图 3.10 纤维的纵向扫描电镜照片

3.2.5 熔融纺丝

聚丙烯腈纤维的溶液纺丝需要使用大量的溶剂，不仅造成环境污染，也提高了纤维的制造成本，还限制了纺丝速度和纤维形状，不利于聚丙烯腈长丝的生产。而因为聚丙烯腈熔点（317℃）高于热分解温度，加热时在熔点温度以下即发生热分解反应，所以聚丙烯腈纤维又不能直接采用常规熔融纺丝工艺进行生产。针对这种情况，人们设想：能否设法降低聚丙烯腈的熔点，提高它的热稳定性，通过熔融纺丝来制造聚丙烯腈纤维？这样既避免了上述缺憾，又提高了生产效率。基于此，国内外研究者对聚丙烯腈熔融纺丝工艺的技术开发给予了广泛的关注。在1952年，Coxe发现聚丙烯腈和一定量的水在高压下混合可以熔融挤出，从此揭开了增塑法研究聚丙烯腈熔融纺丝的序幕。许多公司先后进行了熔纺聚丙烯腈纤维的开发，有些还获得结构复杂、边缘清晰的异形纤维。熔融纺丝制聚丙烯腈纤维归纳起来主要有以下几种制备方法：非溶剂（主要是水）增塑法；溶剂（如DMF、DMSO）增塑法；共聚法（丙烯腈与柔性单体的共聚）；新引发体系聚合法（合成热稳定性高的聚丙烯腈）。

1.水增塑

这种方法的研究非常多。影响水增塑熔点的主要因素是聚合体中的含水量，共聚物中共聚单体的含量，共聚物的平均相对分子质量等。用水增塑熔融纺丝可以制备碳纤维生产用聚丙烯腈原丝，聚合物的平均相对分子质量为10万～25万，制得的原丝强度为3.6 cN/dtex，杨氏模量为97 cN/dtex，炭化后的碳纤维强度为15 cN/dtex，杨氏模量为1 080～1 310 cN/dtex。美国Celion碳纤维公司还开发了水增塑的航天级碳纤维。

这种方法存在的主要问题是：水和熔体的流动性不好，螺杆挤出压力大；在固化过程中为避免水蒸发过快而使纤维表面粗糙或产生微孔，使得纤维力学性能变差，在纺丝甬道里要保持一定量的水蒸气，这给设备提出了新的要求。水和熔体的熔融温度工艺可控制的范围比较窄，因此比较难以工业化生产。

2.溶剂增塑

使用DMSO、PC（Propylene Carbonate）等增塑聚丙烯腈。如PAN粉料在PC增塑下，可以连续熔纺挤出成形。对质量比为50:50的PAN和PC混合物在180℃和240℃下的流变性能研究表明，该共混物流体为切力变稀流体，其黏度小于常规的挤出级聚乙烯。

3.非增塑熔融纺丝

在聚丙烯腈的分子链上引入柔性的共聚单体，控制聚合物的序列结构和平均相对分子质量来降低熔点。如，日本三菱人造丝公司采用质量分数大于80%的丙烯腈与丙烯酸甲酯进行乳液共聚，可以得到熔点在160～240℃的聚合物，此聚合物的比浓黏度为0.2～1.0。在230℃以下可以熔融纺丝挤出成形，并经过沸水或干热牵伸、热定型，制得性能优良的纤维。纤维强度为7.5cN/dtex，断裂伸长率超过10%，最大可以达到23%。

与水增塑熔纺的聚丙烯腈纤维相比，这种方法可纺性好，成本较低，纤维结构致密，机械性能和染色性能都好。专利还报道了聚合物的平均相对分子质量（用比浓黏度表示）、相对分子质量分布和共聚单体的配比对聚合物熔融及其挤出行为的影响，如表3.5所示。

可以发现，在AN/MA配比相同的情况下，随着比浓黏度的降低，聚合物在230℃下的熔融流变行为变好。在比浓黏度相似的情况下，随着共聚配比中丙烯腈含量的增加，聚合物的熔融性能变差。当配比AN达到90%时，聚合物的熔融挤出已经很困难，但通过大大降低比浓黏度，聚合物还可以良好熔融挤出。研究结果还表明，聚合物的相对分子质量分布要小于1.8，因为相对分子质量分布大的聚合物，在加热中平均相对分子质量大的那一部分分子链熔融比较困难，就使整体聚合物不能均匀熔融，同时低相对分子质量部分又容易分解，使纤维着色。

表 3.5 影响聚丙烯腈熔纺纤维可纺性的因素

AN/MA(质量分数)/%	转化率/%	比浓黏度	相对分子质量分布	230℃熔融性
80/20	90.8	1.80	2.06	困难
80/20	95.2	0.98	1.75	良
80/20	98.5	0.65	1.60	良好
80/20	99.6	0.51	1.40	良好
85/15	97.7	0.71	2.10	困难
85/15	99.8	0.70	1.56	良
85/15	99.8	0.52	1.50	良好
90/10	98.6	1.10	1.70	困难
90/10	99.8	0.70	1.56	很困难
90/10	99.8	0.28	1.29	良
95/5	99.7	0.65	1.55	很困难
95/5	99.8	0.30	1.38	良

美国 BP 化工公司通过可控乳液聚合技术研制成功了可以熔纺的丙烯腈系热塑性树脂，商品名为“Amlon”。通过常规的熔纺设备生产出了聚丙烯腈短纤维和长丝。Amlon 树脂可以通过通用的挤出机和喷丝板系统挤出，不需要溶剂、水和专用的设备。树脂粒料被简单喂入到常规的低剪切挤出机系统，在经熔体计量泵和喷丝板，通过控制喂入速度和卷绕速度可以纺制单丝纤度低于 3.33 dtex 的纤维，Amlon 纤维的纺丝速度可以达到 3 500 m/min。作为热塑性树脂，用 Amlon 树脂已经成功地生产出三角、中空等异形纤维。在熔融纺丝的过程中加入染料或用其色母粒可以成功生产色泽鲜艳的有色纤维。

熔融纺是一种比湿法纺丝更具有灵活性的纺丝方法，但是加工中受热的影响很大。由于不使用溶剂，纺丝速度可以很快，聚丙烯腈纤维熔纺时，树脂必须经得住熔融过程中的热量，保持特有的成分、结晶度、纤维的特点和性能。纤维性能通过取向、松弛和热定型可以调节和提高，改善纤维的强度、断裂伸长率或收缩特性。可以借助填充箱或 BCF 等常规变形工艺技术用于生产长丝。纤维具有高的丙烯腈含量，因而具有优良的化学稳定性，耐酸碱性好，具有良好的抗紫外线型能。由于没有溶剂，熔纺聚丙烯腈纤维没有裂隙等空洞缺陷，不需要纤维致密化，是碳纤维理想的前驱体纤维。

随着熔纺树脂的出现，为聚丙烯腈纤维的生产开辟了许多新途径。利用熔融可纺的特性，可以生产双组分纤维。利用纤维的截面差异可以用三角形提高纤维的刚性，用“多点星”、“章鱼”截面增强水的芯吸能力。熔体染色使其在室外具有更好的色牢度，广泛应用于篷布、旗帜、装饰物等。可用纺粘和熔喷法制造非织造布，用于过滤、土工布及防护服等。表 3.6 是熔纺与溶液纺丝的聚丙烯腈纤维的性能对比。

表 3.6 熔纺与溶液纺丝的聚丙烯腈纤维的性能对比

性　　质	熔纺纤维	溶液纺丝纤维
密度/($g \cdot cm^{-3}$)	1.17	1.16~1.18
干态强度/($cN \cdot dtex^{-1}$)	2.27~4.3	2.0~3.6
断裂伸长率/%	15~55	20~60
吸潮率/%	1.2~2.0	1.5~2.5
弹性回复率/%	90±3	(90~95)±2
耐酸性	耐酸	耐酸
耐碱性	中等	中等
耐日光性	优	优

3.2.6 冻胶纺丝

冻胶纺丝是通过冻胶状态进行纺丝制备高强度高模量纤维的方法。该技术是在20世纪80年代初发展起来的,采用超高分子量的PAN聚合体,通过冻胶纺丝技术可以制备出高强高模聚丙烯腈纤维。

1.超高分子量聚丙烯腈纺丝溶液的制备

采用超高分子量的聚丙烯腈制备均匀的纺丝原液比较困难,必须采用新的原液制备方法。保证聚合物被充分浸润、充分溶胀和升温溶解。其中充分浸润是为了充分溶胀,防止溶剂与聚丙烯腈聚合物表面的强烈溶剂化作用,阻止溶剂分子无法渗透到聚合物内部。例如,当以DMF为溶剂时,可以采用如下两种溶解路线:①在溶剂DMF中加入少量的非溶剂H_2O,使得该混合物在室温下为不良溶剂,在适当的升温时又变为良溶剂;②把聚合物聚丙烯腈和溶剂都冷冻到适当的低温(-10℃以下),使得溶剂DMF在该温度下不能很好地溶胀聚合体,而只能渗透和浸润聚合物,然后再慢慢地升温到溶胀温度,最后升高到溶解温度。这样的溶解新方法,可以避免凝胶块的形成,制备出性能均匀的超高分子量的PAN纺丝原液。对于超高分子量的PAN在97%DMF中的最佳溶胀温度范围是58~78℃。另外,在一定的范围内,水的添加量越大,浆液的黏流活化能也越大。在DMF中添加3%左右的水以后,对改善浆液的可纺性和改善冻胶纤维的圆形度都是有利的。

如果选用DMF为溶剂,采用PAN-DMF-H_2O三元组分体系时,一般采用适中的纺丝溶液黏度。在45℃时其黏度在50~150 Pa·s之间为宜,纺丝溶液的浓度以其黏度和可纺性为基础。适宜的纺丝浓度和温度与聚合物的平均相对分子质量相关联,其关系如表3.7所示。

表 3.7 冻胶纺丝浓度、温度与聚合物重均相对分子质量的关系

重均相对分子质量/$\times 10^4$	浓度/%	温度/℃
8	18.6	62
32	14.0	90
72	8.0	98
120	6.0	102
180	5.0	109

2. 纺丝及牵伸

冻胶纺丝的固化主要依赖凝固浴的冷冻，而不是依靠丝条与凝固浴之间的传质交换。因此，采用十分缓和的凝固条件，才能得到结构均匀、没有皮芯层差别的冻胶丝。如果凝固浴的浓度小于75%，就会发生丝条与凝固浴之间的传质交换，从而导致冻胶丝的圆形度不好，而且使冻胶丝僵脆，无法承受后面的高倍牵伸。如果浓度大于95%左右，就会使丝条不容易凝固，容易断丝，同样会影响后续工艺的进行。如果凝固浴温度高于0℃，会因双扩散质交换过分激烈而影响纤维的结构。

冻胶纺丝采用干湿法纺丝技术。喷丝头与凝固浴液面之间的距离以5～10 mm为宜。距离太大，丝条容易断裂，容易发生并丝粘连。距离太小，凝固浴液面容易碰上喷丝头。

初生丝可以用水萃取和洗涤以后马上进行牵伸，也可以对初生冻胶丝直接进行牵伸，还可以对萃取洗涤后经过干燥的干凝胶进行再次牵伸。只有经过高倍数的牵伸，才能制备出高强度高模量的纤维，拉伸倍数越高，纤维的强度和模量也越高。为了取得较高的拉伸倍数，一般总是采用两步或多步拉伸方法。采用多步拉伸时，每步的牵伸温度应逐步提高。例如，可以先在室温下，浓度为70%的DMF水溶液中进行2～4倍的牵伸，以获得一定的牵伸比，再经沸水牵伸2～3倍，在这个牵伸过程中，同时也洗去了丝条中的有机溶剂；经进一步洗涤后，在120～150℃的甘油中进行第三次牵伸。三次总牵伸倍数应在15倍以上。

3. 冻胶纺聚丙烯腈纤维的结构与性能

与普通聚丙烯腈纤维相比，高相对分子质量冻胶纺聚丙烯腈纤维结晶度和晶区完整度随着拉伸倍数的增加而增加，利用高倍牵伸可以制备出高结晶度和高晶区完整度的纤维，在取向结构中，大大减少了纤维结构中的缠结点，形成了高取向度和完整的结晶。平均相对分子质量越高，由大分子链末端引起的纤维内部缺陷越少，也使纤维的强度和模量提高。一般来说，聚丙烯腈的平均相对分子质量在60万～120万比较合适。

均聚的聚丙烯腈分子刚性大，不利于超倍牵伸，用丙烯腈与其他单体的共聚物来代替聚丙烯腈均聚体，更有利于高倍牵伸的进行，从而能制备出高强度的聚丙烯腈纤维，纤维的强度可以达到10 cN/dtex以上。冻胶纺高相对分子质量聚丙烯腈纤维还具有结构均匀、无皮芯差异等特点，纤维的原纤化好。对于同样浓度的聚丙烯腈纺丝原液，经冻胶纺后的初生丝，汽蒸定型以后，结晶度随平均相对分子质量的提高而提高。但是，拉伸后纤维的取向度随着平均相对分子质量的增加有一个最大值。

3.2.7 静电纺丝

静电纺丝法是一种制备超细纤维的重要方法，该方法将聚合物溶液或熔体带上几千至几万伏高压静电，带电的聚合物液滴在电场力的作用下被牵伸，静电纺丝原理如图3.11所示。当电场力足够大时，聚合物液滴可克服表面张力形成喷射细流。细流在喷射过程中溶剂发生蒸发而固化，形成类似无纺布状的纤维毡。纤维直径一般在几十到几百纳米。

中国纺织科学研究院采用平均相对分子质量为9万的聚丙烯腈，配制成质量分数为12.5%～17.5%的DMF溶液，用静电纺丝法纺制出纳米聚丙烯腈纤维。纺丝条件为：电压30～60 kV，喷丝头孔径0.6～0.8 mm，接受距离15～25 cm，纺得纤维直径为200～500 nm。纤维的直径主要受电场力以及纺丝原液表面张力的影响，其他纺丝条件如接收距离、喷头孔径及原液温度等对纤维直径的影响不大。在纺丝原液不变的情况下，要想进一步减小纤维的直径可以通过提高静电压的方法。采用在DMF溶剂中加入丙酮等复合溶剂，有利于降低纺丝原液的黏度，减小纤维的直径及减小纤维中初生丝的溶剂残留量。

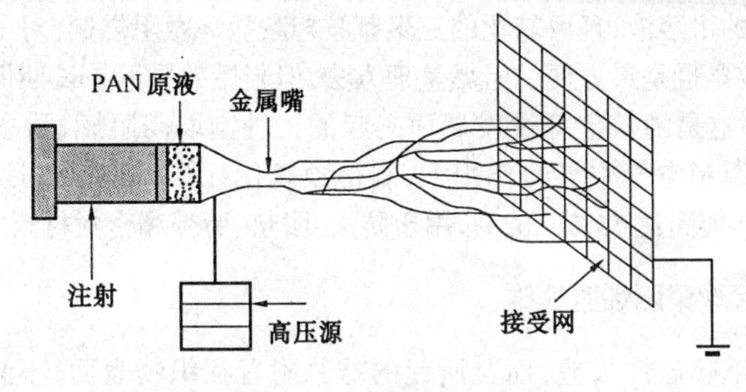

图3.11　静电纺丝示意图

3.3　差别化聚丙烯腈纤维

尽管聚丙烯腈纤维具有一系列的优点，但它也有许多不如人意的地方，如阻燃性差，属易燃材料。在PAN纤维广泛用于装饰、家用纺织品等领域时就要对其进行改性，提高PAN纤维的阻燃性能。有时还要改进PAN纤维的抗起毛起球性、亲水性、高收缩性、酸性、可染性等。另外，还可利用改性制得特殊功能的PAN纤维，如远红外PAN纤维、离子交换PAN纤维、防菌防臭PAN纤维、防污防尘PAN纤维等。

3.3.1　阻燃聚丙烯腈纤维

PAN纤维最大的缺点是阻燃性差，其极限氧指数(LOI)仅为17%～18.5%，在合成纤维中属最低，因而PAN纤维的阻燃改性研究就显得尤为重要。生产阻燃PAN纤维的方法归纳起来主要可分为以下几种。

(1)化学改性：化学改性即对高聚物分子链进行改性，包括共聚合、分子链的交联或环化。世界上已工业化的阻燃PAN纤维产品大部分是采用共聚法制造的。共聚法就是将含有阻燃元素(卤、磷等)的乙烯基化合物作为共聚单体，与AN进行共聚合而实现阻燃改性的方法。共聚单体以选用偏二氯乙烯居多，聚合方法以水相悬浮聚合为主，纺丝方法则湿纺比干纺用得多。由于阻燃成分是以化学键的方式引入聚合物中，由这种方法得到的纤维具有永久的阻燃性能。国外由此法制造的阻燃PAN纤维有日本钟渊化学工业公司的Kanecaron、钟纺公司的Lufnen、意大利的Velicren及英国Courtaulds公司的Teklan等。

(2)物理改性：物理改性是对纺丝原液进行改性，包括共混入低分子添加剂(有机物或无机物)，或与高聚物共混纺丝等。共混法就是在纺丝原液中混入添加型阻燃剂，制取阻燃改性PAN纤维的方法。常用的阻燃改性剂有高分子类的聚氯乙烯、氯乙烯/偏氯乙烯共聚物等，低分子类阻燃剂有氧化锑、卤化物、含6～16个碳原子的烷基磷酸酯、金属醇化物等。对添加型阻燃剂要求颗粒细、与PAN相容性好、不溶于凝固浴和水、纺丝过程中无堵孔现象。对湿纺工艺生产的 PAN 纤维,干燥前是具有多微孔结构的冻胶网络,此时也可采用冻胶丝处理法对纤维进行阻燃改性。

(3)表面处理法：表面处理法是在纺丝成形过程中对纤维用阻燃剂进行阻燃后处理。用脲甲醛和溴化铵的水溶液,羟甲基化的三聚氰胺羟胺盐等做阻燃剂,对 PAN 纤维或织物进行表面涂覆,是较早也是最方便的阻燃整理方法,但阻燃效果不易长期保持。

(4)热氧化法：这是随着碳纤维发展而兴起的一种制取高阻燃、耐燃 PAN 纤维的方法。PAN 原丝在高温和空气中氧的作用下,制得预氧化纤维。其特点是耐燃、耐化学试剂、具有自熄性,LOI 值高达 55% ~ 62%,用于防火、耐热、劳保和密封材料等。

3.3.2 抗起毛起球聚丙烯腈纤维

PAN 纤维抗起毛起球性极差,而且所起的球总附着在织物表面,不易脱落。为改变 PAN 纤维起毛起球的特性,可对纤维进行以下改性。

(1)降低纤维的剪切强度：影响 PAN 纤维起球的三个主要因素是剪切强度、抗张强度和形状因子,它们对起球性的贡献分别是 74 %、16 %和 5 %。调节聚合物组成和纺丝条件可以改变这些影响因素。如减少 PAN 大分子中丙烯酸甲酯的含量,增加丙烯磺酸钠的含量,可增加分子间的敛集密度,降低分子链段的活动性,增加纤维的刚性和对于剪切作用的脆性,能获得较好的抗起球效果。在纺丝时,采用较低的凝固浴浓度,较高的凝固温度都会导致不均匀的纤维皮芯结构,较低的拉伸比以及紧张状态下干燥热定型也会增加纤维的脆性,提高纤维的抗起毛起球性。

(2)树脂整理：在 PAN 纤维织物表面涂覆一层改性整理剂,以防止织物起毛起球。可用的整理剂乳液有丁苯橡胶、氯丁橡胶及丙烯酸、丁二烯和丙烯腈三元共聚变性橡胶,聚酰胺,聚丙烯酸酯,聚氨酯,环氧树脂,三聚氰胺类树脂等。抗起毛起球树脂整理过程大致是整理液配制、浸渍树脂液、预烘、焙烘和水洗等。而整理的效果以及对织物其他性能的影响取决于纤维织物性质、整理剂组成及其相互作用和加工工艺条件。

3.3.3 高亲水聚丙烯腈纤维

亲水 PAN 纤维是目前 PAN 纤维改性研究最活跃的品种之一。亲水分吸湿和吸水两种功能。该纤维主要应用于针织服装。对 PAN 纤维亲水改性的方法有以下几种。

(1)高聚物分子的亲水化：在聚合时引入亲水性单体与 AN 共聚,增加纤维的亲水性。这种亲水性单体是含有—OH、—COOH 或其他亲水基团的乙烯基化合物,在国外有大量的专利报道。如日本旭化成公司曾分别采用乙烯基吡啶和二羰基吡咯化合物等为主亲水性共聚单体,制出了吸水性 PAN 纤维。

(2)用亲水物共混：可用来共混的亲水性化合物可以分为两种:一种是低分子化合物,另一种是高分子化合物。对溶液纺丝来说,用低分子化合物共混的纺丝溶液宜采用干法纺丝,如西德拜耳公司在 PAN 纺丝原液中加入 5% ~ 10%的甘油或四甘醇,进行干纺,生产高吸水性改性 PAN 纤维。现在所采用的亲水性化合物逐渐趋向于用高分子化合物,这些高分子有:亲水性轻度交联树脂、聚乙二醇衍生物和聚丙烯酰胺等。

(3)与亲水物接枝：利用接枝共聚改善纤维的亲水性已有很长时间,这方面研究最多的是 PAN 与蛋白质接枝共聚。日本东洋纺织公司的 Chion 就是用 PAN 与酪素蛋白接枝共聚,以 $ZnCl_2$ 为溶剂湿法纺丝而制成。

(4)纤维表面改性：PAN 纤维表面亲水化是在纤维后处理工序中进行的。在纤维表面加上一层亲水性化合物,改善纤维的亲水性。常用的亲水化合物是聚醚类化合物或离子型表面活性剂。作为亲水化剂不仅须具有较好的亲水性,而且还必须具有持久的亲水化效果。拜耳公司用聚乙烯醇作表面活性剂,生产吸水率高的 PAN 纤维。日本爱克斯纶公司用硫酸、醛等小分子化合物的混合水溶液处理 PAN 纤维,从而获得亲水性。

(5)复合纤维：用亲水性化合物和待改性的高聚物进行纺丝,所得复合纤维既有原来纤维的优良性质,又具有亲水性。旭化成公司采用能为酸性染料染色的 AN 共聚物作皮层,用含羧基的 AN 共聚物作芯层,纺制中空复合纤维,该纤维吸水率达 30 %。而拜耳公司研制的芯层为多孔质、皮层密度较高的 PAN 复合丝,也具有较高的吸水性。

3.3.4 抗静电聚丙烯腈纤维

常规 PAN 纤维的体积电阻率高达 $10^{13}\ \Omega\cdot cm$,使后加工困难,衣物沾污、吸尘,穿着不适,产业应用不安全。消除纤维在生产、加工和使用过程中产生静电的起因是不可能的,提高纤维的抗静电性能,使用抗静电剂以及其他方法将产生的电荷耗散是防止静电的基本方法。常用的 PAN 改性抗静电方法有如下两种。

(1)提高纤维的吸湿性：该种方法与提高 PAN 纤维亲水性的方法很相似。可采用共聚和在 PAN 大分子主链上引入亲水性、导电性成分。如 AN 与不饱和酰胺的 N－羟甲基化合物和 $CH_2=CR_1COO(CH_2CH_2O)_nR_2$ 构成的混合物共聚,通过湿法纺丝,所得纤维物理性能指标没有下降,抗静电性能优良。也可在聚合或纺丝时加入亲水性聚合物共混纺丝,可制造抗静电 PAN 纤维。

(2)使用抗静电剂：使用抗静电剂是 PAN 纤维加工和使用过程中消除或防止静电最普遍应用的方法。静电剂按使用方法分为外用抗静电剂和内用抗静电剂。外用抗静电剂大多是水溶性界面活性剂,采用喷洒、浸润,涂布等工艺达到抗静电的目的,主要用于纤维表面进行暂时性的抗静电处理,以消除在纤维成形、后处理和纺织加工过程中出现的静电干扰。也有耐久性外用抗静电剂,其耐久性不受时间和摩擦等因素的影响,一般采用阳离子线型或含有交联基的高分子化合物,它们在纤维中或因异种离子相互吸引而固着,或因热处理发生交联而具有耐洗涤性。内用抗静电剂是将静电剂加入纺丝原液中,要求与聚合物有较好的相容性,无毒等,最常用的内用静电剂是碳黑。

3.3.5 其他改性聚丙烯腈纤维

改性 PAN 纤维还有复合、有色、异形、中空、细旦、仿兽毛、高收缩、酸性可染、增白、超有光、防污防尘、高强高模、防菌防臭、离子交换和远红外等多个品种。

我国榆次金山腈纶厂曾对复合 PAN 纤维组织了中试生产,采用 AN 与丙烯酸甲酯和甲基丙烯磺酸钠共聚,控制不同配比的两个组分经复合喷丝头纺丝而成,产品曾用于膨体纱、膨体细绒和膨体粗绒的试纺。

国内有色 PAN 纤维生产较多,其中以凝胶染色为主,上海金山和淄博雪银化纤集团公司都有该纤维生产线。而异形 PAN 纤维在国内仍处于研究试验阶段,上海合纤所的仿马海毛、金山腈纶厂的扁平纤维、兰州石化化纤厂的三角形纤维的研制,均对我国异形 PAN 纤维的发展起了促进作用。纤度为 0.88 dtex 的细旦 PAN 纤维首先在安庆石化总厂腈纶厂试制成功。这种聚丙烯腈纤维的细旦化,也是把它作为碳纤维原丝,最终提高碳纤维强度的最重要的条件。中国纺织大学研制的防菌防臭 PAN 纤维,是由 PAN 经化学反应在纤维上分别接上两个抗菌基因而形成的改性纤维,属于对纤维进行的耐久性卫生整理,成功用于江苏昆山"AB"保健内衣的生产。

国外化纤大公司对纤维差别化的研究、生产非常重视,相继都有拳头产品问世,各种改性 PAN 纤维都有产品销售,而且大量的差别化产品及其制备技术作为一种储备,一旦市场需要,就能立即投入生产,取得最大的经济利润。多年来,国内先后也对 PAN 纤维的改性研究做了大量的工作,也取得了一定的成果,但真正能实现工业化生产的品种甚少。这主要是因为我国 PAN 纤维生产一直是处于供不应求的局面,加上科研与生产脱节,使得产业界对 PAN 纤维的改性研究重视不够,已明显不能适应 PAN 纤维发展和产品竞争的需要。国产 PAN 纤维由于生产成本普遍偏高,市场竞争力近几年难以有大的突破。为求得新的发展,各生产企业应积极开发高附加值的改性 PAN 纤维,必要时可引进国外先进技术,选择改性品种时,应以市场为导向,以用户定产品。

3.4 碳纤维

目前 PAN 纤维是用于碳纤维制造的最重要的前驱体。

碳纤维主要是由碳元素组成的一种特种纤维,含碳量随种类不同而异,一般在 90%以上。碳纤维具有一般碳素材料的特性,如耐高温、耐磨擦、导电、导热及耐腐蚀等,但与一般碳素材料不同的是,其外形有显著的各向异性、柔软、可加工成各种织物,沿纤维轴向表现出很高的强度。碳纤维比重小,因此最突出的特性使它具有很高的比强度和比模量。

一般认为,碳纤维最早是爱迪生于 1879 年用棉丝炭化制成的,用来制做白炽灯泡的灯丝。对于具有一定力学性能的 PAN 基碳纤维,是 20 世纪 50、60 年代初应火箭、宇航及航空等尖端科学技术的需要而产生的。1961 年日本大阪工业研究所进藤昭男博士用美国杜邦公司的 Orlon(r)为原料研究开发成功 PAN 基碳纤维,随后为了提高碳纤维的性能,在与丙烯腈的共聚单体上进行了大量的试验工作,研制出了专用于碳纤维制造的前驱体,即聚丙烯腈原丝。1971 ~ 1983 年日本东丽公司、东邦人造丝公司、三菱人造丝公司利用其研究成果建厂,进行了碳纤维的工业化生产。其后,由于美国、德国、英国合作并建立了子公司生产碳纤维。国外一些发达国家,例如美国、日本、英国、俄罗斯等均曾在开发高性能碳纤维方面投入巨资和庞大的研究力量。目前国外碳纤维处于提高性能、扩展品种(高强型、高模型、高强高模型),稳定质量、功能多样化、工艺过程机械化和自动化、规模大型化、价格低廉化、应用领域多样化的状态。PAN 基碳纤维自 80 年代中期相继推出一系列新品种,高性能及超高性能的碳纤维相继出现,其性能已达到用于飞机主承力结构件(即一次结构)的要求,并已用于波音飞机。这在技术上是一次飞跃,同时也标志着碳纤维的研究和生产已进入一个高级阶段。

近年来高性能PAN基碳纤维每年以近15%的速度递增,2000年达到2万多吨。目前国际高性能PAN基碳纤维市场,已基本形成了质量提高、产量增加、价格下降、应用领域扩大这样一个良性发展的格局,高的性能价格比是碳纤维发展的总趋势。

到目前,人们仍不能直接从元素碳按照一般的合成纤维生产方法来制造碳纤维,只能利用现有的人造纤维或合成纤维,如PAN纤维、粘胶纤维等,经过预氧化热稳定后,再经炭化等工艺,间接制造具有一定性能的碳纤维。或者,采用化学气相沉积的方法制备纳米碳纤维,或短碳纤维。根据价键理论,由C—C键计算得到理想石墨的理论拉伸强度为180 GPa,弹性模量为1 000 GPa。目前生产性能最好的碳纤维拉伸强度为7.02 GPa,是理论值的3.9%。而由实验室制备的碳纤维最高强度为9.3 GPa,也仅为理论值的5.2%左右。碳纤维拉伸强度的提高还有非常大的潜力。

人们习惯把用于制备碳纤维的前驱体聚丙烯腈纤维称为聚丙烯腈原丝。与一般纺织应用的PAN纤维相比,用作碳纤维前驱体的聚丙烯腈原丝只不过是形成最终碳纤维产品的中间产品。因此,不仅希望该前驱体聚丙烯腈原丝的质量和性能优异,还需要在制备过程中稳定性好,在形成碳纤维的过程中热稳定性好、生产率高,而且生产成本低。高性能聚丙烯腈原丝一直是制备高性能碳纤维的关键,用于制备碳纤维的前驱体的聚丙烯腈及原丝应具有以下特别的结构与性能:

①比较高的平均相对分子质量(约105)、合适的相对分子质量分布(2~3);

②含有理想的共聚单体,共聚单体含量合适(一般为2%);

③高结晶度、高取向度,原丝内空隙小而少,结构致密均匀;

④含杂质尽量少、各层次分子结构缺陷最少;

⑤纤度或直径较小(0.5~1.2 dtex)、圆形断面;

⑥比较高的强度和弹性模量(一般最终碳纤维的弹性模量是原丝的20倍);

⑦原丝性能指标变异系数小;

⑧使用专用的耐热性好、抗粘结性好、分纤性好的上油剂上油;

⑨预氧化时具备宽的环化、氧化放热反应区,比较低的环化开始反应温度;

⑩具有比较高的碳收率(>45 %)。

聚丙烯腈原丝经过预氧化、炭化,分子间形成乱层石墨结构,制得碳纤维,其制备过程,如图3.12所示。

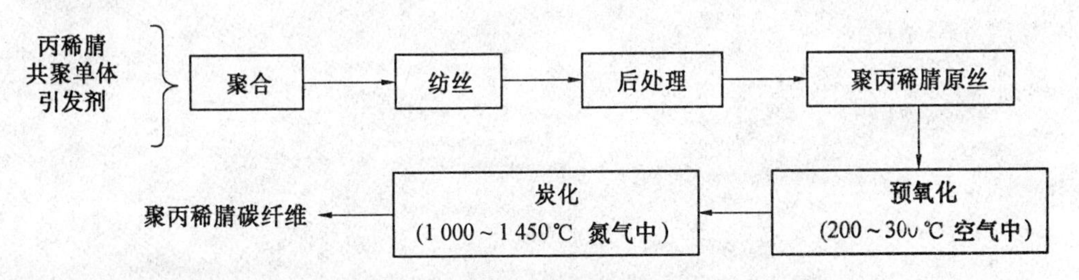

图3.12 聚丙烯腈碳纤维制备过程示意图

碳纤维还可以进一步在氩气中经高温石墨化制得高模量石墨纤维。

碳纤维的主要用途是与树脂、金属、陶瓷或碳等基体材料相复合,做成结构复合材料或功能性材料。碳纤维增强复合材料的比强度、比模量综合指标在现有结构材料中是最高的。在强度、刚度、质量、疲劳特性等有严格要求的领域,在要求高温、化学稳定性高的场合,碳纤维复合材料都颇具优势。由碳纤维和树脂结合而成的复合材料,由于其密度小、刚性好和强度高而成为一种先进的航空航天材料,在航空航天工业中占有重要地位。例如,有一种垂直起落的战斗机,它所用的碳纤维复合材料已占全机质量的1/4,占机翼质量的1/3。据报道,美国航天飞机上火箭推进器的关键部件枣喷嘴以及先进的MX导弹发射管等,都是用先进的碳纤维复合材料制成的。碳纤维现在还广泛应用于体育器械、纺织、化工、机械、建筑、交通及医学等领域。

第4章　聚酰胺纤维

4.1　概　　述

聚酰胺纤维是以分子主链含有酰胺基(CONH)的聚合物纺制而成的一类合成纤维，俗称尼龙(Nylon)，我国称之为锦纶。

聚酰胺(PA)纤维是世界上最早实现工业化生产的合成纤维，也是化学纤维的主要品种之一。1935年Carothers等人在实验室用己二酸和己二胺制成了聚己二酰己二胺(聚酰胺66)，1936~1937年发明了用熔体纺丝法制造聚酰胺纤维的技术，1939年实现了工业化生产。另外，德国的Schlack在1938年发明了用己内酰胺合成聚己内酰胺(聚酰胺6)和生产纤维的技术，并于1941年实现工业化生产。随后，其他类型的聚酰胺纤维也相继问世。由于聚酰胺纤维具有优良的物理性能和纺织性能，发展速度很快。

纤维用聚酰胺与塑料用聚酰胺没有本质区别，几乎所有的聚酰胺品种都可用于纺制纤维，实际上多数聚酰胺品种都是先用于纤维再用于塑料的。所以，聚酰胺纤维有许多品种，目前工业化生产及应用最广泛的仍以聚酰胺66和聚酰胺6为主。

芳纶是一种高科技特种纤维，它具有优良的力学性能，稳定的化学性能和理想的机械性能，它的全称为“芳香族聚酰胺纤维”。美国将它们命名为“ramid fibers”，我国则将它们命名为芳纶，其全称也可简化为“芳酰胺纤维”。芳酰胺纤维是已工业化的高性能增强纤维中的主要有机纤维，也是在高性能复合材料中用量仅次于碳纤维的另一种使用最多的增强纤维。芳纶的主要品种有聚对苯二甲酰对苯二胺纤维(对位芳纶)和聚间苯二甲酰间苯二胺纤维(间位芳纶)。前者于1972年由美国杜邦公司实现工业化生产，其商品名为凯芙拉(Kevlar)，主要类型有Kevlar、Kevlar 29、Kevlar 49等。比较著名的对位芳酰胺纤维还有Twaron(Akzo公司)、Technora(日本帝人公司)等，后者也由美国杜邦公司开发，1967年工业化生产，商名品为Nomex。另外，日本帝人公司的Conex纤维，原苏联的Fenilon纤维也都是为较有名的间位芳酰胺纤维。

聚酰胺纤维具有一系列优良性能。如其耐磨性好，断裂强度较高，回弹性和耐疲劳性优良，吸湿性低于天然纤维和再生纤维，但在合成纤维中其吸湿性仅次于维纶，染色性能好等。聚酰胺纤维的缺点是耐光性较差，在长时间的日光或紫外光照射下，强度下降，颜色发黄，通常在纤维中加入耐光剂可以改善其耐光性能。聚酰胺纤维的耐热性也较差，在150℃下，经历5 h即变黄，强度、延伸度明显下降，收缩率增加。另外，聚酰胺纤维的初始模量比其他大多数纤维都低，因此在使用过程中容易变形。为了克服这些不足，目前正在研究聚酰胺纤维的改性和新品种的开发。

由于聚酰胺纤维具有许多优良性能,加之改性及新品种的不断涌现,使之广泛用于人民生活等各个方面。其主要用途可分为三大领域:即衣料服装、产业和装饰地毯。在服用方面主要用于制袜子、内衣、衬衣、运动衫等,并可和棉、毛、粘胶等纤维混纺,使混纺织物具有很好的耐磨损性,还可制作寝具、室外饰物及家具用布等。在产业方面主要用于制作轮胎帘子线、传送带、运输带、渔网、绳缆等,涉及交通运输、渔业、军工等许多领域。

各种聚酰胺的制备方法及其结构与性能的关系已在本书第1篇第8章述及,本章主要介绍聚酰胺纤维的成形及应用。

4.2 脂肪族聚酰胺纤维

脂肪族聚酰胺纤维主要品种是聚酰胺6和聚酰胺66。纤维用聚酰胺的平均相对分子质量要控制在一定范围内,过高和过低都会给聚合物的加工性能和产品性质带来不利影响。通常,成纤聚己内酰胺(聚酰胺6)的数均相对分子质量为1.4万~2万,成纤聚己二酰己二胺(聚酰胺66)的数均相对分子质量为2万~3万。聚合物的相对分子质量分布对纺丝和拉伸也有一定影响。

聚酰胺纺丝也采用螺杆挤出机,纺丝过程与聚酯纺丝基本相同,只是由于聚合物的特性不同而使得工艺过程及其控制有些差别。

20世纪70年代后期,聚酰胺的熔体纺丝技术有了新突破,即由原来的常规纺丝(1 000~1 500 $m \cdot min^{-1}$)发展为高速纺丝制预取向丝(POY)和高速纺丝拉伸一步法制全拉伸丝(FDY)工艺。熔体纺丝机的卷绕速度向高速(3 000~4 000 $m \cdot min^{-1}$)发展,使所得的卷绕丝由原来结构和性能都不太稳定的未拉伸丝(UDY)转变为结构和性能都比较稳定的POY。但聚酰胺纤维的结构与聚酯不同,为了避免卷绕丝在卷装时发生过多的松弛而导致变软、崩塌,要求相应的高速纺丝速度必须达到4 200~4 500 $m \cdot min^{-1}$。进入80年代,随着机械制造技术的进一步发展,在聚酰胺纤维生产中已成功地应用高速卷绕头(速度可达6 000 $m \cdot min^{-1}$)一步法制取FDY。目前从国外生产发展情况看,聚酰胺纤维的常规纺丝已逐步为高速纺丝所取代。

4.3 芳香族聚酰胺纤维

芳香族聚酰胺纤维主要通过不同的单体原料,以缩聚的方法进行成纤聚合物的合成,最后再通过极性溶剂干喷湿纺技术进行液晶纺丝制备而成。在芳香族聚酰胺纤维中,聚对苯二甲酰对苯二胺纤维(芳纶1414)和聚间苯二甲酰间苯二胺纤维(芳纶1313)是最具代表性的高性能纤维。

1.芳纶1414的制备

制备芳纶1414的成纤聚合物是聚对苯二甲酰对苯二胺(PPTA),生产工艺通常可根据纺丝流程的不同分为一步法和两步法。

一步法即所谓的直接纺丝法，主要通过溶液缩聚直接进行纺丝。该法是目前生产厂家最常用的生产方法之一，其最主要的优点是生产工艺流程短，成本相对较低。

两步法则是先通过制备 PPTA 聚合物，然后采用浓硫酸将其聚合物固体溶解成液晶态纺丝原液，最后再经干喷湿纺液晶纺丝技术制备芳纶 1414。由于聚对苯二甲酰对苯二胺(PPTA)酰胺键与芳香环形成共轭结构，内旋位能相当高，是典型的刚性链大分子结构。因此，芳纶 1414 的纺丝成形主要采用浓硫酸为溶剂的干喷湿纺液晶纺丝技术，首先将PPTA 聚合物溶解于浓硫酸中，以形成液晶纺丝液，然后再进行干喷湿纺液晶纺丝成纤，最后再将纤维上的剩余溶剂洗去，并进行干燥、热拉伸处理，最后制成 PPTA 纤维，即芳纶 1414。

2.芳纶 1313 的制备

制备芳纶 1313 的成纤聚合物是聚间苯二甲酰间苯二胺(LPMA)，生产工艺有干法纺丝和湿法纺丝。

干法纺丝是较早应用于芳纶 1313 纤维制造的方法，美国杜邦公司采用的是这种纺丝方法。干法纺丝相比于湿法纺丝，其纤维结构较为致密，在纤维凝固阶段，产生的空洞较小，而且孔径分布均匀。干法纺丝的基本工艺艺流程为：将聚合物溶解于二甲基甲酰胺或二甲基乙酰胺中，再加入某种氯化物(如 LiCl)作助溶剂，制得纺丝原液；经喷丝板纺丝后，因初生纤维表面带有大量无机盐，需经多次水洗，再在 300℃ 左右下进行 4 ~ 5 倍牵伸，最后制得芳纶 1313 长丝或短纤维。

湿法纺丝是日本帝人公司采用的工业化生产的方法。芳纶 1313 树脂由界面聚合制备。由于采用聚合物的再溶解制备纺丝原液，其中盐的含量就可以进行控制，所以此时助溶剂的质量分数一般在 3% 以下，最多不超过 5%。湿法纺丝的一般工艺流程为：采用 DMA 为溶剂，将聚合物溶解，以制得纺丝原液，经喷丝板纺丝后，原丝进入含 DMA 和 $CaCl_2$ 的凝固液中，得到初生纤维，然后在热水中拉伸 2.73 倍，并经热辊干燥，在热扳上再拉伸 1.45 倍，即可制得以芳纶 1313 短纤维为主的成品。

3.芳香族聚酰胺纤维的结构和性能

高性能纤维要求其分子化学结构必须符合：①构成高分子主链的共价键键能越大越好；②大分子链的构象越近似直线型越好；③大分子链的横截面积越小越好；④分子链的键角形变和键内旋转受到阻力越大越好；⑤高聚物相对分子质量越大越好。

芳纶大分子化学结构基本符合上述条件。芳纶 1313 的大分子中，主链价键与芳环平面成稳定的 120°角，大分子的排列比脂肪族规整。芳纶 1414 的大分子化学结构中，苯环之间呈有序的对位连接，使大分子呈笔直的线状造型，大分子之间的排列更为紧凑。在纺丝时，受拉伸力的作用，大分子链容易沿着外力方向排列取向，并且高度结晶。另外，芳纶没有熔点，在 350℃以下不会发生明显的分解和碳化。在加热条件下大分子不会流动，表现出很强的抗变形性。芳纶纤维的力学性能比其他合成纤维要高 5 ~ 10 倍，耐化学品腐蚀、蒸汽作用或水解腐蚀。在有机溶剂中不溶解，只溶于少数强酸溶剂里。

4.芳香族聚酰胺纤维的应用

在航天航空领域，芳纶纤维树脂基复合材料用作宇航、火箭和飞机的结构材料，可减轻质量增加有效荷载和节省燃料。美国杜邦公司的芳纶纤维主要品种 Kevlar 49 已成功地用于制作波音 757、767、777 和协和式飞机的壳体材料、内部装饰件和座椅等，质量减轻了

30%。抗疲劳性能比纯铝合金高，经 150 万次飞行应力循环试验，不出现疲劳损伤。

由于芳纶纤维强度高，韧性和编织性好，可用作防弹材料。子弹打在芳纶编织物上，冲击力可被吸收并分散到每根纤维上，因而它具有防弹能力。国外已普遍采用芳纶制造防弹背心和护膝。据报道，美国已有 25 万以上警察装备有这种防弹服。芳纶与钛、铝、陶瓷复合可以用于坦克装甲，防弹水平可提高 50 %，据称还有防止中子弹杀伤的能力。

在工业领域，以芳纶纤维作轮胎帘子线，强度比尼龙和聚酯帘子线高 1～2 倍，其刚性好、伸长率低、蠕变小，具有优良的耐热性能，而热收缩率只有尼龙帘子线的 1/30。芳纶轮胎与钢丝胎相比，胎体薄、质量轻、轮胎内部空气温度低 4～5℃。具有轮胎滚动阻力小、节省燃油、耐磨、使用寿命长等优点。

芳纶纤维可在充气胶布制品（充气胶船、充气救生筏、充气舟桥等）、耐腐蚀容器和军用燃料油罐中用作骨架材料。用芳纶纤维制作的高强度降落伞，比锦纶降落伞强度大，且耐温高。利用芳纶替代石棉可以制造隔热防护屏、防护衣、防护手套和密封材料。芳纶纤维还可用来制作舰船绳缆，海底电缆、雷达浮标系统和光导纤维增强绳缆等。

在运动器材方面，芳纶纤维已大量用于制造赛艇、冲浪板、曲棍球棒、高尔夫球棒、标枪、射箭弓、雪橇、赛车手的安全防护赛车服等。采用凯芙拉 49 聚酯基复合材料制造的帆船壳体，可使船身更轻巧、抗冲击、节省燃料。如将芳纶与玻璃纤维或石墨纤维混杂复合使用，比只用单一纤维的增强效果更好。

第5章 聚烯烃纤维

5.1 聚丙烯纤维

聚丙烯(PP)纤维是以等规聚丙烯为原料纺制而成的合成纤维,我国简称为丙纶。1954年 Ziegler-Natta 催化剂发明并用于丙烯聚合,制成了具有较高立构规整性的结晶性聚丙烯,给聚丙烯在塑料制品以及纤维生产等方面的广泛应用奠定了基础。1957年由意大利的 Montecatini 公司首先实现了等规聚丙烯的工业化生产。1958~1960年该公司将聚丙烯用于纤维生产,开发了商品名为 Meraklon 的聚丙烯纤维。以后美国和加拿大也相继开始生产。20世纪70年代采用短程纺工艺与设备改进了聚丙烯纤维生产工艺。目前我国聚丙烯的年生产能力已达百万吨以上,丙纶产量也在几十万吨,其产品主要有普通长丝、短纤维、膜裂纤维、膨体长丝、烟用丝束、工业用丝、纺粘和熔喷法非织造布等。

聚丙烯纤维具有以下性能:

①质轻、覆盖性好。聚丙烯纤维的密度为 0.90~0.92 $g \cdot cm^{-3}$。

②强度高、耐磨、耐腐蚀。聚丙烯纤维强度高(干、湿态下相同),耐磨性和回弹性好,抗微生物,不霉不蛀,耐化学性优于一般化学纤维。

③具有电绝缘性和保暖性。聚丙烯纤维体积电阻率很高($7 \times 10^{19}\ \Omega \cdot cm$),导热系数很小。

④耐热及耐老化性能差。聚丙烯纤维的熔点低(165~173℃),对光、热稳定性差。

⑤吸湿性及染色性差。聚丙烯纤维的吸湿性和染色性在化学纤维中最差,回潮率小于0.03 %。

聚丙烯纤维广泛用于绳索、渔网、安全带、箱包带、缝纫线、过滤布、电缆包皮、造纸用毡和纸的增强材料等产业领域。用聚丙烯纤维制成的地毯、沙发布和贴墙布等装饰织物及絮棉等,不仅价格低廉,而且具有抗沾污、抗虫蛀、易洗涤、回弹性好等优点。聚丙烯纤维可制成针织品,如内衣、袜类等;可制成长毛绒产品,如鞋衬、大衣衬、儿童大衣等;可与其他纤维混纺用于制作儿童服装、工作服、内衣、起绒织物及绒线等。聚丙烯烟用丝束可作为香烟过滤嘴填料。聚丙烯纤维的非织造布可用于一次性卫生用品,如卫生巾、手术衣、帽子、口罩、床上用品、尿片面料等。聚丙烯纤维现在还广泛用作土建工程用布,用于土建和水利工程。

成纤聚丙烯通常是等规均聚物,具有高度结晶性。聚丙烯初生纤维的结晶度约为33%~40%,经拉伸后,结晶度上升至37%~48%,再经热处理,结晶度可达65%~75%。相对分子质量及其分布对于聚丙烯的熔融流动性质和纺丝、拉伸后纤维的力学性能有很大影响。纤维级聚丙烯的粘均相对分子质量为18万~30万,熔融指数约为6~15。

等规聚丙烯是典型热塑性高聚物，可熔融加工为各种用途的制品。工业生产聚丙烯纤维一般采用普通的熔体纺丝法和膜裂纺丝法。随着生产技术的发展，近年来又有许多新的生产工艺出现，如复合纺丝、短程纺、膨体长丝、纺牵一步法(FDY)、纺粘和熔体喷射法等非织造布工艺。

与聚酯纤维、聚酰胺纤维一样，聚丙烯可以用熔体纺丝法生产长丝和短纤维，而且熔体纺丝的纺丝原理及生产设备与聚酯和聚酰胺纤维基本相同，但工艺控制有些差别。聚丙烯纤维纺丝所用的螺杆与聚酯、聚酰胺纺丝螺杆相似，亦可分为三段：即加料段、压缩段和计量段。所不同的是加料段的长度随物料形状而变化，对于粉料，这一区段要短些，而粒料则较长；压缩段不需很长，但必须是很有效的，最小的压缩比为2.8；计量段在确保恒定的流动和熔体压力下应尽可能短些，以免聚合物熔体在设备中停留时间过长。螺杆的长径比L/D为20~26。虽然等规聚丙烯是结晶的，但仍然像其他热塑性高聚物一样容易挤出成形。改变纺丝条件可获得具有一定取向度和结晶度的纤维。

5.2 超高分子量聚乙烯纤维

超高分子量聚乙烯(UHMWPE)纤维是20世纪90年代初出现的第三代高强高模纤维。它的相对分子质量为100万~600万，分子形状为线型伸直链结构，取向度接近100%，它在比强度方面是当今纤维之最，具有良好的机械性能。

拉伸法制造UHMWPE纤维的基础研究始于20世纪70年代。1975年荷兰DSM公司采用冻胶纺丝-超拉伸技术试制出具有优异抗张性能的超高分子量聚乙烯纤维，打破了只能由刚性高分子制取高强、高模纤维的传统局面。1985年美国联合信号(Allied Signal)公司购买了DSM公司的专利权，经过对制造技术加以改进，生产出商品名为“Spectra”的高强度聚乙烯纤维。纤维强度和模量都超过了杜邦公司的Kevlar，其后日本东洋纺织公司与DSM公司合作成立了Dyneema VoF公司，批量生产商品名为“Dyneema”的高强度聚乙烯纤维。中国对UHMWPE纤维的研究自1985年开始，取得了一定的进展。

表5.1是我国研制的UHMWPE纤维与其他纤维的性能对比。

表5.1 UHMWPE纤维与其他纤维的性能对比

纤维品种	密度/($g\cdot cm^{-3}$)	断裂强度/GPa	弹性模量/GPa	断裂伸长率/%
UHMWPE纤维	0.97	3.0	95	3~4.5
芳　纶	1.44	2.9	60	3.6
高强碳纤维	1.78	3.4	240	1.4
高模碳纤维	1.85	2.3	390	1.5
E玻璃纤维	2.60	3.5	72	4.8
S玻璃纤维	2.50	4.6	86	5.2
聚酰胺纤维	1.14	0.9	6	20
聚酯纤维	1.38	1.1	14	13
聚丙烯纤维	0.90	0.6	6	20
钢纤维	7.86	1.77	200	1.8

UHMWPE 纤维密度小,还具有耐紫外线辐射、耐化学腐蚀、比能量吸收高、介电常数低、电磁波透射率高、摩擦系数低及突出的抗冲击、抗切割等优异性能。因此,UHMWPE 纤维是制作软质防弹服、防刺衣、轻质防弹头盔、雷达罩、运钞车防弹装甲、直升机防弹装甲、舰艇及远洋船舶缆绳、轻质高压容器、航天航空结构件、深海抗风浪网箱、渔网、赛艇、帆船、滑雪橇等的理想材料。由于 UHMWPE 纤维性能优异,应用潜力巨大,因此,近年来 UHMWPE 纤维及其复合材料受到了国内外的普遍关注。

1.UHMWPE 纤维的制备方法

UHMWPE 纤维的制备方法有:高压固态挤出法、增塑熔融纺丝法、表面结晶生长法、凝胶纺丝-热拉伸法等。

(1)高压固态挤出法:高压下将熔融的 UHMWPE 从锥形喷孔中挤出,随即进行高倍拉伸。在高剪切应力和拉伸张力的作用下,使 UHMWPE 大分子链充分伸展,以此来改善纤维的强度。但 UHMWPE 熔体黏度极高,几乎不能流动,所以称高压固态挤出,此方法很难用于工业化生产。

(2)增塑熔融纺丝法:加入适量流动改性剂或稀释剂将 UHMWPE 纺成纤维的方法一般称为增塑熔融纺丝法。此法是在 UHMWPE 中加入稀释剂,UHMWPE 与稀释剂的混合比为 20:80~60:40,经双螺杆熔融揉和,再挤出纺丝。该稀释剂可以是 UHMWPE 的溶剂,其沸点要比 UHMWPE 的熔点高出 20℃左右;也可以是能与 UHMWPE 相配伍的蜡质物质,最好是常温下为固态的蜡。混合物经熔融挤出成形后,进行萃取和多级热拉伸,最终得到强度为 20~26 cN/dtex,弹性模量为 770~980 cN/dtex 的高强高模聚乙烯纤维。

(3)表面结晶生长法:这种加工高强高模聚乙烯纤维的方法称为 Tip-Contact 法。该法是通过旋转在浓度为 0.5%的 UHMWPE 稀溶液中的转子,连续地得到在转子表面生长的纤维状晶体。该法由于纤维状晶体的生长速度慢而难以实现工业化。

(4)凝胶纺丝-热拉伸法:凝胶纺丝-热拉伸法纺丝过程如图 5.1 所示。

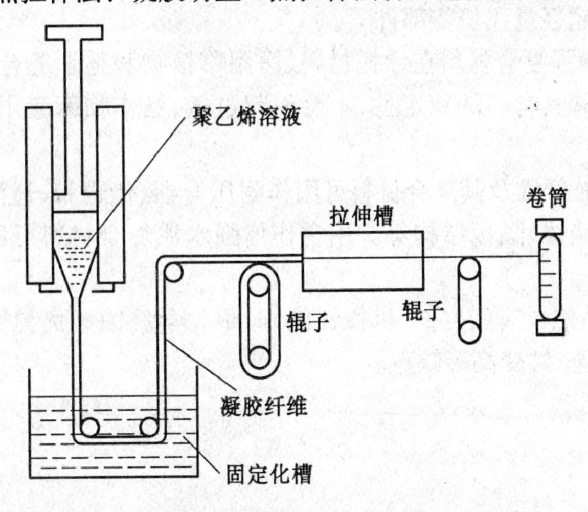

图 5.1　凝胶纺丝法示意图

该法是基于 Tip-Contact 法的原理而开发的,具体方法是将 UHMWPE 粉末(平均相对分子质量为 1×10^6 以上)以十氢萘、石蜡油或煤油为溶剂,加适量抗氧化剂,制成稀溶液,经喷丝孔挤出后骤冷成凝胶原丝，再对凝胶原丝进行萃取和干燥，随后超倍拉伸可制得最高强度为 60 cN/dtex、弹性模量为 2205 cN/dtex 的 UHMWPE 纤维。UHMWPE 的溶解是大分子解缠的过程。而凝胶原丝的形成实际上是 UHMWPE 大分子在凝胶原丝中保持解缠状态，该状态为其后的大分子充分伸展奠定了基础。超倍拉伸不仅使纤维的结晶度、取向度得到提高，而且使呈折叠链的片晶结构向伸直链转化，从而极大地改善了制得的纤维的强度和模量。凝胶纺丝－热拉伸法已成为相对成熟的工业化生产技术，已商品化的“Spectra”纤维和“Dyneema”纤维都是采用此法制成的。

2. UHMWPE 纤维的应用

在军事上，用于装甲的壳体、雷达防护外壳、头盔、坦克的防碎片内衬、防弹衣等。近年来，防弹服的原料已逐渐被 UHMWPE 纤维所代替。例如，英国 T. B. A 公司生产的防弹服，以 UHMWPE 纤维、Kevlar、对位芳族聚酰胺纤维共同制成；Edward · A · Coppage 的防弹织物的主要材料也是 UHMWPE 纤维；俄罗斯、日本都有以 UHMWPE 纤维为原料的防弹产品。

在航天工程中，UHMWPE 纤维复合材料由于轻质高强和防撞击性能好，适用于各种飞机的翼尖结构、飞船结构和浮标飞机等，也可以用作航天飞机着陆的减速降落伞和飞机上悬吊重物的绳索，取代了传统的钢缆绳和合成纤维绳索，其发展速度异常迅速。

用 UHMWPE 纤维制成的绳索、缆绳、船帆和渔具是 UHMWPE 纤维的最初用途。由于其具有轻质高强、使用周期长、耐磨、耐湿、断裂伸长大等特性，普遍用于负力绳索、重载绳索、救捞绳、拖拽绳、帆船索和钓鱼线等。UHMWPE 纤维的绳索，在自重下的断裂强度是钢绳的 10 倍，是芳纶的 2 倍。该绳索用于超级油轮、海洋操作平台、灯塔等的固定锚绳，解决了以往使用钢缆遇到的锈蚀及尼龙、聚酯缆绳遇到的腐蚀、水解、紫外降解等引起缆绳强度降低和断裂，需经常进行更换的问题。

由于 UHMWPE 纤维复合材料比强度、比模量高，而且韧性和损伤容限好，制成的运动器械既耐用又能出好的成绩。在体育用品上已经制成安全帽、滑雪板、帆轮板、钓竿、球拍及自行车、滑翔板和超轻量飞机零部件等。

UHMWPE 纤维增强复合材料在牙托材料、医用移植物和整形缝合等方面的生物相容性和耐久性都较好，并具有高的稳定性，不会引起过敏，已作临床应用和医用手套等其他医疗措施方面。

工业上 UHMWPE 纤维及其复合材料可用作耐压容器、传送带、过滤材料、汽车缓冲板等；建筑方面可用作墙体、隔板结构等。用它作增强水泥复合材料可以改善水泥的韧度，提高其抗冲击性能。

UHMWPE 纤维虽然具有密度低、机械性能好、耐化学腐蚀等优异性能，但它本身存在成本高、界面结合性差、蠕变高等缺点。

第6章 纤维素纤维

6.1 概 述

纤维素纤维是以天然纤维素为基本原料，经转化为纤维素黄酸酯溶液再纺制而成的再生纤维。粘胶法纤维素纤维的生产历史悠久、技术成熟、品种繁多、用途广泛。

1891年，克罗斯(Cross)、贝文(Bevan)和比德尔(Beadle)等首先制成纤维素黄酸钠溶液，这种溶液遇到酸后纤维素又重新析出。基于此方法制成了再生纤维素纤维，即粘胶纤维。继1905年实现工业化生产后，粘胶纤维生产不断发展和完善，技术不断进步，出现了许多新的品种，如强力型纤维、高湿模量型纤维等。20世纪60年代粘胶纤维发展到了高峰，其产量曾占化学纤维总产量的80 %以上。70年代以后，因粘胶纤维生产工艺过程冗长，设备复杂，投资大，“三废”污染严重等原因，加之合成纤维的迅速发展，世界各国已不再将粘胶纤维作为重点发展对象。到20世纪末，日本、美国已经基本上退出粘胶纤维的生产。

由于天然纤维数量难以满足人类对纺织纤维增长的需要，合成纤维的发展又受到能源材料的制约，而粘胶纤维的原料是可再生的纤维素，不受资源贮量限制，这种纤维本身又具有优良的染色、吸湿、抗静电等性能，其织物穿着舒适、卫生、潇洒、鲜艳，具有许多其他纤维所不及的性能，因而一直保持了它在世界纺织品市场的地位。但是，要继续保持粘胶纤维的生命力，就需要进一步提高产品质量、开发新产品、降低原材料、能源和劳动力消耗，降低生产成本、减少环境污染以提高竞争能力。尤其是纤维素自然资源的绿色加工技术，是保护环境、充分利用有效资源、坚持可持续发展的突破口。近年通过优化工艺，如采用低纯度浆粕、二次浸渍技术、采用减少 CS_2 用量制造低碱比粘胶、低锌或无锌凝固浴纺丝工艺等，发展了一批大型制浆 - 纤维生产联合企业；通过发展连续浸压粉、连续黄化、连续过滤、高速纺丝和后处理以及连续、快速测试等新设备、新技术等，都使粘胶纤维生产技术水平有很大提高。我国2004年粘胶纤维总产量逼近100万吨，成为世界粘胶纤维生产大国。

6.2 粘胶纤维的性能与应用

6.2.1 粘胶纤维的性能

粘胶纤维的性能特点可归纳如下：

①吸湿性优良。在标准状态(20℃、RH = 65%)下，粘胶纤维的回潮率为12% ~ 14%，

仅次于羊毛(14%)而优于棉(6%~7%),大大超过常规的合成纤维,如涤纶(0.4%~0.5%)、锦纶(3.8%~4%)和腈纶(1.0%~2.5%)等。因此粘胶纤维织物吸水、透汗、透气性好,具有良好的穿着舒适性和卫生性。粘胶纤维优良的吸湿性,还能减少或消除纤维和织物在纺织加工过程和织物使用过程中因摩擦而产生的静电,因而具有良好的纺织加工性能和使用性能。

②染色性优良。粘胶纤维和棉相似,能用直接染料、硫化染料、活性染料及其他多种染料染色,色谱齐全,色泽牢固,色彩鲜艳。

③耐热性较好。粘胶纤维具有较高耐热性,且优于棉。纤维素纤维没有热塑性,当温度升高时,不变软、不粘连。当温度从20℃升高至100℃时,其强力无明显变化。在140~150℃下,强力开始下降,在260~300℃变色分解。

④纤维素的大分子上的羟基易于发生多种化学反应,可通过接枝等方法对粘胶纤维进行改性,提高粘胶纤维性能,生产出各种特殊用途的纤维。

⑤粘胶纤维易伸长变形,故织物缩水性大,尺寸稳定性较差,湿水后膨胀,变硬。尤其是连续纺人造丝产品,由于加工过程缺少足够的松弛条件,纤维沸水收缩率比较大。

⑥湿态强度低。普通粘胶纤维湿态下强度下降近50%,湿态模量也低,因此,其织物的湿态牢度较差。这一缺点,在高湿模量粘胶纤维中得到克服。此外,粘胶纤维的弹性回复和抗皱性能也较差。

几种粘胶纤维主要物理机械性能指标如表6.1所示。

表6.1 几种粘胶纤维主要物理机械性能指标

纤维性能		普通短纤维	普通长丝	连续纺长丝	强力丝	高湿模量短纤维
断裂强度	干态/($cN \cdot dtex^{-1}$)	2.2~2.8	1.5~2.1	1.6~2.3	3.1~4.7	3.1~4.7
	湿态/($cN \cdot dtex^{-1}$)	1.2~1.8	0.8~1.1	0.7~1.2	2.2~3.7	2.3~3.8
干态伸长/%		16~22	18~24	12~20	7~15	7~14
弹性恢复率/%(伸长8%时)		55~80	60~80	60~80	60~80	60~85
初始模量/($cN \cdot dtex^{-1}$)		27~63	58~76	60~80	100~145	63~100
密度/($g \cdot cm^{-3}$)		1.50~1.52	1.50~1.52	1.50~1.52	1.50~1.52	1.50~1.52
回潮率/%(20℃,RH=65%)		12~14	12~14	12~14	12~14	12~14
沸水收缩率/%		2~3	2~3	6~8	1~2	0~1

6.2.2 粘胶纤维的应用

粘胶纤维不仅在数量上补充天然纤维的不足,在性能的某些方面也优于常规的合成纤维,因而有广泛的用途。

民用方面:粘胶纤维可以纯纺,也可与棉、毛、麻、丝以及各种合成纤维混纺或交织,其织物质地细密柔软,手感光滑,透气性好,穿着舒适,染色后色彩鲜艳,宜做内衣、外衣及各种装饰织物。此外,亦广泛用于制造非织造织物。粘胶纤维与常规合成纤维(涤纶、锦纶、丙纶等)混用,其织物既保持了原有合成纤维织物的特点,又改善了合成纤维织物的穿着舒适性和卫生性,并在一定程度上改善了纺织加工性能。

产业和其他方面:粘胶纤维的工业用途很多。粘胶纤维强力丝的强度高,耐热性好,价格较低,在轮胎、耐压胶管、输送带、帆布、涂层织物等工业中有重要地位。用粘胶纤维制成的止血纤维、纱布、绷带及医用床单、胶服等,在医疗卫生部门有着广泛的用途。

功能性粘胶产品:粘胶纤维是碳纤维三大前驱体中的重要一种,可以经预氧化、碳化制得高强、高模的碳纤维,是航空、宇航、军工和许多高新技术领域重要的增强纤维材料。通过共混改性技术还可以实现粘胶纤维的特殊功能化,如吸附、导电、复合、阻燃等。

6.3 粘胶纤维的生产

粘胶纤维是先将植物纤维制成浆粕,再将浆粕处理成粘胶,然后纺丝成形得到的。

不论采用何种浆粕原料和生产设备制备粘胶纤维,其生产过程基本上都是相同的,包含下列四个过程。

①粘胶的制备:包括浆粕的准备、碱纤维素的制备及老成、纤维素黄酸酯的制备及溶解。

②粘胶的纺前准备:包括混合、过滤和脱泡。

③粘胶的纺丝成形及纤维的拉伸。

④粘胶的后处理:包括水洗、脱硫、漂白、酸洗、上油、干燥等。粘胶长丝还需进行加捻、络丝分级包装等加工;粘胶短纤维则需经切断、打包等。

连续纺丝技术已经实现将水洗、脱硫、漂白、酸洗、上油、干燥、加捻、络丝等工序在一台设备上进行,大大节省人员、能源,减少占地面积,提高劳动生产率。

粘胶纤维生产基本流程如下:

浆粕→碱化(+NaOH)→压榨→粉碎→老成→黄化(+CS_2)→溶解(+NaOH)→熟成→脱泡、过滤→纺丝→后处理(水洗、脱硫、漂白、酸洗、上油)→烘干→粘胶纤维

6.3.1 纤维素的结构与性能

植物纤维是生产粘胶纤维的初始原料,其有效成分主要是纤维素。植物每年通过光合作用,能生产出亿万吨的纤维素。纤维素不是一种均一的物质,而是一种不同相对分子质量的混合物。在工业上分为:α-纤维素、β-纤维素、γ-纤维素,后两种纤维素统称为半纤维素。α-纤维素是植物纤维素在特定条件下不溶于20℃的浓度为17.5%NaOH溶液的部分;溶解的部分称为半纤维素。β-纤维素是半纤维素溶解后用醋酸中和又能重新沉淀分离出来的那一部分纤维素,不能沉淀的部分为γ-纤维素。聚合度越低纤维素越易溶解。

纤维素属多糖类天然大分子,是由大量葡萄糖残基按照一定的联接原则(通过β-1,4甙键)联接起来的不溶于水的直链状大分子化合物,分子式为$(C_6H_{10}O_5)_n$,结构式为

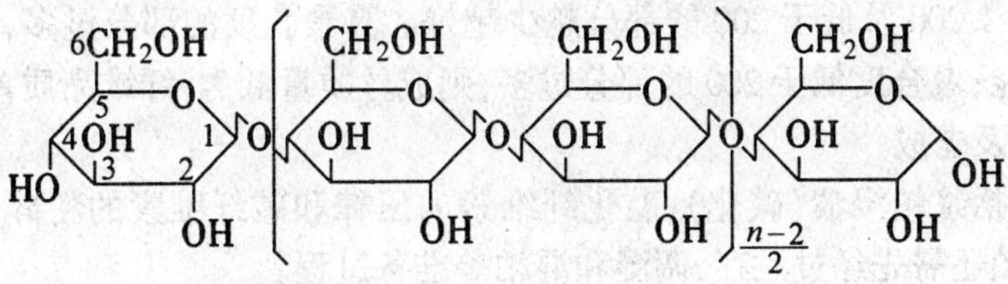

n为聚合度

公认的纤维素聚集态结构理论为缨状微胞结构理论,该理论认为纤维素的结构是许多大分子形成的连续结构,其中包含结晶部分和无定形部分(见图6.1)。

在纤维素大分子致密的地方,分子平行排列定向良好,构成纤维素的高序结晶部分;当致密度较小时,大分子彼此之间的结合程度较弱,有较大的空隙部分,分子链分布也不完全平行,构成纤维素的无定形部分。

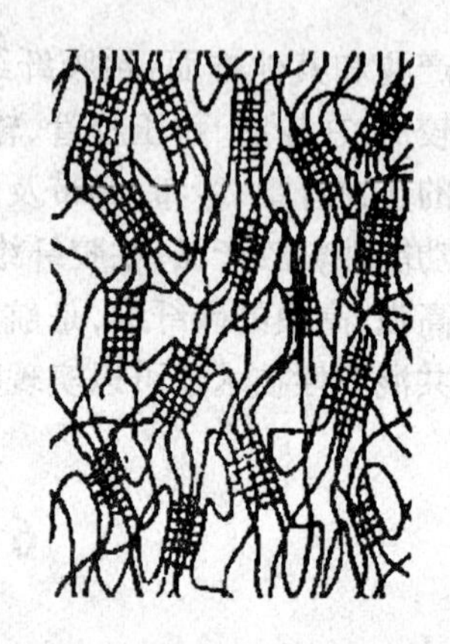

图6.1 纤维素樱状微胞模型示意图

纤维素是白色、无味、无臭的物质。密度为1.50~1.56 g/cm³,比热容为0.32~0.33 J/(kg·K),不溶于水、稀酸、稀碱和一般的有机溶剂,但能溶解在浓硫酸和浓氯化锌溶液中,同时发生一定程度的分子链断裂,使聚合度降低。纤维素能很好地溶解在铜氨溶液和复合有机溶液体系中。纤维素一般具有良好的对水或其他溶液的吸附性。纤维素在200℃以下热稳定性尚好;当温度高于200℃时,纤维素的表面性质发生变化,聚合度下降。

纤维素分子中,每个葡萄糖残基含有三个羟基(—OH)及一个羟甲基($—CH_2OH$),在某些化学试剂的作用下,纤维素可发生一系列化学反应,如与酸、碱的反应,氧化反应,酯化反应,醚化反应等。

6.3.2 粘胶原液的制备

1.浆粕的生产

粘胶纤维浆粕的生产过程与造纸工业的制浆过程区别不大,但对浆的化学纯度及反应性能要求严格,对机械强度等物理性质无特殊要求,因而生产工艺与造纸工业有所不同。其生产工艺流程如下(见图6.2)。

原料(甘蔗渣、棉短绒、木材等)
↓
蒸煮 → 漂前精选 → 漂白 → 漂白精选 → 抄浆 → 脱水 → 烘干 → 浆粕

图6.2 浆粕生产工艺流程

由于浆粕生产原料不同,粘胶纤维品种及制造方法、工艺、设备不同,因此对粘胶纤维浆粕的质量要求也不尽相同。但均应具有纯度高,碱化及黄化时能与化学试剂迅速而均匀地反应,纤维素酯在碱溶液中扩散及溶解性能良好,并且有良好的过滤性能,以保证纺丝顺利进行。纤维品种和生产方法的不同,对浆粕聚合度有不同的要求,但都要求聚合度分布均匀。聚合度高于1 200及低于200的部分越少越好。高聚合度的部分过多,其反应性能差,并影响过滤性能;聚合度低于200的部分过多,则成丝质量低劣,纤维品质差。

2.碱纤维素的制备及老成

碱纤维素的制备包括浆粕浸渍(碱化)、碱化纤维素的压榨和碱纤维素的粉碎3个工艺过程。在此之前,浆粕还需先经过贮存、调湿和混粕等准备过程。

(1)浸渍

浆粕浸在一定浓度、一定温度的碱液中,生成碱纤维素,这一过程工艺上称为浸渍,又称碱化。纤维素的碱化是纤维素加工上采用的"激活"手段之一,是增大纤维素反应能力的有效过程。浸渍的目的是溶出浆粕中的半纤维素和使浆粕膨润以提高其反应性能。因此,碱化过程中,纤维素发生一系列的化学、物理及结构上的变化。

浸渍过程的工艺控制如下。

①碱液浓度:理论上,常温下当碱液中碱的质量分数为10%~12%时,纤维素的溶胀会剧烈。实际生产中,还必须考虑碱化过程中产生的水分和浆粕中的水分。因此,通常浸渍碱的质量分数控制在18%~20%。

②浸渍时间:生成碱纤维素的反应时间很短,但浆粕从湿润到碱液逐步向纤维素内部渗透达到均匀的程度,需要一定的时间,而半纤维素的溶出则需要更长的时间。浸渍时间的长短主要取决于浆粕的结构形式、浸渍方式以及浸渍工艺。通常古典法为45~60 min,连续法15~20 min。

③浸渍温度:碱化反应是放热反应,低温有利于溶胀和使半纤维素完全溶出。升高温度会使碱纤维素发生水解反应,因此浸渍温度不宜太高。对于不同的浆粕原料和设备,浸渍温度有较大的差异。一般古典法为20℃左右,连续法为40~60℃。

④浸渍浴比:浆粕的绝干质量和碱液体积之比,称为浴比。增大浴比,可以增加碱液与纤维素的接触机会,提高浸渍的均匀性。但浴比过大,会影响单机生产能力,反而会造成碱溶化不匀。一般连续法为1:20~1:40。

(2)压榨

浆粕经过浸渍以后,必须将过剩的碱液加以分离,这一过程工艺上称为压榨。因为过量的水和碱会直接影响黄化反应的正常进行,还会发生多种副反应,消耗大量的二硫化碳,所以浸渍后的纤维素需要进行压榨,使纤维素质量分数控制在28%~30%,NaOH质量分数控制在16%~17%。通过压榨,亦把溶于碱液中之半纤维压除,降低碱纤维素中的半纤维素含量。

(3)粉碎

将压榨过的碱纤维素撕碎的过程,工艺上称为粉碎。经过压榨后的碱纤维素非常致密,表面积减小,所以必须进行粉碎,使其成为细小的松屑粒状,从而增加了碱纤维素反应的表面积,使在以后各工序中的反应能够更加均匀地进行。碱纤维素粉碎成细小的微粒(通常为0.1~5.0 mm),增大了反应表面积,有利于提高黄化反应的速度和均匀性,以制得溶解性能和过滤性能良好的粘胶。粉碎后的碱纤维素比较疏松,其堆积密度为90~110 kg/m^3,过大的体积导致老成和黄化设备的生产效率降低,故连续法生产时,碱纤维素粉碎后又将其适当压实,表观密度控制在120~150 kg/m^3。

根据所用的设备不同,生产碱纤维素的方法通常有三种,即间歇法(亦称古典法)、五合机法及连续法。间歇法是各个工艺过程分批、间歇地进行的,由于生产效率低,设备笨重,操作繁杂,故已少用。五合机法是将碱纤维素制备与粘胶制备过程(浸渍、粉碎、老成、黄化、初溶解)合在一台机器上完成,故又称为一槽法制粘胶。此法简化了粘胶生产设备,减少了投资,但对原料浆粕纯度要求较高,目前仍有少量工厂应用。连续法制碱纤维素是使浸渍、压榨和粉碎等过程连续进行，具有自动化程度高、生产效率高、产品质量好和生产劳动条件好等特点，在大型粘胶纤维厂中广泛应用。

(4)老成

老成是借空气的氧化作用，使碱纤维素分子链断裂，聚合度下降，以达到适当调整粘胶黏度的目的。碱纤维素老成的程度，主要通过调节老成时间、老成温度及采用氧化剂或催化剂来控制。延长老成时间，可以增加碱纤维素氧化降解的程度；提高老成温度，则可加快碱纤维素氧化降解反应进行的速度。但是温度过高，裂解剧烈，纤维素分子链长分布均匀性变差。因此，低温长时间比高温老成效果好。实际的老成温度应根据生产的纤维品种和设备而定。另外，如含锰、钴等化合物能明显加速碱纤维素降解，缩短老成时间。

3.纤维素黄酸酯的制备

将碱纤维素制成纤维素黄酸酯的过程称为黄化。黄化是粘胶制造工艺中非常重要的一步。在此工序中，使难溶解的纤维素变成可溶性的纤维素黄酸酯。反应过程如下

$$C_6H_9O_4ONa + CS_2 \longrightarrow C_6H_9O_4OCS_2Na$$

$$C_6H_9O_5NaOH \cdot nH_2O + CS_2 \longrightarrow C_6H_9O_4OCS_2Na + (n+1)H_2O$$

黄化反应首先发生在纤维素大分子的无定形区，以及结晶区表面，并逐步向结晶区内部渗入。与此同时，碱纤维素的超分子结构受到破坏，从而提高其溶解性。

黄化反应主要是气固相反应，反应过程包括二硫化碳蒸气按扩散机理从碱纤维素表面向内部渗透的过程，以及二硫化碳在渗透部分与碱纤维素上的羟基进行反应的过程，因此反应是放热反应，所以低温有利黄化反应；而较高温度则容易生成更多的副产物。

黄化反应是可逆反应，主要取决于烧碱和二硫化碳的浓度。二硫化碳对碱纤维素的渗透，在无定形区易于进行，而结晶区的二硫化碳主要在微晶表面进行局部化学反应。在溶解过程中，甚至在以后的粘胶溶液中，二硫化碳继续向微晶内部渗透，称之为“后黄化”。因此，二硫化碳的扩散和吸附对反应起着重要作用。

纤维素黄酸酯溶解过程在带搅拌的溶解釜内进行。块状分散的纤维素黄酸酯在此经连续搅拌和循环研磨，逐步粉碎成细小颗粒，逐渐溶解。纤维素黄酸酯与溶剂接触，首先黄酸基团会发生强烈的溶剂化作用，纤维素开始溶胀，大分子之间的距离增大。当有足够量的溶剂存在时，纤维素黄酸酯就大量吸收溶剂分子而无限溶胀，纤维素的晶格彻底破坏，大分子不断分散，直至形成均相的粘胶溶液。

溶解过程实际包括两个阶段，即粉碎和混合阶段。在开始溶解时，存在着黄酸酯团块，研磨粉碎作用是必要的，随着黄酸酯团块的消失，粉碎逐渐不起作用，在溶解的最后阶段主要是混合作用。溶解结束后，为了尽量减小各批粘胶间的质量差异，需将溶解终了的数批粘胶进行混合，使粘胶均匀，易于纺丝。

6.3.3 粘胶纤维的纺丝

1.粘胶的熟成

纤维素黄酸酯在热力学上是不稳定的，即使在常温下放置也会引起逐步分解，酯化度下降。粘胶在放置过程中发生一系列的化学和物理化学变化，称为粘胶的熟成。粘胶熟成过程中的化学变化有水解反应和皂化反应，两者同时存在。

水解反应：$C_6H_9O_4OCS_2Na + H_2O \longrightarrow C_6H_9O_4OCSH + NaOH$

$C_6H_9O_4OCSH \longrightarrow CS_2 + C_6H_{10}O_5$

皂化反应：$3C_6H_9O_4OCS_2Na + 3NaOH \longrightarrow 3C_6H_{10}O_5 + 2Na_2CS_3 + Na_2CO_3$

当粘胶中碱的质量分数低于8%～9%时，则以水解为主。一般粘胶的烧碱质量分数为4%～7%，因此，粘胶在熟成过程中主要发生水解反应。除以上反应外，在熟成过程中，一些热力学上潜能较高的副产物，如过硫代碳酸盐及过渡的硫氧化合物等也不断地转化为潜能较低的碳酸钠和硫化钠等。

2.粘胶的过滤

在溶解以后的粘胶溶液中，含有大量的微粒，其数量可达3～4万个/cm^3，尺寸约0.1～50 mm，含量一般不超过粘胶质量的0.01%～0.02%。这些微粒主要是未反应的纤维及其片断、未溶解的纤维和溶解不完全的凝胶粒子，以及半纤维素与Fe、Ca、Cu的螯合体等，此外还有原料、设备和管道中带入的各类杂质。这些颗粒在纺丝过程中会阻塞喷丝孔，造成单丝断头，或在成品纤维结构中形成薄弱环节，使纤维强度下降。

通常粘胶在纺丝前，要经过3道过滤。过滤介质一般为绒布和毡布。目前，虽然还采用扳框式过滤机，但新的过滤方法也有普及之势，如金属烧结网、PVC粒子等作载体的桶式过滤机和连续筛滤机。

3.粘胶的脱泡

粘胶的黏度越高，越容易因搅拌、输送和过滤而带入大量尺寸不一的气泡，如果不加以除去将加速粘胶的氧化过程。过滤时气泡会破坏滤材的毛细结构，使凝胶粒子渗漏；成形时气泡会使纤维断头和产生疵点，而微小的气泡则容易形成气泡丝，降低纤维的强度。因此，必须要严格控制粘胶中的气泡含量。一般采用抽真空的方法加速气泡的除去，控制气泡在粘胶中的体积分数为0.001%以下。

4.凝固浴的组成和作用

凝固浴是由硫酸、硫酸钠、硫酸锌按一定比例组成的溶液。单独的硫酸水溶液虽然也能用于粘胶纤维成形，但所得纤维的质量很差。主要是因为纤维素黄酸酯的分解速度过快，大分子还来不及经受足够的拉伸定向，纤维素已经再生出来，使得纤维的结构疏松，内外层结构不匀，强度低，纤维无实用价值。故一般要用组合凝固浴。纤维品种不同，凝固浴组成及成形温度等也不同。

凝固浴三种组分中，硫酸有三种作用，一是使纤维素黄酸钠分解，再生出纤维素和二硫化碳；二是中和粘胶中的NaOH，使粘胶凝固；三是使黄化时产生的副产物分解。硫酸钠的主要作用是抑制硫酸的离解，从而延缓纤维素黄酸钠的再生速度。硫酸钠是一种强电解质，能促使粘胶脱水和凝出。这些作用能改善纤维的物理机械性能。硫酸锌的加入，可改进纤维的成形效果，使纤维具有较高的韧性和较优良的耐疲劳性能。

5.纺丝成形和后处理

粘胶纤维采用湿法纺丝成形。当粘胶经过喷丝孔道时，在切向力作用下使粘胶成为各向异性的粘胶细流。粘胶细流和凝固浴各组分的双扩散结果，使纤维素黄酸酯被分解而析出再生纤维素。细流胶离析成双相，即以纤维素网络结构为主的凝胶相和以低分子物质为主的液相。在初生的凝胶纤维中，原来在粘胶中已形成的结晶粒子首先析出。结晶粒子进一步联合其他大分子或缔合体而不断增大,并逐渐形成较大的结晶区域。由于纤维素大分子活动性小,结晶过程比较缓慢。另外,溶剂的扩散速度常低于反应速度,因此,在纤维的表面首先形成皮膜,溶剂通过皮膜向内部渗透,形成截面结构不均匀的皮芯层结构。

纺出的纤维经集束、塑化拉伸后,纤维含有一系列杂质,其中包括丝条所带出的酸性残余浴液,成形过程中生成的胶态硫黄,以及附着在纤维上的钙、镁等金属盐类。这些杂质的存在对纤维质量及其纺织加工有很大影响,必须加以清除。纤维后处理过程主要有水洗、脱硫、漂白、酸洗、上油、切断、烘干、打包等工序。

为了满足纺织市场需求,粘胶纤维生产向高速、连续、大容量的方向发展。连续纺丝技术代表了粘胶长丝的发展方向。

6.4 非粘胶法制造纤维素纤维

6.4.1 Lyocell 纤维

20 世纪 60 年代,国外许多公司对新溶剂法生产纤维素纤维进行了实用研究,并取得了较大进展。研究较多的体系有:N_2O_4/DMF、N_2O_4/DMSO、PF/DMSO、LiCl/DMAC 和 NMMO 等,其中 N-甲基吗啉氧化物(NMMO)已经在英国、美国和奥地利实现了工业化生产。

以溶剂法直接溶解纤维素生产的再生纤维素纤维统一命名为“Lyocell”,溶剂法纤维素短纤维商品名为“Tencel”,在我国称为“天丝”。目前奥地利 Lenzing AG 公司几乎垄断了全球的天丝生产技术,产量每年 15 万~18 万吨。

Lyocell 纤维与其他纤维素纤维的性能比较见表 6.2。

表 6.2 Lyocell 纤维与其他纤维素纤维性能比较

性能		干伸/%	湿伸/%	干强/($cN\cdot dtex^{-1}$)	湿强/($cN\cdot dtex^{-1}$)	钩强/($cN\cdot dtex^{-1}$)	湿模量/($cN\cdot dtex^{-1}$)	聚合度 DP	初始模量(5%)/($cN\cdot dtex^{-1}$)	吸水率/%
Lyocell 纤维		10~15	10~18	42~48	26~36	18~20	200~350	550~600	250~270	65~70
粘胶纤维	普通纤维	18~23	22~28	20~25	10~15	10~14	50	290~320	40~50	90~110
	富强纤维	10~15	11~16	36~42	27~30	8~12	230	450~500	200~350	60~75
	HWM 纤维	14~15	15~18	34~38	18~22	12~16	120	400~450	180~250	75~80
铜氨纤维		10~20	16~35	15~20	9~12				30~50	100~120
棉纤维		8~10	12~14	25~30	26~32			2~3 000	200~300	40~45

纤维素纤维的溶剂法工艺是将纤维素直接溶解在化学溶剂中,在短时间内即可得到纺丝原液,然后将纤维素溶液纺制成长丝或短纤维,其工艺流程如图 6.3 所示。

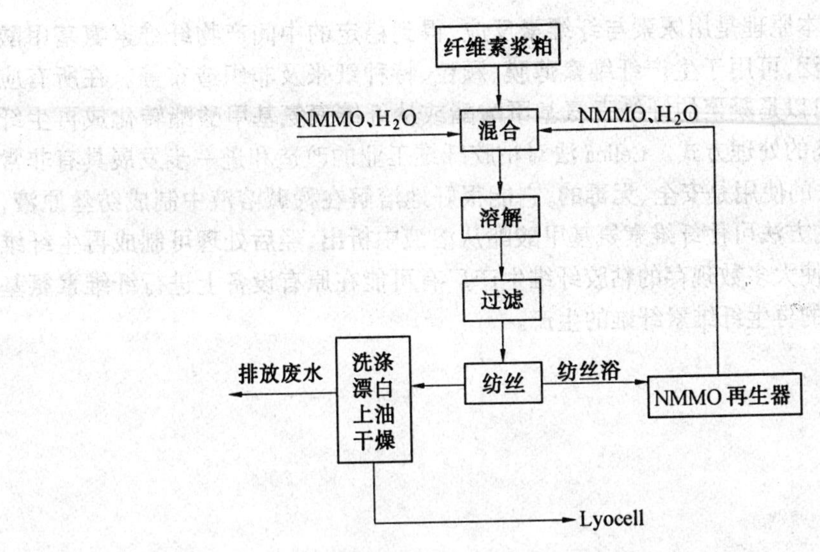

图 6.3 Lyocell 纤维素纤维的工艺流程

6.4.2 CelLca 法制造纤维素纤维

20 世纪 80 年代芬兰 Neste 公司开发了生产纤维素氨基甲酸酯(CC)的工艺,并与Kemira 公司合作开发了将纤维素氨基甲酸酯纺制成短纤维的工艺,这种纤维的生产工艺流程如图 6.4 所示。

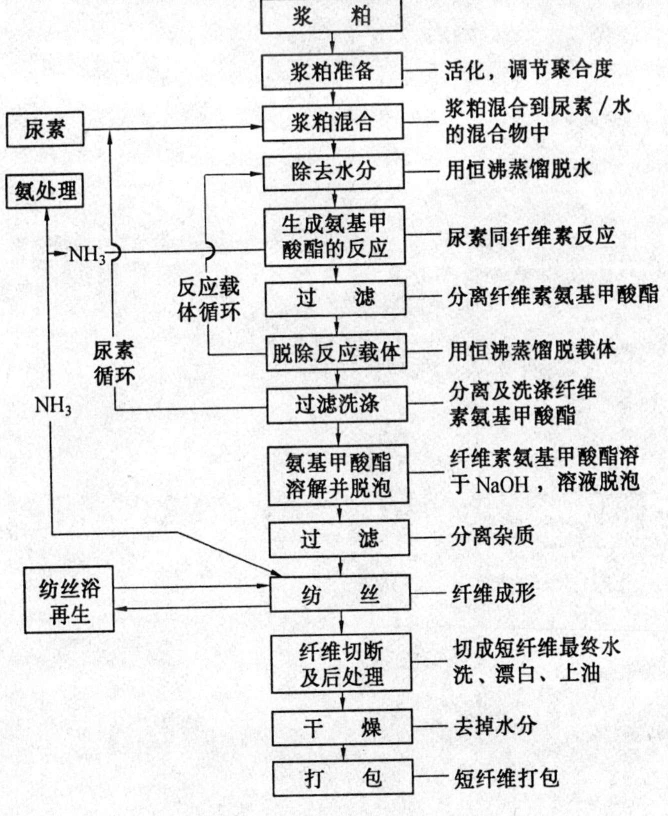

图 6.4 Cellca 法纺制纤维素纤维工艺流程图

这种方法的基本原理是用尿素与纤维素反应，得到稳定的中间产物纤维素氨基甲酸酯。其应用范围广泛，可用于生产纤维素薄膜、颗粒、特种纸张及非织造布等。在所有应用中，其最终产品可以是凝聚的纤维素氨基甲酸酯或从纤维素氨基甲酸酯转化成再生纤维素，这取决于最终的处理方式。Cellca 法对粘胶纤维工业的改造和进一步发展具有非常重要的意义。CC 法的使用是安全、无毒的，它能很好地溶解在稀碱溶液中制成纺丝原液，利用酸、盐或加热的方法可使纤维素氨基甲酸酯从溶液中析出，经后处理可制成再生纤维素纤维。这种工艺使大多数现存的粘胶纤维生产厂有可能在原有设备上进行纤维素氨基甲酸酯及由其转化的再生纤维素纤维的生产。

第7章 其他纤维

7.1 大豆蛋白纤维

7.1.1 概 述

大豆蛋白纤维是一种再生植物蛋白纤维。再生蛋白纤维是从天然动植物(如肉类、乳类、花生、玉米、大豆等)中提炼出的蛋白质溶解液经纺丝而成。再生蛋白纤维的研究历史较早,早在1894年国外就有人在明胶液中加入甲醛进行纺丝,制得明胶纤维。此后,国内外曾经采用花生、大豆、玉米、牛奶等为原料试制再生蛋白质纤维。先后制成了以牛乳中提炼的酪素为原料的酪素纤维,以花生为原料的花生蛋白纤维,以玉米中提炼的蛋白质为原料的玉米蛋白纤维,以大豆中提炼的蛋白质为原料的大豆蛋白纤维等。但研制的这些再生蛋白纤维,因强力低、纤维粗、物理和机械性能差、无服饰用价值、制造难度大等原因,而未能实现工业化生产。

虽然合成纤维有许多优良性能,但也存在吸湿性和透气性差、穿着不舒服等缺点。随着现代人对服装的追求趋向于自然化、舒适化、休闲化、多样化,天然纤维受到了人们越来越多的青睐,但是,天然纤维棉、麻、羊毛、蚕丝等受到种植养殖面积的限制,无法大量发展。因此,从20世纪90年代开始,国内外对再生蛋白纤维的研制工作又开始重视起来。日本东洋纺公司开发出了以新西兰牛奶为原料与丙烯腈接枝共聚的再生蛋白纤维"chinon",它是目前世界上惟一实现了工业化生产的酪素蛋白纤维。这种纤维具有天然丝般的光泽和柔软手感,有较好的吸湿和导湿性能,极好的保温性。穿着舒适,但纤维本身呈淡黄色,耐热性差,在干热120℃以上易泛黄,该纤维可做针织套衫、T恤、衬衫、和服等。美国杜邦公司对玉米蛋白纤维的制造过程和纤维性能进行了研究,将玉米蛋白质溶解于溶剂中进行干法纺丝,将玉米蛋白质溶解于碱液中,并加入甲醛或多聚羧酸类交联剂进行湿法纺丝,生产出了玉米蛋白纤维。含有交联剂的玉米蛋白纤维具有耐酸、耐碱、耐溶剂性和防老化性能,且不蛀不霉,它具有棉的舒适性,羊毛的保暖性和蚕丝的手感等特性。

我国从20世纪90年代开始研究开发大豆蛋白纤维。利用从大豆中提炼出来的蛋白质溶解液经湿法纺丝而成的大豆蛋白纤维是一种再生植物蛋白纤维,是一种绿色纤维,是迄今为止惟一由我国自主开发,具有完全知识产权的大豆蛋白纤维材料。

7.1.2 大豆蛋白纤维的结构与性能

大豆蛋白纤维是由10余种氨基酸组成的缩聚大分子物质,纤维结构为皮芯结构,截面为哑铃形和不规则三角形，纵向具有凹凸沟槽，纤维表面光滑，有经过机械加工而产生的平面卷曲。

大豆蛋白纤维是一种比较理想的新型纤维，具有羊绒般手感、蚕丝般柔和光泽；具有棉纤维的吸湿导湿性，羊毛的保暖性；具有生态纤维功能，有“人造羊绒”之美称。

由大豆蛋白纤维织成的织物手感柔软、滑爽，质地轻薄，具有真丝般的光泽和良好的悬垂性。大豆蛋白分子中含有大量的氨基、羧基等亲水基团，使其具有良好的吸湿性，而大豆蛋白纤维表面的沟槽，使纤维具有良好的导湿透气性。由于大豆蛋白纤维的回潮率与棉接近，因此其吸湿性与棉相当，而导湿透气性胜于棉，使得大豆蛋白织物具有很好的穿着舒适性。大豆蛋白纤维耐酸性特好，可用酸性染料、活性染料染色，尤其是经活性染料染色的织物色泽鲜艳有光泽，而且染色牢度优于真丝。由于大豆蛋白纤维的初始模量偏高，所以织物的尺寸稳定性好，抗皱性强，且易洗、快干。大豆蛋白纤维与其他纺织纤维性能比较见表7.1。由表可见，此种纤维的密度小，干、湿断裂强度比棉、蚕丝、羊毛的强度都高，可开发高品质的细密面料。

表7.1 大豆蛋白纤维与其他纺织纤维性能的比较

性能		大豆蛋白纤维	棉	蚕丝	羊毛
断裂强度/($cN \cdot dtex^{-1}$)	干	3.8~4.0	1.9~3.1	2.6~3.5	0.9~1.6
	湿	2.5~3.0	2.2~3.1	1.9~2.5	0.7~1.3
断裂伸长率/%		8~21	7~10	14~25	25~35
初始模量/($kg \cdot mm^{-2}$)		700~1 300	850~1 200	650~1 250	
钩结强度/%		75~85	70	60~80	
结节强度/%		85	92~100	80~85	
回潮率/%		8.6	9.0	11	14~16
密度/$g \cdot cm^{-3}$		1.29	1.50~1.54	1.34~1.38	1.33
耐热性		差	好	较好	较好
耐酸性		好	差	好	好
抗紫外线型		较好	一般	差	较差

7.1.3 大豆蛋白纤维的生产和应用

大豆蛋白纤维是以出油后的大豆粕为原料，提纯球蛋白，通过助剂的作用，改变球蛋白的空间结构，再添加羟基、氰基高聚物接枝、共聚、共混配制成一定浓度的纺丝液，纺丝液由计量泵打入喷丝头喷丝，丝条进入凝固浴凝固，然后，经牵伸、交联、水洗、上油、烘干、卷曲定型、切断得到各种长度规格的纺织用高档纤维。大豆蛋白纤维生产工艺流程，如图7.1所示。

大豆蛋白纤维可用于针织行业制作内衣和T恤衫。由于该种纤维单丝纤度细，质地轻薄，织物手感特别柔软、光滑，穿着非常舒适。同时大豆蛋白纤维具有较强的抗菌性能，大豆纤维对大肠杆菌、金黄色葡萄球菌、白色念珠菌等致病细菌有明显抑制作用，因此，在内衣、睡衣领域极有开发潜力。用大豆纤维/棉纤维混纺的高支纱面料，是制造高档衬衫、高级寝卧具的理想材料。国内一些著名品牌企业已推出大豆纤维/氨纶、大豆纤维/涤纶、

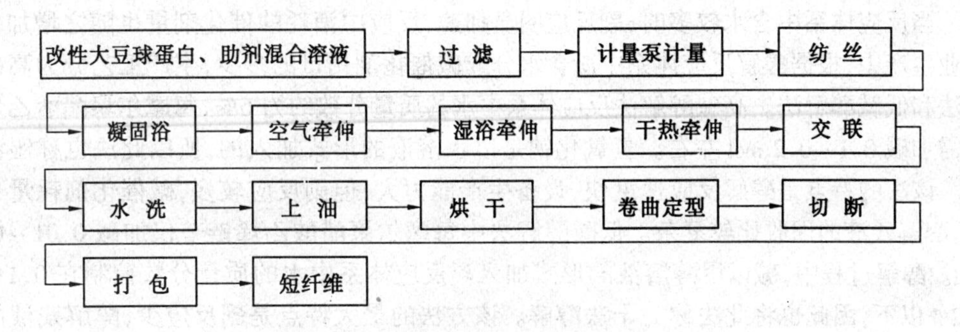

图 7.1 大豆蛋白纤维纺丝工艺流程

大豆纤维/锦纶等各种多组分的面料,用于制作运动服、T 恤、内衣、休闲服装、时尚女装等。此类面料保留了大豆纤维手感柔软、舒适的优点,利用化纤的不同特性突出面料的独特风格,成为时尚服装的潮流。

7.2 聚乙烯醇纤维

7.2.1 概 述

聚乙烯醇纤维是合成纤维的重要品种之一,其常规产品是聚乙烯醇缩甲醛纤维,国内简称维纶,产品以短纤维为主。1924 年德国的 Hermann 和 Haehnel 合成出聚乙烯醇,并用其水溶液经干法纺丝制成纤维。1939 年日本的樱田一郎、朝鲜的李升基等人,采用热处理和缩醛化的方法成功地制造出耐热水性优良、收缩率低、具有实用价值的聚乙烯醇纤维。但是,直到 1950 年不溶于水的聚乙烯醇纤维才实现工业化生产。我国第一个聚乙烯醇纤维厂建成于 1964 年,随后又兴建了一批年产万吨的聚乙烯醇纤维厂。

维纶在标准条件下的吸湿率为 4.5% ~ 5.0%,在几大合成纤维品种中名列前茅。由于导热性差,维纶具有良好的保暖性,另外维纶还具有很好的耐腐蚀和耐日光性。维纶的主要缺点是染色性差、着色力低,色泽不鲜艳,这是纤维具有皮芯结构和经过缩醛化使部分羟基被封闭了的缘故。维纶的耐热水性也较差,在湿态下温度超过 110 ~ 115℃就会发生明显的收缩和变形,在沸水中放置 3 ~ 4 h 后会发生部分溶解。

7.2.2 聚乙烯醇纤维的生产和应用

目前生产用的聚乙烯醇都是将聚醋酸乙烯在甲醇或氢氧化钠作用下进行醇解反应而得,反应式如下

$$\left[CH_2 - \underset{\underset{OCOCH_3}{|}}{CH} \right]_n + nCH_3OH \xrightarrow{NaOH} \left[CH_2 - \underset{\underset{OH}{|}}{CH} \right]_n + nCH_3COOCH_3$$

$$\left[CH_2 - \underset{\underset{OCOCH_3}{|}}{CH} \right]_n + nNaOH \longrightarrow \left[CH_2 - \underset{\underset{OH}{|}}{CH} \right]_n + nCH_3COONa$$

当反应体系中含水较多时，副反应明显加速，反应中消耗的催化剂量也随之增加。在工业生产中，根据醇解反应体系中所含水分或碱催化剂用量的多少，生产工艺分为高碱醇解法和低碱醇解法。高碱醇解法反应体系中水的质量分数约为6%，每摩尔聚醋酸乙烯链节需加碱0.1~0.2 mol左右。氢氧化钠是以水溶液的形式加入的，所以此法也称湿法醇解。该法的特点是醇解反应速度快，设备生产能力大，但副反应较多，碱催化剂耗量也较多，醇解残液的回收比较复杂。低碱醇解法中每摩尔聚醋酸乙烯链节仅加碱0.01~0.02 mol。醇解过程中，碱以甲醇溶液的形式加入。反应体系中水的质量分数控制在0.1%~0.2%以下，因此也将此法称为干法醇解。该方法的最大特点是副反应少，醇解残液的回收比较简单，但反应速度较慢，物料在醇解机中的停留时间较长。

聚乙烯醇纤维既可采用湿法纺丝成形，也可采用干法纺丝成形。一般湿法成形用于生产短纤维，干法成形用于制造某些专用的长丝。

聚乙烯醇缩甲醛纤维主要为短纤维，由于其形状很像棉，所以大量用于与棉混纺，织成各种棉纺织物。另外，也可与其他纤维混纺或纯纺，织造各类机织或针织物。维纶长丝的性能和外观与天然蚕丝非常相似，可以织造绸缎衣料。但是，因维纶的弹性差，不易染色，故不能做高级衣料。近年来，随着聚乙烯醇纤维生产技术的发展，它在工业、农业、渔业、运输和医用等方面的应用不断扩大。

利用维纶强度高，抗冲击性好，成形加工中分散性好等特点，可以作为塑料以及水泥、陶瓷等的增强材料，特别是作为致癌物质——石棉的代用品，制成的石棉板受到建筑业的极大重视。利用维纶断裂强度、耐冲击强度和耐海水腐蚀等比较好的长处，制造各种类型的渔网、渔具、渔线。维纶绳缆质轻、耐磨、不易扭结，具有良好的抗冲击强度、耐气候性、耐海水腐蚀性，在水产车辆、船舶运输等方面应用较多；维纶帆布强度好、质轻、耐摩擦和耐气候性好，在运输、仓储、船舶、建筑、农林等方面应用较多；另外，维纶还可制作包装材料、非织造布滤材、土工布等。

7.3 聚氨酯弹性纤维

7.3.1 概　述

聚氨酯弹性纤维是指以聚氨基甲酸酯为主要成分的一种嵌段共聚物制成的纤维，我国商品名称为氨纶。聚氨酯弹性纤维最早由德国拜耳(Bayer)公司于1937年试制成功，但当时未能实现工业规模生产。1958年美国杜邦公司也研制出这种纤维，并实现了工业化生产，最初的商品名为“Spandex”，后来更名为“Lycra”。由于它具有良好的弹性，作为一种新型的纺织纤维受到人们的青睐。我国聚氨酯弹性纤维的开发较晚，在20世纪80年代末和90年代初先后从日本东洋纺公司引进技术设备，随后发展很快。

7.3.2 聚氨酯弹性纤维的结构与性能

一般的聚氨基甲酸酯均聚物并不具有弹性，目前生产的聚氨酯弹性纤维实际上是一

种以聚氨基甲酸酯为主要成分的嵌段共聚物纤维。其结构式如下

$$\sim\sim Re-O-\underset{\underset{O}{\|}}{C}-\underset{\underset{H}{|}}{N}-R_1-\underset{\underset{H}{|}}{N}-\underset{\underset{O}{\|}}{C}-\underset{\underset{H}{|}}{N}-R_2-\underset{\underset{H}{|}}{N}-\underset{\underset{O}{\|}}{C}-\underset{\underset{H}{|}}{N}-R_1-\underset{\underset{H}{|}}{N}-\underset{\underset{O}{\|}}{C}-O-Re\sim\sim$$

式中　Re——脂肪族聚醚二醇或聚酯二醇基；

R_1——次脂肪族基，如$—CH_2—CH_2—$；

R_2——次芳香族基。

在嵌段共聚物中有两种链段，即软链段和硬链段。软链段由非结晶性的聚酯或聚醚组成，玻璃化温度很低（$T_g=-50\sim-70$℃），常温下处于高弹态，它的相对分子质量为1 500～3 500，链段长度为15～30 nm，为硬链段的10倍左右。因此，在室温下被拉伸时，纤维可以产生很大的伸长变形，并具有优异的回弹性。硬链段多采用具有结晶性且能发生横向交联的二异氰酸酯，虽然它的相对分子质量较小，链段短，但由于含有多种极性基团（如脲基、氨基甲酸酯基等），分子间的氢键和结晶性起着大分子链间的交联作用，一方面可为软链段的大幅度伸长和回弹提供必要的结点条件（阻止分子间的相对滑移），另一方面可赋予纤维一定的强度。正是这种软硬链段镶嵌共存的结构才赋予聚氨酯纤维的高弹性和强度的统一，所以聚氨酯纤维是一种性能优良的弹性纤维。

聚氨酯弹性纤维的性能如下。

①线密度范围低，强度高，弹性好，聚氨酯弹性纤维的断裂伸长率达500%～800%，瞬时弹性回复率为90%以上。

②耐热性较好，聚氨酯弹性纤维的软化温度约200℃，熔点或分解温度约270℃。

③吸湿性较强。

④密度较低，聚氨酯弹性纤维的密度为$1.1\sim1.2\ g\cdot cm^{-3}$。

此外，聚氨酯弹性纤维还具有良好的染色性、耐气候性、耐挠曲、耐磨、耐一般化学药品性等，但对次氯酸钠型漂白剂的稳定性较差，推荐使用过硼酸钠、过硫酸钠等含氧型漂白剂。

7.3.3　聚氨酯弹性纤维的生产和应用

聚氨酯嵌段共聚物都为线型结构，其合成过程一般分两步完成。首先由脂肪族聚醚或脂肪族聚酯多元醇与过量的二异氰酸酯合成端异氰酸酯基的预聚体，然后再用二元胺或二元醇扩链剂进行扩链反应，生成相对分子质量为2万～5万的热塑性嵌段共聚物。二异氰酸酯常采用4,4－亚甲基二苯基二异氰酸酯（MDI），聚酯多元醇可用聚己二酸己二醇丙二醇酯、聚ε－己内酯、聚己二酸丁二醇戊二醇酯等，聚醚多元醇一般用聚四氢呋喃二醇，上述低聚物多元醇的相对分子质量一般为1 000～3 000，扩链剂采用小分子二胺或二醇。

聚氨酯弹性纤维的工业化纺丝方法有干法纺丝、湿法纺丝、熔体纺丝和化学反应纺丝。

聚氨酯弹性纤维在针织或机织的弹力织物中得到广泛应用。归纳起来其使用形式主要有以下四种：裸丝、包芯纱、包覆纱、合捻纱。氨纶可直接织造成弹性织物，但实际上多

以氨纶为纱芯，外包棉、毛、涤棉、腈纶、涤纶等纤维，制成各种包芯纱、包覆纱、合捻纱，再织造成弹性织物。氨纶织物主要用于制造各种运动衣、游泳衣等体育运动服；还有宇航服、飞行服、工作服等各种专用服装的束带紧身部分；紧身衣、健美服、内衣、胸罩、裤袜、束腰带、高弹袜、短筒袜、手套、裙子等女性用品；弹力灯心绒、弹力劳动布、弹力毛华达呢和毛花呢服装用料；家具、汽车座椅外裹装饰面料织物；医药方面作外科弹性绷带、皮管等。

参考文献

[1] http://www.fibersource.com/f-tutor/history.htm.

[2] 肖长发，尹翠玉，张华，等.化学纤维概论[M].北京：中国纺织出版社，1997.

[3] 董纪震，罗鸿烈，等.合成纤维生产工艺学[M].北京：纺织工业出版社，1993.

[4] 大卫 R·萨利姆著.聚合物纤维结构的形成[M].高绪珊，吴大诚译.北京：化学工业出版社，2004.

[5] 翁蕾蕾.大豆蛋白纤维的性能及产品开发[J].毛纺科技，2003(5):25~27.

[6] 王祖明，袁宝庆.芳香族聚酰胺纤维生产技术与应用[J].高科技纤维与应用，2004(5):42~25.

[7] 王曙中.芳香族高性能纤维[J].合成纤维工业，1998(6):24~27.

[8] 唐昕.聚乳酸纤维的开发与玉米的前景[J].国外纺织技术，2003(5):8~9.

[9] Wei Zhong, Jinjie Ge, Zhenyu Gu, et al. Study on biodegradable polymer materials based on poly(lactic acid)[J]. Journal of Applied Polymer Science, 1999(74):2546~2551.

[10] SEPPALA J V, HELMINEN H, KORHONEN H. Korhonen. Degradable polyesters through chain linking for packaging and biomedical applications[J]. Macromolecular Bioscience, 2004(4):208~217.

[11] AJOKA M, ENOMOTO K, SUZIKI K, et al. The basic properties of poly(lactic acid) produced by the direct condensation polymerization of lactic acid[J]. Bull. Chem. Soc. Jpn., 1995(68):2125~2131.

[12] FUKUSHIMA T, SUMIHIRO Y, KOYANAGI K, et al. Development of a direct polycondensation process for poly(L-lactic acid)[J]. International Polymer Processing, 2000(4):380~385.

[13] MOON S I, LEE C W, TANIGUCHI I, MIYAMOTO M, KIMURA Y. Melt/solid polycondensation of L-lactic acid: an alternative route to poly(L-lactic acid) with high molecular weight[J]. Polymer, 2001(42):5059~5062

[14] 钱刚，朱凌波，周兴贵，等.密闭体系中乳酸的固相缩聚[J].高分子材料科学与工程，2004, 20(2):51~53.

[15] 董纪震，赵耀明，等.合成纤维生产工艺学[M].北京：中国纺织出版社，1996.

[16] 张旺玺.聚丙烯腈基碳纤维[M].上海：东华大学出版社，2005.

[17] 张旺玺.吸附阻燃聚丙烯腈纤维[D].上海：中国纺织大学，1997, 7.

[18] 肖为维.合成纤维改性原理和方法[M].北京：纺织工业出版社，1992.

[19] 王一报. 腈纶织物抗起毛起球探讨[D].上海:中国纺织大学,1996,11.
[20] 嘉兴绢纺厂,等.吸水聚丙烯腈纤维的研制[J].合成纤维通讯,1974(3):1.
[21] 朱武,黄苏萍,周科朝,等.超高分子量聚乙烯纤维及其复合材料的研究现状[J].材料导报,2005,19(3):67~69.